水体污染控制与治理科技重大专项"十一五"成果系列丛书

河流水环境综合整治技术研究与综合示范主题

流域水污染控制与治理技术工程示范

——以东江流域快速发展支流区为例

胡勇有　孙　健　江　栋　刘国光　罗家海　程建华　魏东洋　著

科学出版社

北　京

内 容 简 介

本书是作者承担的“十一五”“水体污染控制与治理科技重大专项”的“东江快速发展支流区水污染系统控制技术集成研究与工程示范”课题的研究成果总结，本课题以东江快速发展支流区区域内的机械电子、精细化工、漂染等典型产污支柱行业为重点对象，开展行业废水深度处理回用与脱毒减害，城市污水处理厂尾水深度处理排放与综合排水河道持续净化，典型农村污水处理等技术研究与工程示范。研发并集成出机械电子、精细化工和漂染行业废水脱毒减害深度处理工艺；污水处理厂尾水深度净化与综合排水河道持续净化技术体系；典型农村污水综合控制模式与技术，建成六个示范工程，实现了示范工程的“控源减排，脱毒减害”目的。在此基础上，构建出适合快速发展支流区水污染系统控制与水环境保护策略和技术支撑体系，为减少排入东江干流的污染物，消除毒害性物质对东江干流的风险，保护东江干流的目标提供了重要的技术支撑，也为同类型流域的水污染系统控制与脱毒减害提供了重要借鉴。

本书具有很强的学术性和实用性，适合从事水污染控制与治理技术研究及应用的工作者及环境管理和决策者参考借鉴，也适合作为环境科学与工程学科教学参考用书。

图书在版编目(CIP)数据

流域水污染控制与治理技术工程示范：以东江流域快速发展支流区为例／胡勇有等著．—北京：科学出版社，2016. 3

（水体污染控制与治理科技重大专项“十一五”成果系列丛书）

ISBN 978-7-03-047904-4

Ⅰ. ①流…　Ⅱ. ①胡…　Ⅲ. ①东江-流域污染-污染控制　Ⅳ. ①X522. 06

中国版本图书馆 CIP 数据核字（2016）第 058325 号

责任编辑：王　运／责任校对：何艳萍

责任印制：张　倩／封面设计：耕者设计工作室

科学出版社 出版

北京东黄城根北街 16 号

邮政编码：100717

http://www.sciencep.com

中国科学院印刷厂 印刷

科学出版社发行　各地新华书店经销

*

2016 年 3 月第　一　版　开本：787×1092　1/16

2016 年 3 月第一次印刷　印张：22 1/4

字数：530 000

定价：218.00 元

（如有印装质量问题，我社负责调换）

水专项“十一五”成果系列丛书
指导委员会成员名单

环境保护部水专项“十一五”成果系列丛书
编著委员会成员名单

本书编著委员会名单

主　笔　胡勇有

副主笔　孙　健　江　栋　刘国光　罗家海　程建华
魏东洋

成　员　（按姓氏拼音排序）

曹恒恒　陈迪云　陈尚智　陈思莉　傅强根
郭　涛　郭晓磊　郭艳平　郭燕妮　何华良
贺　涛　洪　伟　黄　华　黄剑鹏　黄思聪
鞠　峰　兰善红　李　鹏　李志琴　利　锋
廖庆玉　林　晖　林亲铁　刘　永　刘海津
刘韵达　卢　彦　罗定贵　吕斯濠　吕文英
莫华姝　孙云娜　王宝娥　魏　臻　吴以宝
武秀文　许　纯　杨　倩　杨佘维　姚　琨
游江峰　曾　东　张鸿郭　张娅兰　甄豪波
周　雯　周伟坚　朱家亮

总　　序

我国作为一个发展中的人口大国，资源环境问题是长期制约经济社会可持续发展的重大问题。在经济快速增长、资源能源消耗大幅度增加的情况下，我国污染排放强度大，负荷高，主要污染物排放量超过受纳水体的环境容量。同时，我国人均拥有水资源量远低于国际平均水平，水资源短缺导致水污染加重，水污染又进一步加剧水资源供需矛盾。长期严重的水污染问题影响着水资源利用和水生态系统的完整性，影响着人民群众身体健康，已经成为制约我国经济社会可持续发展的重大瓶颈。

水体污染控制与治理科技重大专项（简称水专项）是《国家中长期科学和技术发展规划纲要（2006～2020年）》确定的16个重大专项之一，旨在集中攻克一批节能减排迫切需要解决的水污染防治关键技术难关，构建我国流域水污染治理技术体系和水环境管理技术体系，为重点流域污染物减排、水质改善和饮用水安全保障提供强有力的科技支撑，是新中国成立以来投资最大的水污染治理科技项目。

"十一五"期间，在国务院的统一领导下，在科技部、国家发展和改革委员会和财政部的精心指导下，在水专项领导小组、各有关地方发展和改革委员会和财政部的精心指导下，在水专项领导小组各成员单位、各有关地方政府的积极支持和有力配合下，水专项领导小组围绕主题主线新要求，动员和组织全国数百家科研单位、上万名科技工作者，启动34个项目、241个课题，按照"一河一策"、"一湖一策"的战略部署，在重点流域开展大攻关、大示范，突破1000余项关键技术，完成229项技术标准规范，申请1733项专利，初步构建水污染治理和管理技术体系，基本实现"控源减排"阶段目标，取得阶段性成果。

一是突破化工、轻工、冶金、纺织印染、制药等重点行业"控源减排"关键技术难关200余项，有力地支撑主要污染物减排任务的完成；突破城市污水处理厂提标改造和深度脱氮除磷关键技术难关，为城市水环境质量改善提供支撑；研发受污染原水净化处理、管网安全输配等40多项饮用水安全保障关键技术，为城市实现从源头到龙头的供水安全保障奠定科技基础。

二是紧密结合重点流域污染防治规划的实施，选择太湖、辽河、松花江等重点流域开展大兵团联合攻关，综合集成示范多项流域水质改善和生态修复关键技术，为重点流域水质改善提供技术支持。环境监测结果显示：辽河、淮河干流化学需氧量消除劣Ⅴ类；松花江流域水生态逐步恢复，重现大马哈鱼；太湖富营养状态由中度变为轻度，劣Ⅴ类入湖河流由8条减少为1条；洱海水质连续稳定并保持良好状态，2012年有7个月维持在Ⅱ类水质。

三是针对水污染治理设备及装备国产化率低等问题，研发60余类关键设备和成套装备，扶持一批环保企业成功上市，建立一批号召力和公信力强的水专项产业技术创新战略联盟，培育环保产业产值近百亿元，带动节能环保战略性新兴产业加快发展。其中，杭州聚光环保科技有限公司研发的重金属在线监测产品被评为2012年度国家战略产品。

四是逐步形成国家重点实验室、工程中心—流域地方重点实验室和工程中心—流域野外观测台站—企业试验基地平台等为一体的水专项创新平台与基地系统，逐步构建以科研为龙头、以野外观测为手段、以综合管理为最终目标的公共共享平台。目前，通过水专项的技术支持，我国第一个大型河流保护机构——辽河保护区管理局已正式成立。

五是加强队伍建设，培养一大批科技攻关团队和领军人才，采用地方推荐、部门筛选、公开择优等多种方式遴选出近300个水专项科技攻关团队，引进多名海外高层次人才，培养上百名学科带头人、中青年科技骨干和5000多名博士、硕士，建立人才凝聚、使用、培养的良性机制，形成大联合、大攻关、大创新的良好格局。

在2011年“十一五”国家重大科技成就展、“十一五”环保成就展、全国科技成果巡回展等一系列展览中，在2012年全国科技工作会议和2013年初国务院重大专项实施推进会上，党和国家领导人对水专项取得的积极进展都给予了充分肯定。这些成果为重点流域水质改善、地方治污规划、水环境管理等提供技术和决策支持。

在看到成绩的同时，我们也清醒地看到存在的突出问题和矛盾。水专项离国务院的要求和广大人民群众的期待还有较大差距，仍存在一些不足和薄弱环节。2011年专项审计中指出，水专项“十一五”在课题立项、成果转化和资金使用等方面不够规范。“十二五”期间，我们需要进一步完善立项机制，提高立项质量；进一步提高项目管理水平，确保专项实施进度；进一步严格成果和经费管理，发挥专项最大效益；在调结构、转方式、惠民生、促发展中发挥更大的科技支撑和引领作用。

我们要科学认识解决我国水环境问题的复杂性、艰巨性和长期性，水专项亦是如此。刘延东副总理指出，水专项因素特别复杂，实施难度很大，周期很长，反复也比较多，要探索符合中国特色的水污染治理成套技术和科学管理模式。水专项不是包打天下，解决所有的水环境问题，不可能一天出现一个一鸣惊人的大成果。与其他重大专项相比，水专项也不会通过单一关键技术的重大突破，就能实现整体的技术水平提升。在水专项实施过程中，要妥善处理好当前与长远、手段与目标、中央与地方等各个方面的关系，既要通过技术研发实现核心关键技术的突破，探索出符合国情、成本低、效果好、易推广的整装成套技术，又要综合运用法律、经济、技术和必要的行政手段来实现水环境质量的改善，积极探索符合代价小、效益好、排放低、可持续的中国水污染治理新路。

党的十八大报告强调，要实施国家科技重大专项，大力推进生态文明建设，努力建设美丽中国，实现中华民族永续发展。水专项作为一项重大的科技工程和民生工程，具有很强的社会公益性，将水专项的研究成果及时推广并为社会经济发展服务，是贯彻创新驱动发展战略的具体表现，是推进生态文明建设的有力措施。为广泛共享水专项“十一五”取得的研究成果，水体污染控制与治理重大科技专项管理办公室组织出版水专项“十一五”成果系列丛书。本丛书汇集一批专项研究的代表性成果，具有较强的学术性和实用性，可以说是水环境领域不可多得的资料文献。本丛书的组织出版，有利于坚定水专项科技工作者专项攻关的信心和决心；有利于增强社会各界对水专项的了解和认同；有利于促进环保的公众参与，树立水专项的良好社会形象；有利于促进水专项成果的转化与应用，为探索中国水污染治理新路提供有力的科技支撑。

我坚信，在国务院的正确领导和有关部门的大力支持下，水专项一定能够百尺竿头，更进一步。我们一定要以党的十八大精神为指导，高擎生态文明建设的大旗，团结协作，协同创新，强化管理，扎实推进水专项，务求取得更大的成效，把建设美丽中国的伟大事业持续推向前进，努力走向社会主义生态文明新时代！

周生贤

2013 年 7 月 25 日

序

水，是绿色地球不同于已知任何宇宙天体之根本。水孕育了地球的生命，形成了完整稳定的生态系统，支撑了智慧生物——人类的进化，形成了宇宙已知中自然养育智慧—智慧支配自然的独特轮回。

然而，地球人类在以持续增长的智慧支配自然系统，以满足其不断膨胀的无穷欲望中显然还缺乏成熟；20 世纪工业革命以来出现的生态环境问题，已由最初的少数发达国家有限的局部地区向全球席卷。其中，拥有 13 亿多人口，自然环境资源处于相对劣势的我国，在近 40 年持续超常规发展中遭遇到的全域性生态环境问题最具典型性。

尽管我国政府从 1972 年第一次世界环境大会起就将环境保护作为基本国策，全面引进发达国家的环境保护法律、标准、方法、技术乃至设施，本世纪以来更是建成了世界上规模最庞大的污染治理国家工程体系。然而，我国环境污染严重、生态退化加剧、资源约束趋紧的总态势还没有得到根本性的改变。中华民族实现民族复兴，在生态环境领域更加需要走中国特色的道路。我国人均水资源仅占世界平均值的 1/4，是我国生态环境资源中的最短板。在现代经济社会发展中，水不但是随着财富持续增值的可再生资本，而且是制约一地区乃至国家的战略性资源。我国当前总体上已控制了洪患，解决了水量短缺，利用了水能，但在水质与水生态方面问题依然突出，经多年持续的努力局部污染虽有改善，但全国流域性水质下降、水生态退化的总态势没有得到根本性改变。“见污治污、越治越污”的教训使我们意识到，被动于发展求保护的战略是难以支撑民族复兴的，我们应该探索以生态环境自然资本主动引导经济社会相协调科学发展的中国特色新道路。

《国家中长期科学和技术发展规划纲要（2006 ~ 2020 年）》中设立了“水体污染控制与治理科技重大专项”（简称水专项）。在水专项中设立了“东江快速发展支流区水污染系统控制技术集成研究与工程示范”课题，依水专项的总体部署，该项目着眼于探索制定解决我国发展中前瞻性的水环境问题路线图，侧重于在流域尺度突破痕量毒害污染物控制与水生态维护等关键技术，以达到在维护流域优质水源的前提下，支撑不同区域经济社会协调发展的技术与管理创新体系的目标。

该项目在“十一五”期间下设十个课题，其中由华南理工大学胡勇有教授主持的“东江快速发展支流区水污染系统控制技术集成研究与工程示范”课题，着重研究东江快速发展支流区内典型产污支柱行业废水的深度处理回用与脱毒减害、城市生活污水处理厂尾水深度净化与综合排水河道持续净化等关键技术，并进行工程示范，形成“控源减排，脱毒减害”的成套技术，以有效控制毒害性物质对东江干流构成的风险，为实现保障东江干流优质水源的前提下，区域经济社会可持续发展提供技术与管理支撑体系。

《流域水污染控制与治理技术工程示范——以东江流域快速发展支流区为例》一书是对“十一五”该课题研究工作的总结。该书系统论述了东江快速发展支流区的经济社会发展特征和水环境污染现状与趋势，深入分析了导致区域水环境污染的原因，针对该区域的水污染问题提出了水污染控制与治理实施方案，从流域的水污染控制策略、典型产污行业废水脱毒减害深度处理、综合排水河道持续净化、农村污水控制模式及技术等方面展开关键技术突破与系统技术集成及工程示范，最终形成了区域水污染控制与治理和水环境保护策略和技术体系，能够为当地涉水部门制定相应的法律法规和重大决策提供依据，也可为我国同类流域区域的推广应用提供借鉴。

该书抓住该区域经济快速发展与干流水源保护这对核心矛盾，创新研究思路，以保障水源，引导区域发展为目标导向，在东江快速发展支流区发展与保护的总体策略，机械电子、精细化工、漂染行业废水脱毒减排与资源化技术，排水河道持续净化技术等方面取得了一系列重要研究成果。

当前水源流域的经济快速发展区域面临的水环境污染问题已越来越受到政府和人民群众的密切关注，现有的水处理设施和管控体制已无法满足经济从无序到有序的快速发展需求，如何既有效保护饮用水水源，又为经济快速发展提供必要的支撑，不但已成为地方政府迫切需要解决的问题，也是国家可持续发展的需求。在这一领域，我们任重道远。而该书正是面向地方和国家可持续发展战略需求、立足既保护优质水源又为流域经济发展提供空间而撰写的一部具有前瞻性探索重要学术意义和实用价值的著作。希望以此为始，保护与发展合二为一的著作如泉涌。此为序。

许振成

2015 年 12 月于广州

前　言

“十一五”期间国家启动了“水体污染控制与治理科技重大专项”，设立了“东江快速发展支流区水污染系统控制技术集成研究与工程示范（2009ZX07211-005）”研究课题。

东江经河源入惠州再经东莞石龙镇后进入广州段后入海，东江广州段汇水区域是东江下游水系地区的典型代表，包括广州经济开发区和增城市新塘镇，区域汇水经由大约180km的大小河涌进入西福河和增江，再汇入东江干流。在该河段下游有西洲水厂和新塘水厂等两个自来水厂，供应广州东部上百万人的饮用水。经过改革开放30多年的经济快速发展，广州经济开发区已发展成为生态型工业园区。而新塘镇在广州经济开发区辐射带动下，也成为广州东部发展最快的镇区。二者具有典型的“高发展速度、高经济密度”的特征，是东江流域典型的快速发展支流区。流域社会经济快速发展的同时也导致大量毒害性污染物的产生，严重威胁东江干流水质安全。近年来，东江水系下游地区水中检测到的生物毒性污染物持续增加，损害着水系的生态系统，威胁人们的健康，已经凸显为制约经济社会发展的主要因素。

因此，以广州开发区和新塘镇为对象，以解决经济快速发展与河流水质改善之间的矛盾为切入点，对区内机械电子行业、精细化工行业和漂染行业等支柱行业点源、面源污染及排水河道等的水污染控制与深度处理技术开展关键技术研发、系统技术集成与工程示范，从工程技术层面研究建立典型行业废水深度处理、脱毒减害技术体系，实现区内点源污染的脱毒减排与提高回用率；在实行清洁生产的基础上，推动区域内主要污染行业从无序到有序的可持续发展；通过综合排水河道的持续净化，解决区域市政污水厂排水水质不能满足干流水质指标的矛盾。从而构建东江快速发展支流区水污染系统控制总体策略和技术体系，对解决东江流域快速发展支流区经济发展与水环境保护的矛盾及节约水资源和发展循环经济具有重要的示范和支撑作用。

全书共7章，第1章首先介绍了东江快速发展支流区的经济发展特征与水环境现状，分析了水环境污染的成因与水环境污染治理的技术需求，提出区域内亟须解决的主要水污染问题。第2章提出了东江流域快速发展支流区水污染控制目标与策略。第3章综述了机械电子、精细化工和印染等行业的水污染控制技术以及污水处理厂尾水深度处理、综合排水河道持续净化技术的研究与应用进展。第4章详细介绍了东江流域快速发展支流区产业准入、清洁生产与水污染控制对策和机械电子、精细化工、印染行业废水及污水处理厂尾水深度处理和综合排水河道持续净化等关键单元技术的研发。第5章介绍了“预氧化+纤维转盘滤池+紫外光照+复氧”城市污水处理厂污水深度脱毒减害集成工艺、“铁碳微电解破络—重金属捕集+混凝（沉淀/过滤）—生物接触氧化（沉淀）—改性壳聚糖吸附”机械电子废水脱毒减排与深度处理集成工艺、“强化絮凝—深度催化氧化—选择吸附”精细化工废水脱毒减排与深度处理集成工艺、“催化臭氧氧化+新型MBR”漂染废水脱毒减排与深度处理集成工艺、“河涌水利功能与生态结构设计+复合生态浮床+生物载体及载体固定化+内源氧化+生态型堤岸构建”综合排水河道持续净化集成技术和快速发展区农村污水控制模式以及对应的工程示范成果。第6章分析了东江流域快速发展支流区脱毒减害深度处理技术应用的可行性及减排效果。第7章为结语。

本书写作分工如下：前言由胡勇有完成。第1章由胡勇有（华南理工大学）、孙健（广东工业大学）完成；第2章由魏东洋（环境保护部华南环境科学研究所）、王宝娥（仲恺农业工程学院）完成；第3、4、5、6章由胡勇有、孙健、程建华（华南理工大学）、兰善红（东莞理工学院）、刘国光（广东工业大学）、林亲铁（广东工业大学）、姚琨（广东工业大学）、江栋（环境保护部华南环境科学研究所）、陈思莉（环境保护部华南环境科学研究所）、罗家海（广州市环境保护科学研究院）、卢彦（广州市环境保护科学研究院）、刘韵达（广州市环境保护科学研究院）完成；第7章由胡勇有完成；最终的统稿和校对由胡勇有和孙健完成。

在本研究的开展及本书的写作过程中，得到了国家水专项、河流主题组和东江项目组的大力支持，还得到了广东省环境保护厅及示范工程依托企业和单位的支持。东江项目其他课题组也给予了诸多帮助。环境保护部华南环境科学研究所的许振成研究员特别为本书作序。在此深表谢意。参加书稿整理工作的成员还有华南理工大学的杨余维、黄思聪、许纯等。此外，参加项目研究的主要人员有：华南理工大学的胡勇有、程建华、孙健、利锋、黄思聪、魏臻、甄豪波、鞠峰、黄剑鹏、陈尚智、刘韵达、郭艳平、郭燕妮、吴以宝、林晖、傅强根；环境保护部华南环境科学研究所的江栋、魏东洋、刘永、孙云娜、洪伟、陈思莉、朱家亮；广东工业大学的刘国光、林亲铁、吕文英、姚琨、李鹏、何华良；广州大学的陈迪云、张鸿郭、罗定贵、莫华姝、曹恒恒等；广州市环境保护科学研究院的罗家海、卢彦、游江峰、李志琴、廖庆玉、郭涛、黄华、郭晓磊、杨倩、张娅兰；仲恺农业工程学院的王宝娥；东莞理工学院的兰善红、武秀文、吕斯濠，河南师范大学的刘海津等，在此一并表示衷心的感谢。

由于作者水平有限，书中难免存在不妥之处，敬请批评指正。

胡勇有

华南理工大学环境与能源学院

目　录

总序
序
前言
第 1 章　东江流域快速发展支流区概况 …… 1
1.1　东江广州段水系 …… 1
1.2　广州开发区 …… 2
1.2.1　区域社会经济发展状况 …… 2
1.2.2　区域产业发展特征 …… 3
1.3　新塘镇 …… 5
1.3.1　区域社会经济发展概况 …… 5
1.3.2　区域产业发展特征 …… 7
1.4　东江流域快速发展支流区水环境现状及问题 …… 8
1.4.1　广州经济技术开发区 …… 8
1.4.2　新塘镇 …… 22
1.5　东江流域快速发展支流区水污染治理技术缺口 …… 25
1.5.1　机械电子、精细化工和漂染行业废水治理技术缺口 …… 25
1.5.2　城市污水处理厂尾水深度脱毒减害处理技术缺口 …… 26
1.5.3　流域综合排水河道整治与持续净化技术缺口 …… 26
1.5.4　水污染控制与优质水保护的管理技术缺口 …… 28
第 2 章　东江流域快速发展支流区水污染控制目标与策略 …… 29
2.1　区域发展定位 …… 29
2.2　污染控制目标与指标 …… 29
2.3　总体策略 …… 30
2.3.1　从经济发展的空间布局层面防治水污染 …… 30
2.3.2　从区域产业发展的结构层面防治水污染 …… 30
2.3.3　从区域规划的污染控制工程层面防治水污染 …… 31
2.3.4　从区域的污染管理层面防治水污染 …… 31
2.3.5　水污染流域系统控制工程规划 …… 31
第 3 章　水污染控制技术研究与应用进展 …… 36
3.1　基于 B/S 结构的清洁生产信息管理系统设计 …… 36
3.1.1　基于 B/S 结构的环境信息管理系统设计现状 …… 36
3.1.2　清洁生产信息管理系统的设计与应用进展 …… 36

3.2 机械电子行业废水脱毒减害深度处理回用技术研究与应用进展 …… 38
3.2.1 含重金属离子废水处理技术 …… 38
3.2.2 含重金属络合物废水处理技术 …… 40
3.2.3 硝酸盐工业废水处理技术 …… 41
3.2.4 组合工艺研究进展 …… 42
3.3 精细化工行业废水脱毒减害深度处理回用技术研究与应用进展 …… 43
3.3.1 单项技术研究进展 …… 43
3.3.2 组合工艺研究进展 …… 45
3.4 漂染行业废水脱毒减害深度处理回用技术研究与应用进展 …… 45
3.4.1 多环芳烃在水环境中存在情况及其危害 …… 45
3.4.2 多环芳烃废水处理技术现状 …… 46
3.4.3 多环芳烃臭氧氧化技术研究进展 …… 46
3.4.4 电与好氧生物联合处理技术研究进展 …… 47
3.4.5 MBR 对印染废水的处理研究进展 …… 48
3.5 城市污水处理厂尾水脱毒减害深度处理技术研究与应用进展 …… 49
3.5.1 污水处理厂尾水深度处理技术研究进展 …… 49
3.5.2 纤维转盘滤池技术研究现状 …… 52
3.6 综合排水河道整治与持续净化技术研究与应用进展 …… 53
3.6.1 底泥氧化技术 …… 53
3.6.2 河滩湿地技术 …… 54
3.6.3 生态浮床技术 …… 55
3.6.4 生态护坡技术 …… 56
3.6.5 曝气氧化技术 …… 57
3.7 农村污水控制模式与技术研究与应用进展 …… 57
3.8 流域水环境管理研究进展 …… 60
3.8.1 水环境区划 …… 60
3.8.2 总量控制 …… 61
3.8.3 流域管理体制 …… 62
3.8.4 水环境监控与预警 …… 62
第4章 应用理论与关键技术研究 …… 64
4.1 东江流域快速发展支流区产业准入、清洁生产与水污染控制对策研究 …… 64
4.1.1 主动引导发展的水污染系统控制的战略框架 …… 64
4.1.2 目标与指标 …… 64
4.1.3 区域供水、排水体系规划 …… 65
4.1.4 总体策略 …… 68
4.2 机械电子行业废水脱毒减害深度处理技术研究 …… 71
4.2.1 铁碳微电解处理络合铜废水的研究 …… 71
4.2.2 重金属捕集剂 DTC（TBA）的研发及去除重金属离子研究 …… 87

4.2.3　壳聚糖交联沸石小球吸附重金属研究 …… 95
4.2.4　纳米 Pd/TiO_2-SnO_2 催化还原硝酸盐的研究 …… 101
4.2.5　生物陶粒悬浮填料移动床处理低浓度污水的中试研究 …… 113
4.3　精细化工行业废水脱毒减害深度处理技术研究 …… 120
4.3.1　高效天然改性高电荷密度絮凝剂制备与絮凝效能研究 …… 120
4.3.2　铝铁改性淀粉复合絮凝剂制备及絮凝效能研究 …… 125
4.3.3　聚氨酯负载型 TiO_2 纳米管催化剂的制备及其光催化性能研究 …… 127
4.3.4　钛网负载型 TiO_2 纳米管复合掺杂催化剂的制备及其催化性能研究 …… 129
4.3.5　羧甲基壳聚糖–膨润土复合吸附剂的制备及吸附性能研究 …… 135
4.4　新塘无序快速发展区水污染控制技术研究 …… 138
4.4.1　漂染行业废水脱毒减害深度处理技术研究 …… 138
4.4.2　综合排水河道持续净化成套技术研究 …… 154
4.5　东江流域快速发展支流区农村典型污水控制模式及技术研究 …… 191
4.5.1　分类控制与分步实施政策引导研究 …… 191
4.5.2　分类标准采用与典型污染物特征分析 …… 192
4.5.3　资金筹措机制研究 …… 197
4.5.4　农村生态环境宣传教育模式研究 …… 198
4.5.5　农村生活污水控制模式研究 …… 198
第5章　示范工程 …… 200
5.1　示范工程的构思与布局 …… 200
5.1.1　工程技术体系总思考 …… 200
5.1.2　示范工程的选址条件 …… 203
5.1.3　示范工程单项技术与系统集成 …… 207
5.1.4　示范工程、依托工程及配套条件 …… 210
5.2　示范工程的实施与运行效果 …… 214
5.2.1　城市污水处理厂污水深度脱毒减害示范工程 …… 214
5.2.2　机械电子行业废水脱毒减害深度处理技术示范工程 …… 222
5.2.3　精细化工行业废水脱毒减害深度处理技术示范工程 …… 244
5.2.4　漂染行业废水脱毒减害深度处理技术示范工程 …… 258
5.2.5　综合排水河道持续净化示范工程 …… 271
5.2.6　农村污水处理技术示范工程 …… 285
第6章　东江流域快速发展支流区脱毒减害深度处理技术应用的可行性及减排效果分析 …… 309
6.1　城市污水处理厂污水深度脱毒减害技术 …… 309
6.2　机械电子行业废水脱毒减害深度处理技术 …… 309
6.3　精细化工行业废水脱毒减害深度处理技术 …… 310
6.4　漂染行业废水脱毒减排与深度处理技术 …… 310
6.5　综合排水河道持续净化技术 …… 311

6.6 农村污水处理技术 …… 311
第7章 结语 …… 312
7.1 关键技术突破与技术集成 …… 312
7.1.1 关键技术突破 …… 312
7.1.2 技术集成 …… 313
7.2 示范工程 …… 313
7.2.1 机械电子废水脱毒减排与深度处理示范工程 …… 313
7.2.2 精细化工废水脱毒减排与深度处理示范工程 …… 314
7.2.3 漂染行业废水脱毒减排与深度处理示范工程 …… 314
7.2.4 污水处理厂尾水深度净化与综合排水河道持续净化 …… 314
7.2.5 典型农村生活污水处理模式示范工程 …… 314
参考文献 …… 315
附录 书中主要符号 …… 323

图 目 录

图 1-1 东江广州段水系图 …… 1
图 1-2 广州经济开发区水系图 …… 2
图 1-3 2007 年和 2011 年广州开发区 GDP 和污染负荷图 …… 5
图 1-4 新塘镇水系图 …… 6
图 1-5 部分企业废水 pH 统计 …… 8
图 1-6 部分企业废水 COD 统计 …… 8
图 1-7 部分企业废水 BOD_5统计 …… 18
图 1-8 部分企业废水 SS 统计 …… 18
图 1-9 部分企业废水 Cu^{2+}统计 …… 18
图 1-10 部分企业废水 Ni^{2+}统计 …… 18
图 1-11 部分企业废水 NH_3-N 含量统计 …… 18
图 1-12 单面板生产工艺及产污环节 …… 20
图 1-13 双面板生产工艺及产污环节 …… 20
图 1-14 多层线路板生产工艺及产污环节 …… 21
图 3-1 清洁生产信息系统组成 …… 37
图 3-2 清洁生产信息系统信息传输结构图 …… 38
图 4-1 主动引导发展的区域与流域水污染系统控制总体框架 …… 64
图 4-2 开发区污水处理系统规划图 …… 67
图 4-3 水污染源在线监测系统 …… 69
图 4-4 多级监控体系 …… 69
图 4-5 水质综合管理决策系统 …… 70
图 4-6 初始 EDTA 络合铜浓度对络合废水中 Cu^{2+}去除率的影响 …… 74
图 4-7 初始 pH 对 EDTA 络合废水中 Cu^{2+}去除率的影响 …… 75
图 4-8 铁屑粒径对 EDTA 络合废水中 Cu^{2+}去除率的影响 …… 75
图 4-9 反应温度对 EDTA 络合废水中 Cu^{2+}去除率的影响 …… 76
图 4-10 初始 DO 对 EDTA 络合废水中 Cu^{2+}去除率的影响 …… 76
图 4-11 最佳条件下，Cu^{2+}和 TOC 浓度值随反应时间的变化关系 …… 78
图 4-12 初始 pH 与表观速率常数的拟合 …… 79
图 4-13 温度与表观速率常数的拟合 …… 81
图 4-14 铁屑粒径与表观速率常数的拟合 …… 81
图 4-15 铁屑内电解反应后铁屑表面沉淀物的红外光谱图 …… 82

图 4-16　铁屑内电解反应前（实线）和反应后（虚线）溶液紫外吸收光谱图 ………… 83
图 4-17　不同浓度 EDTA-Fe^{3+}的紫外吸收光谱图 …………………………………… 83
图 4-18　不同初始 Fe^{2+}浓度下氢氧化亚铁吸附共沉淀过程中铜离子浓度随反应时间变化规律 …………………………………………………………………………… 84
图 4-19　不同曝气条件下氢氧化亚铁吸附共沉淀过程中铜离子浓度随反应时间变化规律 …………………………………………………………………………… 85
图 4-20　DTC（TBA）用量与 Cu^{2+}去除率关系 ……………………………………… 89
图 4-21　pH 对 Cu^{2+}去除率的影响 …………………………………………………… 89
图 4-22　DTC（TBA）反应时间对 Cu^{2+}去除率的影响 ……………………………… 90
图 4-23　絮凝剂种类及用量对 Cu^{2+}去除率的影响 …………………………………… 91
图 4-24　Cu^{2+}起始浓度对 Cu^{2+}去除率的影响 ……………………………………… 91
图 4-25　DTC（TBA）用量与 Cu-EDTA 去除率关系 ………………………………… 92
图 4-26　pH 对 Cu-EDTA 去除率的影响 ……………………………………………… 92
图 4-27　DTC（TBA）反应时间对 Cu-EDTA 去除率的影响 ………………………… 93
图 4-28　絮凝剂种类及用量对 Cu-EDTA 去除率的影响 ……………………………… 93
图 4-29　EDTA/Cu^{2+}值对 Cu-EDTA 去除率影响 …………………………………… 94
图 4-30　Cu-EDTA 起始浓度对 Cu-EDTA 去除率的影响 …………………………… 95
图 4-31　pH 对壳聚糖交联沸石小球吸附容量的影响 ………………………………… 97
图 4-32　重金属离子起始浓度对壳聚糖交联沸石小球吸附容量的影响 ……………… 97
图 4-33　壳聚糖交联沸石小球竞争吸附动力学曲线 …………………………………… 98
图 4-34　壳聚糖交联沸石小球的吸附动力学曲线 ……………………………………… 98
图 4-35　酸度对壳聚糖交联沸石小球脱附的影响 …………………………………… 100
图 4-36　TiO_2-SnO_2及 Pd/TiO_2-SnO_2的 XRD 谱图 ………………………………… 102
图 4-37　Pd/TiO_2-SnO_2XPS 图谱 ……………………………………………………… 102
图 4-38　TiO_2-SnO_2及 Pd/TiO_2-SnO_2的透射电镜照片 ……………………………… 103
图 4-39　不同煅烧温度下制得 TiO_2-SnO_2 XRD 谱 ………………………………… 103
图 4-40　不同 TiO_2含量的 TiO_2-SnO_2样品的 XRD 谱 ……………………………… 104
图 4-41　SnO_2及 TiO_2-SnO 样品的透射电镜照片 …………………………………… 105
图 4-42　不同 Pd 负载比的 Pd/TiO_2-SnO_2的催化效能 ……………………………… 106
图 4-43　不同 TiO_2掺杂量的催化还原硝酸盐曲线 …………………………………… 107
图 4-44　不同 TiO_2负载量对催化还原选择性的影响 ………………………………… 108
图 4-45　硝酸根初始浓度对催化还原硝酸盐活性的影响 ……………………………… 109
图 4-46　反应温度对硝酸盐还原速率的影响 …………………………………………… 110
图 4-47　反应温度对硝酸盐还原选择性的影响 ………………………………………… 110
图 4-48　腐殖酸对催化还原效能的影响 ………………………………………………… 112
图 4-49　中试装置流程图 ………………………………………………………………… 113
图 4-50　中试装置实物图 ………………………………………………………………… 113
图 4-51　BCMBBR 陶粒填料 …………………………………………………………… 114

图 4-52 进出水在线监控仪…… 114
图 4-53 HRT 对于去除率的影响 …… 116
图 4-54 气水比对去除率的影响…… 117
图 4-55 混合液回流比去除率的影响…… 117
图 4-56 $K_{La}(T)$ 与 dC/dt（25℃）随填充率的变化 …… 118
图 4-57 E_A 随填充率的变化 …… 118
图 4-58 填充率对于污染物去除的影响…… 119
图 4-59 不同 C/N 的运行效果 …… 120
图 4-60 醚化剂用量对阳离子取代度的影响…… 121
图 4-61 氢氧化钠用量对阳离子取代度的影响…… 121
图 4-62 微波功率对阳离子取代度的影响…… 121
图 4-63 微波时间对阳离子取代度的影响…… 121
图 4-64 磷酸盐与阳离子淀粉用量比对阴离子取代度的影响…… 122
图 4-65 微波功率对阴离子取代度的影响…… 122
图 4-66 微波时间对阴离子取代度的影响…… 123
图 4-67 GTA 及三种淀粉红外光谱图对比 …… 123
图 4-68 pH 对 50mg/L 甲基紫脱色率的影响（絮凝剂投加量 0.3g/L） …… 124
图 4-69 絮凝剂投加量对 50mg/L 甲基紫脱色率的影响（pH=11.0） …… 124
图 4-70 投加量对 R 值的影响 …… 126
图 4-71 投加量对 Zeta 电位的影响 …… 126
图 4-72 投加量对絮凝效率的影响…… 126
图 4-73 聚氨酯负载型 TiO_2 纳米管催化剂制备原理示意图 …… 127
图 4-74 光催化对比试验…… 128
图 4-75 无清洗连续 20 次光降解对比 …… 129
图 4-76 逐次清洗连续 20 次光降解对比 …… 129
图 4-77 TiO_2 和 Zr，N/TiO_2 纳米管阵列的 FESEM 图片 …… 130
图 4-78 Zr，N/TiO_2 纳米管阵列的 XPS 图谱 …… 131
图 4-79 TiO_2-400 和 2：1-400 的紫外可见漫反射图谱 …… 132
图 4-80 不同比例共掺杂纳米管与 TiO_2-400 的紫外可见漫反射图谱 …… 132
图 4-81 TiO_2 和共掺杂 TiO_2 纳米管阵列的 XRD 图谱 …… 133
图 4-82 300W 汞灯下罗丹明 B 的降解 …… 134
图 4-83 500W 氙灯下罗丹明 B 的降解 …… 134
图 4-84 汞灯下一级动力学常数与电解液中 Zr^{4+}/NH_4^+ 比例的关系 …… 134
图 4-85 氙灯下一级动力学常数与电解液中 Zr^{4+}/NH_4^+ 比例的关系 …… 134
图 4-86 吸附时间对吸附容量的影响（初始重金属浓度 30mg/L，初始 $pH_{(Cu^{2+})}$6.0、$pH_{(Ni^{2+})}$6.0、$pH_{(Cr^{3+})}$5.0） …… 135
图 4-87 pH 对吸附容量的影响（初始重金属浓度 30mg/L，初始 $pH_{(Cu^{2+})}$6.0、$pH_{(Ni^{2+})}$6.8、$pH_{(Cr^{3+})}$5.0） …… 136

图 4-88　吸附剂量对 Cu^{2+} 的吸附容量、去除率的影响（初始浓度 30mg/L，初始 pH 6.0） …… 137
图 4-89　吸附剂量对 Ni^{2+} 的吸附容量和去除率的影响（初始浓度 30mg/L，初始 pH 6.0） …… 137
图 4-90　吸附剂量对 Cr^{3+} 的吸附容量和去除率的影响（初始浓度 30mg/L，初始 pH 5.0） …… 137
图 4-91　复合吸附剂对 Cu^{2+} 的准二级速率吸附动力学 …… 138
图 4-92　复合吸附剂对 Ni^{2+} 的准二级速率吸附动力学 …… 138
图 4-93　复合吸附剂对 Cr^{3+} 的准二级速率吸附动力学 …… 138
图 4-94　陶粒负载锰（a、b）和负载镍（c、d）前后 SEM 对比图 …… 140
图 4-95　陶粒负载锰前（a）后（b）能谱图 …… 140
图 4-96　陶粒（a），负载双金属（b. Mn+Cu；c. Mn+Ni）SEM 对比图 …… 141
图 4-97　陶粒负载 Mn+Ni 前（a）后（b、c）能谱图 …… 142
图 4-98　臭氧浓度对菲臭氧氧化的影响 …… 142
图 4-99　pH 对菲臭氧氧化的影响 …… 142
图 4-100　不同气体气量对菲去除的影响 …… 143
图 4-101　不同初始菲浓度随投加速率的去除 …… 143
图 4-102　臭氧投加速率对菲去除率的影响 …… 144
图 4-103　COD 对菲去除的影响 …… 144
图 4-104　Fe 负载量对菲去除率的影响 …… 145
图 4-105　不同重金属对菲去除的影响 …… 145
图 4-106　不同载体对菲去除的影响 …… 145
图 4-107　不同催化剂用量对菲去除的影响 …… 145
图 4-108　陶粒负载不同双金属催化剂对菲去除率的影响 …… 146
图 4-109　Mn+Ni/陶粒催化剂焙烧温度对菲的去除效果 …… 146
图 4-110　负载双金属催化剂用量对菲去除的影响 …… 146
图 4-111　生物载体的吸附-脱附等温线 …… 148
图 4-112　不同体系对萘去除效果对比 …… 149
图 4-113　不同体系对 1ppm 菲降解效果对比 …… 149
图 4-114　不同体系对 12ppb 菲降解效果对比 …… 150
图 4-115　连续性试验每 4h 后菲的降解率 …… 150
图 4-116　菲在不同电极条件下随时间变化曲线 …… 150
图 4-117　不同 pH 条件下 4h 后菲的降解率 …… 150
图 4-118　A/O 反应器中印染废水 COD 浓度 …… 151
图 4-119　催化臭氧氧化对出水 COD 去除率的影响 …… 152
图 4-120　催化臭氧反应器进出水中萘浓度变化 …… 152
图 4-121　催化臭氧反应器进出水中菲浓度变化 …… 152
图 4-122　整个工艺对 COD 的去除效果 …… 153

图 4-123 电磁式 MBR 对萘的去除效果……………………………………………… 153
图 4-124 电磁式 MBR 对菲的去除效果……………………………………………… 154
图 4-125 最大负载量固定化枯草芽孢杆菌的 COD，NH_3-N，NO_2^--N 和 NO_3^--N 的去除效果 ……………………………………………………………………………… 156
图 4-126 pH 冲击下 COD，NH_3-N，NO_2^--N 和 NO_3^--N 的变化 ………………… 157
图 4-127 pH 冲击下水体中活菌数量的变化…………………………………………… 158
图 4-128 DO 冲击下 COD，NH_3-N，NO_2^--N 和 NO_3^--N 的变化 ………………… 158
图 4-129 DO 冲击下水体中活菌数量的变化…………………………………………… 159
图 4-130 HPLC-ESI-MS 分析中鼠李糖脂同系物组分（a）RL-F1 和（b）RL-F2 的总离子流图 ………………………………………………………………………… 161
图 4-131 鼠李糖脂同系物组分 RL-F1、RL-F2 和粗提物的表面张力曲线及临界胶束浓度（CMC） ………………………………………………………………… 162
图 4-132 鼠李糖脂同系物组分 RL-F1、RL-F2 和粗提物生物表面活性剂溶液随浓度变化的聚集胶束粒径分布 ……………………………………………………… 164
图 4-133 RL-F1 或 RL-F2 作用下 EE2 在三种底泥中的吸附及 Freundlich 模型拟合 ………………………………………………………………………………… 165
图 4-134 RL-F1 或 RL-F2 存在条件下 EE2 吸附平衡体系中表观分配系数（K_d^*）与初始鼠李糖脂浓度（$C_{0,RL}$）之间的变化关系 ………………………………… 166
图 4-135 RL-F1 或 RL-F2 对陈化底泥体系中 EE2 的脱附行为……………………… 168
图 4-136 不同鼠李糖脂同系物组分（RL-F1 和 RL-F2）对水/底泥体系 EE2 的生物降解的影响（$C_{EE2,0}$为 18.78μg/g） ………………………………………… 170
图 4-137 不同鼠李糖脂同系物组分（RL-F1 和 RL-F2）对 EE2 生物降解过程代谢中产物 M.1 和 M.3 累积和变化的影响…………………………………………… 171
图 4-138 EE2 生物降解体系鼠李糖脂同系物组分（RL-F1 或 RL-F2）自身生物降解变化 ……………………………………………………………………………… 171
图 4-139 成型后的多孔混凝土 ………………………………………………………… 174
图 4-140 厚度与抗压强度的关系曲线图 ……………………………………………… 178
图 4-141 酸处理后植生型 POC 孔隙 pH 时间变化 …………………………………… 179
图 4-142 酸处理后植生型 POC 抗压强度的变化……………………………………… 179
图 4-143 不同浓度草酸处理后植生型 POC 孔隙的 pH 变化 ………………………… 180
图 4-144 不同浓度硫酸亚铁处理后植生型 POC 孔隙的 pH 变化 …………………… 180
图 4-145 3 个月后供试植物生长状况 ………………………………………………… 182
图 4-146 供试植物根系穿透多孔混凝土（3 个月） ………………………………… 182
图 4-147 混播前后情况对比 …………………………………………………………… 183
图 4-148 混播三个月后植物根系发展情况 …………………………………………… 183
图 4-149 各植物处理下水中 TN 去除效果 …………………………………………… 186
图 4-150 各植物处理下水中 NH_3-N 去除效果……………………………………… 186
图 4-151 各植物处理下水中 TP 去除效果 …………………………………………… 186

图 4-152　各植物处理下水中 COD 去除效果……186
图 4-153　各填料处理下水中 TN 去除效果……187
图 4-154　各填料处理下水中 TP 去除效果……187
图 4-155　各填料处理下水中 COD 去除效果……187
图 4-156　各曝气量处理下水中 TN 去除效果……188
图 4-157　各曝气量处理下水中 NH_3-N 去除效果……188
图 4-158　各曝气量处理下水中 COD 去除效果……188
图 4-159　不同处理底泥 TOC 逐日变化……189
图 4-160　不同处理底泥 *G* 值逐日变化……189
图 4-161　自然湿地对 TN 的去除效果……191
图 4-162　自然湿地对 TP 的去除效果……191
图 4-163　自然湿地对 COD 的去除效果……191
图 4-164　人工湿地对总氮的去除效率……195
图 4-165　人工湿地对氨氮的去除效率……196
图 4-166　人工湿地对总磷的去除效率……196
图 4-167　人工湿地对磷酸盐的去除效率……197
图 5-1　新塘水污染控制模式示意图……201
图 5-2　新塘污水处理厂尾水深度处理示范工程位置图……203
图 5-3　机械电子行业废水脱毒减排与深度处理回用技术示范工程位置……204
图 5-4　精细化工废水脱毒减排与深度处理回用技术示范工程位置图……205
图 5-5　漂染行业废水脱毒减排与深度处理回用示范工程位置图……206
图 5-6　综合排水河道持续净化示范工程位置图……207
图 5-7　农村污水处理技术示范工程位置图……208
图 5-8　示范工程位置图……214
图 5-9　新塘污水处理厂污水深度脱毒减害示范工程工艺流程图……215
图 5-10　示范工程现场……217
图 5-11　示范工程 COD 去除情况……217
图 5-12　示范工程 TP 去除情况……218
图 5-13　示范工程 TN 去除情况……218
图 5-14　示范工程 NH_3-N 去除情况……219
图 5-15　示范工程壬基酚去除情况……219
图 5-16　示范工程双酚 A 去除情况……219
图 5-17　机械电子行业废水脱毒减排与深度处理技术示范工程工艺流程图……224
图 5-18　铁碳微电解流化床工程实体……229
图 5-19　铁碳微电解系统均化储水罐工程实体……229
图 5-20　重金属捕集+混凝+沉淀一体化池工程实体……230
图 5-21　生物接触氧化池工程实体……230
图 5-22　二沉池工程实体……230

图 5-23 改性壳聚糖吸附塔工程实体……………………………………………………………………………… 230
图 5-24 机械电子行业废水脱毒减排与深度处理技术示范工程整体布置图……………… 231
图 5-25 示范工程进出水 COD 变化及总去除率 ………………………………………………………… 231
图 5-26 示范工程进出水 Cu 变化及总去除率 ……………………………………………………………… 232
图 5-27 示范工程进出水 NH_3-N 变化及总去除率 ……………………………………………………… 232
图 5-28 第三方检测示范工程进出水 COD、Cu、Ni 变化 ……………………………………………… 233
图 5-29 第三方检测示范工程苯系物进出水浓度变化………………………………………………… 235
图 5-30 示范工程工艺流程………………………………………………………………………………………… 245
图 5-31 强化絮凝反应器工程实体……………………………………………………………………………… 248
图 5-32 光催化反应器工程实体………………………………………………………………………………… 248
图 5-33 高效吸附塔工程实体…………………………………………………………………………………… 249
图 5-34 示范工程 COD 去除效果图 ……………………………………………………………………………… 249
图 5-35 示范工程铜去除效果图………………………………………………………………………………… 249
图 5-36 示范工程镍去除效果图………………………………………………………………………………… 250
图 5-37 示范工程苯系物去除效果图…………………………………………………………………………… 250
图 5-38 示范工程工艺流程………………………………………………………………………………………… 259
图 5-39 示范工程建成照片………………………………………………………………………………………… 262
图 5-40 示范工程 COD 去除情况 ………………………………………………………………………………… 262
图 5-41 示范工程 NH_3-N 去除情况 …………………………………………………………………………… 263
图 5-42 示范工程萘去除情况……………………………………………………………………………………… 263
图 5-43 示范工程菲去除情况……………………………………………………………………………………… 264
图 5-44 第三方检测 COD 去除情况 ……………………………………………………………………………… 264
图 5-45 第三方检测 NH_3-N 去除情况 ………………………………………………………………………… 265
图 5-46 第三方检测萘去除情况…………………………………………………………………………………… 265
图 5-47 第三方检测菲去除情况…………………………………………………………………………………… 265
图 5-48 水南涌示范工程平面布置图…………………………………………………………………………… 273
图 5-49 复合岸堤断面图…………………………………………………………………………………………… 274
图 5-50 砼空心预制块复合生态护坡…………………………………………………………………………… 274
图 5-51 清淤断面图………………………………………………………………………………………………… 275
图 5-52 清淤工程现场……………………………………………………………………………………………… 275
图 5-53 复合生态浮床……………………………………………………………………………………………… 276
图 5-54 河滩湿地…………………………………………………………………………………………………… 276
图 5-55 植生混凝土………………………………………………………………………………………………… 276
图 5-56 生态笼……………………………………………………………………………………………………… 276
图 5-57 微生物陶粒及底泥氧化剂投加现场…………………………………………………………………… 277
图 5-58 示范工程 COD 去除情况 ………………………………………………………………………………… 279
图 5-59 示范工程 NH_3-N、TN 去除情况 ……………………………………………………………………… 279
图 5-60 示范工程 TP 去除情况 …………………………………………………………………………………… 279

图 5-61 第三方检测 COD 去除情况 …… 280
图 5-62 第三方检测 TN 去除情况 …… 280
图 5-63 第三方检测 TP 去除情况 …… 280
图 5-64 水专项工作站 …… 285
图 5-65 示范工程挂牌 …… 285
图 5-66 示范工程建设前 …… 285
图 5-67 示范工程建设中 …… 285
图 5-68 示范工程完成后 …… 286
图 5-69 植物生长情况 …… 286
图 5-70 示范工程工艺流程图 …… 286
图 5-71 示范工程挂牌 …… 288
图 5-72 示范工程全景 …… 288
图 5-73 示范工程工艺流程图 …… 289
图 5-74 示范工程全景 …… 290
图 5-75 示范工程远景 …… 290
图 5-76 工艺流程图 …… 291
图 5-77 示范工程出水池 …… 294
图 5-78 示范工程湿地植物 …… 294
图 5-79 工艺流程图 …… 295
图 5-80 示范工程 COD 去除情况 …… 296
图 5-81 示范工程 BOD_5去除情况 …… 297
图 5-82 示范工程 TN 去除情况 …… 297
图 5-83 示范工程 TP 去除情况 …… 297
图 5-84 示范工程 NH_3-N 去除情况 …… 298
图 5-85 示范工程 COD 去除情况 …… 298
图 5-86 示范工程 BOD_5 去除情况 …… 299
图 5-87 示范工程 TN 去除情况 …… 299
图 5-88 示范工程 TP 去除情况 …… 299
图 5-89 示范工程 NH_3-N 去除情况 …… 300
图 5-90 示范工程 COD 去除情况 …… 300
图 5-91 示范工程 BOD_5去除情况 …… 300
图 5-92 示范工程 NH_3-N 去除情况 …… 301
图 5-93 示范工程磷酸盐去除情况 …… 301
图 5-94 示范工程 COD 去除情况 …… 301
图 5-95 示范工程 BOD_5去除情况 …… 302
图 5-96 示范工程 NH_3-N 去除情况 …… 302
图 5-97 示范工程 LAS 去除情况 …… 302

表 目 录

表 1-1 项目所在区域机械电子行业基本信息 …… 9
表 1-2 项目所在区域精细化工企业基本信息 …… 15
表 1-3 企业废水原水 pH、SS、COD、总氰和总铜超标情况统计表 …… 19
表 1-4 部分企业废水原水特征污染物情况统计表 …… 19
表 1-5 区域内主要水体污染程度 …… 24
表 1-6 东江新塘西洲断面水质变化趋势 …… 25
表 2-1 研究区内各支流规划水质目标 …… 29
表 2-2 东江干流快速发展区水环境保护指标 …… 30
表 3-1 各印染厂萘、菲浓度 …… 45
表 4-1 新塘镇规划水厂一览表 …… 65
表 4-2 新塘镇规划污水提升泵站一览表 …… 66
表 4-3 广州开发区以及周边地区污水处理系统汇总表 …… 66
表 4-4 正交试验的因素选择及水平设置 …… 77
表 4-5 L_9（3^4）正交试验结果及其方差分析 …… 77
表 4-6 不同 pH 条件下铜离子去除的动力学分析 …… 80
表 4-7 反应温度对铜离子去除影响的动力学分析 …… 81
表 4-8 铁屑粒径对铜离子去除影响的动力学分析 …… 82
表 4-9 吸附共沉淀过程中废水及絮体沉淀物颜色的变化规律 …… 85
表 4-10 水合肼的用量对产量的影响 …… 88
表 4-11 有机溶剂的用量对产量的影响 …… 88
表 4-12 反应前后 EDTA 的浓度 …… 95
表 4-13 沸石和壳聚糖交联沸石小球对 Cu^{2+}、Ni^{2+} 及 Cd^{2+} 的吸附容量 …… 96
表 4-14 壳聚糖交联沸石小球吸附 Cu^{2+}、Ni^{2+} 及 Cd^{2+} 的准一级、准二级动力学模型参数 …… 99
表 4-15 壳聚糖交联沸石小球吸附 Cu^{2+}、Ni^{2+} 及 Cd^{2+} 的 Langmuir 与 Freundlich 等温吸附模型参数 …… 100
表 4-16 壳聚糖交联沸石小球对 Cu^{2+}、Ni^{2+} 及 Cd^{2+} 的解吸和重复吸附性能 …… 101
表 4-17 不同煅烧温度下制备的 TiO_2-SnO_2 粒径及 BET 比表面积 …… 104
表 4-18 不同 TiO_2 含量的 TiO_2-SnO_2 样品的平均粒径和比表面积 S_{BET} …… 105
表 4-19 甲酸量对催化还原硝酸盐效能的影响 …… 109
表 4-20 常见阴离子对催化还原硝酸盐效能的影响 …… 111
表 4-21 常见阳离子对催化还原硝酸盐效能的影响 …… 111

表 4-22　Pd/TiO_2-SnO_2催化剂重复使用效果 …… 112
表 4-23　中试装置构造 …… 114
表 4-24　BCMBBR 反应器运行的不同工况 …… 115
表 4-25　光催化降解罗丹明 B 的动力学常数与相关系数 …… 128
表 4-26　纳米管中 Zr，N 浓度与电解液中 Zr^{4+}/NH_4^+摩尔比 …… 131
表 4-27　各载体的比表面积和孔径分布 …… 148
表 4-28　最大负载量的正交实验结果 …… 154
表 4-29　鼠李糖脂同系物组分及粗糖脂的表面性质 …… 162
表 4-30　不同浓度 RL-F1 或 RL-F2 作用下陈化底泥体系 EE2 的 K_d^* 和 E 值 …… 168
表 4-31　普通硅酸盐水泥物理性能 …… 172
表 4-32　矿渣的化学成分 …… 173
表 4-33　多孔混凝土结构优化正交试验因素水平表 …… 175
表 4-34　多孔混凝土结构优化正交试验设计方案及试验结果 …… 175
表 4-35　植生型多孔混凝土 28d 抗压强度方差分析 …… 175
表 4-36　植生型多孔混凝土孔隙率方差分析 …… 176
表 4-37　多孔混凝土的配合比 …… 177
表 4-38　常见护坡植物适生材料的 pH …… 178
表 4-39　不同草种在多孔混凝土中的生长情况 …… 181
表 4-40　不同组合草种在多孔混凝土中生长情况 …… 183
表 4-41　不同植物生态浮床的水中 DO 值 …… 185
表 4-42　不同曝气量下水中 DO …… 187
表 4-43　竹坑村河流水质现状检测结果 …… 193
表 4-44　竹坑村河流环境激素类分析检测结果 …… 193
表 4-45　报德寺和西南村河涌断面常规指标分析检测结果 …… 194
表 4-46　快速发展区农村污水不同控制模式及适用范围 …… 199
表 5-1　示范工程、依托工程及配套条件 …… 211
表 5-2　搅拌池双氧水泵送装置 …… 216
表 5-3　第三方检测数据 …… 220
表 5-4　示范工程各处理单元设备用电功率 …… 221
表 5-5　依利安达（广州）电子有限公司废水水质、水量情况 …… 222
表 5-6　依利安达（广州）电子有限废水排放执行标准及处理工程设计目标值 …… 223
表 5-7　铁炭微电解单元设计参数 …… 225
表 5-8　重金属捕集+混凝+沉淀单元设计参数 …… 226
表 5-9　生物接触氧化+二级沉淀单元设计参数 …… 227
表 5-10　改性壳聚糖吸附单元设计参数 …… 228
表 5-11　示范工程第三方检测常规项目检测结果 …… 233
表 5-12　示范工程第三方检测有毒有害物质检测结果 …… 235
表 5-13　原工艺出水达标投资明细 …… 237

表 5-14 主要污染物减排需增加的投资明细…… 239
表 5-15 脱毒减害与深度处理的投资明细…… 239
表 5-16 原工艺出水达标的药剂费…… 240
表 5-17 原工艺出水达标的设备用电功率…… 241
表 5-18 主要污染物减排增加的药剂消耗量及价格…… 242
表 5-19 主要污染物减排增加的设备用电功率…… 242
表 5-20 示范工程进一步脱毒减害与深度处理回用的药剂费用…… 242
表 5-21 示范工程进一步脱毒减害与各处理的设备用电功率…… 243
表 5-22 安美特（中国）化学有限公司废水水质、水量情况 …… 244
表 5-23 进出水水质标准…… 245
表 5-24 含铜、含碱废水反应沉淀器…… 246
表 5-25 含氰废水反应沉淀器…… 246
表 5-26 含镍废水反应沉淀器…… 246
表 5-27 综合提升泵…… 246
表 5-28 高效催化氧化反应器…… 247
表 5-29 高效吸附器…… 247
表 5-30 吸附器反冲洗提升泵Ⅰ …… 247
表 5-31 吸附器反冲洗提升泵Ⅱ…… 247
表 5-32 加药系统…… 247
表 5-33 示范工程污染物去除情况…… 251
表 5-34 原工艺出水达标投资明细项…… 252
表 5-35 主要污染物减排需增加的投资明细…… 253
表 5-36 进一步脱毒减害与深度处理需增加的投资明细…… 254
表 5-37 原工艺出水达标的药剂费…… 255
表 5-38 原工艺出水达标的设备用电功率…… 256
表 5-39 主要污染物减排增加的药剂消耗量及价格…… 256
表 5-40 示范工程进一步脱毒减害与深度处理的药剂消耗量及价格…… 257
表 5-41 示范工程进一步脱毒减害与深度处理的设备用电功率…… 257
表 5-42 设计进水水质…… 259
表 5-43 设计出水水质…… 259
表 5-44 漂染行业废水脱毒减排与深度处理回用技术示范工程设计参数…… 260
表 5-45 示范工程污染物去除情况…… 266
表 5-46 原工艺出水达标投资明细…… 267
表 5-47 脱毒减害与深度处理的投资明细…… 268
表 5-48 生产用电负荷表…… 269
表 5-49 投药种类以及投药量…… 269
表 5-50 生产用电负荷表…… 270
表 5-51 设计进水水质…… 272

表 5-52　设计出水水质…… 272
表 5-53　工程量统计…… 277
表 5-54　综合排水河道示范工程污染物去除情况…… 281
表 5-55　水南支涌综合治理工程量表…… 282
表 5-56　水南支涌综合治理工程投资估算表…… 283
表 5-57　竹坑村示范工程设计进出水水质…… 286
表 5-58　腊圃村示范工程设计进出水水质…… 288
表 5-59　西南村示范工程设计进出水水质…… 290
表 5-60　二龙河沿岸示范工程设计进出水水质…… 294
表 5-61　竹坑村第三方检测结果…… 303
表 5-62　腊圃村第三方检测结果…… 304
表 5-63　腊圃村工程费用估算表…… 305
表 5-64　竹坑村示范工程工程费用估算表…… 306

第 1 章　东江流域快速发展支流区概况

1.1　东江广州段水系

图 1-1 为东江广州段水系图。东江水经惠州流到广州段后入海，东江广州段汇水区域是东江下游水系地区的典型代表，包括广州经济开发区和新塘镇，区域汇水经由大约 180km 的大小河涌进入西福河和增江，再汇入东江干流。在该河段下游有西洲水厂和新塘水厂两个自来水厂，因而，该河段亦为水质敏感河段。

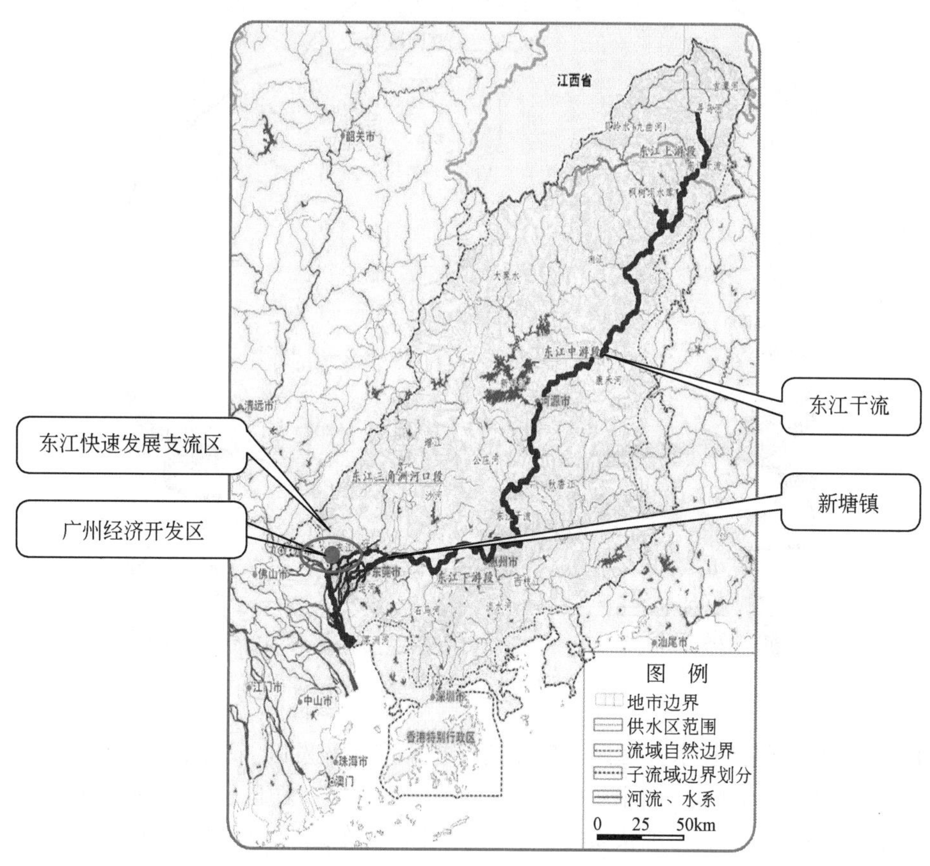

图 1-1　东江广州段水系图

1.2 广州开发区

1.2.1 区域社会经济发展状况

广州开发区成立于1984年，是首批国家级经济技术开发区之一。广州开发区位于广州市东部，是广州市“东进”的龙头，地处珠江三角洲核心地带，两小时车程覆盖香港、澳门、深圳、珠海等城市。广州经济开发区水系图如图1-2所示。

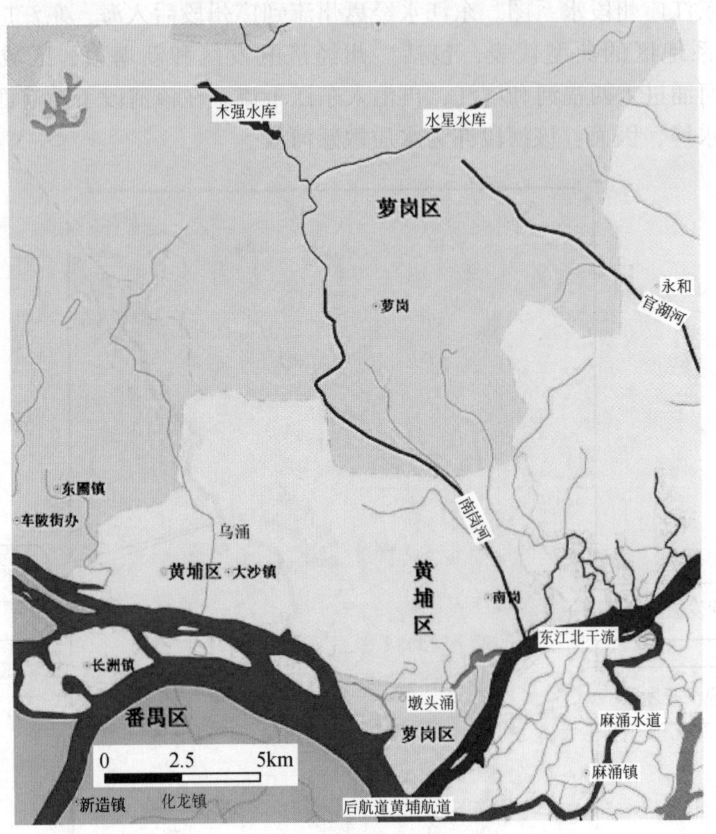

图1-2 广州经济开发区水系图

2002年，广州经济技术开发区、广州高新技术产业开发区、广州保税区、广州出口加工区实行合署办公，形成了全国国家级开发区独一无二的“四区合一”新型管理模式，全区总规划面积78.92km²。为加快实施广州城市发展“东进”战略，发挥开发区的辐射带动作用，统筹城乡发展，2005年4月，经国务院批准，在广州开发区基础上，整合周边农村地区，设立萝岗区，管辖面积393.22km²。下辖夏港街、萝岗街、东区街、联和街、永和街、九龙镇5街1镇，共30个居委会、28个村委会。截至2010年11月1日，全区常住人口37.37万人。

财政收支：2011 年，全区实现财政收入 471.96 亿元，增长 21.46%。实现税收收入 376.33 亿元，增长 18.99%，按照征收部门分类：国税部门组织的收入 276.43 亿元，增长 13.85%；地税部门组织的收入 110.02 亿元，增长 55.84%。全年地方一般预算财政收入 99.6 亿元，增长 24.13%，占广州市比重为 10.2%。其中，营业税 24.44 亿元，增长 6.71%；增值税 153.98 亿元，增长 3.50%；企业所得税 131.47 亿元，增长 28.8%。全年一般预算财政支出 102.29 亿元，增长 20.87%，其中，科学技术、教育、文化体育和传媒、社会保障和就业支出分别为 12.05 亿元、10.33 亿元、3.41 亿元、3.09 亿元，分别增长 1.41 倍、14.03%、16.39% 和下降 2.17%。

经济效益：2011 年，按从业人员计算，全区实现人均 GDP 51.15 万元、人均财政收入 12.89 万元、人均税收收入 10.28 万元，人均工业总产值 164.70 万元，人均工业增加值 43.12 万元，分别比 2010 年增加 1.72 万元、1.02 万元、0.62 万元、7.26 万元、0 万元。2011 年，平均每出让 $1m^2$ 土地产生 GDP 4421 元、财政收入 1114 元，税收收入 888 元；平均每出让 $1m^2$ 工业用地产生工业总产值 16063 元、工业增加值 4206 元；5 项指标分别比上年提高 371 元、142 元、97 元、1964 元和 340 元。

节能减排：2011 年全区单位 GDP 能耗预计下降 4.05%。2011 年，规模以上工业企业用电量 655277 万 kW · h，同比下降 8.67%，每千瓦时电产生工业总产值 73.88 元，比 2010 年 57.87 元增加了 16 元，增幅达到了 27.67%；比广州市每度电产生的工业总产值 46.25 元高出 27.62 元，是广州市的 1.6 倍。

1.2.2　区域产业发展特征

1.2.2.1　工业

2011 年，全区实现工业总产值 4938.16 亿元，增长 16.1%，全年新增工业总产值 710.64 亿元。其中，国有及国有控股企业增长 68.41%；集体企业下降 65.39%，股份制企业增长 21.96%，外商及港澳台商投资企业增长 17.23%；私营企业增长 4.26%。

轻重工业比重：2011 年，全区重工业完成工业总产值 2766.41 亿元，增长 10.22%；轻工业完成工业总产值 2171.75 亿元，增长 24.86%；轻工业增速比重工业高出 14.64 个百分点。轻重工业的比重由上年的 40.70∶59.30 调整为 43.98∶56.02，轻工业比重比上年提高 3.28 个百分点。

工业经济效益：2011 年，全区实现工业增加值 1292.91 亿元，占全区 GDP 的 69.05%，工业对 GDP 增长的贡献率达到 59%，拉动全区 GDP 增长 9.48 个百分点。工业企业实现利润总额 308.34 亿元，下降 2.38%，其中，国有及国有控股企业增长 90.93%；集体企业下降 86.51%，股份制企业增长 0%，外商及港澳台商投资企业下降 3.67%；私营企业下降 2.11%。规模以上工业盈利企业占工业企业比重达到 77.31%。全年工业企业经济效益综合指数为 384.44%。规模以上工业企业产品销售率达到 96.01%。

六大支柱产业：2011 年，六大工业支柱产业实现工业总产值 4073.85 亿元，增长 15.13%，占全区工业总产值的比重为 82.50%，对全区工业增长的贡献率为 81.96%。

其中：电子及通信设备制造业、化学原料及化学制品制造业、金属冶炼及加工业、食品饮料制造业、交通运输设备制造业、电气机械及器材制造业产值分别实现工业总产值1546.07亿元、1119.25亿元、477.58亿元、446.04亿元、266.16亿元和218.75亿元，分别占全区工业总产值的31.31%、22.67%、9.67%、9.03%、5.39%、4.43%；分别实现工业增加值271.61亿元、499.33亿元、79.22亿元、130.68亿元、67.67亿元和51.10亿元，分别占全区工业增加值的21.00%、38.62%、6.13%、10.11%、5.23%和3.95%。

高新技术产业：2011年，我区实现高新技术企业产值、高新技术产品产值分别为1583.95亿元、2370.32亿元，分别增长22.82%、33.11%。高新技术企业全年实现利润总额69.99亿元，增长14.34%，比全区工业利润总额增速高出16.72个百分点。装备制造业实现产值1913.66亿元，同比增长13.24%。

龙头工业企业：2011年，工业总产值排名前50名的工业企业合计完成工业总产值3504.84亿元，占全区工业总产值的70.97%。其中：产值100亿元以上的企业有6家；产值50亿元以上的有18家，分别比上年多出1家和2家；产值超亿元的有344家，比上年增加16家，共完成产值4713.20亿元，占全区产值的95.44%，实现工业增加值1256.09亿元，占全区工业增加值的97.15%。

1.2.2.2 农业

建立起一批国家、省、市级的农业产业化经营示范区和示范项目，打造出一批区域性、专业化、成规模的农产品生产、流通和加工基地，使农业经济由传统种养型向城市产业型转变。主要农业产业化经营示范项目包括：东南亚最大的白兰花种植基地——九佛白兰花基地，农业部“南亚热带水果示范基地”、科技部“星火项目示范工程”、广州市十大现代农业示范基地之——九佛棠下广州水果世界，国家级农业龙头企业——九佛枫下江丰原种鸡场，市级农业龙头企业——九佛蟹庄良田原种鸽场、九佛燕塘洲星水马蹄种植基地，以及九佛枫下力智生猪示范区、九佛麻鸡出口基地、火村冰鲜鸡出口基地、九佛韭菜花生产示范基地、广藿香种植基地、永和东凌蔬果物流基地、恒发东鱼出口基地等。

1.2.2.3 第三产业

2011年，第三产业增加值达到514.23亿元，同比增长18.08%，比第二产业和全区GDP增速分别高出2.79个、2.06个百分点，占全区GDP的比重达到27.46%，比上年比重提高1.45个百分点。第三产业增加值居前三位的行业是：交通运输邮电业、其他服务业、批发零售业，分别占第三产业增加值的40.90%、36.38%和19.26%。现代服务业增加值313.68亿元，增长32%，占全区GDP的比重达到16.75%，占第三产业增加值比重达到61%。

如图1-3所示，2007年区内6大支柱行业GDP为1084.2亿元，占80%。机械电子489亿元，占45%，污染负荷51%；精细化工245亿元，占23%，污染负荷22%。两大行业都是广州经济开发区重点的控源减排对象。控源减排后，2011年广州开发区支柱行业污染负荷同比减少，工业废水排放总量为2411.55万t、COD排放量为1775.66t，电子制造废水排放总量为1520.39万t、COD排放量为754.27t。

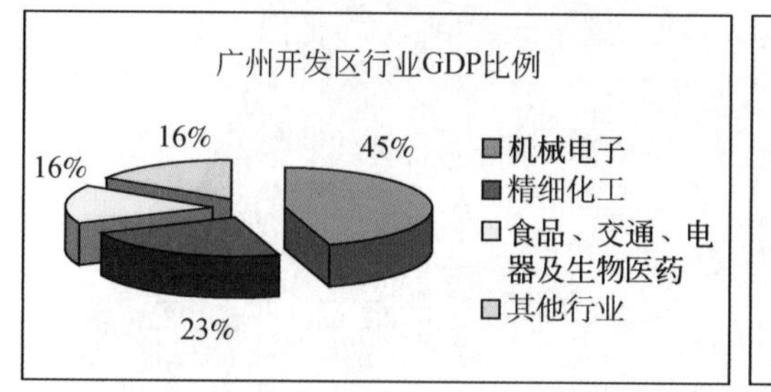

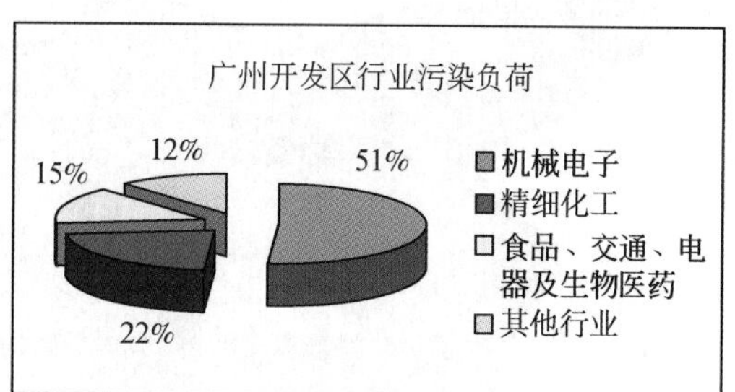

2007年

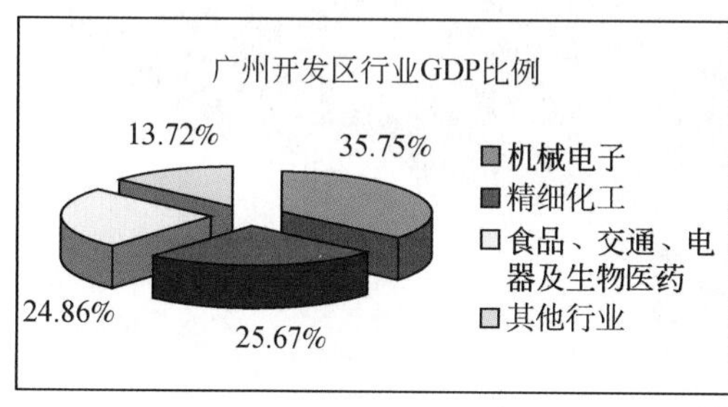

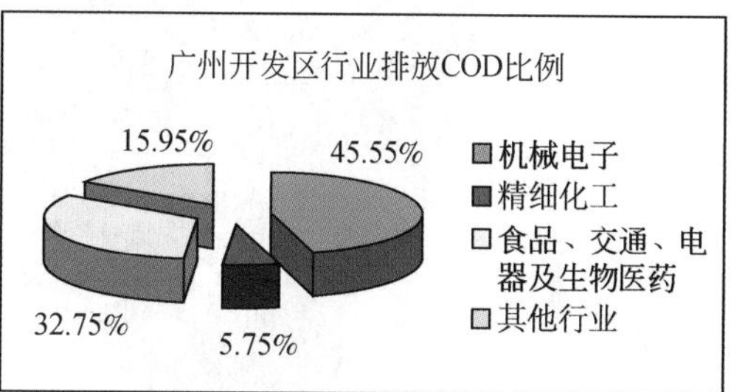

2011年

图1-3　2007年和2011年广州开发区GDP和污染负荷图

1.3　新　塘　镇

新塘镇是增城市南部工业、商业重镇，广东省中心镇。目前该镇面积251.51km^2，人口40多万。新塘镇水系分布如图1-4所示。

1.3.1　区域社会经济发展概况

增城市新塘镇位于广州市经济技术开发区东侧，也是广州东部产业带的重要组成部分。广深高速铁路、广深高速公路、广园东快速路、广惠高速公路、107国道横贯全境，构成新塘镇主要的对外交通路网，连通广州、东莞、惠州、深圳、香港等地。新塘镇管辖原新塘、永和、仙村（吓岗村除外）、沙埔、宁西5镇的行政区域范围，共16个居委会和71个村委会，总面积251.51 km^2，总人口40多万。新塘镇作为增城市的经济、商贸重镇，近几年呈现快速发展趋势。

1.3.1.1　经济总量持续增长

2011年，新塘镇经济总体呈持续增长态势，第三产业发展势头迅猛，特别是现代商贸服务业蓬勃发展。全镇完成工农业总产值912.66亿元，同比增长（下同）19.39%，其中，工业总产值898.61亿元，增长16.81%，农业总产值14.05亿元，增长3.4%；全社会固定资产投资91.34亿元，增长22.67%；服务业主营收入31.47亿元，增长20.3%；

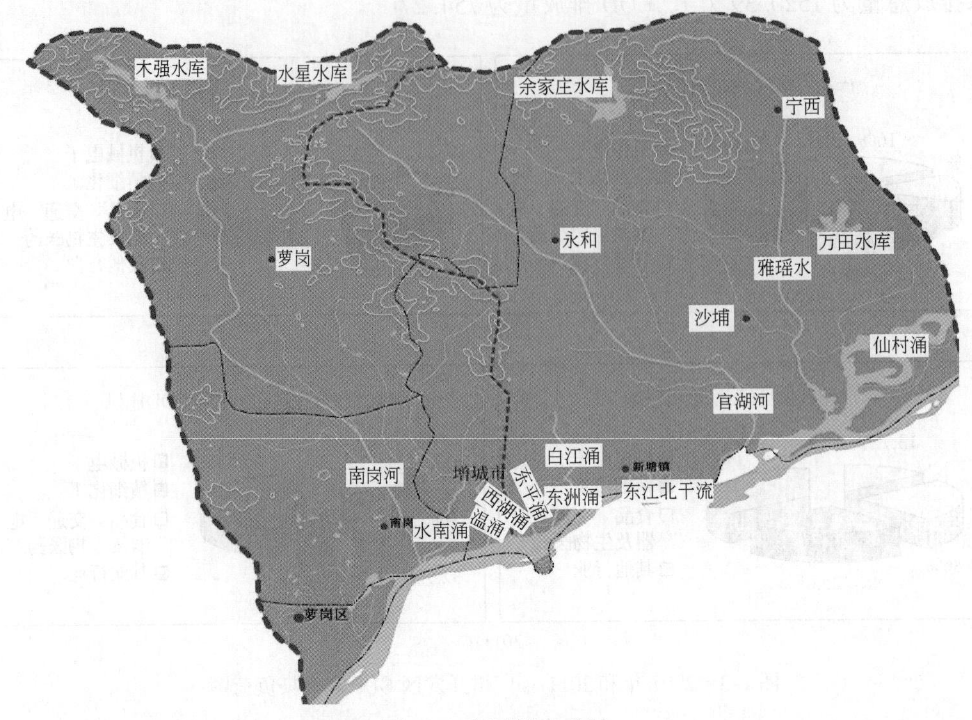

图 1-4　新塘镇水系图

社会消费品零售总额 108.01 亿元，增长 20.05%；两税收入 44.97 亿元，增长 10.78%。全面完成年初确定的各项目标任务，总体经济实力明显提升。

1.3.1.2　工商业健康有序发展

以大基地大项目建设带动工商业大发展，以品牌培育推动产业结构调整。新塘民营制衣、新塘环保、宁西等工业基地的建设不断完善，为产业集群集聚发展提供了平台。三大支柱产业做大做强，广州本田增城工厂、五羊本田摩托车有限公司、豪进摩托车新工厂、金邦有色合金、戴卡旭汽车铝轮毂的增资扩产，带动了汽车及其零部件、摩托车及其零部件产业迅速发展，新塘镇成为广东东部汽车及其零部件主要生产基地、摩托车产业集群基地；牛仔休闲服装产业成为全国牛仔服装集群基地，顺利通过“中国牛仔服装名镇”复审；康威、豪进、三铃荣获“国家驰名商标”称号，打响了“新塘摩托”“新塘牛仔”区域品牌。2010 年，三大支柱产业实现工业产值 437.8 亿元，增长 22.15%；培育产值已超亿元的企业达到 97 家，比 2009 年增加了 37 家。中电荔新热电联产、驭风旭汽车零部件、川井摩托车扩建、易福诺木业扩建等一批项目加紧动工或建设，形成新的经济增长点。2011 年共引进了广州通用光伏科技有限公司、天天安娜投资有限公司等新落户项目 4 个、签约项目 2 个，另有 4 个意向落户项目正进一步洽谈中；同时推进了 21 个重点在建项目，投资总额达 158 亿元。现代服务业加快发展，以现代商贸业发展规划为引导，推进新塘国际牛仔服装纺织城升级改造，连续举办形式多样的“新塘牛仔节”。五年来，新塘镇先后依法全部关停了 80 家洗漂印染企业、44 家水泥厂、22 家黏土砖瓦厂，查处和取缔无证照经营 1.25 万户，经济发展的可持续性进一步增强。

1.3.2　区域产业发展特征

1.3.2.1　快速发展的劳动密集型工业

新塘镇的劳动密集型工业发展迅速，原新塘镇内有大小企业 4000 多家，近年来，新塘大力深化南部主体功能区建设，发挥区位、交通、资源、产业集聚四大可持续发展优势，推进了汽车产业、民营制衣、豪进、宁西、新塘环保、沙埔银沙、东凌等工业基地建设，引进了广州本田二厂、五羊–本田摩托车两大生产力骨干项目，发展了广州提爱思汽车内饰、豪进摩托、康威集团、创兴牛仔、广英牛仔等一批龙头企业，培育了一批科技含量高、效益好、带动性强的制造业工业项目，全镇形成汽车、摩托车、牛仔服装、建材、家具、造纸、食品、塑料、家电、制品业等 19 个行业为骨干的工业体系。牛仔服装、汽车、摩托车及其零部件成为三大支柱产业。

根据区位商分析，新塘的服装及其他纤维制品制造业在广东省和全国的区位商高达 11.027，其比较优势十分明显。新塘目前已步入工业化中期阶段，但工业内部结构层次较低，以劳动密集型为主。目前工业部门的三大行业为牛仔休闲服装及布匹业、汽车及配件业、摩托车及配件业。目前全国 60% 以上的牛仔服装、约 30% 的出口牛仔服均出自新塘，牛仔服产业产值约 35 亿元人民币。

1.3.2.2　产业基地化趋势明显

新塘集中了增城市的大部分重点工业项目和知名企业，已成为增城市工业化发展的重要地区。在这里，增城将集中土地资源，整合工业基地，以承接广州工业向东转移和珠三角产业的辐射，并积极吸收国际资本的民营资本。未来的大新塘地区将继续完善现有工业体系，大力发展以汽车、摩托车及其零部件工业和牛仔服装为主的大工业，同时发展大商贸、大物流、大房地产。

1.3.2.3　逐渐完善的第三产业

新塘镇第三产业发展迅速，占地 13 万 m^2 的新塘牛仔商贸城和占地 4 万多平方米的沙埔牛仔面辅料商贸城，成为产业龙头的大商业格局。已建成国际贸易中心等一批上档次的大型商业中心，有大润发、华润万家、天和、新客隆、家家乐、人人乐等大型百货进驻，发展了解放路、汇创等商业区，商贸业发展规划不断完善，引进了普洛斯汽车零配件产业物流园、景东国际城–喜来登酒店、皇朝酒店等，建设了钢材、家电、摩托车、装饰材料、小商品等大型批发市场，促进了商业和物流业的发展。建有集旅游、饮食、休闲和娱乐于一体的凤凰城、太阳城、新好景、凯旋门和聚福等大酒店。

1.3.2.4　向工业化中期迈进的产业结构

新塘的三次产业构成为3∶72∶25，农业已萎缩到很小的地位，工业增加值是拉动新塘GDP增长的主要力量，第三产业的发展已经达到25%的比重，传统的商贸服务业已经拥有一定实力。

1.4　东江流域快速发展支流区水环境现状及问题

1.4.1　广州经济技术开发区

根据广州市开发区、萝岗区建设和环境管理局提供的数据，结合现场调查，项目所在区域共有机械电子制造企业62家，精细化工企业30家，各企业信息及所处地理位置见表1-1和表1-2。

对上述调研单位及“建设项目环保设施验收报告”中所涉及的企业废水原水水质进行分析：酸性废水pH一般在3.45左右，碱性废水pH一般在10.22左右。废水中悬浮颗粒物含量平均在282.5mg/L，远高于广东省《水污染排放限值》（DB 44/26-2001）中的第二时段一级排放标准上限60mg/L。废水COD平均为257.3mg/L，高达排放限值的两倍多。废水BOD_5平均值为230.8mg/L。由于大多数生产工序中都以铜为原料或辅料，因此废水中Cu^{2+}含量非常高，高达90.2mg/L。

由于样本数较大，不能全部做在同一个柱状图上，故选取总样本数的46%，即29家有代表性的企业，统计其pH、COD、BOD_5、SS、总铜、总镍和NH_3-N，如图1-5～图1-11所示，各指标的企业原水超标情况如表1-3所示。

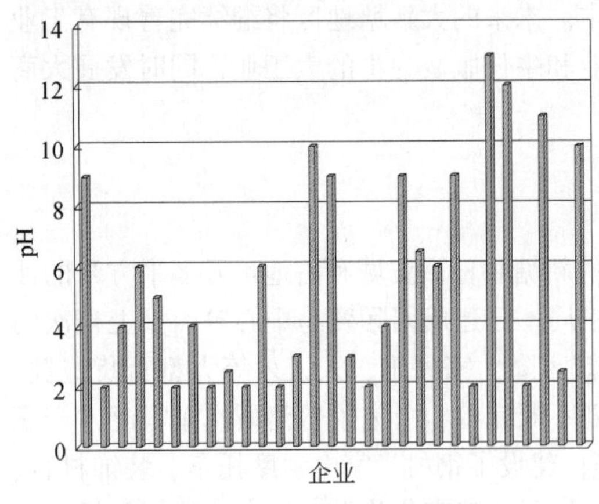

图1-5　部分企业废水pH统计

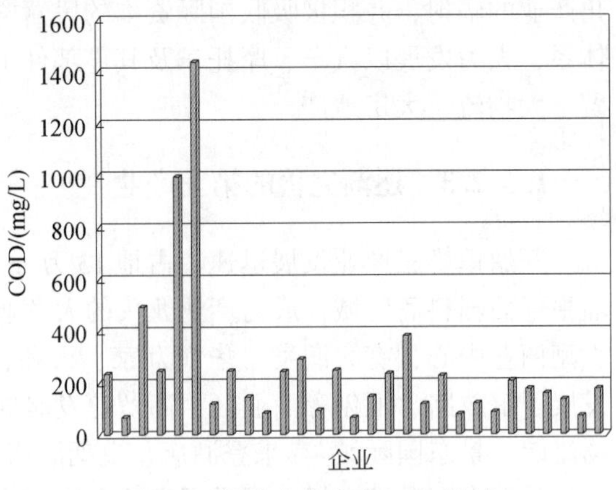

图1-6　部分企业废水COD统计

表 1-1　项目所在区域机械电子行业基本信息

序号	企业名称	详细地址	行业类别名称	排入的污水处理厂名称	受纳水体名称	工业用水量/t	工业废水排放量/t	工业废水 COD 产生量/t	工业废水 COD 排放量/t	工业废水 NH_3-N 产生量/t	工业废水 NH_3-N 排放量/t
1	广州达志环保科技股份有限公司	田园东路 1 号、2 号	专项化学用品制造	永和水质净化厂	东江北干流	12679	1616	0.654	0.031	0.008	0.001
2	三菱电机（广州）压缩机有限公司	东江大道 102 号	制冷、空调设备制造	西区水质净化厂	珠江黄埔航道（广州）	569950	479918	747.22	33.402	24.19	2.4
3	广州市东成化学有限公司	骏功路 19 号	有机化学原料制造	东区水质净化厂	东江北干流						
4	广州杰赛科技股份有限公司印制电路分公司	锦绣路 52 号	印制电路板制造	西区水质净化厂	东江北干流	280031	179758	23.73	18.695	5.01	4.835
5	广州添利电子科技有限公司	九佛西路 888 号	印制电路板制造		流溪河	5728347	4378098	801	250	16.29	7.31
6	广州展科电路有限公司	才汇街 3 号 4 楼	印制电路板制造	西区水质净化厂	珠江黄埔航道（广州）	35796	32217	1.74	0.68	0.2	0.033
7	依利安达（广州）电子有限公司（西区）	临江路 3 号	印制电路板制造	西区水质净化厂	珠江黄埔航道（广州）	2440000	1880000	315.84	103.4	23.1	9.4
8	广大科技（广州）有限公司	保盈大道 18 号	印制电路板制造	西区水质净化厂	珠江黄埔航道（广州）	1222169	1012507.6	487.5	43.8	8.44	1.35
9	飞登（广州）电子有限公司	骏达路 7 号	印制电路板制造	东区水质净化厂	东江北干流	186969	168272	124.86	33.15	7.219	5.7
10	广天科技（广州）有限公司	保税区保盈南路 1 号	印制电路板制造	广州开发区水质净化管理中心	珠江黄埔航道（广州）	500100	500100				

续表

序号	企业名称	详细地址	行业类别名称	排入的污水处理厂名称	受纳水体名称	工业用水量/t	工业废水排放量/t	工业废水COD产生量/t	工业废水COD排放量/t	工业废水 NH_3-N 产生量/t	工业废水 NH_3-N 排放量/t
11	金鹏源康（广州）精密电路有限公司		印制电路板制造	广州开发区水质净化管理中心	东江北干流		167900	842	8.3	0.1	0.1
12	广州美维电子有限公司	新乐路1号	印制电路板制造	广州市大沙地污水处理厂	珠江前航道（广州）	3261200	604000	78.26	9.67		
13	广州兴森快捷电路科技有限公司	光谱中路33号	印制电路板制造	广州市大沙地污水处理厂	珠江前航道（广州）	1208580	807483	363	31	2	1.9
14	日立化成电子材料（广州）有限公司	新乐路9号	印制电路板制造	广州市大沙地污水处理厂	珠江前航道（广州）	49452	44507	3.743	3.743	0.369	0.369
15	广州市中瀚民福涂料有限公司		涂料制造		东江北干流	15514	13063	1.908	1.908	0.003	0.003
16	益海（广州）粮油工业有限公司	东江大道2号	食用植物油加工	西区水质净化厂	珠江西航道（广州）	200556	76296	218.97	4.578	0.131	0.075
17	本田汽车（中国）有限公司	开创大道363号	汽车整车制造	东区水质净化厂	东江北干流	6480676	120308	44.96	3.61	0.29	0.116
18	广州昭和汽车零部件有限公司	宏明路6号	汽车零部件及配件制造	东区水质净化厂	东江北干流	95864	81813	3.993	1.582		
19	广州丸顺汽车配件有限公司	永盛路8号	汽车零部件及配件制造	永和污水处理厂	东江北干流	164001	147600.9	0.053	0.006	0	0
20	广州阿雷斯提汽车配件有限公司	新丰路7号	汽车零部件及配件制造	永和水质净化厂	东江北干流	153990	49047	261.18	20.89		

续表

序号	企业名称	详细地址	行业类别名称	排入的污水处理厂名称	受纳水体名称	工业用水量/t	工业废水排放量/t	工业废水COD产生量/t	工业废水COD排放量/t	工业废水NH_3-N产生量/t	工业废水NH_3-N排放量/t
21	四维尔丸井（广州）汽车零部件有限公司	15号	汽车零部件及配件制造	东区污水处理厂	东江北干流	332868	170474		8.353		2.061
22	广州二宫（冷锻）汽车配件有限公司	禾丰二街11号	汽车零部件及配件制造	永和水质净化厂	东江北干流	95849	86264.1	16.35	3.39		
23	轮泰科斯（广州）汽车零配件有限公司	贤堂路8号	汽车零部件及配件制造	永和水质净化厂	东江北干流	64541	9118	1.57	0.18		
24	广州曙光制动器有限公司	禾丰一街8号	汽车零部件及配件制造	永和区污水处理厂	东江北干流	9544	9544		0.645		0.021
25	东洋橡塑（广州）有限公司	禾丰二街10号	其他橡胶制品制造	永和水质净化厂	东江北干流	18158	16342.2	1.25	0.33		
26	杜邦应用面材（广州）有限公司	南翔二路22号	其他建筑材料制造	大沙地污水处理厂	珠江黄埔航道乌涌（广州）	10311	9280	0.5	0.232	0.32	0.019
27	绩能复合材料制品（广州）有限公司	广州经济开发区开发大道235号恒运大厦5楼	其他合成材料制造	西区水质净化厂	珠江黄埔航道（广州）	29527	26574.3	1.91	0.56	0.03	0.027
28	建兴光电科技（广州）有限公司	科学城光宝路8号	其他电子设备制造	大沙地污水处理厂	珠江黄埔航道乌涌（广州）	268842	241958	24.92	24.92		
29	希世比科技电池（广州）有限公司	田园97号	其他电池制造	永和水质净化厂	东江北干流	85880	25087	3.6	0.49	0.02	0.02
30	特普莱（广州）科技电池有限公司	骏业路255号	其他电池制造	东区水质净化厂	东江北干流	869823	52320	5.494	2.2	0.077	0.072

续表

序号	企业名称	详细地址	行业类别名称	排入的污水处理厂名称	受纳水体名称	工业用水量/t	工业废水排放量/t	工业废水COD产生量/t	工业废水COD排放量/t	工业废水NH_3-N产生量/t	工业废水NH_3-N排放量/t
31	禧斯比能源科技（广州）有限公司	田园路97号	其他电池制造	永和水质净化厂	东江北干流						
32	铃木住电钢线制品（广州）有限公司	宝石路9号	金属丝绳及其制品制造	西区水质净化厂	珠江黄埔航道（广州）	66799	18648	3.87	1.55		
33	广州三和门窗有限公司	九楼村枝岭社七星岭	金属门窗制造		东江北干流	28531	13536	4.575	1.06	0.152	0.082
34	广州市开祥废铅处理厂	洋田村	金属门窗制造		东江北干流	200	180	0.07	0.07		
35	广州科城环保科技有限公司	科学城光谱东路3号	金属废料和碎屑加工处理	大沙地污水处理厂	珠江黄埔航道乌涌（广州）	22047	4833	16.36	0.43	0.32	0.038
36	广州市万绿达集团有限公司	笔村大道68号	金属废料和碎屑加工处理	东区水质净化厂	东江北干流	56170	30486	88.5	0.61	0.44	0.02
37	广州杰赛科技股份有限公司	广东省广州市萝岗区东区开创大道北骏业路口	金属表面处理及热处理加工	广州开发区水质净化管理中心	东江北干流	313700	282300	100.7	13.05	8.15	0.044
38	广州太平洋马口铁有限公司	友谊路102号	金属表面处理及热处理加工	西区水质净化厂	珠江黄埔航道（广州）	378600	284000	43.45	7.952	0.69	0.377
39	广州今泰科技有限公司	南云二路8号	金属表面处理及热处理加工	大沙地污水处理厂	珠江黄埔航道乌涌（广州）	16000	12000	0.638	0.29	0.12	0.023
40	广州市星源电镀厂	蟹庄村龙马路	金属表面处理及热处理加工		流溪河	22048	20676	10.13	1.32	0.39	0.019

续表

序号	企业名称	详细地址	行业类别名称	排入的污水处理厂名称	受纳水体名称	工业用水量/t	工业废水排放量/t	工业废水COD产生量/t	工业废水COD排放量/t	工业废水 NH_3-N 产生量/t	工业废水 NH_3-N 排放量/t
41	广州斗原钢铁有限公司	158	金属表面处理及热处理加工	开发区东区污水处理厂	东江北干流	230573.31	168208	6.137	6.137	0.54	0.54
42	广州市萝岗区豪门钻石工具厂	九佛石岗园下中耕窜	金属表面处理及热处理加工		流溪河	500	100	0.08	0.08		
43	提珂隆（广州）表面技术有限公司	贤堂路 10 号	金属表面处理及热处理加工	永和水质净化厂	东江北干流	2096	1749	1.02	0.03	0.006	0.002
44	广州市萝岗区亨美电镀工艺厂	亨美村甘草岭	金属表面处理及热处理加工		流溪河	2900	2628	0.95	0.37		
45	广州荣鑫容器有限公司	锦绣路 25–27 号	金属包装容器制造	西区水质净化厂	珠江黄埔航道（广州）	75543	67988	43.72	1.433	1.407	0.069
46	成都统一实业包装有限公司广州分公司	永和经济区桑田一路 18 号	金属包装容器制造	永和水质净化厂	东江北干流						
47	光宝科技（广州）有限公司	彩频路 2 号	计算机整机制造	大沙地污水处理厂	珠江黄埔航道乌涌（广州）	498957	389620	58	19.33		
48	捷普电子（广州）有限公司	骏成路 128 号	计算机外围设备制造	东区水质净化厂	东江北干流	1060165	915269	421	17.39	6.96	0.74
49	乐金显示（广州）有限公司	开泰大道 59 号	计算机外围设备制造	东区水质净化厂	东江北干流	390074	279	22.4			
50	广州南科集成电子有限公司	天丰路 6 号	集成电路制造	大沙地污水处理厂	珠江黄埔航道乌涌（广州）	190000	123500	11.2	3.5	2.485	0.752
51	广州盛诺电子科技有限公司	来安一街 3 号	光电子器件及其他电子器件制造	永和水质净化厂	东江北干流	115038	98104	166.78	1.9	120.8	0.09
52	瑞仪（广州）光电子器件有限公司	科学城新瑞路 11 号	光电子器件及其他电子器件制造	大沙地污水处理厂	珠江黄埔航道乌涌（广州）						
53	联众（广州）不锈钢有限公司	联广路 1 号	钢压延加工	广州开发区水质净化管理中心	东江北干流	257076655	773180	321.6	38.4	10975.22	1.914

续表

序号	企业名称	详细地址	行业类别名称	排入的污水处理厂名称	受纳水体名称	工业用水量/t	工业废水排放量/t	工业废水COD产生量/t	工业废水COD排放量/t	工业废水NH_3-N产生量/t	工业废水NH_3-N排放量/t
54	广州汇侨电子有限公司	宏明中路277号	电子元件及组件制造	东区水质净化厂	东江北干流						
55	广州宏仁电子工业有限公司		电子元件及组件制造		东江北干流	167226	293959	102.886	15.665	4.409	0.102
56	广州凯立达电子有限公司	井泉一路8号	电子元件及组件制造	永和水质净化厂	东江北干流	16880	7740	0.356	0.15	0.008	0.007
57	广州纶麒伟通科技电子有限公司	来安一街8号	电子元件及组件制造	永和水质净化厂	东江北干流	65392	2000	2.47	0.74	0.173	0.007
58	索尼电子华南有限公司	神州路7号	电子元件及组件制造	大沙地污水处理厂	珠江黄埔航道乌涌（广州）						
59	台一铜业（广州）有限公司	东鹏大道77号	电线、电缆制造	东区水质净化厂	东江北干流	240723	208836	9.97	9.97	0.17	0.17
60	松下电工电子材料（广州）有限公司	连云路18	电力电子元器件制造	东区水质净化厂	东江北干流	64292	3282	1.51	1.51		
61	广东省粤晶高科股份有限公司	南翔二路10号	半导体分立器件制造	大沙地污水处理厂	珠江黄埔航道乌涌（广州）	119300	13230	3.4	0.33	0.95	0.026
62	广州友益电子科技有限公司	保税区保盈大道13号	半导体分立器件制造	西区水质净化厂	珠江黄埔航道（广州）	84713	76185	25.6	1.61	0.495	0.078
			合计			285696339.3	15203982.1	5843.577	754.622	11211.682	40.912

表 1-2　项目所在区域精细化工企业基本信息

序号	企业名称	详细地址	行业类别	排入的污水处理厂名称	受纳水体名称	工业用水量/t	工业废水排放量/t	工业废水COD产生量/t	工业废水COD排放量/t	工业废水NH_3-N产生量/t	工业废水NH_3-N排放量/t
1	广州宝洁有限公司	滨和路1号	化妆品制造	西区水质净化厂	珠江黄埔航道（广州）	1116862	252580	8310.2	281.51	49.34	4.47
2	广州高露洁有限公司	夏港街青年路338号	口腔清洁用品制造	西区水质净化厂	珠江黄埔航道（广州）	400455	211011	1591	39.037	3.444	0.827
3	国际香料（中国）有限公司	金华二街9号	香料、香精制造	西区水质净化厂	珠江黄埔航道（广州）	64444	58000	250	28.246	0.5	0.186
4	德乐满香精香料（广州）有限公司	东区宏景路66号	香料、香精制造	东区水质净化厂	东江北干流	9101	8191	16.53	16.53	0.129	0.129
5	三菱制药（广州）有限公司	蕉园路2号	化学药品制剂制造	西区水质净化厂	珠江黄埔航道（广州）	164015	148393	37.21	10.38	—	—
6	广州中一药业有限公司	云埔一路32号	中成药生产	东区水质净化厂	东江北干流	183300	113800	—	9.8	—	0.26
7	广州百特医疗用品有限公司	东基工业区蕉园路6号	化学药品原料药制造	西区水质净化厂	珠江黄埔航道（广州）	434000	134454	7.395	7.395	0.846	0.846
8	广州泛亚聚酯有限公司	火村东规划十路	合成纤维单（聚合）体制造	东区水质净化厂	东江北干流	365972	49801	878	7.3	—	—
9	LG化学（广州）工程塑料有限公司	业成一路1号	初级形态塑料及合成树脂制造	西区水质净化厂	东江北干流	28785	20130	4.288	4.288	0.505	0.505
10	广州立邦涂料有限公司	东区社区居民委员会凤华二路1号	涂料制造	东区水质净化厂	东江北干流	146985	19067	65.9	2.904	2.92	0.158

续表

序号	企业名称	详细地址	行业类别	排入的污水处理厂名称	受纳水体名称	工业用水量/t	工业废水排放量/t	工业废水COD产生量/t	工业废水COD排放量/t	工业废水NH_3-N产生量/t	工业废水NH_3-N排放量/t
11	美轲（广州）化学有限公司	新庄村委会新安路4号	化学试剂和助剂制造	永和水质净化厂	东江北干流	91404	27348	3.72	2.23	0.093	0.056
12	扬子江药业集团广州海瑞药业有限公司	香山路31号	化学药品制剂制造	大沙地污水处理厂	珠江黄埔航道乌涌（广州）	88317	79485	13.43	2.067	0.9	0.04
13	广州市中瀚民福涂料有限公司	九龙镇金龙工业开发区	涂料制造	自建	东江北干流	15514	13063	1.908	1.908	0.003	0.003
14	安利（中国）日用品有限公司	临江路1号	营养品、日化品制造	西区水质净化厂	珠江黄埔航道（广州）	634428	81186	562.61	1.71	0.62	0.08
15	广州市天惠食品有限公司	东江大道108号	香料、香精制造	西区水质净化厂	珠江黄埔航道（广州）	24000	21600	40.486	1.31	0.063	0.002
16	广州振隆药业有限公司	镇龙柯岭路2号	中药饮片加工	自建	东江北干流	43300	8713	17.25	0.715	0.29	0.015
17	波士胶芬得利（中国）粘合剂有限公司	新庄二路75号	其他合成材料制造	永和水质净化厂	东江北干流	35000	31500	2.65	0.63	0.11	0.028
18	仙维娜（广州）化妆品有限公司	经济开发区锦绣路3号	化妆品制造	西区水质净化厂	珠江黄埔航道（广州）	30431	27387.9	1.23	0.58	0.06	0.03
19	阿克苏诺贝尔太古漆油（广州）有限公司	石英路2号	涂料制造	西区水质净化厂	珠江黄埔航道（广州）	52200	26819	2.23	0.57	0.038	0.027
20	新政丰（广州）化工涂料有限公司	东区街宏光路112号	涂料制造	东区水质净化厂	东江北干流	6700	6030	0.48	0.48	0.007	0.007

续表

序号	企业名称	详细地址	行业类别	排入的污水处理厂名称	受纳水体名称	工业用水量/t	工业废水排放量/t	工业废水COD产生量/t	工业废水COD排放量/t	工业废水NH_3-N产生量/t	工业废水NH_3-N排放量/t
21	安美特（中国）化学有限公司	新庄二路73号	其他合成材料制造	永和水质净化厂	东江北干流	122400	17745.5	9.76	0.34	0.27	0.016
22	福尔波粘合剂（广州）有限公司	禾丰路88号	其他专用化学产品制造	永和水质净化厂	东江北干流	13016	11714	38.27	0.227	0.021	0.011
23	广州汉高表面技术有限公司	南云二路9号	其他专用化学产品制造	大沙地污水处理厂	珠江黄埔航道乌涌（广州）	20004	7783	227.9	0.19	—	—
24	广州泽力医药科技有限公司萝岗分公司	禾丰路61号五楼	中成药生产	永和水质净化厂	东江北干流	7332	6598.8	19.07	0.13	0.11	0.006
25	赫普（广州）涂料有限公司	沧海五路	涂料制造	永和水质净化厂	东江北干流	21297	1000	8.7	0.13	0.05	0.001
26	广州达志环保科技股份有限公司	田园东路1号、2号	专项化学用品制造	永和水质净化厂	东江北干流	12679	1616	0.654	0.031	0.008	0.001
27	长兴（广州）电子材料有限公司	开发区东区瑞和路8号	其他合成材料制造	东区水质净化厂	东江北干流	980	980	0.02	0.02	—	—
28	迪爱生（广州）油墨有限公司	新庄二路77号	油墨及类似产品制造	永和水质净化厂	东江北干流	5871	172.4	0.32	0.016	0.004	0.001
29	广州爱伯馨香料有限公司	东江大道191号	香料、香精制造	西区水质净化厂	珠江黄埔航道（广州）	908.7	454.35	0.05	0.01	0.001	0.001
30	广州市锦兆化工有限公司	镇龙金龙工业区	涂料制造	自建	东江北干流	605	60	0.008	0.008	0.001	0.001
			合计			4140306	1386683	12111.27	420.692	60.333	7.707

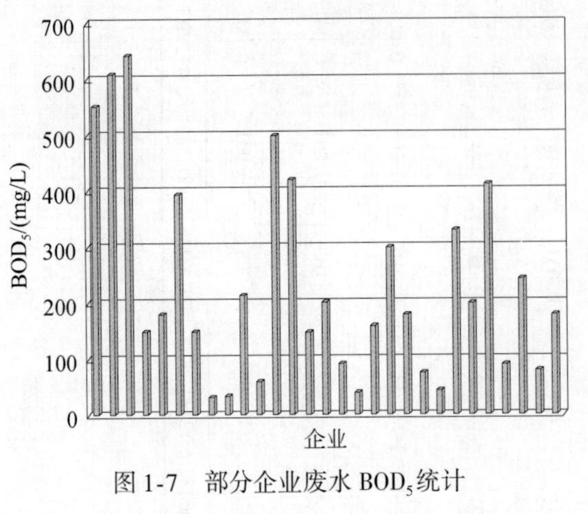

图 1-7　部分企业废水 BOD_5 统计

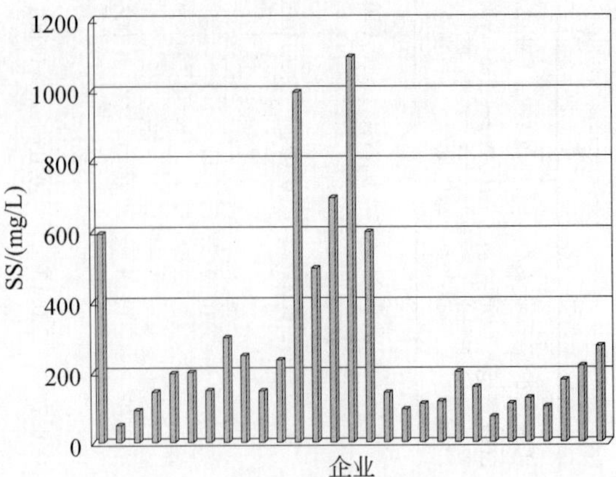

图 1-8　部分企业废水 SS 统计

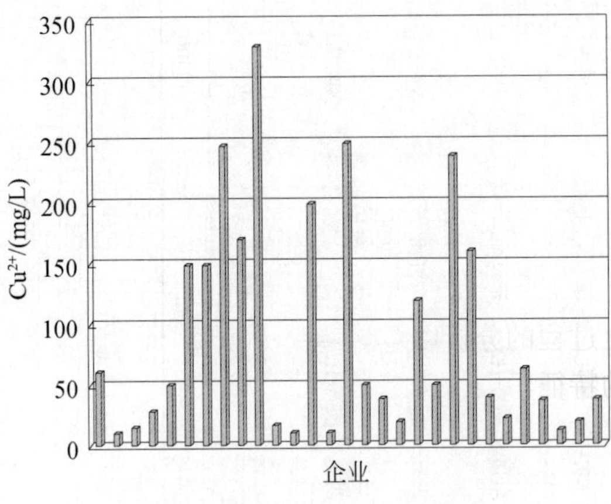

图 1-9　部分企业废水 Cu^{2+} 统计

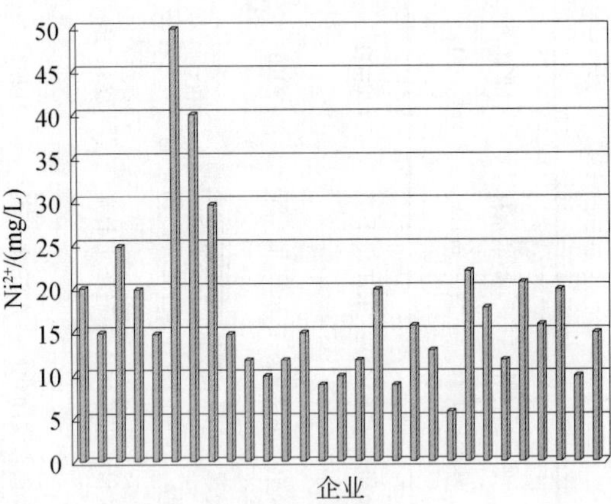

图 1-10　部分企业废水 Ni^{2+} 统计

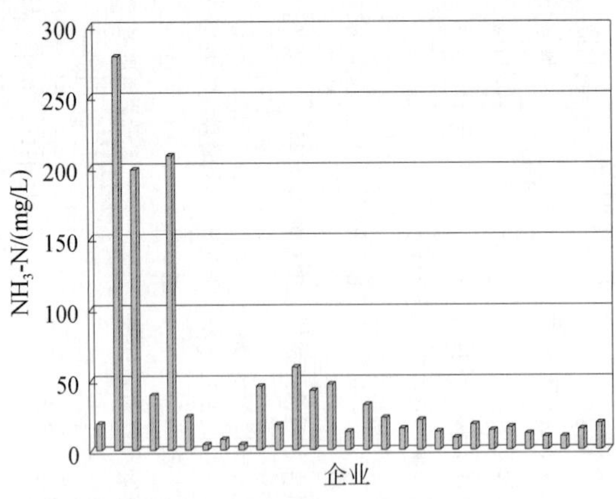

图 1-11　部分企业废水 NH_3-N 含量统计

表 1-3　企业废水原水 pH、SS、COD、总氰和总铜超标情况统计表

指标	pH	SS	COD	BOD_5	总铜	总镍	NH_3-N
平均值	3.43/10.22	282.5	257.3	230.8	90.2	17.5	44.1
标准值	6～9	60	90	20	0.5	1.0	10

注：表中除 pH 外单位均为 mg/L。

这些电子产品的生产企业以生产电子元器件和线路板为主。其中电子元器件的产污环节有：①电容器，产污环节为金属零件装配前清洗产生的油污及金属氧化物废水，腐蚀产生的盐酸雾，装配密封产生的胺类污染物；②电阻器，产污环节为清洗工艺产生的酸碱废水、有机废水，蚀刻工艺产生的废蚀刻液，显影过程中产生的有机废水、废底片和废显影液；③电感器，产污环节为包封过程产生的二甲苯、丙酮有机废气；④电子变压器，产污环节为浸锡、浸漆、封装等工艺，主要污染物有酸碱废水、有机废水、含锡废水，有机废气及废弃电子变压器等；⑤敏感元件，产污环节为腐蚀过程产生的少量 HF 气体和含氟、含亚铁废水，清洗过程产生的油脂废水。

电子元件类产品生产过程中的污染主要包括蚀刻时产生蚀刻废水、氟化物、氨气，加工清洗过程中的有机废水，一些涉及电镀工艺的电镀废水，酸洗、碱洗工序产生的酸碱废水，装配及引线焊接工序产生的颗粒物、铅尘、锡尘，点胶、涂布和清洗等工序中产生的有机废气。

印制电路可根据导电图形层数不同分为单面板、双面板、多层板及其他电路板，生产工艺及产污环节如图 1-12～图 1-14 所示。

经过对电子产品生产全过程和污染治理全过程的分析以及对东江流域污染物的长期监测，课题组分别筛选出了其行业和东江流域的特征污染物清单。

机械电子行业特征污染物清单（含 12 种物质）：6 种重金属、3 种苯系物、2 种痕量有毒有害物质、1 种内分泌干扰物。具体清单如表 1-4 所示。

表 1-4　部分企业废水原水特征污染物情况统计表

序号	中文名称	英文名称或简写	类别	来源（工艺过程），性质
1	铜	Cd	金属	电镀
2	铅	Pb	金属	电镀
3	锡	Sn	金属	电镀
4	镍	Ni	金属	电镀
5	铬	Cr	金属	电镀
6	锌	Zn	金属	电镀
7	氟化物	fluoride	痕量有毒有害物质	蚀刻、清洗剂、酸处理
8	氰化物	cyanide	痕量有毒有害物质	电镀过程、化学镀金
9	双酚 A	BPA	EDCs	塑封固化过程
10	苯	benzene	苯及苯系物	清洗剂
11	甲苯	methylbenzene	苯及苯系物	清洗剂
12	二甲苯	dimethylbenzene	苯及苯系物	清洗剂

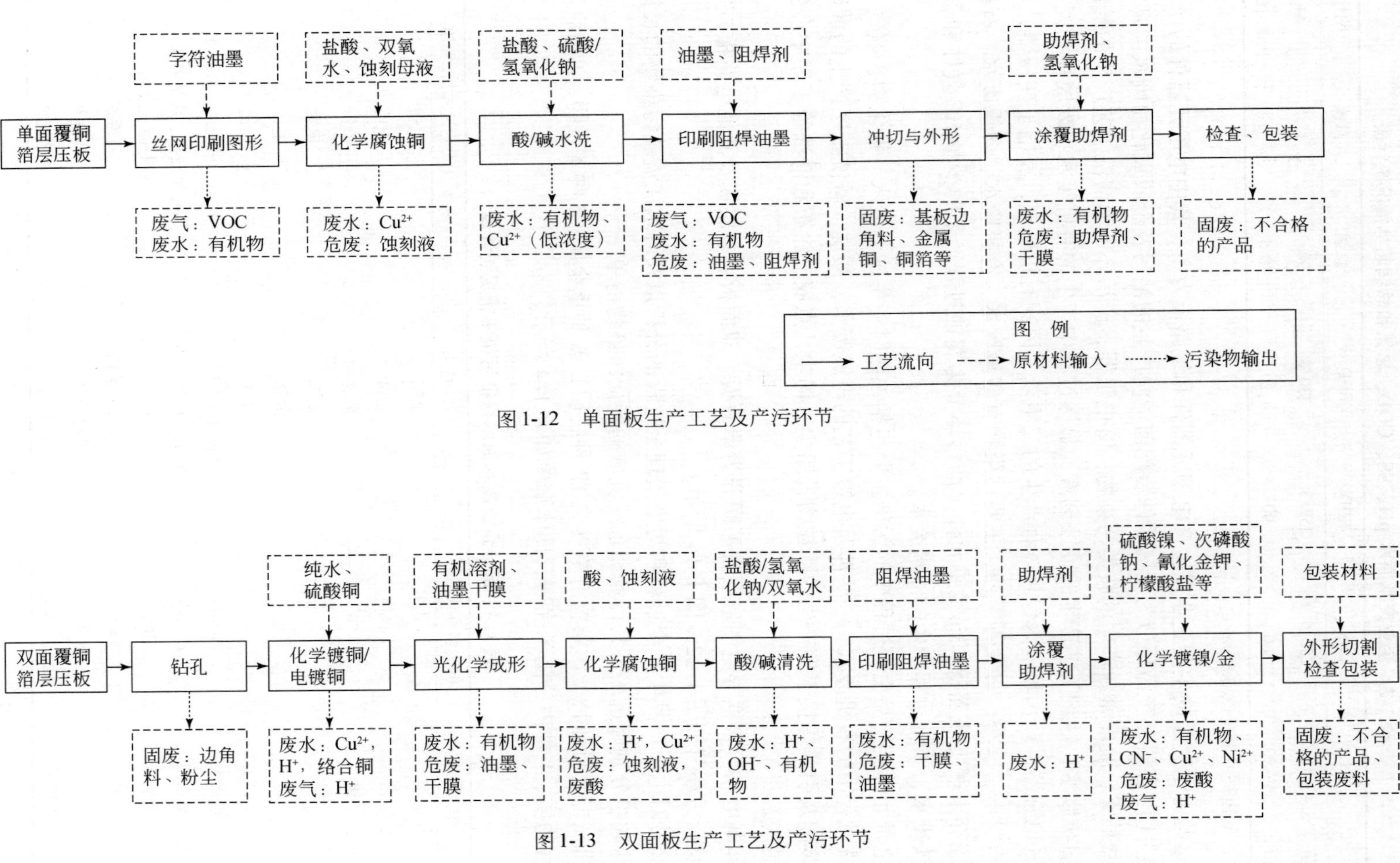

图 1-12 单面板生产工艺及产污环节

图 1-13 双面板生产工艺及产污环节

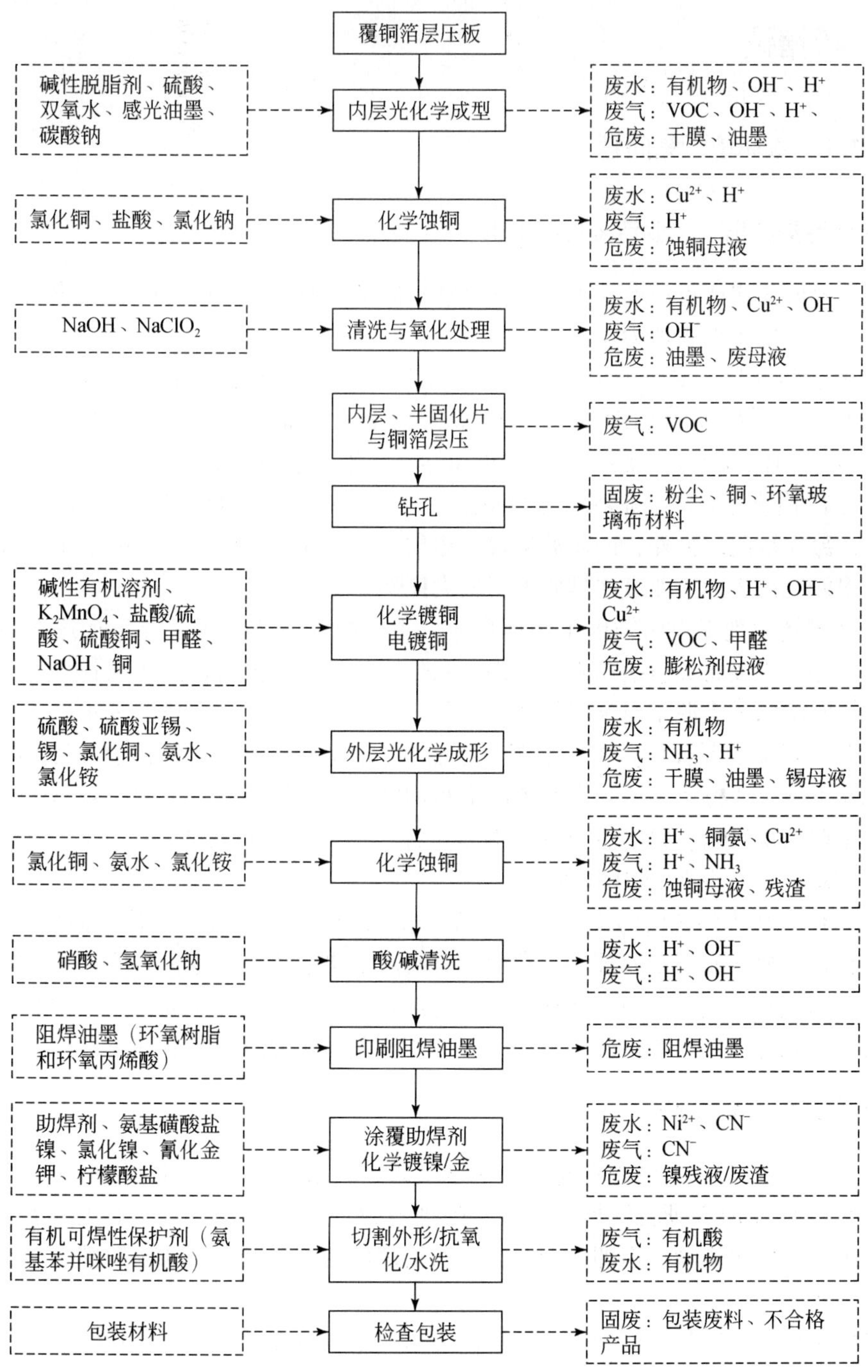

图 1-14　多层线路板生产工艺及产污环节

1.4.2 新塘镇

1.4.2.1 水环境污染问题

1. 生活污染突出，工业污染持续加重

区域主要河涌均严重污染，水质超标严重，四条河涌污染程度均超过水功能分区的水质执行标准。污染特点表现为：

（1）生活污水为重要污染源，主要污染指标表现为粪大肠杆菌群、NH_3-N、COD和BOD_5等方面，生活排放的COD量占COD总排放量的大部分，且各条河涌COD均超标。另外，BOD_5、NH_3-N和粪大肠菌群也严重超标，整体呈上游到下游不断增强趋势。

（2）东部快速发展区工业污染源数量大，普查工业源达6000多家，工业污染源行业门类齐全，分布散乱。另外，产业类型较为粗放，工业废水主要来自于废水排放较大的纺织业，使得研究范围内工业废水排放占了较大比例。

（3）各涌道出现工业污染因子超标现象。主要的水体有机污染类包括挥发酚、石油类、氟离子等，重金属类包括总汞、总镉、六价铬和锌等评价指标。按照各行业一般的工艺流程，挥发酚的污染源主要为煤气洗涤、化工行业和造纸行业排放的废水；工业废水中石油类（各种烃类的混合物）主要来源有原油加工、运输以及各种炼制油的使用行业；氟离子超标在工业企业方面主要是由有色冶金和钢铁行业排放所致；汞的污染源主要为食盐电解、贵金属冶炼废水；锌的主要污染源是电镀、冶金、颜料及化工等部门排放的废水；漂染行业废水主要表现在COD和色度等。

（4）目前区域内河涌的污染排放源包括污水处理厂的排放和部分不入排污管道的企业和家庭的自行排放。而污水处理厂正常运行时出水水质整体均能达标，而处理后的废水排入河涌后，通过水质监测发现，河涌的水质仍然处于严重污染和重度污染。因此，开发区河涌污染主要来源（除污水处理厂故障）为未进入污水处理管网的废水。

2. 水污染处理能力薄弱

截至2010年6月，区域内新建新塘污水处理厂（20万t/d）和新塘永和污水处理厂（15万t/d）。到2010年研究区域内的污水处理能力可达到35万t/d，生活污水服务范围基本覆盖整个新塘镇镇域。但即使如此，污水处理厂处理范围仍不能辐射整个区域，且处理能力明显不足。

目前污水处理厂的处理能力以处理生活污水为主，虽然新塘新洲工业园与环保工业园内配备有工业污水处理厂（2个污水处理厂处理能力均为5万t/d），但处理能力仅限于两个园区，区域内部分工业废水也进入污水管道，但污水处理厂处理能力较弱，常出现菌群死亡的现象。从而导致污水的超标排放。同时，某些时段存在污水输入量大于污水处理厂设计量的情况，使得污水未经过完全处理直接排入附近河涌，造成水体污染的现象。

3. 重点行业污染物排放持续增加，减排任务严峻

东部快速发展区内由于社会经济发展速度太快，污水处理系统跟不上区域废水处理需求。废水产生量为 24372.58 万 t/a，排放量为 12614.42 万 t/a，但目前已建的污水处理系统设计处理规模只有 7700 万 t/a，实际处理量只有 3677 万 t/a，说明污水处理系统的建设较为滞后，未能满足污水处理需要，造成东江北干流广州片区主要支流及河涌水域水质较为恶劣，如南岗河、永和河、横窖涌等，有机型、生活型污染非常严重。另外，研究范围内实际处理量只占设计能力的 47.8%，说明污水处理系统运行不足，这与污水收集系统尚未完善，建设滞后，污水未能全面收集有关。

本区域长期以来谋求的是经济增长的高速度，而对经济增长、城市化建设及其生活方式迅速变化带来的水环境污染问题却认识不足。其中 20 世纪 80 年代始，区域工业大规模发展，畜禽集约化养殖的规模也迅速扩大，大量就业岗位吸引外来人口不断涌入。以上原因导致了工业废水、生活污水、养殖废水急剧增加，水环境污染大大超过了环境承载力。尽管当地政府在水环境保护方面做了许多工作，但是污染控制和设施建设仍远远赶不上污染扩大。

因此，本区域要进行污染控制，首先要对污染源进行处理。否则，环境将继续恶化，同时调整产业结构，推进清洁生产，发展循环经济，转变经济增长方式是本区今后发展的必然选择。

4. 区域水体污染严重，饮用水安全受到严重威胁

区域东江北干流上游河段，特别是仙村涌河段取水口密布，新塘镇东部区域大部为二级水源保护区，分布有刘屋洲取水口、新和取水口、沙埔取水口、仙村取水口等取水口，其中刘屋洲取水口为西洲水厂和新塘水厂东江北干流的取水口，这些取水口供给黄埔、广州开发区等东广州的饮用水，肩负着数百万人的饮用水安全的重任，其责任之重不容忽视。但从监测结果看，仙村涌段水已不能达标，饮用水源安全问题亟待解决，控制好区域水环境污染，加强水源区保护应得到地方政府高度重视，解决饮水安全问题刻不容缓。

5. 饮用水源保护与区域产业发展矛盾有待协调

东江北干流是重要的饮用水源保护区，但同时又处于广州市东拓轴（广州经济技术开发区）和增城南部重点发展区，面临着东江北干流的水质功能要求极高，而同时又处于区域内的重点发展区，以及处于流域下游交界水域，易受上游及相邻区域的影响的突出矛盾。如何优化产业结构和布局，优化区域给水排水格局是现阶段亟须解决的重要问题。

1.4.2.2　区域水污染现状及发展趋势

本区域地表水体较多，河网密布，位于珠江黄埔航道和东江北干流交汇处。区内的河涌分属珠三角网河水系和东江水系。其中区域上游属新塘镇境内的主要水体有：西福河，雅瑶水，官湖河（旧称永和河），仙村涌，白江涌，东洲涌，东平涌，西湖涌，温涌，水南涌，细陂涌等均属东江北干流。下游广州开发区内主要水体有：南岗涌等属东江北干流；墩头涌和东、西滘涌河网，连通黄埔航道和东江北干流；珠江黄埔航道、乌涌属于珠江黄埔水道。

新塘镇水环境质量现状主要采用编制单位近年来在项目所在区域进行的一些环境影响评价项目的监测结果，并结合《广州经济技术开发区环境质量年报》（2007）进行分析，现有的监测结果显示，区域绝大部分监测点地表水质已受到严重污染，同时表明（表1-5）：

（1）东江北干流的水质处于《地表水环境质量标准》（GB 3838-2002）Ⅲ～Ⅳ类标准，部分河段处于Ⅳ～Ⅴ类，甚至处于劣Ⅴ类标准。

（2）区域东江北干流北岸边常年存在明显的污染带，使东江北干流北岸水质明显严重于中心和南岸。

（3）东江北干流河段，甘涌口对开（下游）断面水质略优于东江北干流上游（刘屋洲水厂以上第一个小岛）断面，且退潮时水质差于涨潮时水质，表明本项目服务区域各河涌排出的污水是造成东江该河段水质下降的主要原因。

（4）区域内河涌与东江的超标指标一致，为典型的生活污染型。汇入东江北干流的河涌均受到严重污染，不但未能达到功能区要求的Ⅳ类水，且基本都劣于Ⅴ类标准，属于黑臭水体；河涌中最严重的污染物为：粪大肠杆菌、NH_3-N、TP、TN、石油类和COD。

表1-5　区域内主要水体污染程度

河流	河段	环境功能	水质目标	2007年水质现状
东江北干流	刘屋洲取水口、新和取水口、沙埔取水口、仙村取水口和广州石化东江一级泵房取水口各吸水点周围半径200m	饮用水源	Ⅱ	Ⅲ～Ⅳ
仙村涌	全河段	饮用水源	Ⅱ	Ⅲ～Ⅳ
东江北干流	东江北干流从土江对开水面至甘涌口对开水面，20.7km	饮用水源	Ⅱ	Ⅲ～Ⅳ
东江北干流	东江北干流甘涌口对开水面至南岗镇的龟山对开水面，8.2km	饮用水源	Ⅲ	Ⅳ～Ⅴ
东江北干流	南岗镇的龟山对开水面至珠江黄埔水道交汇处	综合用水	Ⅳ	Ⅳ～劣Ⅴ
珠江黄埔水道	东江北干流交汇处至长洲	综合用水	Ⅳ	Ⅳ～劣Ⅴ
官湖河	红旗水库河坑至四望岗18.1km	综合用水	Ⅳ	Ⅳ～劣Ⅴ
	四望岗至汇入东江北干流河口3.8km	综合用水	Ⅲ	
雅瑶水	广州石井至增城前海18km	饮用水源	Ⅱ	Ⅳ～劣Ⅴ
南岗河	全河段	饮用水，工业用水	Ⅲ	Ⅳ～劣Ⅴ
其他河涌	乌涌、水南涌、温涌、东洲涌、西湖涌、东平涌、白江涌等其他河涌	防洪、工农用水	Ⅳ	Ⅴ～劣Ⅴ

从目前掌握的资料来看，东江北干流（以新塘西洲断面来分析）近年来水质没有改善的迹象（表1-6），从有机污染来看，甚至有加剧的现象。

表 1-6　东江新塘西洲断面水质变化趋势

东江北干流新塘西洲断面	2003 年枯水期		2005 年 6 月		2009 年 10 月	
	涨潮	退潮	涨潮	退潮	涨潮	退潮
DO	6.80	6.90	5.73	5.10	5.80	5.75
COD	14.0	13.2	21.6	20.1	22.4	22.4
BOD_5	3.82	3.80	2.00	2.18	3.96	4.20
NH_3-N	2.30	2.20	1.24	1.46	1.44	1.69
TP	0.13	0.09	0.29	0.12	0.231	0.324
石油类	0.21	0.24	0.068	0.075	0.13	0.19

1.5　东江流域快速发展支流区水污染治理技术缺口

1.5.1　机械电子、精细化工和漂染行业废水治理技术缺口

化学预处理技术由于经济性、装备的成熟性而受到局限。生物处理技术由于经济优势而被普遍采用，但是在处理的有效性（废水的可生物降解性差）、稳定性方面仍存在不少问题。工业行业废水脱毒减害在毒害性物质识别、指标体系和去除技术等方面尚处于起步阶段。尤其是机械电子、精细化工、漂染等行业中废水处理经多年来的科技攻关，虽然在达标排放技术上取得了长足的进步，但在深度处理与回用及脱毒减害技术方面认识上和技术研究开发上都十分欠缺。

1.5.1.1　机械电子工业水污染控制技术分析

机械电子行业排放的废水成分复杂，含有的多种重金属离子（包括锰、铜、锌、铬、铅、汞）及其络合物都为有毒有害物质，其在自然界中不会被降解，对环境构成很大的威胁，从废水中脱除这些毒害性物质是目前行业迫切需要解决的难题。目前常用处理方法是利用氢氧化物和硫源作为沉淀剂的化学沉淀法，这种方法仍存在的主要问题有：①中和沉淀后，废水 pH 偏高，需中和处理后才可排放；②某些金属离子以非常稳定的配合物形式存在，很难通过中和沉淀法除去；③重金属离子在碱性介质中生成的氢氧化物沉淀，会随 pH 的降低再度溶出，造成二次污染。此外，其他方法如离子交换法、铁氧体法、电渗析法、吸附法、氧化还原法、生物法等因存在二次污染、处理成本高及使用条件苛刻而在实际应用中受到限制。

1.5.1.2　精细化工工业水污染控制技术分析

精细化工废水具有成分复杂、COD 浓度高、可生化性差、毒性大和盐度高等特点，采用传统的生化处理方法很难奏效，当前国内外普遍采用物化+生化组合工艺或直接采用物化方法处理精细化工废水，其中物化方法中最常见的是催化氧化法和强化絮凝法。但催化

氧化技术存在问题有：①羟基自由基活性持续时间短、效率低；②催化剂费用太高且容易流失，造成二次污染；③光催化反应光源利用效率不高，电催化反应对电能的利用效率不高。强化絮凝法存在问题有：①絮凝剂含有残留毒性单体；②易受水体 pH 的影响；③絮凝剂与有毒有害物质接触不充分、反应效率低。因此，亟待开发经济、高效的精细化工废水深度处理技术和方法。

1.5.1.3 漂染工业水污染控制技术分析

漂染废水的达标排放处理主要采用生化与物化相结合的处理方法，但处理出水有机物、色度、金属离子等指标远远高于一般回用水水质要求，更达不到漂染行业回用标准。此外，漂染废水尾水中存在多种毒害性苯系物。目前漂染废水深度处理与回用技术主要包括物化技术、高级氧化技术、生物处理技术和膜处理技术等。其中高级氧化技术具有工艺过程简单、设备少、脱色效率高等优点，但设备投资和电耗较高。膜处理技术可以有效去除废水中的悬浮物、显色物质、离子和有机物。随着膜生产技术的逐步成熟和成本的降低，膜生物反应器（MBR）处理漂染废水，具有明显的优势，主要体现在：①有机负荷高，系统对 COD 的去除率都超过 90%；②出水水质良好，使出水悬浮物和浊度接近于零；③运行控制灵活稳定、系统硝化效率高、泥龄长、占地面积小。但目前 MBR 的运行成本很高，膜的清洗和正常运行维护成为技术应用的难点。因此，研发去除漂染废水尾水中苯系物技术，以及保障回用处理出水水质好、工艺运行持续稳定和安全可靠、运行成本低的集成工艺是漂染废水处理回用技术研究要解决的关键问题。

1.5.2 城市污水处理厂尾水深度脱毒减害处理技术缺口

目前常用的城市污水处理厂尾水深度处理技术为过滤、生物滤池、人工湿地、膜分离等。还有一些新型的污水深度处理技术，如超导磁分离技术，能有效地提高废水的可生化性，具有投资少、反应时间短、效率高、能耗低等优点。但超导磁体冷却采用的是液氮浸泡冷却。我国氦资源贫乏，限制了超导磁分离技术的大规模应用。纤维转盘滤池独特的设计原理和结构使得它具有突出的优势：出水水质好、占地面积小、设备简单紧凑、运行自动化、维护简单方便、运行费用低，特别适合于中水回用处理及城市污水处理厂升级改造。此外，许多组合技术应用广泛，如混凝沉淀/过滤/氨解析/炭柱组合工艺、双介质过滤/反渗透组合工艺、超滤/紫外光/反渗透生产“新生水”组合工艺、混凝沉淀精密过滤/臭氧氧化/石英砂过滤/活性炭过滤/中空超滤组合工艺等对城市污水的深度处理都有较好的效果。

城市污水深度处理技术在国内已经有成功的工程应用，很多实际工程应用效果较好。但由于不同尾水水质差异较大，应选择合理的处理技术，在传统技术上不断创新，使之更好地推动深度处理技术的发展。

1.5.3 流域综合排水河道整治与持续净化技术缺口

随着经济的快速发展，新塘镇城市规模不断扩大，城市排污量与日俱增。由于新塘镇市政排水及排水管网的不完善，部分生活污水未经治理直接排入附近的河涌，大量悬浮物和 N、P 等多种污染物随降水径流汇入水体，对区域内河涌造成了严重污染。新建的新塘镇污水处理厂，该厂尾水经水南涌进入东江干流。根据《珠江三角洲环境保护规划纲要（2004～2020）》，禁止在水源保护区布设排放污水项目，严格限制在重要集水区布局排放污水的项目的规定，污水处理厂建成后将面临尾水的排放问题。

污染河道治理是一项复杂的系统工程，主要包括污染源控制及污染水体的治理两方面的内容。为了减少河流的污染，从源头入手减少污染是一种有效的方法，为此需要提高点源及面源控制技术和加大执法力度。点源污染主要由工业废水和城镇生活污水处理后的尾水形成，面污染源指较大范围内，污染物在降雨径流等作用下造成的污染。近年来，面源污染对于水环境的危害性受到人们的普遍关注，面源污染研究已成为国际上重点关注领域。城市面源污染控制措施中以美国的暴雨最佳管理措施（best management practice，BMP）最为系统和全面，应用也最广泛，被许多国家借鉴。USEPA 把 BMP 定义为“任何能够减少或预防水资源污染的方法、措施或操作程序”，包括非工程措施和工程措施两类，其中非工程措施包括制度、教育和污染物预防措施，工程性措施包括初期雨水弃流系统、植被过滤带、滞留/持留系统、渗透系统、过滤系统等。初期雨水弃流系统将体积较小污染严重的初期雨水分离出来进行分散处理或集中处理，弃流设施包括优先流法弃流池、小管弃流池、旋流分离式弃流器、自动翻板式弃流器等。植被过滤带通过植被的过滤作用主要控制以薄层水流形式存在的地表径流。滞留和持留采用塘、地下水池、涵管、储水罐、雨水调蓄池等措施对雨水径流的水质或水量进行调控。渗透系统采用渗坑、渗渠、多孔路对径流进行水质和水量的控制，既削减了下游洪峰流量，又降低了下游径流中的污染物含量。这些工程技术在应用中都取得了良好的效果，但依然存在不足。工程措施的设计、监测、评价等制定依据多为经验公式，在污染物迁移转化机制、影响效率的定量化因子等方面的认识还存在欠缺，对新工艺、新材料等的应用也需要进行深入研究。

近年来河道治理的理念发生了重大变化，“生态河道”的理念逐渐深入人心，例如德国的“近自然”河溪整治概念与日本的“多自然型”河道治理理论等。目前，国内外河道治理技术主要分为物理、化学和生物–生态法三类。生物–生态法利用植物或接种的微生物或微生物菌群的生命活动来降解水体中的有机物或有毒有害物质，使河流水质得到改善，河道生态得到恢复。与物理、化学法相比，生物–生态法具有处理效果好、造价低、耗能低、运行成本低等优点。按照介质的不同，生物–生态法又分为水生植物法、微生物制剂与促生剂法、生物膜法、人工浮岛法、人工湿地法等。水生植物法对去除富营养化水体中的 TN 和 TP、增加水体中的溶解氧有明显效果，且能有效抑制藻类生长。但运用于城市河道治理时，水生植物在富营养化水体中难以形成稳定植被，水体透明度低，不能维持正常的光合作用。对此，有必要探索营造适合水生植物生长的生境条件。

微生物制剂与促生剂法被认为是最有发展前景的方法之一。生物表面活性剂是最近发展起来的一类新型绿色表面活性剂，因具有生物可降解性，对环境无毒害作用等优点，近年来成为研究热点。生物表面活性剂强化生物降解是一种极有前景的原位受污染环境修复技术，但至今多数生物表面活性剂的研究还停留在实验室阶段。

1.5.4 水污染控制与优质水保护的管理技术缺口

1.5.4.1 水环境管理机制与地方法规的滞后

以技术手段解决东江流域水环境污染问题不是唯一途径，亟待完善和创新现有水环境管理机制，包括水质风险管理、污染源监控系统、水质监控体系与综合管理等。与之相应的水环境管理地方法规的制定滞后，影响快速发展区的水环境管理的具体实施。

1.5.4.2 区域清洁生产设计关键技术

工业、企业实施清洁生产，减少污染物排放是保障东江干流水质的有效途径之一，亟须构建适合本区域各主要行业企业的清洁生产技术，尽可能从源头减少入流污染物的产生，同时节水降耗。

我国已就区域水污染控制进行了大量的研究，如：①制定水污染防治的经济政策和控制方法，包括浓度和总量控制制度、集中控制与分散治理相结合的方法和统一规划水资源的政策等；②研究水污染防治的技术措施；③对区域产业结构进行调整；④开展企业的清洁生产。

目前很多研究工作仍然集中在污染源的末端治理上，或目前仍难以具体化、定量化的措施上。对区域产业形态和结构关注不足，对区域行业准入标准和水污染控制的关联度认识也不足。

在区域经济从无序到有序发展的阶段，国内缺少基于区域水生态特征的较完善的行业准入标准体系。少数行业制定的准入标准存在控制指标过于单一，具体执行过程难以操作等问题，难以适应有序发展的要求。

作为一种新型污染预防和控制战略，清洁生产的研究和实践在国内外正得到不断的深入，但至今国内的研究与实践大都局限在单个企业的层次上，存在的问题有：①废物资源化、循环利用的思想在清洁生产实施过程中没有得到很好的贯彻；②只关注生产过程，不重视生产和消费的关系；③清洁生产的实施缺乏足够的推动力；④对原材料的关注程度不足；⑤缺乏区域层面的清洁生产研究和实践，对区域水污染控制未能发挥应有的作用。

国内外区域环境治理的成功经验表明，区域水污染的有效控制最终要从生态产业学的角度出发，系统考虑生态和社会经济子系统的构成与相互反馈作用，要统筹规划、设计、实施综合性的水污染控制战略。对于东江流域快速发展支流区而言，结合产业生态学与循环经济的理念，重新架构区域产业系统内部组织以实现区域物质和能源流程的优化，最大程度缓解区域快速发展对自然资源及原材料的需求，同时超越单一生产过程，向多生产过程的生产链或共生系统在行业层面乃至区域层面上展开清洁生产实践，是解决东江流域广州段高水质要求和经济快速发展之间矛盾的必然途径，也是解决我国其他流域水污染控制和经济和谐发展问题的重要参考。

第2章　东江流域快速发展支流区水污染控制目标与策略

2.1　区域发展定位

东江流域快速发展支流区的区域发展定位在于：探讨典型经济快速发展区域水污染控制策略与治理成套技术；探讨如何实现经济与环境保护协调发展的策略和模式，清除东江岸边污染带；探索高功能饮用水源型河流保护方案；实现“新城保水源”的战略目标。

2.2　污染控制目标与指标

总体目标是确保在干流快速发展区可持续发展整个过程中实现水资源与环境的可持续利用，包括主要支流水质目标和研究区域内具体规划目标，见表2-1和表2-2。水环境目标，是既要解决当前已经出现的环境问题，又必须能引导规划期间的社会、经济发展和控制未来可能出现的新型环境问题。为达到这些目标，规划设计了氧平衡、营养平衡、环境激素与可持久污染物水环境指标体系。

表2-1　研究区内各支流规划水质目标

河流	河段	环境功能	水质目标
东江北干流	刘屋洲取水口、新和取水口、沙埔取水口、仙村取水口和广州石化东江一级泵房取水口各吸水点周围半径200m	饮用水源	Ⅱ
仙村涌	全河段	饮用水源	Ⅱ
东江北干流	东江北干流从土江对开水面至甘涌口对开水面，20.7km	饮用水源	Ⅱ
东江北干流	东江北干流甘涌口对开水面至南岗镇的龟山对开水面，8.2km	饮用水源	Ⅲ
东江北干流	南岗镇的龟山对开水面至珠江黄埔水道交汇处	综合用水	Ⅳ
珠江黄埔水道	东江北干流交汇处至长洲	综合用水	Ⅳ
官湖河	红旗水库河坑至四望岗18.1km	综合用水	Ⅳ
	四望岗至汇入东江北干流河口3.8km	综合用水	Ⅲ
雅瑶水	广州石井至增城前海18km	饮用水源	Ⅱ
南岗河	全河段	饮用水，工业用水	Ⅲ
其他河涌	乌涌、水南涌、温涌、东洲涌、西湖涌、东平涌、白江涌等其他河涌	防洪、工农用水	Ⅳ

表 2-2　东江干流快速发展区水环境保护指标

序号	指标	2015 年	2020 年
1	集中式饮用水水源地水质达标率（%）	100	100
2	水环境功能区水质达标率（%）	100	100
3	跨界水体水质达标率（%）	100	100
4	工业用水重复利用率（%）	60	70
5	城镇生活污水集中处理率（%）	75	85
6	COD 排放总量（万 t/a）	2.9	2.8
7	NH_3-N 排放总量（万 t/a）	0.5	0.4
8	工业废水排放达标率（%）	100	100
9	干流水体毒害污染物风险水平	降低 20%	降低 40%

（1）氧平衡指标：BOD_5、COD 和 DO 三个指标按水体功能划分给出控制断面的数字限制值。

（2）营养平衡指标：TN、TP 和 NH_3-N 按水体功能与水体状态划分限制值（在分类的基础上用数字细化，以下同）。

（3）毒害元素（重金属、氰）、环境激素与可持久性污染物：以检出的污染物种类总数、该类物质种数及其超出阈值数为控制指标。

2.3　总体策略

2.3.1　从经济发展的空间布局层面防治水污染

对于我国来说，水污染问题属于环境保护中一个重要的核心内容。而环境保护与经济发展之间的关系，是环境与发展的核心问题。从经济发展的空间布局方面，应在区域的范围内进行总体规划，确定区域的发展导向和发展思路，全面地考虑经济发展的环境承载力，特别是不同区域的水环境承载力，做到经济发展导致的污染控制在当地的水环境承载力范围内，促进区域水资源的可持续利用。

2.3.2　从区域产业发展的结构层面防治水污染

产业结构对环境的影响已逐步受到重视。当微观的环境污染治理效果越来越受到局限，特别是重污染城市受到的环境挑战日益严峻时，人们便把目光转向产业结构的调整上。其实，产业结构是具有较大刚性的稳定系统，是由各产业部门联系网络组成的实体性系统，调整难度非常大。然而，产业结构作为“资源转换品”和“污染物产业的质（种类）和量的控制体”，它的合理性评判及由此作出的产业结构调整措施是谋求城市可持续发展的必由之路。

而我国的节能减排的主要方向是：通过工业技术水平的提高、生产方式的改进、产业结构的升级、对工业排放的治理来改善环境，而不能过多地寄托于第三产业的发展。重化工业在产业结构中占的比重最大，而且规模还在持续扩张，在其扩张过程中，随着产业的转移，必然在不同区域产生不同的环境问题，相应的环境保护政策的制定也必须考虑地区差距；劳动密集型产业的持续发展，对于环境保护技术政策的选择也产生着重要影响。如果忽视这些基本因素，制定过高、过严的技术政策与指标，就会很难执行、落实。产业结构合理构建的目的是综合发挥社会、经济和环境效益，统筹兼顾生产、生活和环境质量，保证经济发展的可持续性和生态环境的永续性，因此选择产业结构类型的总目标应当是三效益的综合提高以及资源利用的永续性。它们是评估产业结构合理程度的主要依据。

从水污染控制考虑的产业结构调整有利于区域的产业生态化发展，它需要强调不同行业的准入原则，排除耗水量大、污染程度高的产业，发展绿色环保产业，有利于区域的水污染控制，减少区域水环境污染的压力。也即将水污染进行源头控制，有利于实施水污染的主动引导控制策略。

2.3.3　从区域规划的污染控制工程层面防治水污染

区域规划中针对区域实际的环境问题，重点提出该区域需要实行的污染控制工程，从研究区域范围来看，水污染控制工程是污染控制工程的主要部分。由于规划的重点污染控制工程是针对区域的污染问题提出，因此，在区域内实施的水污染控制工程对改善区域水环境具有立竿见影的效果。

污染控制工程防治水污染，一方面需要引进先进的、环境友好型的技术，加大水污染处理力度；另一方面也要构建防治水污染的防御及管理措施；如污水管网的铺设、防治偷排漏排、自然型河道建设、生态方法提高河道的自净能力等。政府应从管理的角度出发，建立相关法律法规，对造成水污染的责任单位或个人进行相关处罚。

2.3.4　从区域的污染管理层面防治水污染

水资源优化配置、水库合理调度、流域水环境质量和供水安全、重大突发事件的应对等流域管理问题，都需要水环境质量监控体系提供准确、可靠的信息。实时取得水环境安全信息是流域水环境管理和维护河流健康的基础。影响河流水质安全的污染因素很多，包括有机物和无机物，有天然的（如重金属）和人造的（如农药），形态有气体、液体、悬浮、乳化、溶解、胶体等，种类多而复杂。因此，建立完善的水环境质量监控体系和预警体系，是一项巨大的挑战。

2.3.5　水污染流域系统控制工程规划

2.3.5.1　水污染流域系统控制总体规划

为了解决本流域经济快速发展与河流水质改善之间的矛盾，核心任务在于建立相应的控制标准，构建高效可行的水污染控制系统，特别是研究出一整套适宜于治理本流域存在的各种污染源的工程技术体系。通过对全区域内行业点源和市政污水处理排放的全过程控制与治理，阻断快速发展区内污染物对东江水质的污染，清除东江快速发展支流区东江边污染带，实现“新城保水源”的战略目标。制定总体规划如下：

对区内支柱行业（机械电子行业、精细化工行业和漂染行业等）点源污染及排水河道等节点进行有效控制及持续净化。在实行清洁生产的基础上，从工程技术层面研究建立典型行业废水深度处理、脱毒减排与分质回用技术体系，推动区域内主要污染行业从无序到有序的可持续发展，实现区内点源污染的脱毒减排与提高回用率。

通过优化区域内雨、污水收集系统，实现初期雨水污染的有效调蓄与控制，减少初期雨水对东江水质的威胁，实现综合排水河道的持续净化，解决区域市政污水处理厂排水水质不能满足干流水质指标的矛盾，为东江水质敏感区水质目标的实现提供技术支持。

2.3.5.2　水污染控制工程规划

1. 工业点源水污染综合治理工程规划

要求准保护区的工业达标排水不能直接排入准保护区内的河流，必须进行深度处理并达到受纳水体功能要求才可排入，如无法达到自然回归则必须将达标排放的工业排水调出准保护区内再排放。

2. 机械电子工业废水治理工程规划

以依利安达（广州）有限公司废水处理工程为依托，建立机械电子工业废水脱毒与深度处理回用工程示范及工程化研究。针对机械电子工业废水特点，研究铁碳微电解破络工艺，开发出疏水型壳聚糖改性捕集螯合剂中试样品；开发出纳米化学复合催化剂实验样品，应用于去除硝酸盐氮研究。建立组合工艺中试系统，优化工艺参数及运行参数，实现各工艺段的最佳对接，使组合工艺达到效率最大。在中试实验的基础上，进行1000m^3/d示范工程建设及工程化研究，建立以“铁碳微电解破络—重金属捕集+混凝（沉淀/过滤）—接触氧化（沉淀）—吸附”为核心工艺的机械电子工业废水脱毒与深度处理回用技术。

3. 精细化工工业废水治理工程规划

以安美特（广州）化学有限公司为依托，建立精细化工废水脱毒减排与深度处理回用技术示范工程。针对精细化工废水特点，着重研究重金属的存在形态与沉淀行为以及微量毒害物质的界面传质与富集行为，重点突破高电荷密度絮凝剂制备、高级氧化破络、高选择性吸附剂吸附等关键技术问题，建立组合工艺中试系统，优化工艺参数及运行参数，实现各工艺段的最佳对接，使组合工艺达到效率最大。在中试实验的基础上，进行500m^3/d示范工程建设及工程化研究，建立“强化絮凝—深度催化氧化—选择性吸附”为核心工艺的精细化工废水脱毒减排与深度处理回用技术。

4. 漂染工业废水治理工程规划

以新洲环保工业园污水处理厂为依托，建立漂染行业废水脱毒减排与深度处理示范工程。在对新洲环保工业园废水水质毒性解析的基础上，研发双金属负载催化剂催化臭氧氧化、“电-磁-MBR”新型工艺，建立组合工艺中试系统，优化工艺参数及运行参数，实现各工艺段的最佳对接，使组合工艺达到效率最大。在中试实验的基础上，进行500m^3/d示范工程建设及工程化研究，建立“催化臭氧氧化—新型MBR”为核心工艺的漂染行业废水脱毒减害深度处理回用技术。

2.3.5.3　市政排水综合治理工程规划

1. 城市生活污水治理工程规划

依托新塘污水处理厂，建立城市污水处理厂尾水深度净化示范工程。针对城市污水处理厂出水微量毒害性有机污染物，研发H_2O_2预氧化、紫外光催化氧化、纤维转盘过滤和曝气补氧新工艺。通过500m^3/d工程示范和工程化研究，建立“高级氧化+高效过滤”为核心工艺的城市污水处理厂尾水深度净化集成技术。

2. 农村污水治理工程规划

以增城市农村生活污水、畜禽养殖废水以及从化养生谷污水处理系统尾水为研究对象，依托在增城市新塘镇西南村、增城市小楼镇等地建立示范工程，在常规生化处理装置基础上，以氧化塘，生态沟等人工湿地技术为依托，将湿地生态系统与常规的生化处理装置相结合，减少农村生活污水的处理费用。优化工艺参数，强化处理效果，减少生活污水、畜禽养殖废水对周边水体乃至东江流域的污染，减轻东江水污染的压力，并以此为示范，推动农村生态环境的保护工作，保障东江快速发展支流区内居民的健康状况和生活品质。

通过构建农村生活污水处理工程，实现农村生活污水的净化与回用，减小农村环境污染带来的不良影响，实现农村生态环境的改善，为保护东江流域农村生态环境提供可借鉴的技术。

2.3.5.4　城市综合排水河道持续净化工程规划

城市河道作为城市生态系统重要的组成部分，具有供应水源、改善环境、交通运输、文化教育和旅游娱乐等功能，对城市的生态建设具有重要意义。目前，我国城市河流的污染状况比较严重，亟须进行治理。为了实现河涌的持续净化，达到水质标准，需要同时运用多种技术手段，组合构建综合排水河道持续净化成套技术工程体系，主要包括9方面内容。

1. 河涌水利功能与生态型河涌结构设计

研究基于景观生态学和水体自净、纳污能力的河涌断面形态、结构及河岸带高程、宽度和植物群落配置方案。

2. 河涌水体复氧强化净化

根据示范河段的实际情况选择提高河涌水体更新速度和自净能力的曝气技术；研究复氧过程中增氧量、曝气方式、季节等多参数最优化组合，并充分考虑城市景观和经济性原则。

3. 高效生物载体及载体固定化

开发提高河涌接触氧化能力的人工高效生物载体；研究载体材料、形状、安装方式等适宜条件，并针对示范河涌提出具体方案；研究试验以陶粒辅助菌根固定化及生物飘带载体固定化技术为核心的高效载体微生物固定化技术。

4. 固定化微生物脱氮技术实验性研究

通过陶粒辅助菌根微生物固定化技术将脱氮微生物固定，研究以脱氮微生物固定的生物脱氮技术在缓流河道及人工湿地的应用的可能性及脱氮性能。

5. 生物表面活性剂原位削减环境激素技术实验性研究

针对东江快速发展支流区河道环境激素种类数量及分布特征，筛选出能以廉价碳源为底物稳定地产生大量的生物表面活性剂菌种；开发产表面活性剂菌的固定技术；研究在生物表面活性剂作用下土著微生物或优势降解菌对环境激素的原位降解。固定化的产表面活性剂菌种可以布设在湿地处理系统、复合生态浮床填料床，滩地缓流区集成河道生物表面活性剂原位削减环境激素技术体系。

6. 自然景观湿地重建

利用综合排水河道的滩涂或湿地，对水生高等植物带进行恢复，同时也可以利用河道滩涂水生植物带所形成的屏障对水体营养盐和污染物进行吸收利用和截留生物降解，在湿地植物的根部布设多孔陶粒。

7. 复合生态浮床

针对综合排水河道水环境的特点，对适于河道水体污染条件的水生植物进行筛选、驯化研究；优化浮床的生物填料组成和结构；开发一种生物量大、降解能力强、同时兼具生物载体功能和曝气功能的复合生态浮床技术。

8. 河道内源污染氧化

研究河道内源污染氧化技术，针对排水河道底泥微生态系统，筛选出适于河道生长环境条件、对河道内源污染物具有高效降解和去除能力的土著微生物菌株和菌群；对土著微生物的促生剂进行研究，开发出与土著微生物配合并促进其快速生长和形成优势菌的生物促生剂。针对综合排水河道水力特征，开发河道底泥靶向投药技术，减少药剂流失，降低技术应用的运行成本。

9. 以植生混凝土为核心的生态型堤岸构建

在已有自主开发的植生混凝土基本型构件基础上，进一步优化配方及植物契合技术，形成构件制造技术规范；进一步扩大筛选以本土植物为主的适宜在南方城市河道滨水区环境下生长的植物种；兼具景观美化和生态环境功能的堤岸植物配置与优化；利用现有的模拟河道构建生态堤岸，考察不同河道水文、水质及气候条件下生态堤岸对河道的水质净化、水利功能及整体生态效应的作用；完善生态型堤岸的整体设计、构建及维护技术，并形成相关技术指南。

第3章　水污染控制技术研究与应用进展

3.1　基于 B/S 结构的清洁生产信息管理系统设计

3.1.1　基于 B/S 结构的环境信息管理系统设计现状

随着 Internet 和 WWW 的流行，C/S（主机/终端）模式已逐渐无法满足全球网络开发、互联、信息共享的需求，于是就出现了 B/S（浏览器/服务器）模式。其最大特点是可以让用户通过 Web 浏览器去访问 Internet 上的文本、数据、图像、动画、视频点播和声音等信息。这些信息都是由许许多多的 Web 服务器提供的，而每个 Web 服务器又可以通过各种方式与数据库服务器连接，大量的数据实际存放在数据库服务器中。

关于 B/S 结构的信息系统设计国内外已有大量研究并应用到很多领域，如生产监控与诊断系统、刀具信息系统，学院综合信息系统等。其中与环境有关的 B/S 结构的信息系统研究，国内有中国矿业大学环境与测绘学院周杰等（2006）报道了基于 B/S 结构的环境信息系统，他们介绍了 B/S 结构的环境信息系统的优点及其环境信息系统的基本框架，并对所包含的组件及功能作了详细的分析，认为 B/S 结构的环境信息系统使用方便、易扩展、可移植性好。辽宁科技大学的姜玉新和于海勇（2010）研究了基于 Web 的 B/S 结构城市环境信息系统建设。他们在分析使用基于 Web 的 B/S 结构建立城市环境信息系统的优势和重要意义的基础上，提出基于 Web 的 B/S 结构下城市环境信息系统的基本模型架构，并对数据库、GIS 与图形库的建设以及对环境信息的分析与评价进行了初步研究，提出对相关环境信息进行数据挖掘。姚玉宇等（2008）研究了基于 B/S 结构的广东省放射源动态信息管理系统。系统基于 Web 技术构建数据层、应用层、表现接入层 3 层体系结构，选用 B/S 作为本系统的架构。开发平台主要技术框架采用 MS. net 平台，实现全省放射源信息的资源共享，全省 21 个地级以上市的有关管理人员可以通过远程终端对系统进行放射源数据录入、修改、统计、查询和相关的业务办理。

这些研究都表明，基于 B/S 结构的信息管理系统具有简化客户端、简化系统开发和维护、使用户的操作使用更加简单、便于网上信息的发布、可扩展性能较好等优势。

3.1.2　清洁生产信息管理系统的设计与应用进展

虽然目前国内外已有与环境相关的基于 B/S 结构的信息管理系统的设计与研究，但关于清洁生产管理系统方面的设计还比较少。

在清洁生产评价管理系统方面，中南大学冶金科学与工程学院的杨晓光（2007）进行了关于电解铝清洁生产评价及管理系统的开发，他们开发了电解铝清洁生产评价管理系统。系统的功能结构主要包括系统管理、清洁生产评价指标管理、参评企业信息管理、清洁生产评价四个部分。通过实际运行，该系统可以对电解铝清洁生产评价指标的信息进行查询、修改和更新，能够对企业进行清洁生产评价，是有关部门和电解铝生产企业开展清洁生产评价的有效工具。另外，广东工业大学的肖海龙等（2011）开发了基于 B/S 运行模式的电镀企业清洁生产评价系统，该系统可以实现对电镀企业清洁生产指标、评价结果的动态管理，实现了模糊综合评判法的计算等功能，对电镀行业不同类型企业的清洁生产评价具有重要的推广价值。

基于 B/S 结构的清洁生产信息管理系统的设计方面，浙江大学环境与资源学院的柯紫霞等（2008）开发了清洁生产信息管理系统，其主要功能包括企业原材料管理、污染物排放量管理、工艺条件管理、培训管理、产品质量及性能管理和污染物治理设施管理等模块，但其范围为企业的清洁生产信息系统，未深入到区域清洁生产信息系统的设计。福建省环境科学研究院的赵杨等（2011）结合福建省的清洁生产工作现状研究了 B/S 模式构建清洁生产信息管理系统，对清洁生产信息系统的组成（图 3-1）及各个模块包含的内容与功能进行了介绍。

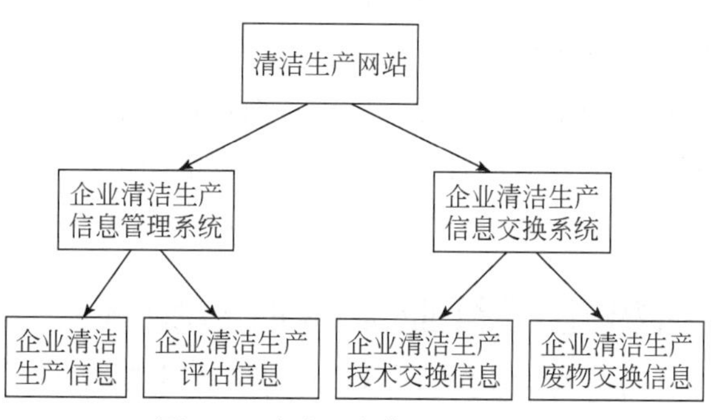

图 3-1　清洁生产信息系统组成

描述了信息系统的系统配置、信息传输结构和数据安全的实现方式。清洁生产信息系统信息传输结构图如图 3-2 所示。

研究结果表明采用 B/S 模式构建信息系统，便于管理并且外网访问方便。服务器操作系统采用 Centos，底层数据防护采用了 RAID、LVM 等数据技术，服务器通信采用了 SSH tunnel 技术，多种手段保障信息系统的数据完整性和安全性。这种以 B/S 模式构建的清洁生产信息系统对于研究基于 B/S 结构的区域清洁生产信息管理系统有很好的借鉴作用。

清洁生产信息管理系统应用方面，目前应用的有：2006～2007 年中国石化广州分公司与广东工业大学合作开发的广州石化 HSE 综合集成管理系统及广州石化清洁生产信息管理系统（洪建军，2004）。其中，广州石化清洁生产信息涉及广州石化四十多套生产装置清洁生产审核的全过程，包括筹划与组织、预评估、评估、方案产生和筛选、可行性分析、方案实施及持续清洁生产等全过程的管理、清洁生产审核报告管理、清洁生产知识管理以及清洁生产装置平衡波动监测与预警管理等功能。该信息系统是国内清洁生产信息化

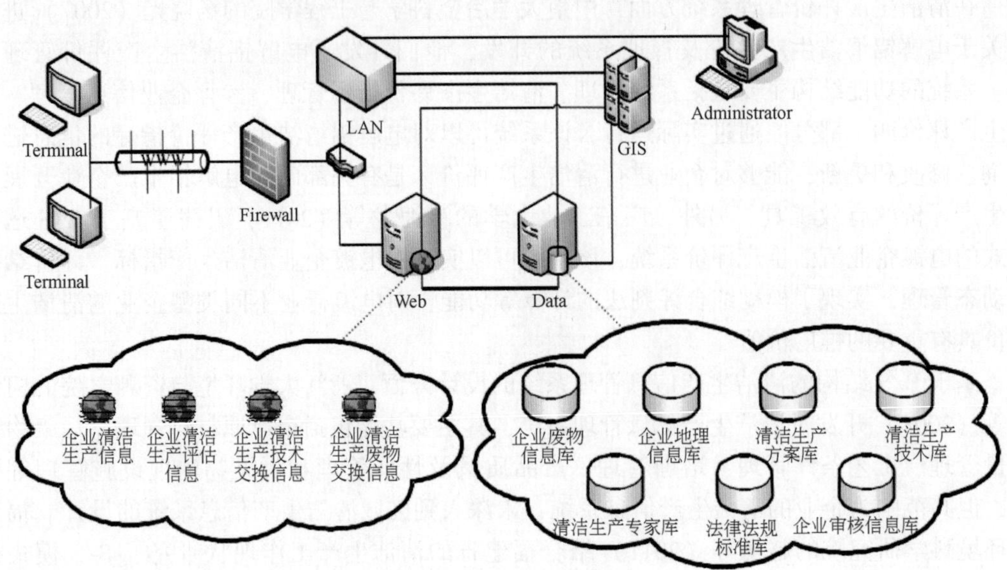

图 3-2　清洁生产信息系统信息传输结构图

领域首个较完整的广州石化清洁生产信息管理系统。

综上所述，目前国内外关于清洁生产信息系统设计与应用方面都还未深入到基于 B/S 结构的区域清洁生产信息管理系统的设计与应用。而建立区域信息管理系统，能协助调整区域产业结构，是区域清洁生产信息管理和决策的有效辅助工具。区域清洁生产管理是一项复杂的系统工程，需要考虑的因素众多，关系复杂，需要更深入的研究。

3.2　机械电子行业废水脱毒减害深度处理回用技术研究与应用进展

重金属及其络合物、硝酸盐等是机械电子行业废水主要特征污染物（宋倩等，2010）。目前的处理技术研究状况如下。

3.2.1　含重金属离子废水处理技术

该类废水处理技术主要有中和沉淀法、硫化物沉淀法、螯合沉淀法、铁氧体法、吸附法、离子交换法、反渗透法、生物法等。

1. 中和沉淀法

中和沉淀法是一种发展最早的处理重金属离子的方法，也是最普遍、最简单的方法之一。它通过加入石灰、苏打、氢氧化钠等碱性药剂，将废水 pH 调整至使 Cu^{2+} 具有最小溶解度的范围，使其以氢氧化铜或者碳酸铜的形式沉淀下来。

中和沉淀法虽然成本低、管理方便、自动化程度高，但是也存在产生大量的可能造成二次污染的重金属污泥、难以除去络合物形式存在的重金属离子、pH 回调需要消耗大量的酸等问题（郭燕妮等，2011）。

2. 硫化物沉淀法

硫化物沉淀法是通过在含金属离子废水中加硫化剂，使金属离子成为硫化物沉淀，从而达到去除重金属离子的目的（相波等，2004；Navarro et al.，2005）。

与中和沉淀法相比，硫化物沉淀法的优点如下：重金属硫化物溶度积比其氢氧化物的溶解度更小，且反应后的 pH 在 7～9，处理后的废水一般不用中和。其缺点是：重金属硫化物沉淀颗粒小，易形成胶体，沉降性较差；硫化物沉淀遇酸生成硫化氢气体，产生二次污染。

3. 螯合沉淀法

螯合沉淀法，又称重金属捕集剂法，是利用重金属捕集剂与废水中的 Cu^{2+}、Hg^{2+}、Mn^{2+}、Ni^{2+}、Cr^{3+}、Pb^{2+}等重金属离子发生快速螯合反应，生成水不溶性的螯合盐，且不受温度和重金属离子浓度影响，再加入适量絮凝剂，形成絮状沉淀，从而实现对重金属的捕集去除（吴国振、雷思维，2011）。

螯合沉淀法经工程实践证实处理方法简单，费用低，可一次性处理多种重金属离子，达到环保要求，即使当废水中含有络合配体（如：EDTA、氨、酒石酸、柠檬酸等）也能充分发挥作用，并具有絮体粗大、脱水快、沉淀快、污泥量少且稳定无毒、不会造成二次污染等特点，可广泛应用于电镀、电子、石化、金属加工、垃圾焚烧处理等行业废水的处理中，能根据用户废水的实际情况，寻找出最佳药剂组合，确定出最优的处理方案，实现达标排放的目的。

螯合沉淀法处理重金属络合废水具有效率高，适应性宽，污泥量小，与重金属离子结合牢固稳定、不产生二次污染等优点。但其也有不足之处，主要是无法采用自动控制，处理药剂需根据对废水中重金属分析含量来确定投加量。其次，这种处理药剂目前在国内较少生产，很大程度上依赖国外进口，处理成本较大。

4. 铁氧体法

铁氧体法是在重金属离子的废水中加入铁盐，利用共沉淀法从废水中制取通信用的高级磁性材料超级铁氧体（张学洪等，2003；王佑荣等，2009）。铁氧体化学结构式是 Fe_3O_4，当溶液中含有相对密度大于 3.8 的重金属时，如钒、铬、汞、铁、钴、镍、铜、锌、镉、锡、锰、铋和铅等，这些重金属离子就取代晶格里的 Fe^{2+}位置，形成多种多样的铁氧体。

5. 吸附法

吸附法是利用吸附剂的吸附作用去除废水中重金属离子的一种方法。常用吸附剂主要有活性炭、壳聚糖、沸石等。活性炭有很强吸附能力，去除率高，但由于处理成本较高而应用受到限制。壳聚糖分子内含羟基、氨基等活性官能团，与重金属离子具有较强的配位能力，对重金属有很强的吸附效能（石光等，2010）。沸石是一种比表面积大，孔径均匀吸附性能优良的无机离子交换材料，广泛用于去除水中 NH_3-N、有机物及重金属离子（张胜、李日强，2004；Pitcher et al.，2004）。尽管沸石对重金属离子的吸附容量不如壳聚糖，但沸石的价格便宜且来源广泛在一定程度上弥补了吸附容量的不足。

从吸附剂对重金属进行的吸附研究可知，吸附法对重金属的去除效果取决于吸附剂的吸附容量，且大部分的吸附剂价格较为昂贵，不适合用于处理排放量大、重金属浓度高的废水。

6. 离子交换法

离子交换法是利用离子交换剂分离废水中有害物质的一种方法。由于该技术不需向废水中添加其他药剂，而且应用方便，因而具有较好的优势，目前成为水处理工艺技术的研究热点之一（杨永峰等，2004；石凤林，2004）。

由于离子交换树脂价格昂贵以及再生费用高，离子交换法一般仅适合处理浓度低，毒性大，有回收价值的重金属废水，不适合在重金属离子浓度高、水量大的环境中使用。

7. 反渗透法

在半透膜两侧放上清水和盐水，清水一侧的水分子就会通过半透膜使盐水稀释，这就是渗透作用。利用反渗透技术处理重金属废水一方面使废水得到深度处理，出水水质良好，另一方面可以回收废水中的重金属，变废为宝（Ozaki et al.，2002；陈明等，2008）。尽管反渗透技术处理重金属废水工艺简单，不需要在废水中投加其他药剂，优势也较为明显，但由于反渗透膜的成本较高，而且膜容易被废水中的污染物堵塞，造成出水量降低以及膜寿命缩短，限制了反渗透技术的广泛应用。

8. 生物法

生物法是借助微生物或植物的吸收、积累及富集等作用去除废水中重金属的方法，具体有生物絮凝法、生物吸附法、植物修复法等（王柯桦、李雅婕，2013）。

生物法处理重金属废水需培养菌种，成本较低，适用于连续生产的企业，但对于非连续生产的小企业，由于每次生产需培养新的菌种，成本增高，剩余菌需要灭菌后才能向环境排放，否则，会对环境造成细菌性二次污染。

3.2.2 含重金属络合物废水处理技术

在重金属络合废水中，由于 EDTA、酒石酸、柠檬酸等络合剂对重金属离子有很强的螯合能力，中和沉淀法以及硫化物沉淀法难以确保废水中的重金属离子得到有效的去除。目前使用最为广泛的方法有置换法、电化学法、氧化法。

1. 铁碳微电解法

铁碳微电解又叫铁碳内电解工艺，其原理是，在酸性条件下，铁屑与碳形成无数的微型腐蚀电池。铁屑与投加的碳粉又构成无数微型电解电极，其中，碳的电位高，成为微阴极；铁电位低，为微阳极。腐蚀电池与电解电极在酸性溶液中构成无数的微型电解回路，因此被称作微电解。铁碳微电解一方面利用重金属络合物在酸性条件下稳定性较差，容易出现离解状态，铁屑将 Cu^{2+} 置换成单质铜，随着 pH 升高，生成铁的氢氧化物与铜发生共沉淀，从而去除铜；另一方面铁碳微电解产生一定量的新生态氧具有很强的氧化性，能氧化一部分有机络合剂，从而降低废水中 COD 的浓度，并能提高废水的可生化性（何明等，2008）。

铁碳微电解工艺设备简单、操作方便、运行费用低、处理效果明显、适用范围广、反应器寿命长，只需要定期地添加铁屑便可，惰性碳电极不用更换。然而，在实际运行中却存在反应柱堵塞、铁屑结块、出现水流短路、填料更换困难等问题，大大降低了处理效果。

2. 电解法

电解法的反应原理是以铝、铁等金属为阳极，在直流电的作用下，阳极被溶蚀，产生 Al^{3+}、Fe^{2+} 等离子，再经一系列水解、聚合及亚铁的氧化过程，形成各种羟基络合物、多核羟基络合物以至氢氧化物，使废水中的胶态杂质、悬浮杂质凝聚沉淀而分离。同时，带电的污染物颗粒在电场中运动，其部分电荷被电极中和，从而促使其脱稳聚沉。此外，废水中的重金属离子还可直接在阴极上获得电子，还原为金属沉积在阴极上（徐旭东等，2010）。电解法是我国 20 世纪 70 年代兴起的方法，一般应用于浓度较高的和单一的重金属废水。

3. 氧化法

氧化法是向废水中添加强氧化剂氧化铜的配位离子，使 Cu^{2+} 释放出来，然后加碱使之沉淀。目前最常用的破络方法是 Fenton 氧化法，此法利用 H_2O_2 和 Fe^{2+} 混合得到的一种强氧化剂——Fenton 试剂，产生氧化能力很强的 · OH 自由基，从而破坏络合物的结构（彭义华，2003）。氧化法存在的问题是除铜需用氧化剂量大，药剂费用高，因而实际工程应用中受到限制。

3.2.3　硝酸盐工业废水处理技术

机械电子行业废水中含有酸洗过程带来的硝酸盐、氟化物和硫酸盐等物质，其环境毒性也开始受到关注，这些物质进入东江干流产生的生物复合毒性将直接威胁人们的健康。氟化物和硫酸盐可以通过投加石灰进行有效处理，但是硝酸盐氮的去除却一直是难题。目前，国内外废水中硝酸盐氮的去除技术研究较少，且多集中在对地下水中硝酸盐离子的去除，主要有物理化学法、生物方法和化学方法，其中物理化学方法主要有电渗析、反渗透、蒸馏法、离子交换法等，生物方法主要为生物反硝化法。化学催化反硝化被一些学者认为是最有前景的废水脱硝方法。与活泼金属还原法相比，化学催化反硝化方法可以将绝大部分硝酸盐氮转化为氮气（理论上可以使硝酸盐氮完全转化为氮气），且可以在地下水的水温下进行，并且催化活性比生物反硝化酶的活性高得多。因此，研究化学法去除废水中硝酸盐氮，特别是研究开发化学催化还原硝酸盐氮去除技术具有很重要的学术价值和应用基础研究意义。

化学方法去除地下水中硝酸盐的原理是通过加入还原剂，首先将硝酸盐氮还原为亚硝酸盐氮，继而进一步还原为氮气或 NH_3-N。

1. 活泼金属还原法

活泼金属还原法是以铁、铝、锌等金属单质为还原剂，在碱性环境中将硝酸盐还原为亚硝酸盐或 NH_3-N。铁还原法是目前研究最多的技术。李胜业等用还原铁粉反应柱去除地下水中的硝酸盐，结果表明：pH 越低，反应速度越快，初始 pH 为 2 时，硝酸盐氮去除率可达到90%以上。董军等利用 Fe^0 为还原剂处理被垃圾渗滤液污染的地下水，结果表明 TN 从 50mg/L 降到 10mg/L 以下。近年来，随着材料技术的发展，纳米铁的应用成为新的研究热点。与普通铁相比，纳米级铁粉具有粒径小，比表面积大，表面能大的特点，在与其他物质的反应中具有较高的活性。

活泼金属还原法的主要缺点在于反应的产物不是以无害的 N_2 为主，并且会产生金属离子、金属氧化物和水合金属氧化物等二次污染，因而对后处理要求较高。

2. 催化还原法

由于金属铁或二价铁等还原硝酸盐的条件难以控制，易产生副产物，所以人们设法从中加入适当的催化剂，减少副产物的产生，近年来出现了催化还原硝酸盐的方法。催化还原法是指以氢气、甲酸等为还原剂，在反应中加入适当的催化剂，以提高反应速度、减少副产物的产生，将硝酸盐还原成氮气。反应历程如下：

$$2NO_3^- + 5H_2 \longrightarrow N_2 + 2OH^- + 4H_2O$$

$$NO_3^- + 4H_2 \longrightarrow NH_4^+ + 2OH^- + 4H_2O$$

在理论上，只要合理选用催化剂和控制反应条件，通过化学催化还原法完全可以将硝酸盐氮全部还原为氮气。Hörold 等（1993）用 Pd-Cu 二元金属作催化剂对水样中的硝酸盐氮进行了试验，结果表明：溶液 pH 为 6.5、NO_3^- 的初始浓度为 100mg/L 时，NO_3^- 离子的转化率可达 100%，同时对氮气的选择性可达 82%，催化剂去除硝酸根的活性为 3.13mg/(min · g)，比生物反硝化酶的活性高 30 倍以上。由于催化还原过程可以在地下水的水质和水温条件下进行，若以氢气为还原剂不会对被处理水产生二次污染，因此这一工艺原理受到密切关注，并被认为是最有发展前景的饮用水脱硝工艺。对于化学催化还原水中的硝酸根，进一步提高反应速度、控制反应发生的方向是该技术的关键。寻求高效、性能稳定的催化剂，探索环境因素对于催化反应的影响是该领域的研究重点。

催化方法去除硝酸盐技术反应速度快，能适应不同反应条件，易于运行管理。然而该技术的难点是催化剂的活性和选择性的控制，有可能由于氢化作用不完全形成亚硝酸盐，或由于氢化作用过强而形成（NH_3、NH_4^+）等副产物，这也正是目前研究的重点和难点。

3.2.4 组合工艺研究进展

由于 PCB 生产过程中产生的废水种类繁多、污染物质各不相同。为了有效地提高对

PCB废水中各类污染物的去除效果，首先要根据水质对其进行分类，然后分别采用不同的处理工艺在不同的工况下有针对性地将污染物去除，从而实现该行业废水的达标排放。当前成功的案例很多，例如：黄得兵等（2005）采用电化学分解PCB废水中的清洗剂、螯合剂及去除绝大部分重金属离子，再利用二级生物技术处理废水中的有机物，运行结果表明：该工艺对COD的去除率在87%以上，而对Cu^{2+}的去除率在99%以上，运行稳定，出水稳定达标。陈锦文和刘丹（2005）选用二段混凝沉淀—曝气氧化—砂滤处理PCB废水，经6个月的调试，运行正常，效果稳定，各项指标均达到《污水综合排放标准》（GB 8978-1996）中一级标准，顺利通过验收，说明对废水准确分类及预处理、对混凝池出水曝气氧化及投重金属捕集剂是保证出水达标的关键。王新刚等（2006）在对PCB废水分类收集处理后，采用混凝—接触氧化组合工艺处理之后的综合废水，对COD及Cu^{2+}的去除率高于99.5%和99.7%，达到了广东省水污染物排放限值标准中规定的第二时段的一级标准。

3.3　精细化工行业废水脱毒减害深度处理回用技术研究与应用进展

精细化工行业是生产精细化学品工业的通称，涉及染料、农药、制药、香料、涂料、感光材料和日用化工等40多个门类。精细化工行业排放的废水具有成分复杂、COD浓度高、可生化性差、毒性大、盐度高等特点。针对上述特点，目前，国内外对于精细化工废水，主要采用多种物理化学技术单元相组合或者物化和生化技术单元相组合的方法。

3.3.1　单项技术研究进展

精细化工行业排放的废水由于其可生化性差，单独采用生物技术进行处理很难奏效，近年来，国内外主要研究开发直接物化方法或采用物化+生化组合方法对其进行处理，其中物化方法中最常见的是强化絮凝法、高级氧化法和吸附法等。

1. 强化絮凝技术

强化絮凝方面的研究，通常包括三个方面：絮凝药剂性能的改善；强化絮凝设备的研制；絮凝工艺流程的强化，如优化絮凝搅拌强度、缩短流程反应时间、确定最佳反应pH等。

决定强化絮凝效果的关键是絮凝剂的选择，目前广泛用于水处理的絮凝剂主要是无机絮凝剂、有机絮凝剂及复合絮凝剂三大类。无机絮凝剂普遍存在生成的絮体不及有机高分子絮凝剂生成的絮体大且单独使用时投药量较大、污泥量大等问题。有机絮凝剂如聚丙烯酰胺等具有生产成本低、用量少、絮凝速度快、受共存盐类、pH及温度影响小、生成污泥量少并且容易处理等优点，但这类高聚物的残余单体具有“三致”效应，而且难于降解。近年来，探索寻求复合絮凝剂及天然产物改性絮凝剂已成为当今环境科学领域的一大热点。

2. 化学沉淀技术

对于含有重金属离子的废水，通常是将化学沉淀与絮凝沉淀结合起来使用，常用的沉淀方法有氢氧化物沉淀、铁盐沉淀、硫化物沉淀、铁氧体沉淀、螯合沉淀等。

在实际废水中，往往存在多种重金属离子，并常常有多种有机物或其他络合剂共存，单独使用化学沉淀法，很难有效去除重金属离子。

3. 高级氧化技术

高级氧化处理技术因其能产生氧化能力极强的羟基自由基，可有效分解难降解污染物，甚至使有机物彻底地矿化，具有氧化性强、操作条件易于控制的优点，因而引起广大科学工作者的重视。高级氧化处理技术主要包括 Fenton 氧化法、湿式催化氧化法、超临界湿式氧化法、光催化氧化法、微波氧化法以及电化学氧化法等。但是，催化氧化技术也还存在着—OH 自由基活性持续时间短、容易与非目标物碰撞而失活、效率低；催化剂费用太高且容易流失，存在造成二次污染的可能性；光催化反应通常只能利用特定波长的光源，光源利用效率不高；电催化反应对电能的利用效率不高，相当一部分电能在反应过程中被损耗；为使难降解物质充分氧化，氧化剂往往加入过量，导致废水处理成本偏高。

4. 膜分离技术

若废水中电解质浓度较高影响回用时，通过膜分离技术利用具有选择透过性的薄膜，在一定外推动力作用下使溶液中的溶质和溶剂（水）分离，达到提纯、浓缩和净化的目的。膜分离技术是一个高效的分离过程，分离效果可达纳米级，分离过程能耗低，不会在待处理物质中引入其他化学物质，不会有新的分离问题或二次污染。但膜分离技术在工程应用中也存在如下问题：一次性投资较高，较传统回用处理工艺投资高出数倍；膜使用寿命过短，目前国产微滤或超滤帘式膜一般使用寿命才 3 ~ 5 年，膜的更换频度过高，给使用方带来许多操作困难和经济负担；膜抗污染能力不强，传统的膜组件抗污染性较差，有待对膜材料进行改进；膜用化学品基本上依靠进口，药剂费用高，增加了处理成本；膜易发生堵塞、需要高水平的预处理和定期的化学清洗，进一步增加了处理成本。

5. 吸附技术

吸附法主要是利用活性炭、吸附树脂、改性淀粉、改性纤维素、改性木质素、改性壳聚糖或大孔树脂等吸附剂对废水中的污染物进行处理，使废水中的污染物吸附于吸附剂表面，从而使废水得到净化。对于重金属废水近些年又发展了生物吸附技术。

针对精细化工废水处理领域存在的技术缺口，本子课题在研究过程中开发出了以金属钛网和聚氨酯薄膜为基体，表面载有密集排列 TiO_2 纳米管的高效光催化剂，有效解决了催化剂的流失问题，不仅减少了运行成本，也消除了 TiO_2 流失对环境造成的污染；通过将 TiO_2 光催化技术与 H_2O_2、O_3 氧化技术进行联用，实现了不同技术之间的耦合协同，不仅大大提高了处理效果，也相应减少了处理费用；通过对淀粉进行接枝改性，以及与铁盐、铝盐的复配，制备出了高电荷密度的复合絮凝剂，该絮凝剂不仅具有优良的絮凝能力，同时也克服了传统聚丙烯酰胺类絮凝剂容易发生有毒单体污染的问题；通过将羧甲基壳聚糖键合到膨润土表面，制备出了对重金属具有高吸附容量的新型吸附剂，同时利用了羧甲基壳聚糖与膨润土两种物质的吸附特征，有效解决了羧甲基壳聚糖单独应用时的难回收和易流失问题。

3.3.2　组合工艺研究进展

精细化工废水具有成分复杂、COD浓度高、可生化性差、毒性大、盐度高等特点，采用传统的生化处理方法很难奏效，当前国内外普遍采用物化+生化组合工艺或直接采用物化方法处理精细化工废水，但目前的处理工艺大都存在着药剂消耗量大、处理费用高、毒性污染物去除不彻底等问题。

针对精细化工废水处理工艺中存在的问题，本项目将自己研究开发的一些单项技术进行优化组合和集成，充分发挥各技术单元的优点和特色，建立起了以“强化絮凝—催化氧化—选择吸附”为核心技术单元，高效、经济、实用的精细化工废水深度处理成套技术与工艺。

3.4　漂染行业废水脱毒减害深度处理回用技术研究与应用进展

3.4.1　多环芳烃在水环境中存在情况及其危害

多环芳烃（polycyclic aromatic hydrocarbon，简称PAHs）在环境中随处可见，大部分PAHs对环境都有一些不利的影响，如致畸、致癌和致突变，以及干扰内分泌等（申松梅等，2008），成年人如果每年累积摄入PAHs量超过80mg即可能诱发癌症。自然界中PAHs来源于石化燃料，生物合成、沉积岩风化等。而人为因素是PAHs的主要来源，尤其是随着工业的发展，药物、染料、橡胶、农药、塑料生产过程中产生的中间产物，以及煤、油、烟草的不完全燃烧都会产生PAHs。

漂染工艺根据对织物的加工要求不同而包括不同的工艺，一般说来包括染色、印花、整理等几个步骤，在以上的几个步骤中会经常使用到染料与助剂等化学品。在染料和助剂使用过程中因染料和助剂本身带有多环芳烃或者因一系列反应而形成了多环芳烃物质。通过对新洲环保工业园区内三个印染厂废水排放口取样分析也监测分析到了萘、菲的存在，如表3-1所示。

表3-1　各印染厂萘、菲浓度

取样点	萘/10^{-9}	菲/10^{-9}
某制衣印染厂排水口	92.3	42.5
某浆染厂排水口	55.4	65.4
某洗染厂排水口	61.3	64.5

3.4.2 多环芳烃废水处理技术现状

针对水体中 PAHs 类污染物的特性，国内外处理方法主要包括生物法、物理吸附法、臭氧氧化法等技术。

生物处理技术主要是利用微生物将环境中的 PAHs 作为碳源和能源加以利用，分解为 CO_2和 H_2O 等无害物质，其处理效果稳定，运行费用低，但水力停留时间较长，微生物生长条件也比较苛刻。对于水体中 PAHs 的生物处理研究，主要集中于对蒽、菲等低环分子的去除，三环以上的 PAHs 就难以被微生物分解利用，目前还没有微生物以 5 环以上的 PAH 为碳源和热能的报道（王春明等，2009）。

利用 PAHs 正辛醇-水分配系数高和疏水性强的特性，物理方法去除环境中的 PAHs 主要集中在去除污泥或土壤中的 PAHs，也可以利用活性炭、沸石、陶粒等吸附去除水中的 PAHs。Borneff 等（1969）证明在间歇式反应器中用沙粒和活性炭吸附 PAHs 是可行的，但是在连续运行工艺中达不到要求。物理法只是对 PAHs 在相态上进行转移，并没有破坏其分子结构，减小其生物毒性，同时洗涤剂和吸附剂的再生问题也没有得到很好的解决。

臭氧具有较高的氧化能力和亲电子特性，能与不饱和键发生亲电取代反应，自 Bailey 等（1982）证明臭氧能完全去除有机试剂里的 PAHs 以来，臭氧氧化技术一直被认为适合氧化去除 PAHs。但是单独臭氧处理成本较高、利用率低等问题限制了臭氧技术的发展。提高臭氧处理效果的措施主要是采用一些臭氧联合氧化技术和催化臭氧氧化技术，常用的催化方法有加 H_2O_2、UV 等，其中 H_2O_2消耗快，成本较高，而 UV 能耗较高，也提高了运行成本。因此臭氧高级氧化技术的关键是催化剂的选择。

3.4.3 多环芳烃臭氧氧化技术研究进展

自从苯并[α]芘第一个被发现是环境化学致癌物后，人们开始研究对水体 PAHs 的去除。PAHs 在环境中稳定，其在环境中的迁移转化受到越来越多的关注。Bailey 等（1982）发现 PAHs 和臭氧的直接反应主要有三种方式：一是环加成反应；二是亲电取代反应；三是亲核反应。针对环境中 PAHs 的生物毒性，研究其在水体中停留时间也变得更加重要，因此欧洲一些饮用水处理中，臭氧和 PAHs 的半衰期的研究具有很重要的经济性。Butkovic 等（1983）研究了水中 PAHs 和臭氧的反应速率，研究表明芘、菲和苯并[α]芘的二级反应常数分别为 4×10^4L/(mol·s)、1.5×10^4L/(mol·s)、0.6×10^4L/(mol·s)；当臭氧浓度为10^{-4}mol/L、pH 为 7 时，芘、苯并[α]芘对应的半衰期小于 1s，完全去除时间仅为文献中提到的 1/10000。

Beltrán 等（1995）研究了非均相体系中传质和反应对臭氧氧化菲的影响；Miller 和 Olejnik（2001）进一步研究了亨利常数下臭氧和菲的反应速率，研究表明当水中菲浓度很低时，臭氧化气体和水中菲的反应属于慢速反应体系。臭氧氧化的难易程度，取决于废水中污染物组分和其浓度，Beltrán 等（1999）研究了石油废水的臭氧去除，以菲为目标污染物配置模拟废水，菲浓度在几十到几千 μg/L，pH 为 7，反应速率常数 K 为 3000，亨利常数小于 0.01，臭氧氧化菲体系属于慢速反应体系。实验结果表明，对于微量菲的臭氧去除推荐使用高级氧化技术，O_3/H_2O_2体系加速了臭氧的分解速率，产生的大量羟基自由基浓度，提高了臭氧利用率和菲的去除反应速率。国内外对 PAHs 的臭氧氧化高级技术主要是 O_3/H_2O_2和 O_3/UV，固体催化剂/O_3技术去除 PAHs 废水的研究报道甚少。

多相催化臭氧氧化过程中催化剂主要是金属氧化物（如 MnO_2、FeOOH、TiO_2）和负载在载体上的金属或金属氧化物（Co_3O_4/Al_2O_3、Cu/Al_2O_3和 MnO_x/蜂窝陶瓷等），以及活性炭，有的研究者利用活性污泥作为促进臭氧分解的催化剂。Tong 等（2003）研究不同形态的 MnO_2对水中磺基水杨酸的催化性能，结果发现在 pH 为 1.0 时新生态 MnO_2、β-MnO_2、γ-MnO_2都具有催化活性；而在中性和碱性条件下三种形态的 MnO_2都对磺基水杨酸没有催化能力。三种形态的 MnO_2都对水中的丙酮没有催化活性，但是加速了水中臭氧分子的分解，表明催化剂能够改变臭氧在水中的平衡使之向其分解的方向移动。王群等（2010）研究了 CeO_2对臭氧的分解，CeO_2经过焙烧后被还原而失去大量氧，形成晶格氧缺失，表面电子云密度增大。臭氧易从 CeO_2晶体中得到电子，从而促进了臭氧分解。曾玉凤等（2008）研究了 SnO_2对糖蜜酒精废水的催化活性，针对 SnO_2上的表面酸性进行了研究，证明了臭氧分子的吸附、解析、分解与 SnO_2上的表面酸性有关。

3.4.4　电与好氧生物联合处理技术研究进展

电化学方法处理废水在国内外早有研究，Mellor 等（1992）于 1992 年就提出了电生物反应器的概念。Sakakibara（1994）在电流促进反硝化概念提出下研究了阳极反应对脱氮的影响。同时还进行了电极与生物膜法联合处理废水的试验研究，发现电流增加的同时，氮气产量增加（Watanabe et al.，2005）。证明了电流能够促进反硝化。Feleke 等（1998）研究了电极生物膜耦合处理多种离子混合废水，阴离子以硝酸根、亚硝酸根离子为代表，阳离子以钾离子、钙离子为代表。研究表明，系统反硝化脱氮能力较强，而对其他，比如硫酸根、镁离子去除率很低。目前，电生物联合处理技术已经发展到利用二维电极-生物膜净化饮用水中硝酸盐（Szekeres et al.，2001），三维电极-生物膜改善微污染地下水（Zhou et al.，2009），同时，电生物技术在强化生物除磷以及降解难降解的有机废水，如高浓度苯胺废水、硝基苯废水等也有一定的研究。

采用电与好氧生物体系联合处理多环芳烃。通过实验分析了电与好氧生物降解多环芳烃的可能性，探讨了电与好氧生物降解多环芳烃中萘跟菲的最优条件。

电场存在条件下对微生物的作用主要有两个方面，直接作用于微生物以及通过电流改变微生物生长环境来刺激微生物的新陈代谢。微生物在电场作用对废水处理机理有如下几种情况：

（1）微生物在特定的电场中受到电场的电催化作用，体内某些酶的活性增强或被激活，从而促进了酶的生物活性反应，提高了微生物对废物的处理能力。同时，适当电流密度条件下微生物的代谢被调节，细胞指数增加，有丝分裂周期缩短（Rajincek et al.，1994）。

（2）微生物细胞膜内外就带一定的电荷，在微电流的刺激下，细胞膜的通透性改变，营养物质更容易通过细胞膜被微生物利用，促进微生物的生长。同时，电流存在条件下能够促进营养基质离子的定向迁移，增强了基质流体的传质作用（Beschkov et al.，2004）。

(3) 电场作用下，阳极产生氧气，阴极产生氢气，废水中阴阳极发生如下反应：

阳极：$$H_2O = 1/2O_2 + 2H^+ + 2e^- \tag{3-1}$$

阴极：$$2H_2O + 2e^- = H_2 + 2OH^- \tag{3-2}$$

生物反应：$$2NO_3^- + 5H_2 = N_2 + 4H_2O + 2OH^- \tag{3-3}$$

结合反应式（3-2）和式（3-3），得

反硝化反应：$$NO_3^- + 3H_2O + 5e^- = 1/2N_2 + 6OH^- \tag{3-4}$$

反应式（3-4）即为反硝化细菌在电场条件下的反硝化反应化学反应方程式，所以在电流存在的条件下反硝化细菌的脱氮能力得到了提高。同时，电流存在条件下好氧缺氧微环境能够实现反应器硝化/反硝化过程所需的条件（余川江等，2005）。

此外，难降解物质在电极反应的条件下变成易生物降解的中间产物，提高了微生物对难降解有机物的降解能力（杨昌柱等，2006）。

3.4.5 MBR 对印染废水的处理研究进展

应用膜生物反应器处理印染废水的研究较多，均取得了较好的效果。蔡惠如将 SBR 法与 MBR 法处理印染废水进行了比较（蔡惠如等，2002）。实验表明：相同水质条件下 SBR 法对 COD 去除率以及脱色率均比 MBR 法低 5% ~10%。Badani 等（2005）采用分置式 MBR 处理印染废水，COD 去除率达到 97% 以上、色度的取出度达到 70% 以上。郑祥等（2001）研究了 HRT 对膜生物反应器处理印染废水的影响，结果表明：当 HRT 为 7h 时，进水 COD（179 ~358mg/L）平均去除率达到 92.1%、进水 BOD_5（44.8 ~206mg/L）平均去除率达到了 98.4%、浊度的平均去除率达到了 98.9%。出水的各项指标达到了杂用水标准。

印染工厂由于要根据市场安排工业生产，因此排放的印染废水不连续同时废水成分变化较大，造成冲击负荷大，这就要求整个处理系统有着较高的抗冲击负荷的能力。Brik 等（2006）研究了 MBR 对 COD 以及 pH 波动范围较大的印染废水的去除效率，研究表明：当进水 COD 在 1380 ~6033mg/L、pH 在 6.36 ~9.67 范围内波动时，系统对 COD 去除率达到 60% ~90%、色度在 87% 以上。以上研究结果可以表明，膜生物反应器处理印染废水的耐冲击能力较强，但由于膜污染问题存在制约了膜生物反应器的应用与发展，而将物化法、生物方法联合膜生物反应器处理印染废水，实现各种技术的优势互补，发挥不同方法的长处，可提高整个系统对污染物的去除能力。

同帜、熊小京等研究了 A/O 膜生物反应器处理印染废水。同帜等（2006）研究表明：HRT 为 9h 时，COD（1500 ~2300mg/L）和色度（800 ~1200 倍）的去除率均达 90% 以上。熊小京等（2005）研究表明，进水 pH 在 5 ~9 波动时，厌氧槽的出水 pH 能稳定在 6.0 左右，整个系统的出水 pH 控制在 7.0 ~7.5，保证了整个系统对印染废水的处理性能处于最佳状态。同时，还有许多学者利用了物理法联合膜生物反应器对印染废水进行处理，如邹海燕（2005）向膜生物反应器中投加混凝剂 $Fe(OH)_3$ 组成生物铁法-膜生物反应器。同时，又有一些超滤膜和反渗透膜与膜系统组成膜生物反应器处理活性染料，超滤膜生物反应器的膜通量较高，而去除效率不如反渗透膜生物反应器。Knops 等（1992）提出了穿流式膜组件的概念，该膜组件结合了错流式膜生物反应器和一体式膜生物反应器各自的优点。Zhu（2005）利用穿流式膜组建处理印染废水，COD去除率为89%，而能耗是错流式膜生物反应器的10%。

总之，随着膜生物反应器膜污染以及能耗问题研究的深入，膜生物反应器在印染废水的处理中将会得到广泛的应用。

3.5 城市污水处理厂尾水脱毒减害深度处理技术研究与应用进展

3.5.1 污水处理厂尾水深度处理技术研究进展

我国污水处理厂每年产生的近百亿吨尾水的回用率仅为10%，进一步发展尾水深度处理迫在眉睫。目前常用的污水处理厂尾水深度处理技术分为物化处理技术、生物处理技术与膜分离技术。

3.5.1.1 物化处理技术

1. 过滤法

耿土锁和吴晨波（2010）研究将纤维球过滤用于污水深度处理中，结果表明纤维球过滤二沉池出水时，悬浮颗粒浓度从10～20mg/L下降到2mg/L以下，SS去除率接近90%；COD浓度从70～80mg/L下降到40mg/L左右，COD去除率接近50%。因此，纤维球滤料过滤工艺是当今污水深度处理的最佳选择。

2. 吸附法

李清雪等（2010）对活性炭/纳滤组合工艺深度处理污水处理厂尾水中微量有机物的研究表明，该组合工艺对COD、TOC和UV_{254}均有较好的去除效果，平均去除率分别达42.09%、69.54%和78.53%，出水的平均浓度分别为5.90mg/L、1.93mg/L和0.04cm^{-1}。可见，活性炭/纳滤组合工艺对二级出水中微量有机物的去除在技术上是可行的。李学强等（2010）对采用臭氧/过滤/活性炭工艺深度处理济南市水质净化二厂的二级出水研究结果表明，当原水平均浊度为0.87NTU，COD、NH_3-N和NO_2^--N浓度分别为1.24mg/L、1.78mg/L、0.13mg/L时，出水平均浊度0.25NTU，COD、NH_3-N和NO_2^--N浓度可分别降至0.79mg/L、1.20mg/L、0.05mg/L。因而，该技术被广泛用于饮用水和微污染水的处理中。

电吸附技术（EST）作为一项新型的水处理技术，具有很高的性价比，且处理效果好。韩寒等（2010）研究表明，对于COD、含盐量较高的工业废水，传统的水处理技术因COD高而影响盐分的去除，而电吸附可除去废水中的盐分，使生化法可行。二级生化处理后的污水经电吸附除盐，可作为循环水系统的补水或生产工艺用水。

3.5.1.2 生物处理技术

生物处理技术是利用微生物自身对有机物、含氮化合物、含磷化合物等物质进行分解、吸收来产生能量、营养物质的特性，培养出某些特定的微生物，利用该特性处理污水中的污染物质，达到净化水质的目的。

1. 生物反应器

隔离曝气生物反应器是物化和生化处理技术的集成。程丽华等（2010）采用隔离曝气生物反应器对炼油厂的外排污水进行处理研究，得出当 HRT 为 1.9h，气水体积比为 5.0，pH 为 6.5 ~ 8.5，反冲洗周期为 6d 时，经 IBAR 处理后 COD、石油类、NH_3-N、固体悬浮物去除率可分别达到 42.8%、47.5%、69.4% 和 96.1%，出水平均浓度为 52.0mg/L、1.1mg/L、2.1mg/L、1.6mg/L，基本达到中石化污水回用于循环冷却补充水质标准。因此，该方法应用于炼油污水的深度处理是可行的。

倪明等（2009）应用两级过滤膜生物反应器专利技术处理城市污水处理厂二级排水。进水 COD100mg/L、$BOD_5 \leqslant 30$mg/L、NH_3-N≤40mg/L、TP 1.0mg/L 和 SS≤30mg/L；出水 COD≤30mg/L、$BOD_5 \leqslant 10$mg/L、NH_3-N≤10mg/L、TP≤0.5mg/L，无 SS。运行结果表明，该系统具有良好的稳定性和可靠性，出水优于工业用水、循环冷却水的水质要求。

2. 生物滤池

陈志伟和汪晓军（2010）采用曝气生物滤池（BAF）工艺对太湖地区某印刷电路板（PCB）厂废水处理厂出水进行深度处理现场中试研究。结果表明，在进水 COD、NH_3-N 和 Cu^{2+} 平均浓度分别为 198.9mg/L、20.1mg/L 和 1.09mg/L 的条件下，当进水流量为 0.5m^3/h，气/水体积比为 5∶1 时，出水 COD、NH_3-N、Cu^{2+} 平均浓度分别为 23.2mg/L、1.56mg/L 和 0.098mg/L，远低于太湖地区废水排放标准。徐绮坤和汪晓军（2010）研究采用曝气生物滤池工艺处理印染废水的二级生化出水。废水 COD 浓度从进水 90 ~ 140mg/L 降到 80mg/L 以下，色度从 32 倍降到 16 倍以下，排放水质稳定，达到广东省《水污染排放限值》（DB 44/26-2001）第 1 时段 1 级标准。近半年的试验表明，曝气生物滤池工艺具有占地面积少、运行稳定、成本低、出水水质好等优点，在印染废水后段深度处理中有重要的作用。朱兆亮（2010）通过小试研究气浮—好气滤池工艺提高二级出水水质的效果。气浮-好气滤池工艺对进水水质有良好的适应性，对色度、COD、NH_3-N、TP 及浊度等去除率高，是值得推广应用的污水处理厂二级出水深度处理和回用的优化工艺。

3. 人工湿地

人工湿地也是近年发展起来的一种废水处理技术，具有出水水质好、投资少、结构简单、操作管理便利及运行费用低等特点。杨立君（2009）将生态氧化池/生态砾石床组合工艺作为强化型前处理系统，与垂直流人工湿地相结合，用于处理城市污水处理厂尾水。深圳龙华污水处理厂出水 COD 50mg/L、BOD_5 10mg/L、NH_3-N 10mg/L 和 TP 0.5mg/L，连续 5 个月试运行后，COD、BOD_5、NH_3-N 和 TP 的平均去除率分别为 70.3%、69.0%、

91.9%、83.1%，出水 COD 20mg/L、BOD_5 4mg/L、NH_3-N 1.0mg/L 和 TP 0.2mg/L。可见，生态氧化池/生态砾石床/垂直流人工湿地组合工艺在污水处理厂尾水深度处理方面具有明显的优势。

孙久振等（2009）研究山东平阴污水处理厂将沿黄洼地改造为人工湿地对该厂二级处理的尾水进行深度处理。结果表明，各指标去除率分别为 COD 47.11%～63.38%、BOD_5 69.65%～85.30%、TP 36.96%～58.06%、NH_3-N 43.88%～57.89% 和 SS 44.44%～66.67%。最优出水 COD 17.07mg/L、BOD_5 2.37mg/L、TP 0.11mg/L、NH_3-N 0.24mg/L 和 SS 6.00mg/L。表明人工湿地应用于污水处理厂深度处理是可行的。

Rouissi 等（2009）研究了人工湿地的污水处理技术，对植物进行了筛选，认为人工湿地是一个可持续发展的低成本废水处理技术。

3.5.1.3　膜分离技术

膜分离技术起步于 20 世纪 60 年代，是一种新型高效的污水处理技术，包括微滤（MF）、超滤（UF）、纳滤（NF）、反渗透（RO）、渗析（D）等方法。

1. 反渗透

反渗透技术在膜分离中应用广泛。在国内冷轧行业中，首钢冷轧薄板生产线率先利用市政污水处理厂处理后外排污水作为水源，采用双膜法（超滤+反渗透）处理。进水电导率 1490μS/cm，出水电导率稳定在 40μS/cm 以下，远低于 75μS/cm 的用水水质要求，产水可用作净循环冷却水和制冷换热水的补充水。

陈洪斌等（2009）针对石化行业污水回用处理设施很快失效的现状，开发了“集成式悬浮载体生物氧化—砂滤—臭氧活性炭处理—超滤反渗透”的组合。试验用水为处理厂外排水，浊度 13.5～81.0 NTU、COD 170.2mg/L、NH_3-N 0～57.7mg/L、总石油类 10.7mg/L、电导率 1800～2600μS/cm，含盐量高。连续 7 个月的中试结果表明，处理后外排水中 COD、NH_3-N、BOD_5、油和浊度等均优于回用水标准，可作为工业循环冷却、绿化和办公等用水。

2. 微滤

毛艳梅和奚旦立（2006）应用混凝动态膜工艺对印染废水的二级出水进行深度处理。研究表明，进水 COD 90～100mg/L，最佳投量下使用一体式混凝动态膜工艺，COD 去除率达到 57%，出水 COD 38.7～43.0mg/L，能保证印染废水的达标回用。天津开发区新水源一厂再生水回用系统采用连续微滤膜（CMF）系统对污水处理厂二级排放水进行深度处理，净化后的水清澈透明、无异味、浊度<0.1NTU（低于设计值 0.2NTU）、SDI 值<3。CMF 出水满足国家生活杂用水标准，可直接回用于绿化、景观、冲厕等；同时，CMF 出水满足反渗透系统进水要求，可进一步脱盐。

广州市为加大治污力度，提高污水处理厂出水水质，新建的两座大型污水处理厂分别通过采用膜处理工艺（MBR）和在二级处理后增加转盘式微过滤器方式使出水达到了《城镇污水处理厂污染物排放标准》（GB 18918-2002）一级标准的 A 标准。

3. 纳滤

郭豪等（2008）采用微滤/纳滤深度处理 COD 为 125.70mg/L 的二级出水，经微滤处理后出水 COD 为65.13mg/L，去除率在50%左右；经纳滤处理后出水 COD 为24.00mg/L；其他指标包括硬度、电导率、吸光率等完全满足回用。谢鹏伟和杜启云（2007）采用连续膜过滤和纳滤处理印染废水的二级出水，进水色度 4 ~ 16、pH 6.5 ~ 7.0、电导率 4500 ~ 7000μS/cm、SS 50mg/L、COD 100 ~ 160mg/L，纳滤出水电导率 100 ~ 200μS/cm、COD< 4mg/L、色度未检出。纳滤深度处理系统出水不仅可达标排放，还可回用作工艺用水。

综上所述，目前常用的污水处理厂尾水深度处理技术为过滤、生物滤池、人工湿地、膜分离等，其中膜分离、人工湿地等技术处理效果较好。此外，一些新型的污水深度处理技术，如 Li 等（2010）研究了超导磁分离技术，能有效地提高废水的可生化性，具有投资少、反应时间短、效率高、能耗低等优点。尽管该法分离效果很好，但是需加入有机絮凝剂，没有完全摆脱因有机絮凝剂的加入带来的二次污染。超导磁体冷却采用的是液氦浸泡冷却，但我国氦资源贫乏，限制了超导磁分离技术的大规模应用。高压脉冲放电技术、超声波、生物酶、生物制剂增效法、三维电极、光敏化半导体作为催化剂处理有机废水等技术也逐渐应用于污水研究中。许多组合技术应用广泛，如混凝沉淀/过滤/氨解析/炭柱组合工艺、双介质过滤/反渗透组合工艺、超滤/紫外光/反渗透生产“新生水”组合工艺、混凝沉淀精密过滤/臭氧氧化/石英砂过滤/活性炭过滤/中空超滤组合工艺等对城市污水的深度处理都有很好的效果。

污水深度处理技术在国内已经有成功的工程应用。但由于尾水水质差异较大，应选择合理的处理技术，在传统技术上不断创新，推动深度处理技术的发展。

3.5.2 纤维转盘滤池技术研究现状

纤维转盘滤池广泛应用于地表水净化、污水深度处理，设置于常规二级污水处理系统之后，主要去除总悬浮物，结合投加药剂可去除 COD 等污染物。

曲颂华等（2009）阐述了纤维转盘滤池的结构、工作原理及运行过程，讨论了纤维转盘滤池的特点，通过与常规的砂滤法在经济、技术、运行管理方面进行对比，阐明了纤维转盘滤池的优越性，并通过工程实例验证了设计参数的可行性和运行效果的稳定性。王妍春等（2009）结合无锡芦村污水处理厂升级改造工程，介绍了纤维转盘滤池的适用情况，同时对纤维转盘滤池的结构、运行状态、特点等做了详细说明。刘翊等（2012）在天津某污水处理厂一级 B 升标改造中采用二次沉淀池后增加一套纤维转盘滤池应用于处理工艺中，处理规模 5 万 t/d，介绍了纤维转盘滤池的使用情况，对纤维转盘滤池的结构、运行状态、特点等均做了详细说明。其稳定的运行状态和安全的处理保障值得推广和借鉴。

这些研究实践表明，纤维转盘滤池独特的设计原理和结构使得它具有突出的优势：出水水质好、占地面积小、设备简单紧凑、运行自动化、维护简单方便、运行费用低，特别适合于中水回用处理及城市污水处理厂升级改造。

3.6　综合排水河道整治与持续净化技术研究与应用进展

城市河道作为城市生态系统重要的组成部分，具有供应水源、改善环境、交通运输、文化教育和旅游娱乐等功能，对城市的生态建设具有重要意义。目前，我国城市河流的污染状况比较严重，亟须进行治理。污染河流治理是一项复杂的系统工程，主要包括污染源控制及污染水体的治理两方面的内容。近年来河道治理的理念发生了重大变化，“生态河道”的理念逐渐深入人心，例如德国的“近自然”河溪整治概念与日本的“多自然型”河道治理理论等。目前，国内外河道治理技术按原理划分包括物理、化学和生物-生态法三类，常用的技术主要有底泥氧化、河滩湿地、生态浮床、生态护坡、曝气氧化等。

3.6.1　底泥氧化技术

城市河道底泥是河道重要的内源污染，黑臭的污染底泥通过不断向上覆水体释放有机物和无机盐，使河道水质恶化；底泥耗氧是河道水体耗氧的重要组成部分，底泥耗氧加剧了河道耗氧速率，是河道水体黑臭的重要原因；底泥反硝化、甲烷化造成大量黑臭底泥上浮是河道水体黑臭的直接原因，底泥中的 N、P 营养盐释放容易引起水体富营养。底泥生物氧化是一个好氧分解过程。随着河道底泥生物氧化，从河道泥水界面到深层底泥，形成好氧-兼氧-厌氧区。泥-水界面氧化层的形成对维持底泥好氧微生物区系和底栖生物的多样性十分重要，泥-水界面氧化层和深层底泥通过硝化-反硝化作用可部分除去输入河道的 N 负荷；泥-水界面氧化层能吸附部分输入河道的 P 负荷，同时阻止 N、P 营养盐从底泥向上覆水体释放；泥-水界面氧化层可分解来自河道的污染物、浮游动植物残体，除去输入到河道中的有机污染物；底泥亚扩散层的屏蔽效应可以阻止深层底泥不断渗出有机质和其他污染物，抑制有毒物质向河道水体扩散。底泥氧化层的厚度，很大程度决定了河道自净能力，底泥氧化层越厚，河道自净能力越强；反之，河道自净能力越弱。底泥氧化后将在底泥表层形成一个氧化层，所以能改善河道的自净能力，为河道的治理提供便利条件。因此，底泥氧化对我国城市河道治理具有重要意义。

在污染底泥的处理技术中，异位处理技术（如底泥疏浚）虽然见效快，但工程巨大，不仅耗费大量的人力、物力和财力，而且通过底泥疏浚也难以达标。要进行大规模的治理，在经济不发达的地区、国家更是难以实现。底泥就地处理技术进行河道、湖泊污染底泥原位修复，具有投资少、处理费用低、不易产生二次污染等特点。

河道、湖泊污染底泥原位稳定化修复技术，自 20 世纪 70 年代就开始发展起来，现在国外已有成功的应用实例。国内外的研究者已开展了不少研究和应用工作，包括投加无机盐稳定化、底泥原位曝气强化生物氧化、投加复合微生物菌剂或助剂等。投加石灰、铁铝盐、硝酸盐等来抑制底泥中污染物的释放并稳定、固定重金属的底泥稳定化技术，可用于富营养化湖泊、河道等治理，且有利于生态系统的恢复，但存在药剂消耗量大、净化成本高、可能二次释放等问题（Murphy et al.，1988）。底泥原位曝气强化生物氧化采用人工手段增强河流底部的曝气，对底泥氧化也起有益作用，但是由于曝气设备投入较高，运行管理困难，难以形成持续净化过程，目前有效应用案例较少。

近年来，采用各种微生物技术净化黑臭水体和底泥得到了广泛的重视。微生物技术净化污水技术具有处理效果好、工程造价较低、不需耗能或低耗能、运行成本低廉等特点。另外，这种处理技术不向水体投放药剂，不会形成二次污染。国内很多学者对微生物法净化水体技术进行了研究，取得了不同程度的效果。南京林业大学采用具有自主专利技术的活菌净水剂固定在具有巨大比表面积的生物带上，并结合曝气复氧等技术手段对城市黑臭水体和底泥进行生物降解，结果表明底泥 COD、上清液 COD、上清液 NH_3-N 等指标均有大幅度降低，该技术的净化效果优于黑臭水体单纯曝气治理技术（吴光前等，2008）。

通过分析国内外研究进展可见，目前黑臭水体和底泥的微生物氧化已成为城市河流原位修复的热点方向，但对于微生物的筛选、优势菌的培养、氧化机理和沿程变化等方面仍有较大的技术空缺，研究者仍在寻求更高效、培育成本更低和持续性更强的复合微生物。

3.6.2　河滩湿地技术

湿地技术在河水净化中的作用已经得到初步研究，其对污水的净化功能已经得到认证。湿地系统具有高生产力、多样性、过渡性等特点。湿地生态系统由于特殊的水、光、热、营养物质等条件，成为地球上最富有生产力的生态系统之一。湿地多样的动植物群落是其高生产力的基础。湿地生态系统类型及生物物种是极其丰富多样的。湿地生态系统主要可分为沼泽、河口、河流、湖泊、海涂等几种类型，然后每大类再根据其地理位置分布状况、地形、水分补给、来源与性质、植被类型、土壤特征等分为很多亚类，并可进一步细分。湿地生态系统既具陆地生态系统的地带性分布特点，又具有水生生态系统的地带性分布特点，表现出水陆相兼的过渡型分布规律。

河滩湿地是人工湿地的一种特殊形式，主要用于具有稳定边坡的污染河道原位治理。河滩湿地利用河道边坡作为基质载体，在上面种植各类挺水植物和沉水植物，河水以表面流的形式流经河滩湿地时得到净化。河滩湿地对河道断面影响较少，同时具有固定化程度好、无需消耗动力、具有景观美化作用、维护简单等优点，作为河道净化技术的组成部分，在国内外的研究与应用中已慢慢得到重视。

湿地植物是河滩湿地的重要因素，不同水生植物的生长特性不同，由其构成的河滩湿地对河水水质的改善效果也存在差异。表面流人工湿地中植被类型较为丰富，包括沉水、浮水、挺水等多种水生植被类型。

在河滩湿地可选用的植物中，水生植物中挺水植物对氮磷和有机物的去除效果明显好于沉水植物，对 NH_3-N 的去除效果沉水植物和挺水植物要好于浮叶植物，沉水植物放氧对改善水体 DO 浓度、加快硝化反应速度等方面具有明显优势。挺水植物+沉水植物+浮叶植物组合较单纯挺水植物组合在对 NH_3-N 和 TN 去除效果方面表现出较明显的优势，证明湿地植被组建中采用合理的植物配置方式，可提高湿地对 NH_3-N 和 TN 的净化效果。

然而，目前湿地应用中以挺水植物为主，关于沉水植物和浮水植物型表面流人工湿地的研究与应用较少。由于不了解不同水生植物类型对于污染物净化效果的影响，以及不同类型水生植被表面流人工湿地中污染物去除特征的差异，影响了湿地植物在实际工程中的高效应用，难以实现不同类型水生植被在表面流人工湿地中的联合应用与优化配置。此外，河滩湿地不改变河流断面和流动状态的特点，适合于河网复杂、需要维持原有水文功能、河边多有居住区的城市污染河道，然而国内城市污染河道仍大多采用边坡混凝土硬化的形式，对河滩湿地的净化作用认识不足，未能充分发挥河滩湿地的净化和美化作用。因此，河滩湿地等生态技术可作为未来污染河道原位治理的发展趋势。

3.6.3　生态浮床技术

生态床技术是运用无土栽培技术，以高分子材料为载体和基质，采用现代农艺和生态工程措施综合集成的水面无土种植植物技术。采用该技术可将原来只能在陆地种植的草本陆生植物种植到自然水域水面，并能取得与陆地种植相仿甚至更高的收获量与景观效果。其特点是无需占地、成本低廉及修复效果好，且具有一定的区域环境改善作用，已经在国内外的河道和湖泊治理中开展应用。

生态浮床的净化原理与其他生态技术相同，但净化主体的固定形式和植物配种有所区别。生态浮床中的植物与水良好接触，植物根系吸收水体中各种营养成分，降低水体富营养化程度，还可以利用特定植物的选择吸收性，对重金属污染进行修复。湿式浮床里又分有框架和无框架，有框架的湿式浮床，其框架一般可以用纤维强化塑料、不锈钢加发泡聚苯乙烯、特殊发泡聚苯乙烯加特殊合成树脂、盐化乙烯合成树脂、混凝土等材料制作。目前框架型的湿式人工浮床比较多，无框架浮床一般是用椰子纤维编织而成，对景观来说较为柔和，又不怕相互间的撞击，耐久性也较好。

国内应用的浮床的边长一般 1 ~ 5m 不等，考虑到搬运性、施工性和耐久性，边长 2 ~ 3m 的比较多。形状上以四边形的居多，也有三角形、六角形或各种不同形状组合起来的。以往施工时单元之间不留间隙，现在趋向各单元之间留一定的间隔，相互间用绳索连接，这样可防止由波浪引起的撞击破坏；可为大面积的景观构造降低造价；单元和单元之间会长出浮叶植物、沉水植物，丝状藻类等也生长茂盛，成为鱼类良好的产卵场所、生物的移动路径；有水质净化作用。

水生植物、水体污染物浓度和应用环境介质是生态浮床修复过程中的主要影响因子。国内外对各种影响因子和植物选择已开展了不少研究。不同水生植物的不同理化特性导致它们对污染物的净化作用存在较大差异。研究表明，菖蒲、鸢尾、美人蕉 3 种水生植物中对微囊藻的化感作用最强的是菖蒲，最弱的是美人蕉；而美人蕉、风车草、菖蒲和香根草 4 种浮床植物体内的氮、磷累积量大小顺序依次为：美人蕉>风车草>菖蒲>香根草（张维昊等，2006）。目前国内外对水生植物生存的有机物浓度临界值进行了研究，仅少量研究集中于沉水植物以及水体 pH 和重金属含量的影响等方面。

在应用方面，自 1991 年以来，我国利用生态浮床技术在大型水库、湖泊、河道、运河等不同水域，成功地种植了 46 个科的 130 多种陆生植物，累积面积 $10hm^2$ 多。有研究者研制的水生浮床技术，成功栽培了蔬菜、花卉、青饲料和造纸原料等 4 大类 30 多种陆生喜水植物。2004 年 8 月至 2005 年 1 月格凌国际水研公司在昆明滇池进行了植物浮床净化试验，短短 6 个月时间，大大削减了水中 N、P 和 COD、BOD_5 浓度，有效改善了水质。

虽然生态浮床技术具有净化水质、创造生物的生息空间、改善景观、消波等综合性功能，已有较多研究和应用案例，但生态浮床技术仍然存在外来物质入侵、低温条件下净化效果有限、对水体深层污染物的净化效果不佳等问题。表明今后仍需要开展生态浮床新材料和新方法的开发研究、新净化理论的研究、安装方式改进等工作，同时通过各种应用手段进行放大研究，寻求匹配城市污染河道的净化方式。

3.6.4 生态护坡技术

国外发达国家在生态护坡技术方面的研究已有很长的历史，并已广泛应用于高速公路的边坡治理中。生态护坡的定义现在并未统一，国外一般把生态护坡定义为："用活的植物，单独用植物或者植物与土木工程措施和非生命的植物材料相结合，以减轻坡面的不稳定性和侵蚀"；也有学者提出了坡面生态工程（Slope Eco-Engineering，简称 SEE）或坡面生物工程（Slope Bio-Engineering，简称 SBE）的概念，指以环境保护和工程建设为目的的生物控制或生物建造工程，也指利用植物进行坡面保护和侵蚀控制的途径与手段。欧美和日本等国家开始研究并开发多孔生态混凝土，并应用于城市广场、道路和停车场等地，对调节城市微气候，保持生态平衡起到良好的效果。生态混凝土因其多孔隙率和较大的比表面积，当浸泡在污水中时会发生化学、物理和生物化学作用吸附和清除污染物。

我国近年来也逐渐认识到"硬质"护坡对河流生态系统危害，并开始推广河道生态护坡方式。目前，生态护坡种类丰富，形式多样，如土壤生物工程、生态混凝土护坡、石笼护坡、三维植被网护坡技术等。我国在充分吸收国外河道整治和生态护坡研究成果的基础上也取得了较大的发展。如季永兴等（2001）综合分析了城镇原有河道护坡结构及其对环境水利和生态水利的影响，探讨了不同材料的生态护坡结构新方法；俞孔坚等（2002）提出水位多变情况下的亲水生态护岸设计；陈明曦等（2007）探索了应用景观生态学原理构建城市河道生态护岸的方法。国内有人提出了"生物护坡"的概念，即利用生物（主要是指植物）对边坡进行植被重建，建立一个新的植物群落，以期达到恢复生态环境，治理水土流失之目的。除此之外，国内还有"植被固坡""植物护坡"等提法。国内有人用生态混凝土砌块净化生活污水，效果十分显著。多孔生态混凝土在浇灌植物生长基质后，由于其自身多孔隙率、通气性良好和植物生长基质的吸水性等特点，能够为植物的生长发育创造条件，在多孔生态混凝土上扎根的植物，同时能进一步让土壤沉积，从而逐渐实现整体绿化。

目前，大部分相关研究集中在对护坡的稳定性的机理上，生态护坡仅仅被片面地理解为栽种植物的绿化工程，没有从恢复生态学的角度去理解生态护坡，忽略了生态护坡作为一个完整生态系统的动态性，忽略了真正意义上的生态护坡应该是在保证边坡稳定的基础上，以营造河道边坡系统的生物多样性为主要目标。在河道生态护坡的构建过程中，往往将某技术直接照搬，较少分析该地的地形地貌、水文、气候特点，而且现行很多河道的生态化改造工程量巨大，费用相当昂贵，而护坡效果并不明显。在保证植被恢复效果的基础上，研究新型护坡基材及配方以降低建造成本，增加该生态护坡的经济性，对生态护坡的推广应用有很大意义。城市河道生态护坡为有生态系统服务功能和文化美学功能的单元，生态系统服务功能诸如截留污染物、营造生物的多样性、提高河流自净能力以及防止水土流失等，文化美学功能具体如休闲娱乐功能、生态景观以及人文景观等，目前对这些功能项目的量化研究较少，因此生态软隔离带技术大面积推广更具有重大意义。

3.6.5 曝气氧化技术

水体DO含量是反映水体污染状况的重要指标之一，保持一定DO含量对于维持水体生态环境健康非常重要，DO含量低会对水体生态系统以及人体健康造成严重的影响。水体DO的来源主要有两个：大气复氧和生物光合作用释氧，水体DO的消耗主要包括水生生物生长、有机物质的好氧生物降解、NH_3-N的硝化、底泥的耗氧、还原性物质的氧化等化学、生化以及生物合成等过程。当水体中的大气复氧量小于总耗氧量的时候，水体DO就会逐渐减少，当水体的DO消耗殆尽之后，水体将呈现无氧状态，有机物的分解将从有氧分解转化为无氧分解，水质恶化，并最终影响到水体的生态系统。20世纪以来，随着自然变化和人类活动的加剧，排入水体的污染物量剧增，水体的贫氧程度明显恶化。河流底泥作为河流生态系统的物质循环中的一个重要环节，始终与上覆水保持着一种吸收与释放的动态平衡，当环境条件发生改变后，就会对上覆水体造成污染，有报道指出营养物的内源释放量甚至与外部进入总量相当。

从20世纪50~60年代起，国外一些国家就开始将曝气充氧技术应用到河道治理工程之中。澳大利亚的Maryborough市水源地底泥会释放锰离子，从而导致水体中的锰含量过高，而采用曝气装置对水体进行曝气，则可以大大降低源水中的锰离子浓度（Burns，1998）。美国Medical湖在1987~1992年进行深水曝气，发现底层水体中铵态氮、TP浓度下降，当曝气量充足时，DO浓度上升，但叶绿素a含量没有明显变化（Soltero et al.，1994）。我国近年来在北京、上海等城市进行了一定规模的河道人工曝气复氧试验和工程实践，也都收到了良好的效果。李大鹏等（2007）研究了底泥曝气对水体修复的效果，研究表明底泥曝气不仅可以有效地去除COD，抑制底泥中有机物的释放，而且停止曝气后上覆水的COD可以在长时间内保持较低水平。方涛等（2002）利用东湖及长江两种不同类型的沉积物，研究了曝气对不同类型沉积物中重金属释放的影响，并对酸性挥发性硫化物的氧化剂重金属的释放过程进行了非线性拟合，结果表明，在曝气条件下，酸性挥发性硫化物被氧化，沉积物pH降低，与之相结合的重金属释放出来。

3.7 农村污水控制模式与技术研究与应用进展

国内外农村污水处理技术主要有生物处理、生态处理与物化处理等技术，大多以生态处理为主。生物处理技术，主要有：①好氧生物处理技术，包括生物接触氧化池、好氧生物滤池、蚯蚓生物滤池等；②厌氧生物处理技术，包括化粪池、污水净化沼气池、厌氧生物滤池、复合厌氧处理技术；③生态处理技术，主要包括人工湿地、土地处理、稳定塘等；④物化处理技术，主要包括混凝、气浮、吸附、离子交换、电渗析、反渗透和超滤等。

人工湿地是一种重要的农村污水生态处理技术，从20世纪50~60年代就已经开始研究。“七五”期间对人工湿地就已经开展了很多研究。近年来，关于人工湿地在农村污水方面的研究和应用也在逐渐增多，以人工湿地为主的组合工艺也是多种多样。

王学华等（2012）对潜流人工湿地与生态塘组合工艺处理太湖三山岛农村生活污水的结果表明，该工艺既与当地生态景观、观光农业相结合，又能实现出水水质达到地表水Ⅲ类标准。组合工艺对 NH_3-N、TN 和 TP 具有较好的处理效果，COD，NH_3-N，TN 和 TP 的去除率分别在 40% ~60%，95% ~99%，95% ~98% 和 92% ~ 96%，是一种高效经济型污水处理组合工艺。

杨林等（2012）对廊道式人工湿地处理新农村生活污水的应用进行了研究。研究结果表明，该工艺对农村生活污水具有良好的处理效果，试运行 4 个月后对 COD、TP 和 TN 的平均去除率分别为 73.07%、73.25% 和 72.36%，连续 6 次采样分析其出水 COD 为 20 ~ 35mg/L、TP 为 0.60 ~ 1.19mg/L、TN 为 6.88 ~ 11.21mg/L，出水指标优于《城镇污水处理厂污染物排放标准》一级 B 标准。廊道式人工湿地造价低廉，可通过低洼地改造实现，是处理农村分散污染源，控制流域面污染的很好补充。

钟秋爽和王俊玉（2012）选择厌氧—接触氧化渠—垂直潜流型人工湿地工艺处理农村生活污水，分析比较了各工艺段 DO 水平，接触氧化渠充氧效果明显。通过对 COD、NH_3-N 和 TP 浓度及去除率的研究发现，厌氧池去除率较稳定，对各污染物去除率最高可达 72%、49.54% 和 66.36%。接触氧化渠和人工湿地对各污染物也有较高去除率，但并不稳定，系统运行稳定后，出水水质整体可达到《城镇污水处理厂污染物排放标准》（GB 18918-2002）二级标准，部分时段可达一级 B 标准。

裴亮等（2012）采用潜流人工湿地处理农村生活污水，考察了该工艺对 COD、BOD_5、NH_3-N、TN 和 TP 的去除效果。结果表明，湿地对 COD、BOD_5、NH_3-N、TN 和 TP 的去除效果较好，平均去除率分别达到 87.4%、83.5%、63.8%、57.9% 和 90.1%，出水 COD 为 11.2 ~ 23.3mg/L，出水 BOD_5 为 6.7 ~ 11.3mg/L，出水 NH_3-N、TN 和 TP 的质量浓度分别为 10.3 ~ 16.1mg/L、18.8 ~ 23.2mg/L 和小于 1.0mg/L，出水水质优于 GB 5084-2005 要求。植物种植状况、温度变化及进水污染物含量等因素对湿地处理效率有较大影响，总体上来讲，温度大于 20℃、植物种植密度越大、进水污染物含量越低处理效果越好。

付玉玲等（2011）通过芦苇和香蒲两套水平潜流人工湿地小试装置，深入系统地分析了植物种类和季节对污染物去除效果的影响及污染物浓度的空间变化规律。结果表明，香蒲湿地系统随水流方向各取样点 NH_3-N 和 TP 的浓度均低于芦苇湿地，具有较好的脱氮除磷效果。这可能与香蒲庞大发达的根系有直接关系。通过两植物湿地系统对各污染物去除效果的对比发现，在最佳运行条件下，香蒲湿地出水水质达到 GB 18918-2002 城镇污水一级排放标准。

宋小康等（2011）采用 ABR+复合人工湿地组合工艺对农村分散型生活污水进行中试研究。结果表明，ABR 在 HRT 为 10h，COD 容积负荷为 0.52kg/(m·d)［复合人工湿地面积负荷为 0.018kg/(m^2·d)］的条件下，系统对 COD、NH_3-N、TN、TP 和浊度的平均去除率分别为：78%、64%、60%、63% 和 80%；出水平均质量浓度分别为：47mg/L、7.13mg/L、13.31mg/L 和 0.67mg/L，浊度为 10NTU；系统运行 24d 后，ABR 反应器中观察到厌氧颗粒污泥。

施昌平等（2011）介绍了“厌氧预处理+潜流式人工湿地”工艺原理及在处理农村生活污水工程中的应用。运行结果表明：该工艺投资少，处理效果好，操作简单，维护成本低，系统对 COD、BOD_5、SS、NH_3-N 的平均去除率分别达 67.2%、87.0%、90.4% 和 80.2%，出水水质达《污水综合排放标准》（GB 8978-1996）一级标准。

刘建等（2011）概述了农村分散生活污水的特点及处理工艺的选择；结合工程实际情况，介绍了垂直流人工湿地的设计概况，总结了设计特点，并指出垂直流人工湿地系统调试运行的注意事项。运行结果表明，在水力停留时间为 40.08h，水力负荷为<0.042m^3/(m^2·h) 的条件下，系统对农村分散污水中的主要污染物具有较好的去除效果，出水中污染物 COD、TN、TP 以及 NH_3-N 的平均质量浓度分别小于 60mg/L、20mg/L、1mg/L 和 15mg/L，达到了《城镇污水处理厂污染物排放标准》（GB 18918-2002）的一级排放标准。

刘芬芬和王德建（2011）利用 3 种栽种植物的美人蕉、狼尾草、苏丹草和未栽种植物的对照湿地，研究高、中、低出水口及不同植物对垂直流人工湿地污水净化效果的影响。结果表明：不同出水口位置对 NH_3-N、NO_3^--N、COD 的去除率存在显著性差异。随着出水口位置的降低，NH_3-N 的去除率显著增加，最大去除率达到 98.3%。出水口位置升高，NO_3^--N 与 COD 的去除率则显著增加，高出水口的去除率分别达到 47.4% 和 64.5%。与中、低出水口处理相比，高出水口的 TN 去除率提高 22.5% ~27.6%。而对 TP 的去除率恰恰相反，高出水口处理 TP 去除率比中、低出水口低 20.6% ~28.9%。3 种有植物湿地——美人蕉湿地、狼尾草湿地、苏丹草湿地对 NO_3^--N、TN、TP 和 COD 去除率显著高于未栽种植物的对照湿地，分别提高 74.4% ~98.6%、11.3% ~17.8%、8.60% ~16.3% 与 14.1% ~19.0%。3 种植物湿地之间 NO_3^--N、TN、TP 和 COD 去除效果没有显著差异。对 NH_3-N 的去除效果，美人蕉湿地显著低于其他 3 种湿地。以上结果表明，通过对垂直流人工湿地的出水口位置控制和栽种湿地植物，可以有效地改变污染物的去除效果。

桂双林等（2011）采用厌氧/射流充氧生物滤塔/人工湿地组合工艺处理农村生活污水，考察了组合工艺及其各处理单元对污染物去除的贡献率。在实验室进行了小试，实验结果表明：该组合工艺对污染物具有较好的去除效果，在稳定工况下，组合工艺对 COD、NH_3-N、TN 和 TP 的平均去除率分别为 85.4%、74.5%、75.9% 和 78.3%。生物滤塔能有效完成对有机物的降解和硝化作用，人工湿地进一步去除氮、磷等污染物。

包健等（2011）通过分析四川省丘陵地区地形地貌和援建地区农村生活污水的特点，采用 A/O +人工湿地组合工艺处理农村生活污水。研究结果表明，在 A/O 工艺水力停留时间 22h，人工湿地水力负荷为<0.6m^3/(m^2·h) 的条件下，出水平均浓度 COD≤60mg/L，NH_3-N≤8mg/L，TP≤1.0mg/L，SS≤20mg/L；COD、NH_3-N、TP 和 SS 总去除率分别为 81.4%、84.1%、83.3% 及 90.0%。出水稳定达到了《城镇污水处理厂污染物排放标准》（GB 18918-2002）的一级 B 排放标准。

李先宁等（2010）从生态学理论出发，以健全人工湿地生态系统为思路，通过引入爱胜蚯蚓使食物链“加环”，强化水生动物环节，得出该工艺在 0.3m^3/(m^2·d) 的水力负荷下稳定运行后，处理农村生活污水的 COD、TN 和 TP 平均出水浓度分别为 41.02mg/L、12.58mg/L 和 0.44mg/L，出水水质均低于国家城镇污水处理厂排放标准（GB 18918-

2002）一级排放 A 标准。同时蚯蚓对改善湿地内部 DO 状况起到了一定的作用。

郭杏妹等（2010）采用三种人工湿地植物研究了农村生活污水的净化效果。结果表明：不同植物对 NH_3-N、TP 的去除能力差别较大，菖蒲对 TP 和 NH_3-N 净化效果较好。试验 7d 后，菖蒲（*Acorus calamus* Linn.）、再力花（*Thalia dealbata*）和梭鱼草（*Pontederia cordata*）对 TP 和 NH_3-N 的最佳去除率分别达到 93.4% 和 77.6%、72.4% 和 71.6%、70.4% 和 70.9%，出水水质达到《广东省水污染物排放限值》（DB 44/26-2001）的一级标准。该工艺投资少、处理效果好、操作简单、维护成本低。

蒋岚岚等（2010）研究了 MBR/人工湿地组合工艺处理农村生活污水。结果表明，通过 MBR 的高效生物降解作用可有效去除有机污染物、NH_3-N 和 P，再通过人工湿地中的植物吸附作用，可确保出水达标排放。经监测，出水水质达到《城镇污水处理厂污染物排放标准》（GB 18918-2002）的一级 A 标准。

刘婧等（2010）将生物接触氧化与人工湿地工艺相结合对农村生活污水进行处理。连续 4 个月的试运行结果表明，整个处理系统运行稳定，对 COD、BOD_5、NH_3-N、TP 和 SS 的平均去除率分别为 85.9 %、92.8 %、80.1%、83.6 % 和 91.0%，出水水质达到了《城镇污水处理厂污染物排放标准》（GB 18918-2002）的一级 A 标准，人工湿地对主要污染物的平均去除率均在 50% 以上。研究认为，生物接触氧化与人工湿地工艺相结合可用于处理广州地区农村生活污水。

王桂芳等（2010）以人工湿地 +生态塘处理农村生活污水实例进行了研究。结果表明，人工湿地+生态塘技术处理农村生活污水可行，处理效果好，出水完全可达排放标准。人工湿地+生态塘技术处理农村生活污水，因势而建，因地制宜，动力消耗极少。为解决农村污水肆意排放问题提供了一种新途径，适合在农村推广应用。

3.8 流域水环境管理研究进展

水作为最重要的自然资源，承载着流域的社会经济发展。但是，随着经济的高速发展和城市化进程的加速，我国流域水环境问题凸显，经济发展已经接近或达到资源和环境可承载的边缘，粗放型的经济增长模式和落后的流域水环境管理体系将会成为我国未来经济社会发展的瓶颈。以下从水环境区划、流域污染物总量控制、现行的流域水环境管理体系、监控预警等角度剖析了我国流域水环境管理现状，提出我国流域水环境管理面临的问题。

3.8.1 水环境区划

我国从 20 世纪 50 年代就开始了水体的区划研究，区划原则是以自然区划方法为主，如根据湖泊的地理分布特点，把中国湖泊分为五大湖泊区；根据河流大小及流经范围，把河流划分为不同层次的流域区；根据内外流域的径流深度、河流水情、水流形态、河流形态、径流量等水文因素的差异，将全国划分为不同级别的水文区等。这些都是针对水生态系统的某种特征要素所制定的区划方案，不是真正意义上的水生态功能区划。

80 年代以后，我国进入了陆地生态区划阶段，在这些区划中，水一直是被考虑的核心要素之一，但该区划并未以表征水生态系统特征为目标，因此不能直接作为水管理的空间单元。2004 年，为了满足生态水量标准制定的需求，在以往水文区划的基础上，将水文要素特征与水生态特征区划进行了初步关联，提出了我国的生态水文区划方案，标志着我国的生态区划已开始向水生态区划的方向发展，但我国真正的水生态分区体系还尚未建立。2007 年，孟伟等依据河流生态学中的格局与尺度理论，对流域水生态分区、水功能分区、水环境功能分区等概念的内涵、联系与差异进行了辨析，从理论上对区划方法进行了探讨，建立了流域水生态分区的指标体系与分区方法，并在 GIS 技术支持下，完成了辽河流域的一、二级水生态分区。

水生态功能区的划分中科学选取指标是前提，指标不仅要能够反映出水生态系统的真正特性，而且还要具有可操作性以及定量化的分区方法和分区标准。目前分区是以专家综合判断为主，尚未实现定量化分区，使得分区结果具有一定的主观性，并且难以重复。而对水生态系统的层次结构与影响因素的分析是实施成功分区的关键。在分区体系上，美国已完成了全国的 3 级水生态分区体系，目前正在开展 4 级和 5 级分区工作。然而国内的分区体系研究刚刚起步，仅是将其初步划分为 2 级体系，有待于对分区体系进一步研究深化，以更加真实地反映出水生态系统的层次结构，并实现更大时空尺度上的分区。

3.8.2　总量控制

我国的总量控制技术体系包括目标总量控制、容量总量控制以及行业总量控制 3 种类型。其中，目标总量控制是把允许排放污染物总量控制在管理目标所规定的污染负荷范围内，即目标总量控制的“总量”是基于源排放的污染不能超过管理上能达到的允许限额。该技术具有目标制定简单、便于操作和易分解落实的特点，能在短期内有效减少污染物排放量，是我国目前所采用的总量技术方法。

容量总量控制是指把允许排放的污染物总量控制在受纳水体设定环境功能所确定的水质标准范围内，即容量总量控制的“总量”系指基于受纳水体中的污染物不超过水质标准所确定允许排放限额。该方法的主要特点是强调水体功能以及与之相对应的水质目标和管理目标的一致性，通过水环境容量计算方法直接确定水体纳污总量。

行业总量控制是指从行业生产工艺着手，通过控制生产过程中的资源和能源的投入以及控制污染物的产生，使排放的污染物总量限制在管理目标所规定的限额之内，即行业总量控制的“总量”是基于资源、能源的使用水平以及“少废”“无废”工艺的发展水平。

美国的 TMDL 计划经实践证明是一个先进的、有效的水环境管理技术，其充分体现了恢复和维持水体的物理、化学及生物完整性，注重对水生态系统健康保护的目标要求，是国际水环境管理技术的发展趋势。我国虽然也提出了容量总量控制技术方法，但是与美国 TMDL 计划相比仍然存在一定的缺陷，主要表现在两个方面。①管理理念落后。我国总量控制是以满足水资源的使用功能为主要目标，更多地关注水污染物的削减，缺乏体现水生态系统保护目标，水质目标与水体保护功能关系并不明确。②技术手段仍然不够完善，尚未建立基于水生态系统分区体系以及体现水生态系统健康保障的水质基准与标准体系，不能对面向水生态安全的总量控制技术提供支持。为了适应未来流域水环境管理的发展要求，在我国推进目标总量控制向容量总量控制转变的过程中，要立足于彻底改变流域水污染现状，创新水环境管理理念，探索新的理论方法，构建基于水生态系统健康并符合我国国情的流域水质目标管理技术体系。

3.8.3 流域管理体制

多年来，我国水资源管理和其他自然资源管理一样，沿袭计划经济体制下形成的管理模式。这一模式的最大特点是按产品门类和行业来设置管理部门，导致横向职能部门设置过多，事权划分过细。根据1988年《中华人民共和国水法》、1996年《中华人民共和国水污染防治法》及其他有关法律和规范性文件的规定，我国现行的水资源管理体制是“统一管理与分级、分部门管理相结合”的管理体制。水法第九条规定“国务院水行政主管部门负责全国水资源的统一管理工作。国务院其他有关部门按照国务院规定的职责分工，协同国务院水行政主管部门，负责有关的水资源管理工作。”水污染防治法第四条规定“各级人民政府的环境保护部门是对水污染防治实施统一监督管理的机关。各级交通部门的航政机关是对船舶污染实施监督管理的机关。各级人民政府的水利管理部门、卫生行政部门、地质矿产部门、市政管理部门、重要江河的水源保护机构，结合各自的职责，协同环境保护部门对污染防治实施监督管理。”就中央一级来说，除了地质矿产部对地下水具有管理职能以外，我国对水资源保护和开发利用具有管理权的机关有水利部、环保部、农业部、国家林业局、国家发展和改革委员会、国家电力公司、建设部、交通部和卫生部等部门。其中水利部是水行政主管部门。这在管理体制上形成了“九龙治水”的格局。

3.8.4 水环境监控与预警

为控制流域水污染，防止水环境退化，水环境质量监测和评价是基本手段。水环境质量监测包括水文特征、水质理化指标、沉积物化学、水生生物种类数量以及污染源5个方面的指标。通过人工监测、连续自动监测和卫星遥感监测等技术采集数据，建立流域水环境信息平台，实现流域水环境质量的评价、模拟和预警，为可持续发展的流域管理提供决策依据。美国已经建立了比较完备的流域水环境监测体系，由USEPA、USGS等机构实施全国水环境监测。2004年USEPA开始的环境监测和评价项目（EMPA）在密苏里河、密西西比河、俄亥俄河实施了大型流域水生态系统监测和评价示范。欧盟各国共同参与实施了欧洲尺度的陆地生态系统跨国监测与评价计划，在监测网络构建、环境标志要素、环境质量基准、监测技术、评价方法、数据管理系统和预测模型分析等方面都取得了长足进展。当前流域水环境监测发展的主要趋势是注重流域生态系统的整体性，监测参数不仅包含水质指标，同时也更为重视流域生态系统结构和功能的改变，以及流域基本环境特征的变化。

总体上看，我国现有的水环境监测水平与发达国家有较大差距，而且我国水污染严重，水环境质量变化剧烈，对环境监测、监控的需求比发达国家更高。按照我国现有条件，尽管建立了国家、省、市、县 4 级环境监测体系，但是，与发达国家相比，我国的监测机制、应用新技术实现监测的能力、环境监测与水环境质量发展趋势动态预测的能力等方面都存在明显的差异。目前我国的水质标准与监测分析方法脱节、水质监测与污染源监测脱节，至今仍没有建立统一的监测方法和质控体系。水环境监控设备与技术水平参差不齐，监测的目的、指导思想不够明确，水环境监测指标简单，监控断面偏少、采样能力不足，监测频率低，机动监测能力不足，现场监测能力低，自动水环境监测站数量更少，缺乏自动测报能力，难以获得全面的水环境质量实时数据，无法正确反映水环境质量状况；即使已经获取的有限监测数据，在数据共享、数据分析挖掘方面，远远不能支持环境保护工作的要求。此外，环境监测新技术、新方法及设备研究开发能力不足，缺乏综合应用多手段实行对水生态环境监控模式与体系的研究。

第4章　应用理论与关键技术研究

4.1　东江流域快速发展支流区产业准入、清洁生产与水污染控制对策研究

4.1.1　主动引导发展的水污染系统控制的战略框架

主动引导发展的水污染系统控制战略框架主要从工程层面、居民生活层面、经济增长层面及社会发展层面出发，通过推行污染控制的技术和管理政策，推进城市化进程，在全面构筑水污染拦截系统的技术上，保护区域水环境。总体框架如图4-1所示。

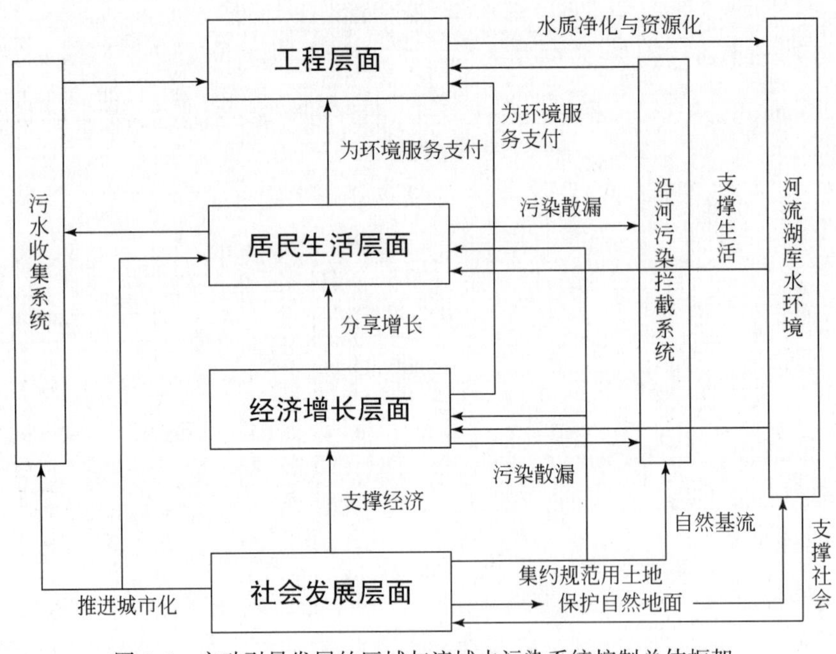

图4-1　主动引导发展的区域与流域水污染系统控制总体框架

4.1.2　目标与指标

总体目标是确保在干流快速发展区可持续发展整个过程中实现水资源与环境的可持续利用，包括主要支流水质目标和研究区域内具体规划目标，见第2章的表2-1和表2-2。

4.1.3　区域供水、排水体系规划

4.1.3.1　新塘镇

1. 给水工程规划

根据《增城市新塘镇总体规划（2006～2020）》，新塘镇给水规划目标是充分合理开发利用水资源，城镇供水保证率达到100%，以建设节水型城镇为目标，城镇计划用水的重复利用率不小于95%，工业用水重复利用率不小于85%。保护水源，确保饮用水水源达到Ⅱ～Ⅲ类标准。规划水源位于仙村水道上游（鹅桂洲东部），仙村水道与东江北干流主流的分流口附近为主要水源点，保证率高达97%。

新塘镇2020年规划总人口约为55万人，根据《城镇给水工程规划规范》，属于一类地区大城镇，因此按人口预测其用水量如下：2010年用水量为59万m^3/d，2020年用水量为70万m^3/d，

新塘镇水厂规划进行实现并网的多水厂供水模式，由统一的供水公司进行管理，各片区供水系统通过管道连接，增加供水安全性与保证率（表4-1）。远期规划水厂为新和水厂，设计规模为30万m^3/d，沙浦新建水厂设计规模为40万m^3/d，总供水规模共计70万m^3/d，现状的7万m^3/d沙浦水厂与2万m^3/d仙村水厂逐步向工业供水转型。而且因为荔城镇柯灯山水厂供水服务区域较广，而其取水点水量有限，为保证远期宁西片区用水，规划期末，在保留宁西由柯灯山水厂供水主干管接水的同时，由新和水厂预留接水口，在柯灯山供水量不足时，宁西片区改用新和水厂供水。

表4-1　新塘镇规划水厂一览表　　单位：万m^3/d

名称	2010年规模	2020年规模	占地面积/hm^2
新和水厂	30	30	10
沙浦水厂	7	7	1.14
沙浦新建水厂	20	40	13.02
仙村水厂	2	2	0.25
合计	59	79	24.41

新塘镇远期规划城镇给水管网以环网供水。消防供水采用生活与消防共用给水管网系统。按同一时间火灾次数为2次计，消防供水强度为每次65L/s，按照防火规范要求，室外消火栓应沿道路设置，道路宽度超过60m时，应在道路两边设置消火栓，室外消火栓的间距不应超过120m，保护半径不超过150m，当市政给水管网水压不能满足生活、消防要求时，各公建及住宅小区根据实际情况自设生活、消防水池及加压设备。

新塘镇水源保护规划根据《地表水环境质量标准》，东江水道新塘段从鹅桂洲东部规划取水点上游1000m，至现西洲水厂旧取水口下游1000m河段均为饮用水源一级保护区，总长度约38.2km。

2. 排水工程规划

新塘镇排水体制规划为：老城区保留现状合流制管道，远期逐步改造为截留式合流制管道，新建区域均采用雨污分流制。污水量标准按照用水量的80%计算，日变化系数取1.3，地下水渗入量按平均日污水量的10%计算。预测到2010年规划区域污水总量为25万m^3/d，2020年规划区域污水总量为50万m^3/d。

新塘镇规划范围内划分为两个污水分区，共设2个污水处理厂。规划永和污水处理厂，纳污范围32.38km^2，预测污水量30.68万m^3/d，总体规模30万m^3/d，占地面积18km^2，建设新塘污水处理厂，纳污范围40.05km^2，预测污水量37.95万m^3/d，总体规模40万m^3/d，占地面积20km^2，规划污水处理厂总体规模50万m^3/d。广州高新技术开发区永和片区受广州经济开发区统一管辖，其污水由内部污水处理厂自行处理。表4-2为新塘镇规划的污水提升泵站。

表4-2 新塘镇规划污水提升泵站一览表

泵站名称	设计流量/(L/s)	占地面积/hm^2
凤凰城泵站	1098	0.38
塘美泵站	1134	0.4
沙宁泵站	563	0.3
三安泵站	1570	0.47
大墩泵站	2820	0.56
甘涌泵站	4173	0.83
东洲泵站	5450	1.09

规划的雨水管道以东江作为最终受纳水体，排水方向结合道路顺坡排放，采用重力流自排，由管道或渠箱收集后就近排入附近水体，规划中尽量利用现状及规划河涌，尽可能增加出口，分散出流，确保雨水能尽快排走。

4.1.3.2 广州开发区排水规划

广州经济技术开发区以及周边地区污水系统按照规划，开发区污水处理系统规划区域划分为黄陂污水处理系统、永和污水处理系统、萝岗污水处理系统、南岗污水处理系统以及西区污水处理系统（表4-3）。开发区污水处理系统规划见图4-2。

表4-3 广州开发区以及周边地区污水处理系统汇总表

序号	名称	纳污面积/km^2	污水处理厂位置	规模/(万m^3/d)	排放水体
1	黄坡系统	28.01	乌涌与广汕路交界处	3	乌涌
2	永和系统	34.43	永和东南角	15（首期5.5）	永和河
3	萝岗系统	92.37	南岗涌与广深高速km交界处	20（首期5.0）	南岗涌
4	南岗系统（东区污水处理厂）	45.12	现有场址	10	南岗涌
5	西区系统	14.80	现有场址	7.5（首期3.0）	墩头涌

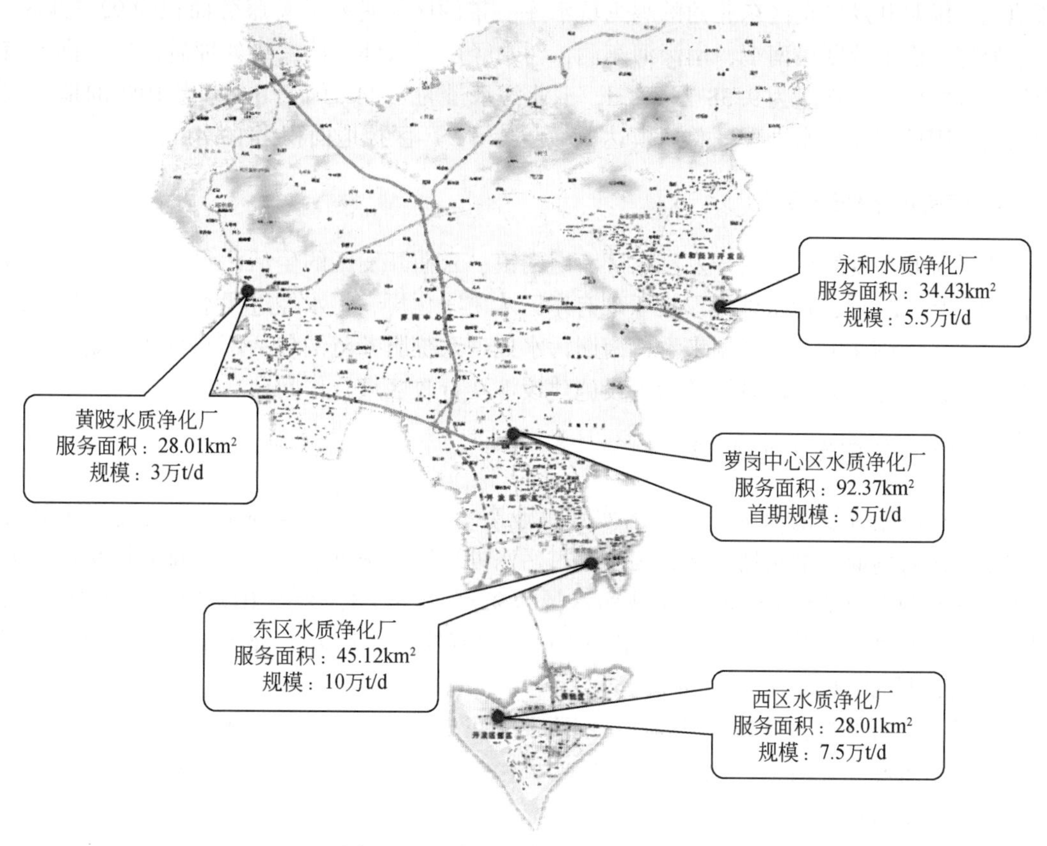

图 4-2　开发区污水处理系统规划图

1. 黄陂污水处理系统

本系统主要收集黄陂地区和天麓湖地区生活污水，服务面积 28. 01km^2，污水处理厂设于分区最南端，污水经过污水处理厂二级处理后，尾水排入乌涌。分区生活污水量为 2. 93 万 m^3/d，区内无规划工业污水，考虑 10% 的地下水渗入量，因此拟建污水处理厂总规模达 3 万 m^3/d，厂区控地面积为 2km^2。该地区独立成一系统，污水就近处理，尾水就近排放，有利于系统管理，同时可解决乌涌上游景观补水。

2. 永和开发区污水处理系统

本系统收集永和开发区生活污水及工业废水，服务面积 34. 43km^2，污水处理厂设于分区东南端，污水经过污水处理厂二级处理后，尾水排入永和河。分区生活污水量为 2. 72 万 m^3/d，工业污水量为 11. 18 万 m^3/d，考虑 10% 的地下水渗入量，因此拟建污水处理厂总规模达 15 万 m^3/d，厂区控地面积为 8hm^2。

3. 萝岗污水处理系统

萝岗中心区水质净化厂首期工程主要收集广汕公路以北地区、萝岗中心区、科学城东部地区，以及开发区东区东北角的鸡鸣坑水库一带的区域污水，总服务面积为92.37km²。污水处理厂设于分区最南端，南岗河东侧，污水经过污水处理厂二级处理后，尾水排入南岗河。分区生活污水量为9.38万m^3/d，工业污水量为8.44万m^3/d，考虑10%的地下水渗入量，因此拟建污水处理厂总规模达20万m^3/d，厂区控地面积为10.4km²。

4. 南岗污水处理系统

本系统收集规划区域内开发区东区、南岗镇、云埔开发区的生活污水和工业废水，服务面积：45.12km²，污水处理厂设于现有东区水质净化厂，污水经过污水处理厂深度处理后，尾水排入南岗河。从规划来看，南岗污水处理系统服务范围包括不同行政区划，不同的投资建设主体，因此该系统的污水设施建设涉及行政区域合作问题。

5. 开发区西区污水处理系统

本系统收集开发区西区的生活污水和工业废水，服务面积14.80km²，已建污水处理厂位于西区西南面，墩头涌西侧，污水经过污水处理厂二级处理后，尾水排入墩头涌。分区生活污水量为0.29万m^3/d，工业污水量为2.86万m^3/d，考虑10%的地下水渗入量，因此拟建污水处理厂总规模达3万m^3/d，厂区现有控地面积为7.86 km²。已建污水处理系统规模3万m^3/d，现已投入使用。

从以上分析可知，萝岗污水处理系统主要收集萝岗地区、科学城东部地区及小部分东区的生活污水和工业废水，服务面积92.37km²，因此，本项目污水进入萝岗中心区水质净化厂处理是合适的。

4.1.4 总体策略

4.1.4.1 水环境管理机制方案

建立水质风险管理体制，区域经济社会发展与污染源监控连锁机制，水质监控新体系及建立基于数字流域技术的水质综合管理决策系统，为我国东江快速发展支流区提供一种水环境管理机制的方案。

（1）建立水质风险管理（万峰、张庆华，2009）：①优化水风险预测系统；②构建监管一体化平台；③建立风险共担机制；④建立水源储备体系，这是水安全的长期战略。

（2）建设集监测、监控、监管一体化水污染源在线监测系统（图4-3）。

系统设计充分考虑业务与功能的紧密结合，根据需求将系统总体结构划分为数据采集系统、通信传输系统、数据管理平台、公共配置平台、信息监控系统和信息发布系统六大部分。

（3）建立多级监控体系（黄茁、曹小欢，2009）：水环境质量四级监测体系如图4-4所示。

（4）建立基于数字流域技术的水质综合管理决策系统框架（韩龙等，2010），如图4-5所示。

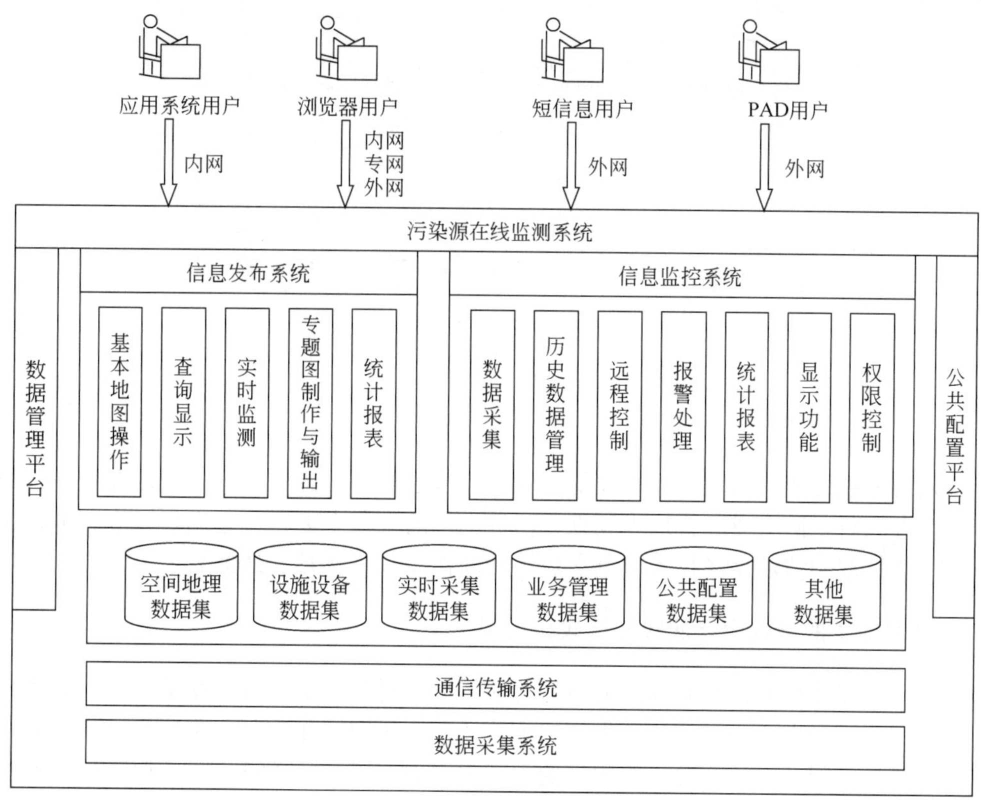

图 4-3　水污染源在线监测系统

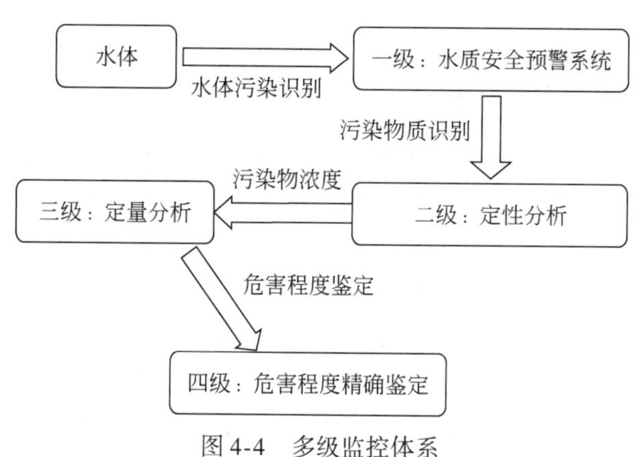

图 4-4　多级监控体系

4.1.4.2　快速发展支流区清洁生产策略

1. 利用科技手段，强化公众环保意识，不断提高清洁生产参与度与水平

同时，政府应该进一步开放环保相关政府组织的运作空间，鼓励它们在环境立法与行政领域里的更深层次参与，以填补官方的缺陷和疏漏，引导他们在公众教育和宣传上发挥

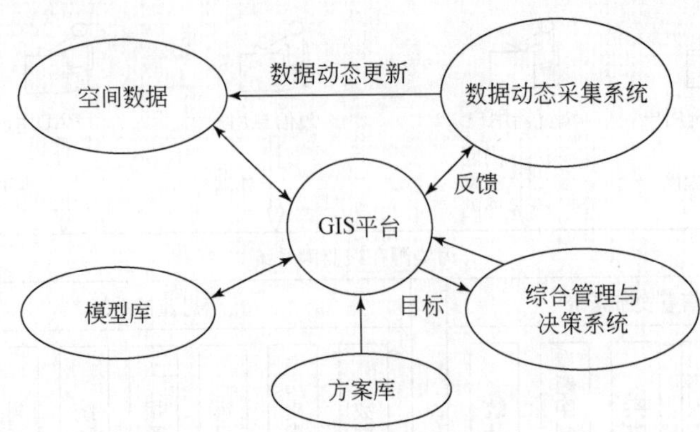

图 4-5　水质综合管理决策系统

贴近民众的天然优势，对环境保护和清洁生产工作进行强有力的监督。政府还应该鼓励民间或半官方的行业协会或商会加入到推广清洁生产的工作中去，使它们发挥在行业内的同业脉络优势，起到清洁生产技术信息交流平台的作用（石芝玲，2005）。

2. 建立完善的清洁生产法律与行政机制

一方面是要修订和完善研究区的主导行业污染的排放标准与配套法规、指标体系、清洁生产标准。这样做是为了使清洁生产标准能适用于研究区相应行业的实际情况，使其具有灵活的操作空间。另一方面，根据研究区的节能减排相关计划和污染物总量控制目标，制定研究区各行业产业的节能减排任务指标和规划，特别是研究区主导产业的节能减排任务指标和规划，并将这些指标合理地划分分配各区域或重点企业。这些计划和目标应该具有法律强制效应。

3. 推出可行的政策倾斜与引导

政府在建立清洁生产的长效机制中首先要推出一套可行的全局性的政策体系，起到杠杆作用，这些政策可以包括：其一，完善研究区环境违规处罚条例，加重清洁生产违规成本。根据环境法律法规和配套处罚条例，配合工商部门，对违法违规企业进行处罚，如罚款、暂停营业制造、提高市场准入门槛、吊销上市资格、甚至追究企业法人刑事责任。其二，对施行清洁生产情况良好的企业采用减税、降低罚款门槛、降息、产品补贴、“绿色产业”认证等奖励措施，让企业的产品在市场上具有相当的竞争力，使清洁生产真正成为市场调节因素之一。其三，政府应该积极引导行业内的产业结构调整，以推广优秀清洁生产技术，提高企业集约化程度。对有能力进行清洁生产改造的企业进行技术与资金支持；而对于没有能力的企业，政府可引导其转变产品结构，如从上游的生产转换为下游的销售、中介、服务行业。对于那些经营困难的企业，政府可以为其介绍优良的融资渠道，并以其实施清洁生产改造为融资条件。对于那些实在无法维系的企业，可通过破产、收购并购、资产重组等方式实现落后产能的淘汰与优化，政府在其中要做到协调人的作用，一定要做好善后工作，对这类企业的原有人员进行补助，并为其介绍另外的职业方向，防止群体性事件的发生。

4. 企业内部机制的建立

企业是清洁生产的主体，其内部开展清洁生产工作，其领导层要首先在社会道德责任与法律责任的层次上深切认识企业开展清洁生产的重大意义。企业管理层的主动姿态，是企业有效真实开展清洁生产工作的先决条件。企业内部机制的建立任务有以下几个方面：其一，组织内部清洁生产相关机构；其二，建立内部清洁生产管理制度；其三，制定内部清洁生产战略计划。

4.2 机械电子行业废水脱毒减害深度处理技术研究

4.2.1 铁碳微电解处理络合铜废水的研究

4.2.1.1 铁碳微电解技术体系和设备

机械电子行业以印刷电路板（PCBs）为主，PCBs 废水水量大，污染物种类多，成分复杂，尤其是在化学镀铜工艺中添加一些络合剂（以 EDTA 为主），易与铜等重金属离子形成较稳定难处理的络合物。通常仅采用常规的中和沉淀、混凝、吸附等处理方法对络合铜的去除效率有局限，难以确保重金属离子的达标排放。就络合铜废水处理而言，铜去除能否达标的关键是废水中的络合物能否被有效破除。因此，针对以生产印刷线路板为主的机械电子行业废水的处理，首先要完成废水的破络。

微电解技术又称内电解、铁还原法等，基于电化学腐蚀原理，利用金属铁与另一种标准电极电位比铁高的金属或非金属作为阴极材料形成电偶电对，对污染物起到还原催化作用的技术（Kim and Carraway，2003）。自 20 世纪 70 年代首次在印染废水的处理中被应用后，在世界各国引起广泛关注。该方法适用范围广、运行费用低、使用寿命长、维护操作方便、不需消耗电力资源、能实现“以废制废”。自 20 世纪 80 年代被引入我国以来，广泛应用于化工、电镀、印染等领域的废水处理，取得了较好的效果。

微电解应用于处理工业废水，因废水性质的不同，其所应用的原理也略有差异。但从大方面来讲，可以归结为以下几个基本原理。

1. 原电池反应

微电解常用填料包括铁碳、铸铁、还原铁粉等，这些材料多多少少都是铁和碳的合金，即是由纯铁和 Fe_3C 构成。碳化铁是以极细小的颗粒分布在铁内，其电极电位高于纯铁，当填料投加到水中就会构成无数细小的原电池。碳化铁电势高，构成阴极；而纯铁电势低，构成阳极，这就是所谓的微观电池，而当体系中存在活性炭等阴极材料时，又会构成宏观电池（周培国、傅大放，2001）。

铁碳微电解电极反应如下：

阳极（氧化）：

$$Fe(s) \longrightarrow Fe^{2+}(aq) + 2e, \quad E_0(Fe^{2+}/Fe) = -0.44\ V \tag{4-1}$$

$$Fe^{2+}(aq) \longrightarrow Fe^{3+}(aq) + e, \quad E_0(Fe^{3+}/Fe^{2+}) = +0.77\ V \tag{4-2}$$

阴极（还原）：

$$2H^+(aq) + 2e \longrightarrow 2[H] \longrightarrow H_2(g), \quad E_0(H^+/H_2) = 0.00\ V \tag{4-3}$$

酸性充氧条件下：

$$O_2(g) + 4H+(aq) + 4e \longrightarrow 2H_2O, \quad E_0(O_2/H_2O) = +1.23\ V \tag{4-4}$$

$$O_2(g) + 2H+(aq) + 2e \longrightarrow H_2O_2(aq), \quad E_0(O_2/H_2O_2) = +0.68\ V \tag{4-5}$$

中性、弱碱性条件下：

$$O_2(g) + 2H_2O + 4e \longrightarrow 4OH^-(aq), \quad E_0(O_2/OH^-) = +0.40 \tag{4-6}$$

在废水中，阴极反应的参与者是有机物，它的还原反应就发生在这里。电极反应释放 Fe^{2+}，同时电子传递给阴极的 H^+，生成新生态 H。Fe^{2+} 和新生态 H 具有很高的还原活性，与废水中的多种组分发生氧化还原反应，破坏原有结构，使之脱色或转变为小分子易降解物质（房晓萍，2007）。

2. 铁的氧化还原过程

铁作为一种活泼金属，能将金属活动顺序表中排在铁后面的金属置换出来。当水中存在氧化性较强的高价态金属如 Cu^{2+}、$Cr_2O_7^{2-}$ 时，Fe 和 Fe^{2+} 也能将其还原成毒性较弱的还原态（全燮、杨凤林，1996）。

$$Cr_2O_7^{2-} + 6Fe^{2+} + 14H^+ \longrightarrow 2Cr^{3+} + 6Fe^{3+} + 7H_2O \tag{4-7}$$

$$Cr_2O_7^{2-} + 3Fe + 14H^+ \longrightarrow 2Cr^{3+} + 3Fe^{3+} + 7H_2O \tag{4-8}$$

$$Cu^{2+} + Fe \longrightarrow Cu + Fe^{2+} \tag{4-9}$$

铁的还原能力也同样能使某些有机物还原。例如将硝基苯还原成苯胺，还原后的胺基有机物易于被微生物分解，提高了废水的可生化性。

3. 铁的混凝作用

微电解原电池反应和铁氧化还原过程产生了大量的 Fe^{2+} 和 Fe^{3+}，他们都是很好的絮凝剂，在把废水的 pH 调至碱性后，会形成 $Fe(OH)_2$ 和 $Fe(OH)_3$ 絮凝沉淀。

$$Fe^{2+} + 2OH^- \longrightarrow Fe(OH)_2 \tag{4-10}$$

$$4Fe^{2+} + 8OH^- + 2H_2O + O_2 \longrightarrow 4Fe(OH)_3 \text{或} Fe^{3+} + 3OH^- \longrightarrow Fe(OH)_3 \tag{4-11}$$

生成的 $Fe(OH)_3$ 是胶体状的絮凝剂，其吸附能力要比一般水解得到的 $Fe(OH)_3$ 强，废水中大部分的有机物、胶体和悬浮物都能通过微电解反应产生的不溶物共沉淀。同时，Fe^{2+} 和 Fe^{3+} 还能与水中的某些无机毒害性物质，如 S^{2-}、CN^- 等，发生反应生成沉淀而被去除（李凤仙、张成禄，1995）。

铁碳微电解技术的主要工艺参数有 6 项。

1）pH

pH 直接影响铁碳填料对废水的处理效果，同时在不同的 pH 范围内，反应的机理和产物的形式都不同。在低 pH 时，因大量的 H^+ 会使反应迅速地进行，但并非 pH 越低越好，这样的环境会改变产物的形式，例如破坏生成的絮体，产生有色度的Fe^{2+}等。反之当pH在中性或碱性的范围时，反应也得不到理想的效果。所以一般控制pH在偏酸性的条件下，如3～6.5的范围比较适宜。

2）停留时间（HRT）

HRT是工艺设计的一个主要因素，HRT越长，氧化还原等作用就进行得越彻底，但过长的停HRT，会增加铁的消耗量，使溶出的Fe^{2+}浓度升高，并氧化为Fe^{3+}，导致色度上升并造成后续处理困难等问题。因此HRT不是越长越好，因废水和成分而异。HRT受进水pH的影响，进水的pH较低时，HRT可以取得短一些；反之，进水的pH偏高时，HRT也相对地长一些。HRT同样影响铁碳填料的用量，HRT长也意味着单位废水的填料用量大。pH和HRT两个参数需要可以相互校核。

3）Fe/C质量比

碳的加入是为了能与铁屑组成宏观电池，当碳量低时，增加碳屑，可增加体系中的原电池，提高处理效果。但当碳过量时，对原电池的电极反应没有帮助，更多体现的是吸附作用（陈水平，1999），所以Fe/C质量比应在一个适当的范围。碳种类对污染物去除率的影响不大，从经济的条件考虑选焦炭更好，具体参数在1～3。

4）填料粒径

填料粒径越小，单位体积铁碳中含的颗粒越多，使电极反应速度增快，有利去除率的提高。同时粒径越小，比表面积越大，微电池数量也会增加，颗粒间接触更密，过柱时间变长，也会提高去除率。但过小的粒径使单位时间处理量变小，且易堵塞、板结，不利于反应器的运作，粒径一般在60～80目。

5）曝气量

对铁碳微电解进行曝气可以氧化有机物；同时增加对填料的搅动，结块的可能性降低；且摩擦后，填料表面的钝化膜被去除，出水的絮凝效果更佳。但过大的曝气量也影响到废水与填料的接触空间，降低了去除率。中性条件下，曝气提供了充足的氧使阳极反应更快地进行；同时搅拌、振荡填料层，弱化浓差极化现象，加速电极反应（徐根良，1999）。也相当于变相加入催化剂以改进电极，提高电化学活性。

6）铁屑品种

填料中的铁一般分为铸铁碳和钢铁碳。铸铁碳含碳高，效果好，但絮体强度低，易压碎结块；钢铁碳含碳低，但材料易得，能与废水均匀接触，不易结块，更新力强，且增大停留时间，效果也能接近铸铁碳。

本研究提出采用以铁屑为阳极材料，活性炭为阴极催化剂的铁炭微电解法处理EDTA络合铜废水。首先，通过批式实验研究了铁屑内电解对EDTA络合铜去除效果及影响因素；然后，设计正交试验确定最佳反应条件，同时，深入探讨铁炭微电解法去除络合铜的反应特性；最后，探索了Fenton强化铁炭微电解对EDTA络合铜废水的处理效果，为铁炭微电解技术在机械电子行业络合废水的工程应用提供理论依据和设计参数。

4.2.1.2 铁碳微电解破络影响因素

1. 初始EDTA络合铜浓度的影响

图4-6是不同初始EDTA络合铜浓度下，铁碳微电解法对EDTA络合铜的去除效果与反应时间变化的关系曲线。尽管络合铜初始浓度不同，但经40min处理后铜的去除率均大于90%。铁碳间的原电池反应产生Fe^{2+}，笔者认为这种新生态Fe^{2+}对EDTA络合铜的去除具有双重作用：①Fe^{2+}可氧化成Fe^{3+}，后者可与Cu-EDTA发生置换反应；②Fe^{2+}絮凝产生活性态铁的氢氧化物絮体，对EDTA络合铜有良好的吸附共沉淀作用（Noubactep，2009）。故Fe^{2+}的产生速率和产生量是决定铁碳微电解法对EDTA络合铜去除效果的关键性因素。由于微电解体系中原电池数量以及还原性零价铁表面积为固定值（铁屑加量和铁碳质量一定），随着络合铜浓度的增加，处理单位质量浓度络合铜的原电池数量和还原性零价铁表面积减少，导致Fe^{2+}的供应相对不足和对Cu^{2+}还原作用降低，故铜的去除率反而降低。

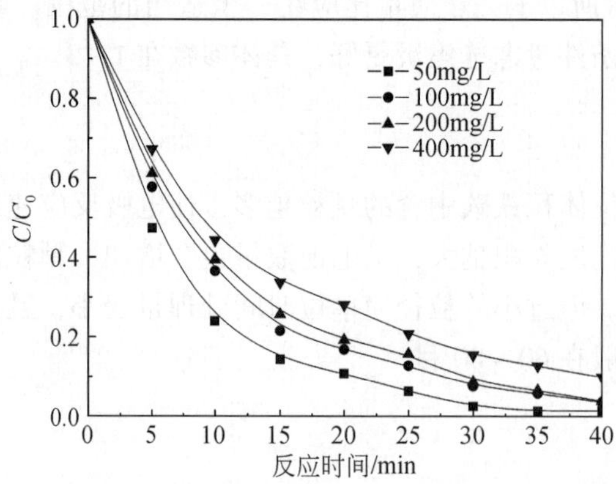

图4-6 初始EDTA络合铜浓度对络合废水中Cu^{2+}去除率的影响

其他反应条件：铁屑加量=30g/L；Fe/C质量比=3∶1；r=160r/min

2. 初始pH的影响

图4-7是不同初始pH下，铁碳微电解法对EDTA络合铜的去除效果与反应时间变化的关系曲线。由图可知，在pH 2.0～11.0范围内，C/C_0从小到大依次排序为：强酸性（2.0～3.0）<<弱酸性（5.0～7.0）<中性<弱碱性（7.0～10.0）<<强碱性（pH=11.0），说明pH越低，Cu^{2+}去除率越高。结合铁碳微电解基本原理分析其原因为：一方面，随着pH升高，新生态［H］和亚铁产量急剧降低导致对铜的还原作用减弱；当溶液pH升高至中性、碱性时，铁屑表面容易形成氧化物膜发生钝化，阻碍Fe^{2+}的释放和电子的传递，故Cu^{2+}的还原和铁离子置换作用迅速下降，故Cu^{2+}去除率随pH升高而降低。

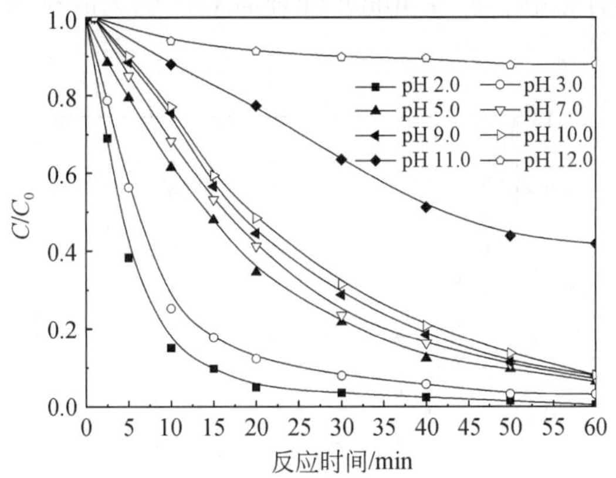

图 4-7　初始 pH 对 EDTA 络合废水中 Cu^{2+} 去除率的影响

其他反应条件：铁屑加量 = 30g/L；Fe/C 质量比 = 3∶1；r = 160r/min

3. 铁屑粒径的影响

由图 4-8 可知，铁屑粒径越小，络合铜去除速率越快，Cu^{2+} 去除率越高。这是由于铁屑粒径小的比表面积大，能够充分与活性炭接触，利于电化学反应而提高处理效果。理论上，为了提高微电解反应速率和处理效果，铁屑粒径控制在 0.5～1.0mm 范围内为宜。实际应用中铁屑粒径过小会导致铁屑流失和频繁堵塞的问题（汤心虎等，1998）。但当铁屑粒径>3.0mm 时，反应速率降低，且铁屑搅拌困难，动力消耗大。故推荐工程应用中以铁屑粒径为 1.0～3.0mm 为宜。

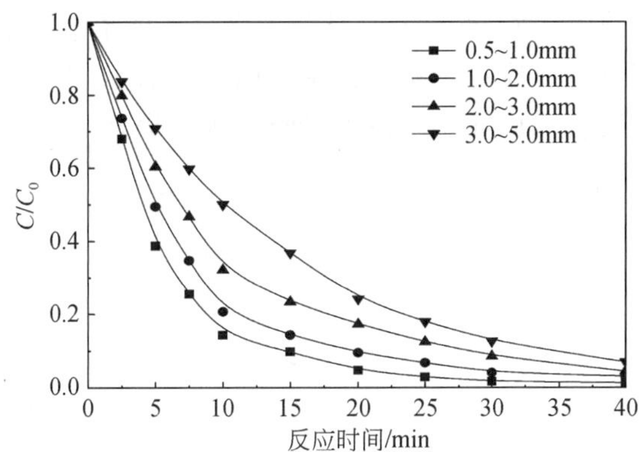

图 4-8　铁屑粒径对 EDTA 络合废水中 Cu^{2+} 去除率的影响

其他反应条件：铁屑加量 = 30g/L；Fe/C 质量比 = 3∶1；r = 160r/min

4. 反应温度的影响

由图 4-9 可知，随着反应温度的升高，C/C_0 减小，Cu^{2+} 去除率提高。这主要是因为温度升高使具有活化能量的分子数目增多，分子运动速度加快，提高了分子间的有效碰撞，从而增大了铁屑置换铜的反应速率和铁屑/活性炭之间的微电解反应速率。此外，温度的不同只对初期反应速率有影响，但经 40min 处理后 Cu^{2+} 的去除率无明显差异，Cu^{2+} 去除率都在 95% 以上。

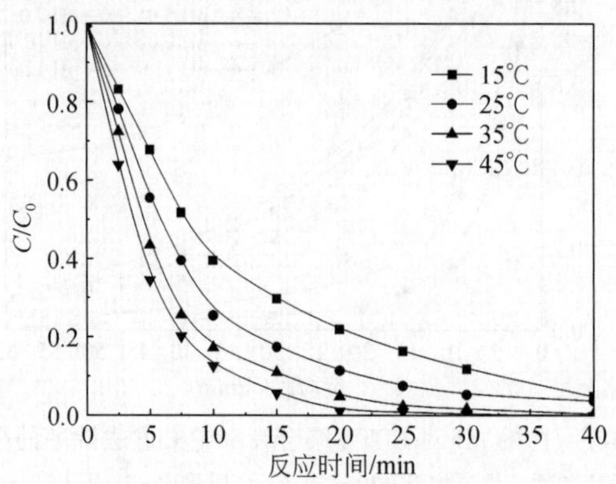

图 4-9　反应温度对 EDTA 络合废水中 Cu^{2+} 去除率的影响

其他反应条件：铁屑加量=30g/L；Fe/C 质量比=3∶1；r=160r/min

5. 初始溶解氧（DO）的影响

由图 4-10 可知，当初始 DO 浓度值控制在 0. 15 ~ 5. 25mg/L 时，Cu^{2+} 去除率随 DO 浓度值的增大而提高；当初始 DO 浓度值控制在 5. 25 ~ 9. 0mg/L 时，Cu^{2+} 去除率随 DO 浓度的进一步增大反而降低。这种处理效果随 DO 增大先提高后降低的现象可解释如下：

在低 DO 区域（0. 15 ~ 5. 25mg/L），由铁碳微电解反应［反应式（4-3）~（4-6）］知，在酸性充氧条件下阴极反应电势分别为+1. 23V 和+0. 68V，远大于缺氧条件下 0. 00V 和中性、弱碱性条件下的+0. 4V，故在酸性充氧条件下微电解体系中阴阳两极电势差远大于缺氧和中碱性条件下，其腐蚀反应进行更快，单位时间内释放 Fe^{2+} 离子更多，有利于形成 Fe^{3+} 置换沉淀 EDTA 络合铜，故 Cu^{2+} 去除率随 DO 增大而提高。

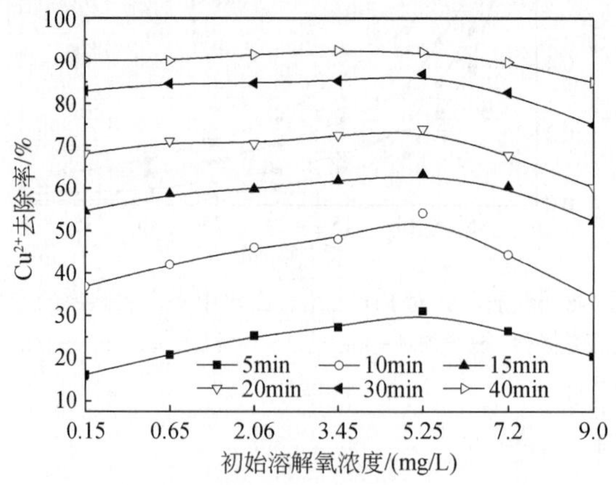

图 4-10　初始 DO 对 EDTA 络合废水中 Cu^{2+} 去除率的影响

其他反应条件：铁屑加量=30g/L；Fe/C 质量比=3∶1；r=160r/min

在高 DO 区域（5.25～9.00mg/L），首先，铁离子的絮凝作用显著增强，导致 Fe^{3+} 对 EDTA 络合铜置换并不充分。其次，氧气会与铁屑表面的 Cu^{2+} 竞争电子，占据零价铁屑表面有限的活性位点数，这些都不利于 Cu^{2+} 的还原。再次，废水中 DO 较高时铁屑表面易产生铁氧体，导致表面钝化。这些效应综合作用的结果表现为 Cu^{2+} 去除率随 DO 浓度值的继续增大反而降低。

4.2.1.3　铁碳微电解破络的最佳条件

1. 正交试验结果分析

为考查诸多因素对铁碳微电解处理 EDTA 络合铜效果的影响，选择 4 个最主要的影响因素：*A*，铁屑加量；*B*，初始 pH；*C*，反应时间；*D*，Fe/C 质量比。参照批式实验确定的适宜取值范围，每个因素取 3 个水平，如表 4-4 所示。通过正交试验考察它们对 EDTA 络合铜的去除效果的影响排序和最佳水平。

表 4-4　正交试验的因素选择及水平设置

水平	*A*	*B*	*C*	*D*
	铁屑加量/(g/L)	初始 pH	反应时间/min^{-1}	Fe/C 质量比
1	20	2.0	20	2：1
2	30	3.0	40	3：1
3	40	4.0	60	4：1

从表 4-5 的实验结果及计算分析中可以看出，铁碳微电解处理 EDTA 络合铜废水具有较好的效果。*A*、*B*、*C* 和 *D* 对应的 *R* 值从大到小依次为 *B*>*C*>*D*>*A*，故这 4 种工艺因素对 EDTA 络合铜离子去除效果影响顺序从大到小排序为：初始 pH>反应时间>Fe/C 质量比>铁屑加量。通过比较 *A*、*B*、*C* 和 *D* 对应 K_1，K_2 和 K_3 值大小可确定各因素最佳水平组合为：$A_3B_2C_2D_1$，故铁屑电解处理 EDTA 络合铜废水的最佳条件为铁屑加量 40g/L，pH 3.0，反应时间 40min，Fe/C 质量比 2：1。在最佳条件下运行铁碳微电解，结果表明，Cu^{2+} 去除效率为 98.2%，同时，TOC 去除率为 32.3%。

表 4-5　L_9（3^4）正交试验结果及其方差分析

编号	因素				结果
	A	*B*	*C*	*D*	Cu^{2+} 去除率/%
1	1	1	1	1	89.6
2	1	2	2	2	92.05
3	1	3	3	3	79.4
4	2	1	2	3	88.8
5	2	2	3	1	95.6
6	2	3	1	2	57.45

续表

编号	因素				结果
	A	B	C	D	Cu^{2+}去除率/%
7	3	1	3	2	93.05
8	3	2	1	3	88.6
9	3	3	2	1	95.9
K_1^a	87.017	90.483	78.550	93.700	
K_2	80.617	92.083	92.250	80.85	
K_3	92.517	77.583	89.350	85.600	
R^b	11.900	14.500	13.700	12.850	
Q^c	A_3	B_2	C_2	D_1	

注：各因素水平如表4-4所示。表中每个试验结果为三个平行实验组的平均值。A，铁屑加量（g/L）；B，pH；C，反应时间（min）；D，Fe/C质量比。K_1^a代表每个水平对应试验结果的平均值；R^b代表K_1，K_2和K_3的极差；Q^c代表四种因素最佳水平的组合。

2. 最佳条件下的运行效能

在最佳条件下（铁屑加量40g/L，pH 3.0，反应时间40min，Fe/C质量比2∶1）运行铁碳微电解处理100mg/L EDTA络合铜废水，废水中残留铜和TOC浓度随微电解反应时间变化的关系曲线如图4-11所示。

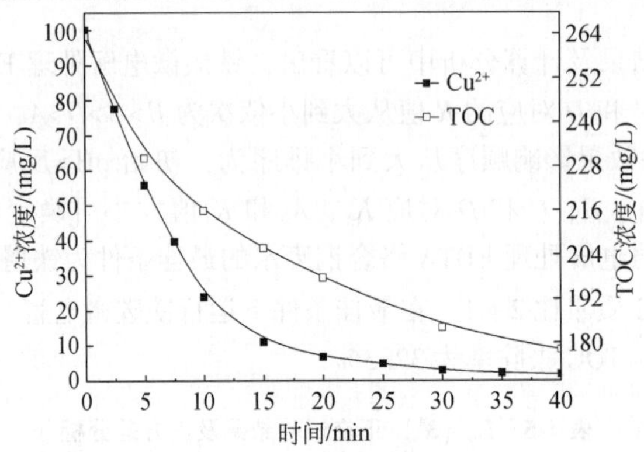

图4-11　最佳条件下，Cu^{2+}和TOC浓度值随反应时间的变化关系

由图4-11知，反应15min后Cu^{2+}浓度从100mg/L降低至11mg/L。同时，观察到10～15min左右时废水略微呈现淡黄色，表明Fe(Ⅲ)-EDTA的产生。反应20min后，反应器中充满红棕色悬浮沉淀物，表明开始形成大量氢氧化铁的絮体。Cu^{2+}的快速去除表明铁碳微电解反应前期电极反应进行非常快，释放大量的Fe^{2+}，·OH和高活性还原剂（新生态的[H]和$Fe(OH)_2$），通过置换、沉淀以及还原综合作用实现废水EDTA络合铜的高效去除。然而，反应开始后第25～40min Cu^{2+}浓度仅从11mg/L降低至1.8mg/L，Cu^{2+}去除速率迅速下降，其主要原因是随着铁碳微电解反应进行废水pH上升，导致铁碳微电解处理效

率急剧下降。此外，图4-11表明随着Cu^{2+}的去除，TOC浓度值从最开始的263.50mg/L稳定降低至178.44mg/L（反应40min后），TOC去除率达32.3%，表明铁碳微电解处理EDTA络合铜对EDTA类有机物也有一定的处理效果。尽管TOC的去除率远远不及Cu^{2+}的去除率，可采取强化措施提高铁碳微电解工艺对EDTA的去除效果。例如：微电解出水中含有Fe^{2+}和Fe^{3+}，可向微电解出水中投加H_2O_2，构成Fenton试剂，通过羟基自由基的强氧化作用强化降解废水中的EDTA。

4.2.1.4 铁碳微电解破络动力学和破络机理

目前，关于铁碳微电解反应机理和动力学方面的研究还存在以下问题：①尽管现有的研究普遍报道铁屑内电解涉及氧化还原反应、絮凝作用、吸附共沉淀及电场效应等多种复杂作用机理，但这些报道只是停留在笼统、简单的理论分析和猜测层面，尚未通过实验的严格验证；②尚不明确铁屑内电解过程中还原、絮凝、吸附、电场效应等作用机理对特定污染物去除作用的强弱主次关系及相互影响，对这些作用的贡献缺乏定量化分析；③对于铁屑在废水中的水溶液反应动力学和污染物去除反应动力学的研究仍然不足；因此，有必要加强对铁碳微电解法去除特征污染物（如EDTA络合铜）的机理研究及动力学分析。

1. 铁碳微电解破络表观动力学

1）*初始* pH

以反应时间t（min）为横坐标，$\ln C/C_0$为纵坐标，对不同初始pH条件下铜离子去除反应速率进行线性拟合，得到$\ln C/C_0$-t拟合图为图4-12，列于表4-6中。

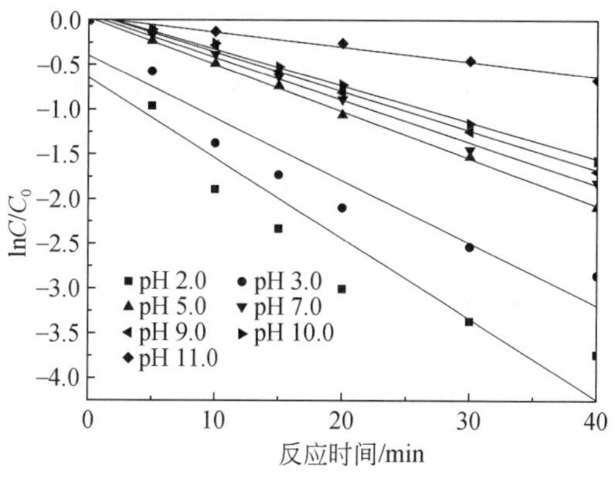

图4-12 初始pH与表观速率常数的拟合

由表4-6可知，当pH为5.0、7.0、9.0、10.0及11.0时，$\ln C/C_0$与t呈良好线性关系，相关系数R>0.99，说明在pH 5.0～9.0内，铜离子去除反应符合表观一级动力学规律。在pH为2.0和3.0时，相关系数仅为0.94和0.96，其中第10～30min对应的$\ln C/C_0$值向拟合线下方发生略微偏离，说明络合铜在强酸性条件下（pH 2～3）的去除机理与弱酸性、中性和碱性条件下（pH 5.0～11.0）有所不同：在强酸条件下，络合铜的去除主要依靠零价铁屑、新生态［H］的还原和铁离子置换沉淀作用实现。在弱酸性、中性、碱性条件下，活性态［H］和 Fe^{2+} 产量显著降低，且氧气容易使铁屑表面发生钝化，阻碍 Fe^{2+} 的释放和电子的传递，故其零价铁还原作用大幅削弱；但中、碱性条件下有利于形成铁的氢氧化物絮体作为良好的吸附剂，且铁离子置换 EDTA 络合铜所释放的游离铜更容易被氢氧根离子沉淀。因此，在弱酸性、中性和碱性条件下，络合铜主要依靠吸附共沉淀和铁离子置换沉淀作用实现去除。

表 4-6　不同 pH 条件下铜离子去除的动力学分析

初始 pH	表观一级动力学方程	k/min^{-1}	相关系数（R）	误差（Error）
2	$\ln C = -0.08983t + 3.9606$	0.08983	0.94129	0.01441
3	$\ln C = -0.06987t + 4.2076$	0.06987	0.95577	0.00962
5	$\ln C = 0.05242t + 4.6287$	0.05242	0.99943	0.000792
7	$\ln C = -0.04741t + 4.6576$	0.04741	0.99766	0.00145
9	$\ln C = -0.04380t + 4.6823$	0.04380	0.99709	0.0015
10	$\ln C = -0.04075t + 4.6840$	0.04075	0.99694	0.00143
11	$\ln C = -0.01664t + 4.6363$	0.01664	0.99203	0.00122

由图 4-12 和表 4-6 可知，pH 5.0～10.0 内络合铜离子去除率和去除反应速率相差不大。在实际应用中，为了避免 pH 调节至强酸性导致反应器腐蚀和处理成本的偏高，可考虑在 pH 5.0～10.0 范围内通过适当延长反应时间的方法来弥补在该 pH 范围内反应速率偏低的不足，以确保较好的络合铜去除效果。

2）*反应温度*

以反应时间 t（min）为横坐标，$\ln C/C_0$ 为纵坐标，对反应温度 15～45℃范围内铜离子去除反应速率进行线性拟合，得到 $\ln C/C_0-t$ 拟合图为图 4-13，列于表 4-7 中。由图 4-13 和表 4-7 可知，表观反应速率常数 k 随反应温度的升高变大，$R>0.99$，反应过程符合表观一级动力学规律。

利用 Arrhenius 公式由表 4-7 数据计算铁屑内电解反应的表观活化能：

$$\ln k = A - E_a/RT \tag{4-12}$$

式中，E_a 为活化能（J/mol）；A 为指前因子；k 为反应速率常数；R 为气体常数；T 为反应温度（K）。

作 $\ln k-1/T$ 拟合曲线，如图 4-13 所示，该直线方程：$\ln k = 8.454-3195.82\ (1/T)$。计算铁屑内电解去除络合铜的反应活化能 E_a 为 26.57kJ/mol。一般认为活化能数值<21kJ/mol 的反应过程才属于扩散传质控制机理（Su and Puls，1999）。可见，铁屑内电解法去除 EDTA 络合铜反应过程属于化学反应控制过程。这一结论与前人报道的“铁屑置换反应过程符合扩散传质控制机理”的推论不同（江丽等，2009），说明铁屑内电解法去除 EDTA 络合铜离子并不是单纯的铁屑置换还原铜的过程。

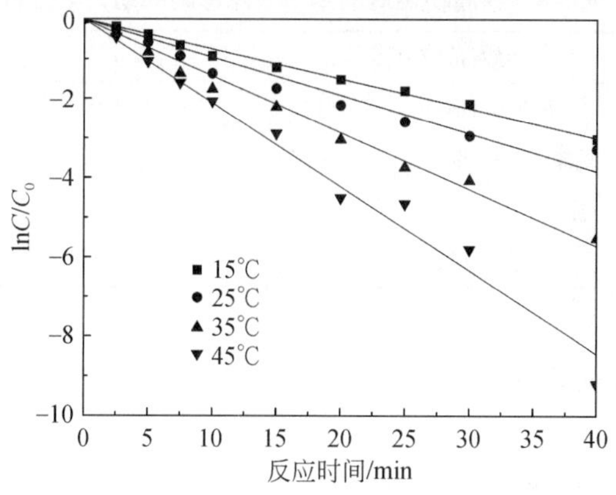

图 4-13　温度与表观速率常数的拟合

表 4-7　反应温度对铜离子去除影响的动力学分析

温度（K）	表观一级动力学方程	k/min^{-1}	相关系数（R）	误差（Error）
288	$\ln C=-0.07509t+4.6052$	0.07509	0.99848	0.00138
298	$\ln C=-0.09603t+4.6052$	0.09603	0.99012	0.00453
308	$\ln C=-0.14304t+4.6052$	0.14304	0.99781	0.00316
318	$\ln C=-0.21124t+4.6052$	0.21124	0.99599	0.00632

3）铁屑粒径

以反应时间 t（min）为横坐标，$\ln C/C_0$为纵坐标，对铁屑粒径 0.5～5.0mm 范围内铜离子去除反应速率进行线性拟合，得到 $\ln C/C_0$-t 拟合图为图 4-14，列于表 4-8 中。

由图 4-14 和表 4-8 可知，铁屑粒径越小，反应速率常数 k 值越大；$R>0.92$，反应过程符合表观一级动力学规律。理论分析认为，应选用粒径较小的铁屑进行内电解反应以提高反应速率，但实际工程中铁屑粒径太小，容易随水流流失。

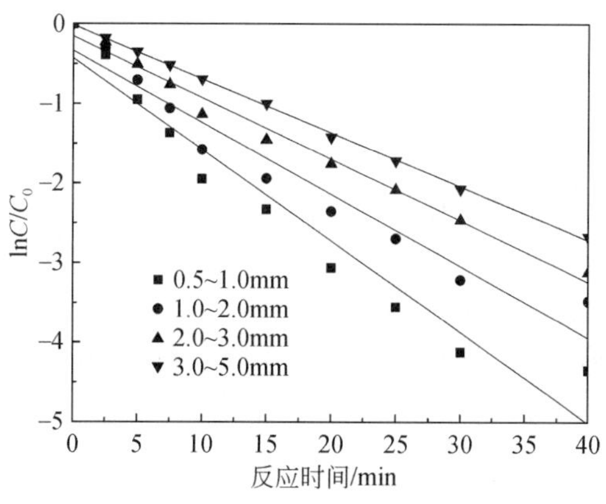

图 4-14　铁屑粒径与表观速率常数的拟合

表 4-8　铁屑粒径对铜离子去除影响的动力学分析

铁屑粒径/mm	K/min^{-1}	R	误差
0.5～1.0	0.11475	0.97254	0.00971
1.0～2.0	0.0903	0.9744	0.00737
2.0～3.0	0.07723	0.99345	0.00314
3.0～5.0	0.06763	0.99945	0.000790

2. 铁碳微电解破络机理

1）铁屑表面絮状沉淀物红外光谱分析

图 4-15 是经铁屑内电解处理后的铁屑表面沉淀物的红外光谱图。其中，波数为 3417cm^{-1} 和 1629cm^{-1} 的吸收峰分别是由氢键连接的—OH 伸缩振动及 H—O—H 弯曲振动产生的；490cm^{-1} 是 Fe—O 振动的特征吸收峰，670cm^{-1} 为 Fe—OH—Fe 铁与羟基结构的特征吸收峰，600cm^{-1} 和 795cm^{-1} 是 FeOOH（类似针铁矿结构）吸收峰（田宝珍、汤鸿霄，1990）；除此之外，1150～1000cm^{-1} 分布两个波峰 1052cm^{-1} 和 1122cm^{-1} 分别代表 C—N 伸缩振动和 N—H 振动，波数为 1390cm^{-1} 代表—COOH 伸缩振动（Martynenko et al.，1970）。

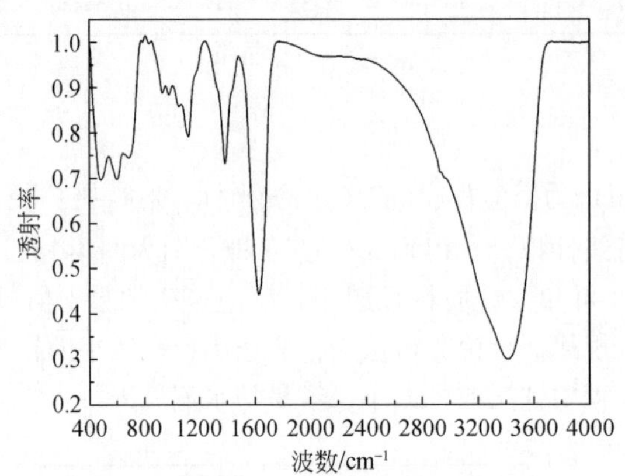

图 4-15　铁屑内电解反应后铁屑表面沉淀物的红外光谱图

红外光谱图分析表明，铁屑表面沉淀物主要由铁的氧化物和氢氧化物构成，并吸附少量的羧基类含氮有机物。沉淀物中包含的这类有机物来自：一方面，内电解体系中产生的新生态铁的氢氧化物对溶液中 EDTA 络合铜的吸附共沉淀作用；另一方面，铁与炭粒间原电池反应产生微电场效应，溶液中分散的胶体颗粒和 EDTA 络合物受微电场效应的作用后形成电泳，向相反电荷的电极方向移动，并在电极上附集形成大颗粒沉淀。故红外光谱图分析表明，铁屑内电解具有电附集作用和吸附共沉淀作用。

2）反应前后废水的紫外光谱分析

图 4-16、图 4-17 是铁屑内电解处理前和处理后废水的紫外吸收光谱图。

图 4-16 实线显示，内电解处理前 Cu-EDTA 溶液在 238.4nm（较强）和 424.6nm（较弱）处具有吸收峰；经铁屑内电解处理后，虚线显示在 254.8nm 处出现 Fe(Ⅲ)-EDTA 的吸收峰（Bedsworth and Sedlak，2001）。

为了进一步证明内电解后溶液中产物为 Fe^{3+} 和 EDTA 的络合物，取经内电解处理后水样 25mL，加入 NaOH 调 pH 至 10.0 充分沉淀水样中游离态铁离子，取上清液过 0.45μm 滤膜后，观察滤液呈淡黄色（Fe(Ⅲ)-EDTA 的颜色），且测得上清液中残余铁浓度值仍然较高（大于 50mg/L），充分说明溶液中反应产物为 EDTA 与 Fe^{3+} 形成的络合物。

$$4Fe^{2+} + O_2 + 2H_2O = 4Fe^{3+} + 4OH^- \tag{4-13}$$

$$Fe^{3+} + CuEDTA = Fe(\text{Ⅲ})EDTA + Cu^{2+} \tag{4-14}$$

紫外光谱分析结果证实了 EDTA 络合铜经过铁屑内电解处理后主要产物是 Fe(Ⅲ)-EDTA。Fe(Ⅲ)-EDTA 产生的第一条途径是“铁离子置换沉淀作用”：内电解过程产生的 Fe^{2+} 被氧化成 Fe^{3+}，后者可置换 Cu-EDTA 中的铜形成更稳定的 Fe(Ⅲ)-EDTA 络合物（Cu-EDTA 和 Fe(Ⅲ)-EDTA 的稳定常数分别为 $10^{18.80}$ 和 $10^{25.2}$）（Ku and Chen，1992），铜以游离态形式释放到溶液中。

Fe(Ⅲ)-EDTA 产生的另外一条途径是零价铁屑置换还原 EDTA 络合铜生成单质铜和 Fe(Ⅱ)-EDTA（Stefanowicz et al.，1997），后者被氧气氧化生成 Fe(Ⅲ)-EDTA。

$$Fe^0 + CuEDTA = Fe(\text{Ⅱ})EDTA + Cu^0 \tag{4-15}$$

综上所述，紫外光谱图分析表明，铁屑内电解法处理 EDTA 络合铜包括铁离子置换沉淀和零价铁屑置换还原作用。

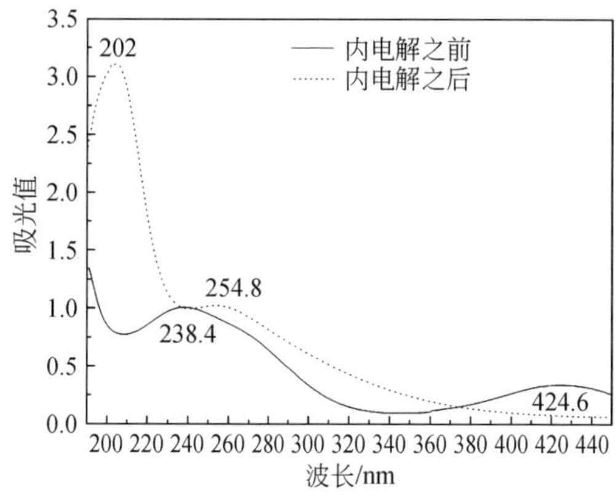

图 4-16　铁屑内电解反应前（实线）和反应后（虚线）溶液紫外吸收光谱图

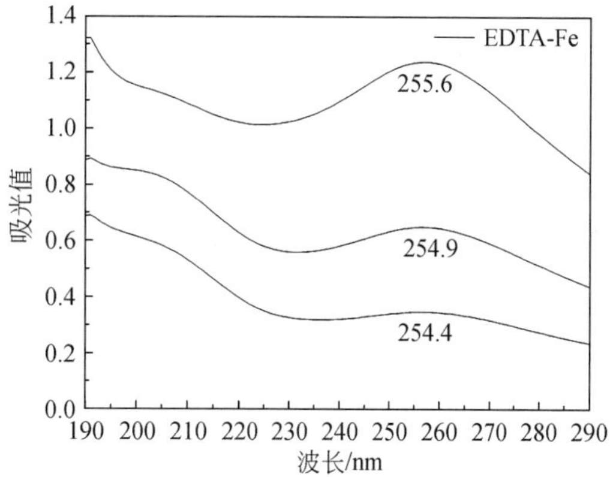

图 4-17　不同浓度 EDTA-Fe^{3+} 的紫外吸收光谱图

3）$Fe(OH)_x$ 絮体对 EDTA 络合铜的吸附共沉淀实验

（1）$Fe(OH)_x$ 絮体的吸附共沉淀实验

红外和紫外光谱结果证实，内电解反应结束后，反应器底部红棕色沉淀物主要由铁的氧化物和氢氧化物吸附少量的羧基类含氮有机物组成。为了进一步验证铁屑内电解产生的铁的氢氧化物絮体具有吸附共沉淀作用，设计实验考察了内电解过程中产生的 $Fe(OH)_x$

(x=2 和 3）絮体对 EDTA 络合铜的吸附共沉淀效果。

图 4-18 是在 10L/min 氮气流曝气条件下，初始 Fe^{2+}浓度对 $Fe(OH)_2$絮体吸附共沉淀 EDTA 络合铜的影响。由图 4-18 知，反应开始络合铜的去除速率非常快，当初始 Fe^{2+}浓度分别为 159.3mg/L，216.4mg/L 和 374.0mg/L 时，仅处理 5min 后络合铜去除率达 41.7%，80.2%和 100%。另外，初始 Fe^{2+}浓度不同，吸附共沉淀对铜离子最大去除率和反应时间不同。例如：初始 Fe^{2+}浓度为 374.0mg/L 时，第 5min 吸附共沉淀对铜离子去除率达到最大值 100%；而初始 Fe^{2+}浓度为 216.4mg/L 和 129.3mg/L 时，分别在第 10min 和 15min 吸附共沉淀作用对铜离子去除率达最大值，分别为 89.85%和 66.58%。

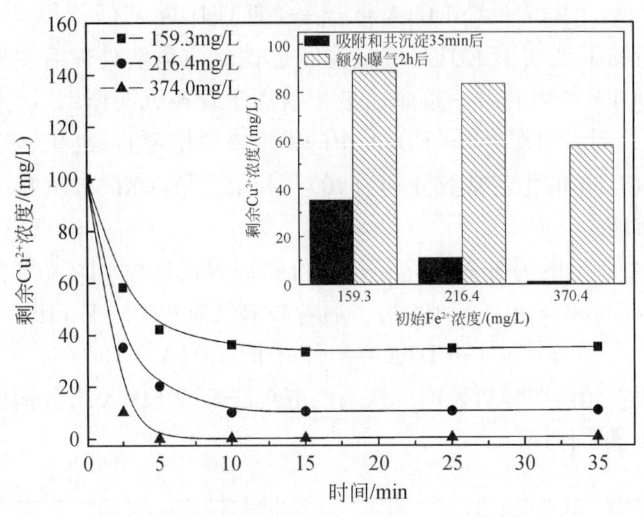

图 4-18　不同初始 Fe^{2+}浓度下氢氧化亚铁吸附共沉淀过程中铜离子浓度随反应时间变化规律

一般而言，$Fe(OH)_2$絮体的吸附共沉淀作用达到平衡后，废水中铜离子浓度应该保持不变。然而，分析图 4-18 的实验数据发现，当 $Fe(OH)_2$絮体吸附共沉淀达到最佳效果时，继续延长反应时间，废水中残余铜离子浓度略有上升。例如：初始 Fe^{2+}浓度为 159.3mg/L 时，反应 15min 后铜离子浓度降至 33.42mg/L，此时络合铜去除率最高；但当反应时间延长至 35min 时，铜离子浓度上升至 35.26mg/L，说明被 $Fe(OH)_2$絮体所吸附的络合铜发生了脱附现象。分析认为，络合铜的吸附可能是由废水中残余的少量溶解量将 $Fe(OH)_2$氧化成 $Fe(OH)_3$所致，后者对 EDTA 络合铜的吸附能力可能比前者小。为了验证我们的推论，将上述在氮气流中处理 35min 后的三组废水改用 10L/min 的空气流继续曝气处理 2h，以促进 $Fe(OH)_2$絮体向 $Fe(OH)_3$絮体转化，实验结果如图 4-19 中柱状图所示。显而易见，无论初始 Fe^{2+}浓度值大小如何，空气流的引进导致三组废水中残余浓度值急剧上高，说明空气中的氧气可通过将 $Fe(OH)_2$絮体氧化成 $Fe(OH)_3$絮体而导致络合铜脱附。

为了更充分地验证氧气是导致 EDTA 络合铜脱附的根本原因，同时考察 $Fe(OH)_2$和 $Fe(OH)_3$对 EDTA 络合铜吸附能力的差异，设计实验考察了曝气方式对 $Fe(OH)_x$（x=2 和 3）吸附共沉淀 EDTA 络合铜处理效果的影响。图 4-19 是初始 Fe^{2+}浓度为 374.0mg/L 条件下，空气流曝气和氮气流曝气两种不同曝气方式对 EDTA 络合铜去除效果的影响。由图可知，氮气流曝气条件下铜的去除效率远远高于空气流曝气。同时，注意到氮气流曝气条件下处理10min后，废水中残留的铜离子浓度基本稳定在1.00mg/L左右；而空气流曝气条件废水中残留的铜离子浓度从处理5min时的9.56mg/L上升至35min时的56.76mg/L。

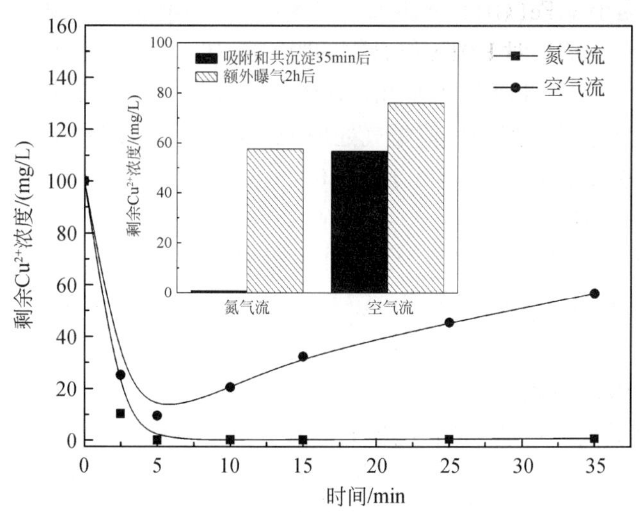

图4-19　不同曝气条件下氢氧化亚铁吸附共沉淀过程中铜离子浓度随反应时间变化规律

曝氮气条件下铜去除率明显高于曝氧气条件，其可能原因是两种情况下起吸附共沉淀作用的絮体成分不同。如表4-9所示，在吸附共沉淀反应的前期，采用10L/min氮气流曝气的反应器内悬浮着大量的墨绿色$Fe(OH)_2$絮体，这些絮体迅速吸附共沉淀废水中EDTA络合铜；在0～35min的反应过程中，絮体始终保持墨绿色，表明其成分始终为$Fe(OH)_2$。由图4-19和表4-9知，处理35min后铜离子的去除率为99.0%，络合铜废水从先前的淡蓝色变为无色。

$$Fe^{2+} + 2OH^- = Fe(OH)_2 \tag{4-16}$$

$$4Fe(OH)_2 + O_2 + 2H_2O = 4Fe(OH)_3 \tag{4-17}$$

表4-9　吸附共沉淀过程中废水及絮体沉淀物颜色的变化规律

处理时间/min	通入氮气的反应器		通入空气的反应器	
	废水	絮体	废水	絮体
0	蓝色	—	蓝色	—
0～35	—	墨绿色	—	墨绿色到深红棕色
35	无色	墨绿色	浅蓝色	深红棕色

然而，在采用空气流曝气的反应器内，$Fe(OH)_2$并不是唯一的吸附剂；换言之，新生态的$Fe(OH)_2$絮体会慢慢被氧化成红棕色$Fe(OH)_3$絮体［反应式（4-17）］。反应开始前5min，反应器内絮体主要成分是$Fe(OH)_2$，$Fe(OH)_3$含量很低，此时，絮体对铜的吸附共沉淀去除率为90.44%（图4-19）。由表4-9知，随着反应时间从第5min延长至35min时，反应器内絮体经历了墨绿色到浅红棕色，再到深红棕色的转变，表明$Fe(OH)_2$向$Fe(OH)_3$的转化，反应器内絮体中$Fe(OH)_2$含量在下降，$Fe(OH)_3$在相应升高；此时，图4-19中

从第5min开始，铜离子开始从絮体物中解析，至35min时，铜离子浓度从5min时的9.56mg/L上升至35min时的56.76 mg/L。这些实验结果表明，$Fe(OH)_3$絮体对EDTA络合铜的吸附能力远远小于$Fe(OH)_2$絮体。

为了粗略估算$Fe(OH)_3$对EDTA络合铜的吸附能力，将上述在10L/min空气流中处理35min后的废水继续用空气流曝气处理2h，使绝大部分$Fe(OH)_2$絮体都转变成$Fe(OH)_3$絮体。图4-19中柱状图表明，经空气流曝气处理35min+2h后，废水中的铜离子从35min时的56.76mg/L进一步降低至最终的76.14mg/L。

（2）吸附能力的估算

假设在氮气流曝气条件下反应器中絮体沉淀物都以$Fe(OH)_2$形式存在；经过35min+2h空气流曝气后，$Fe(OH)_2$全部转化为$Fe(OH)_3$，反应器中絮体沉淀物都以$Fe(OH)_3$形式存在。

① Fe^{2+}向$Fe(OH)_2$转化效率的评价

投加NaOH中和沉淀后，废水中残余Fe^{2+}浓度可通过变形后的$Fe(OH)_2$溶度积公式（4-18）估算。

$$[Fe(\text{II})] = K_{sp[Fe(OH)_2]}/[OH^-]^2 = 10^{1285-2pH}(\text{mol/L}) \tag{4-18}$$

式（4-18）中$K_{sp[Fe(OH)_2]}$取$1\times10^{-15.15}$。

由公式（4-18）计算可知，当pH调至11.0时，废水中残留的浓度低于$10^{-9.15}$ mol/L，相当于1L废水中Fe^{2+}的质量低于$5.6\times10^{-6.15}$ mg，因此，可近似认为Fe^{2+}向$Fe(OH)_2$转化效率为100%。

② $Fe(OH)_2$和$Fe(OH)_3$产量的计算

根据反应式（4-14）和（4-15），调pH至11.0后，$Fe(OH)_2$和$Fe(OH)_3$的产量可按以下公式计算：

$$C_{Fe(OH)_2} = C_{Fe(\text{II})} \times M_{Fe(OH)_2}/M_{Fe(\text{II})} = 1.607\ C_{Fe(\text{II})} \tag{4-19}$$

$$C_{Fe(OH)_3} = C_{Fe(OH)_2} \times M_{Fe(OH)_3}/M_{Fe(OH)_2} = 1.189C_{Fe(OH)_2} = 1.911C_{Fe(\text{II})} \tag{4-20}$$

$C_{Fe(OH)_x}$（x=2，3）为1L废水中$Fe(OH)_x$的质量（mg/L）；M为摩尔质量（g/mol），其中$M_{Fe(OH)_2}$和$M_{Fe(II)}$分别为90g/mol和56g/mol。

③ $Fe(OH)_2$和$Fe(OH)_3$吸附能力的估算

$Fe(OH)_2$和$Fe(OH)_3$的吸附能力可通过式（4-19）和式（4-20）估算：

$$Q_{Fe(OH)_2} = C_0 - C_1/C_{Fe(OH)_2} = C_0 - C_{t/1.607}C_{Fe(\text{II})} \tag{4-21}$$

$$Q_{Fe(OH)_3} = C_0 - C_t/C_{Fe(OH)_3} = C_0 - C_{t/1.911}C_{Fe(\text{II})} \tag{4-22}$$

C_0为100 mg/L；C_t为处理t（min）时废水中铜离子浓度值（mg/L）；$C_{Fe(\text{II})}$为初始Fe^{2+}浓度值（mg/L）；$Q_{Fe(OH)_x}$（x=2，3）为1g $Fe(OH)_x$处对铜离子的吸附能力（g/g）。

前述实验数据显示，当$C_{Fe(II)}$为159.73mg/L时，处理15min后铜离子浓度降至最小值C_t=33.42mg/L，代入公式（4-22）计算出$Q_{Fe(OH)_2}$为0.260g/g；当$C_{Fe(II)}$为216.4mg/L时，处理10min后铜离子浓度降至最小值C_t=10.15mg/L，代入公式（4-13）计算出$Q_{Fe(OH)_2}$为0.258g/g；因此，1mg $Fe(OH)_2$大概能吸附258～260mg Cu^{2+}。当$C_{Fe(II)}$为374.0mg/L时，经过35min+2h空气流曝气后，废水中铜离子浓度值为76.41mg/L，若所有$Fe(OH)_2$全部

转化为 $Fe(OH)_3$，则由公式（4-22）计算出 $Q_{Fe(OH)_3}=0.033g/g=33.0mg/g$。然而，$Fe(OH)_2$不可能100%转化为 $Fe(OH)_3$，且 $Fe(OH)_2$对EDTA络合铜吸附能力强于 $Fe(OH)_3$，故实际上 $Q_{Fe(OH)_3}<33.0mg/g$。

总的来说，1g $Fe(OH)_2$可吸附258~260mg铜，1g $Fe(OH)_3$可吸附的铜不足33mg，故 $Fe(OH)_2$对EDTA络合铜的吸附能力至少是 $Fe(OH)_3$的7.8倍，它对EDTA络合铜具有更强的吸附作用。

4.2.2　重金属捕集剂DTC（TBA）的研发及去除重金属离子研究

4.2.2.1　重金属捕集剂DTC（TBA）的制备

1. DTC（TBA）的制备方法

按摩尔比1∶1量取二硫化碳和水合肼，取200mL二硫化碳溶于100mL有机溶剂（体积比为2∶1的乙二醇和丙酮混合物）中，取132mL水合肼置于1L五口烧瓶中，于30~40℃恒温水浴中加热，在搅拌状态下，缓慢加入二硫化碳-有机溶剂溶液，反应一段时间，冷却至10℃下结晶，抽滤，用无水乙醇洗涤晶体2次，再用适量蒸馏水冲洗2次，抽滤，得到白色DTC（TBA）晶体。合成的DTC（TBA）晶体密封避光保存。

2. DTC（TBA）的制备条件

多次的试验表明，影响重金属捕集剂DTC（TBA）制备的主要因素有反应物用量比例、有机溶剂用量及反应温度。

1）反应物用量比例的影响

根据上述的反应方程式知，在理论上肼与二硫化碳反应的物质的量的关系为1∶1。由于二硫代氨基甲酸盐（DTC）的合成反应为亲核反应，需要在碱性条件下进行。反应所需的碱性条件是根据取代基性质的不同而决定。当反应物中的取代基有推电子基团的存在时，就使得氮原子具有较强的亲核能力，反应比较容易进行；当取代基是吸电子基团时，氮原子的电负性减小，亲核能力减弱，只有增强反应体系的碱性，才能使反应较好地进行。本书通过提高水合肼的用量比例来增加反应体系中的碱性，提高目标产物DTC（TBA）的产量。

过量的水合肼溶于水，在对产物进行洗涤时可以去除，因此过量的水合肼不会夹杂在产物中，增加产物的杂质。实验中固定二硫化碳的用量为200mL，优化水合肼用量。水合肼用量对DTC（TBA）产量的影响见表4-10。从表4-10可知，当水合肼体积为132mL时，DTC（TBA）产量最小，仅为242.4g；随着水合肼用量的增加，DTC（TBA）产量也逐渐增加；当水合肼用量超过150mL时，DTC（TBA）产量增幅不明显，这时，二硫化碳的转化率达到87.0%。因此，本实验选取水合肼的优化用量为150mL，此时，水合肼与二硫化碳的摩尔比为1.13∶1。

表 4-10 水合肼的用量对产量的影响

二硫化碳体积/mL			200		
有机溶剂体积/mL			100		
水合肼体积/mL	132	140	150	160	170
DTC（TBA）产量/g	242.4	257.3	264.8	267.2	268.3
二硫化碳转化率/%	79.8	84.7	87.0	87.9	88.3

2）有机溶剂用量的影响

由于二硫化碳不溶于水，当二硫化碳滴加在水合肼中，由于二硫化碳的密度大于水合肼的密度，二硫化碳沉积在水合肼溶液下，不能充分与水合肼反应，降低了 DTC（TBA）的产量。有机溶剂（乙二醇及丙酮）能够溶解二硫化碳和水合肼，在乙二醇及丙酮的作用下，二硫化碳能够充分地与水合肼反应。

有机溶剂用量对 DTC（TBA）产量的影响见表 4-11。从表 4-11 可见，当直接把二硫化碳滴加在水合肼进行反应时，DTC（TBA）的产量仅为 136.2g，二硫化碳转化率仅为 45.7%，当使用乙二醇及丙酮作为溶剂时，随着有机溶剂的用量增加，DTC（TBA）产量以及二硫化碳转化率均有明显的提高，因此，本实验选取有机溶剂的优化用量为 100mL。

表 4-11 有机溶剂的用量对产量的影响

二硫化碳体积/mL				200		
水合肼体积/mL				150		
有机溶剂体积/mL	0	25	50	75	100	125
DTC（TBA）产量/g	136.2	183.2	220.3	247.2	264.8	266.9
二硫化碳转化率/%	45.7	61.5	73.9	82.9	87.0	89.6

3）反应温度的影响

由于二硫化碳与水合肼的反应是一个放热反应，且二硫化碳的沸点较低，所以反应温度控制在 30～40℃进行比较适合，当水浴加热的温度高于 40℃时，二硫化碳的挥发量增加，导致 DTC（TBA）产量的下降。在反应结束后，反应液中的 DTC（TBA）处于过饱和溶解状态中，可以通过在低于 10℃进行结晶的方式，提高 DTC（TBA）的产量。综上所述，以二硫化碳与水合肼为原料合成重金属捕集剂 DTC（TBA）过程中，适当提高水合肼的用量，通过有机溶剂使二硫化碳与水合肼充分混合，减慢二硫化碳的滴加速度以及控制适当的温度，都有利于提高 DTC（TBA）产量。

4.2.2.2 重金属捕集剂 DTC（TBA）对废水中 Cu^{2+} 的去除特性及影响因素

1. DTC（TBA）用量与 Cu^{2+} 去除率的关系

在 pH＝3，阴离子型 PAM 用量 4mg/L 时，DTC（TBA）用量与 Cu^{2+} 去除率关系如

图 4-20所示，往 Cu^{2+}溶液投加 DTC（TBA）溶液，马上出现黑色的 Cu-DTC（TBA）颗粒物沉淀。随着 DTC（TBA）用量的增加，Cu^{2+}去除率接近线性递增。当 DTC（TBA）用量为 1∶1 时，Cu^{2+}去除率达到了 99.8%，出水 Cu^{2+}仅 0.2mg/L。继续增大 DTC（TBA）用量，Cu^{2+}去除率不再增加。而刘新梅等用二乙烯三胺和二硫化碳合成了重金属捕集剂 DTC（BETA），处理 Cu^{2+}废水，在 pH 3～4，DTC（BETA）用量为 5.5∶1，出水 Cu^{2+}低于 0.5mg/L，与该研究相比，本研究所需的药剂用量仅为其 1/5。

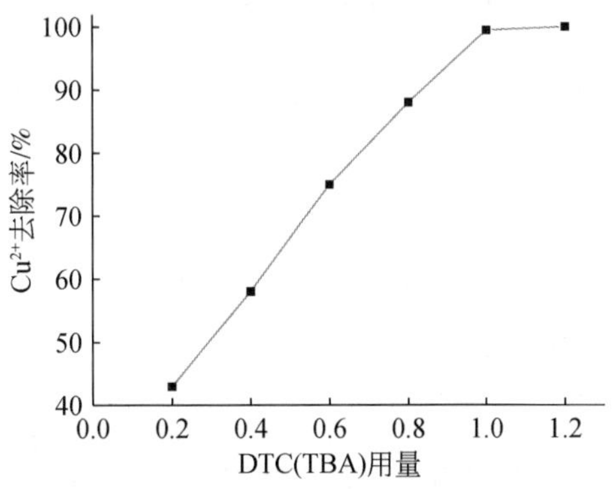

图 4-20　DTC（TBA）用量与 Cu^{2+}去除率关系

2. pH 对 Cu^{2+}去除率的影响

图 4-21 为溶液 pH 对 Cu^{2+}去除率的影响。在 DTC（TBA）用量为 1∶1，阴离子型 PAM 用量 4mg/L 的条件下，当 pH<3，Cu^{2+}去除率随 pH 升高而提高；pH 在 3～5 的范围内时，Cu^{2+}去除率保持稳定，去除率接近 100%，出水 Cu^{2+}浓度低于 0.5mg/L，当 pH>5，Cu^{2+}去除率随 pH 升高而下降；当 pH＝9 时，Cu^{2+}的去除率仅为 80.3%。反应过后溶液的 pH 基本保持不变。可见，反应最佳 pH 应该控制在 3～5。此外，DTC（TBA）用量为 1.1∶1时，在 pH＝1 的强酸环境下，Cu^{2+}去除率也接近 100%，由此可见，DTC（TBA）最适用于偏酸性环境，也适应强酸性环境，在强酸的环境中使用 DTC（TBA）去除 Cu^{2+}应适当提高 DTC（TBA）的用量，才能保持 DTC（TBA）对 Cu^{2+}高去除率。

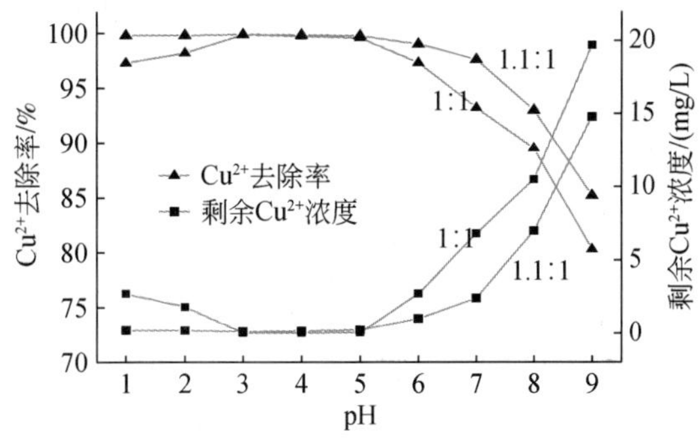

图 4-21　pH 对 Cu^{2+}去除率的影响

3. 反应时间对 Cu^{2+} 去除率的影响

在 pH=3，DTC（TBA）用量为 1∶1，阴离子型 PAM 用量 4mg/L 的条件下，DTC（TBA）反应对 Cu^{2+} 去除率的影响如图 4-22 所示。从图 4-22 可见，DTC（TBA）与 Cu^{2+} 的反应速度很快，在反应 30s 时，Cu^{2+} 的去除率已经达到 92%，在反应前 3min 内，Cu^{2+} 的去除率随着反应时间的延长而升高。在 3min 后，DTC（TBA）与 Cu^{2+} 反应基本结束，Cu^{2+} 的去除率稳定在 99.5% 以上，出水 Cu^{2+} 低于 0.5mg/L。

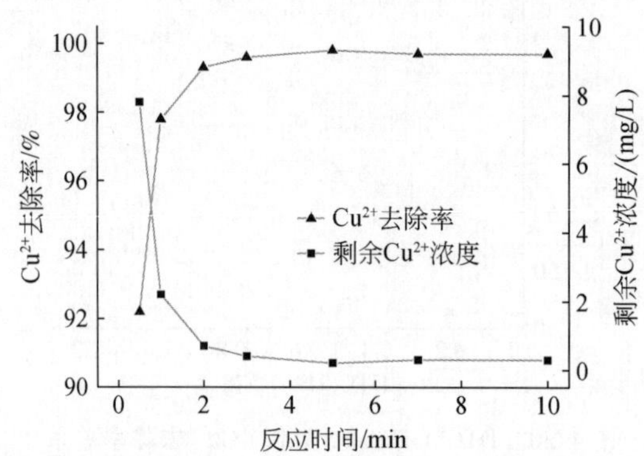

图 4-22　DTC（TBA）反应时间对 Cu^{2+} 去除率的影响

4. 絮凝剂种类以及用量对 Cu^{2+} 去除率的影响

在 pH=3，DTC（TBA）用量 1∶1，反应时间 3min，絮凝剂种类以及用量对 Cu^{2+} 去除率的影响如图 4-23 所示，不投加絮凝剂，Cu^{2+} 去除率只有 95.6%，且生成的颗粒小，不容易沉降。使用 PAC 作为絮凝剂时，由于水溶液呈酸性，絮凝效果不理想，PAC 用量要在 80～100mg/L 时，残余 Cu^{2+} 浓度才能低于 0.5mg/L；使用非离子型 PAM 作为絮凝剂时，生成的颗粒明显增大，颗粒容易沉降。当非离子型 PAM 用量为 10～20mg/L 时，Cu^{2+} 去除率均在 99.5% 以上，残余 Cu^{2+} 浓度均低于 0.5mg/L。使用阴离子型 PAM 作为絮凝剂时，生成的颗粒比使用非离子型 PAM 的颗粒更大，其原因是 Cu-DTC（TBA）颗粒物表面带有正电荷，而阴离子型 PAM 带有负电荷，两者通过电荷中和的作用形成较大的絮体。当阴离子型 PAM 用量在 2～6mg/L 时，Cu^{2+} 去除率均在 99.7% 以上，残余 Cu^{2+} 均低于 0.5mg/L，当阴离子型 PAM 用量超过 6mg/L 后，Cu^{2+} 去除率有所下降。这是由于阴离子型 PAM 投加过量后，可使絮体电荷反号，反而不利于絮凝而使 Cu^{2+} 去除率稍有下降。可见，达到同样的去除效率，阴离子型 PAM 的用量仅为非离子型 PAM 阴离子型的 1/5～1/3。因此，阴离子型 PAM 比非离子型 PAM 更适合作为絮凝剂。

5. Cu^{2+} 起始浓度对 Cu^{2+} 去除率的影响

在 pH=3，阴离子型 PAM 用量 4mg/L，起始 Cu^{2+} 浓度对 Cu^{2+} 去除率的影响如图 4-24 所示。在本实验中，起始 Cu^{2+} 浓度范围在 5～1000mg/L。可见，当 DTC（TBA）用量 1∶1，对 Cu^{2+} <200mg/L 的溶液的 Cu^{2+} 去除率在 99% 以上，残余 Cu^{2+} 均低于 0.5mg/L；对 Cu^{2+} 在

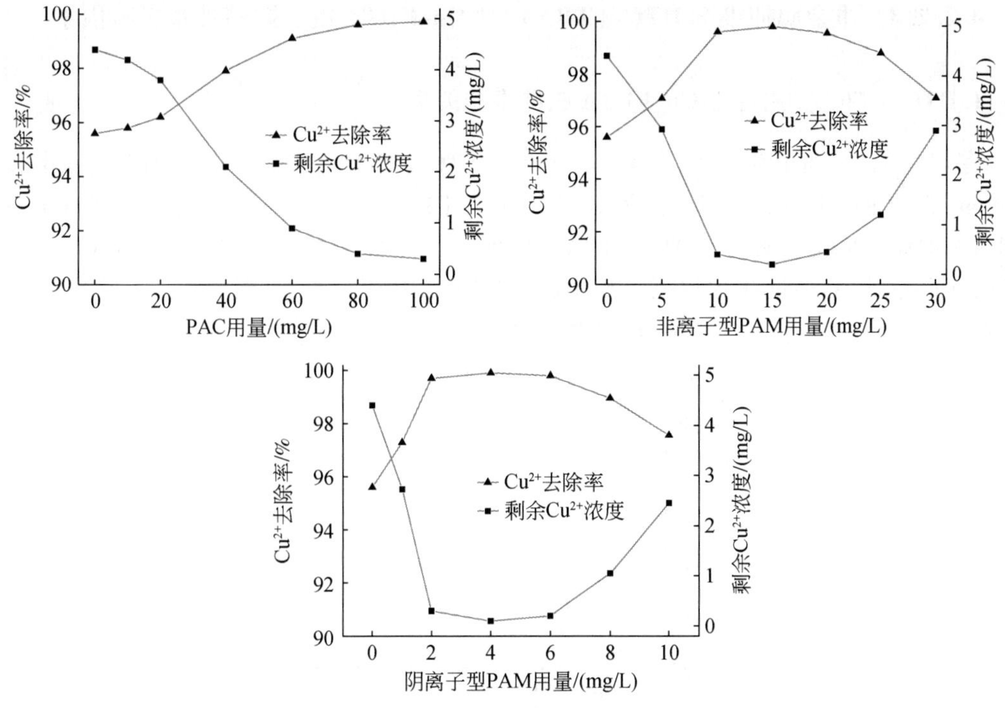

图4-23 絮凝剂种类及用量对 Cu^{2+} 去除率的影响

200～600mg/L 的溶液的 Cu^{2+} 去除率稍有下降，但降幅最大不超过1%；对 Cu^{2+}>600mg/L 的溶液的 Cu^{2+} 去除率开始下降，当 Cu^{2+} 为1000mg/L 时，Cu^{2+} 去除率降至95.1%，残余 Cu^{2+} 达到48.5mg/L。但当 DTC（TBA）用量1.1∶1时，DTC（TBA）对各浓度的 Cu^{2+} 都保持良好的去除效果，Cu^{2+} 去除率均接近100%，且残余 Cu^{2+} 均低于0.5mg/L。可见，处理高浓度 Cu^{2+} 废水时，要适当提高 DTC（TBA）用量，才能保持 Cu^{2+} 良好的去除效果。

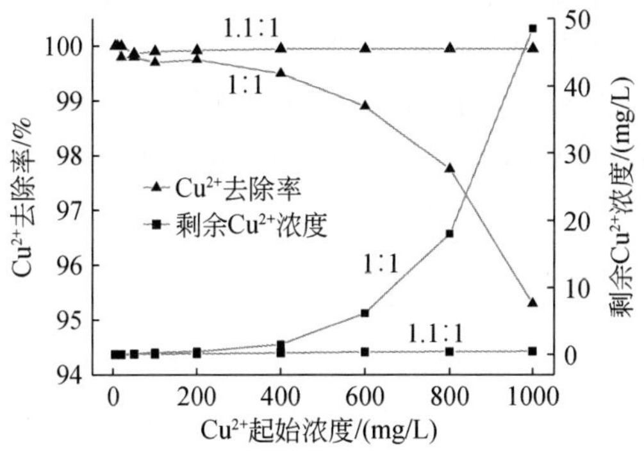

图4-24 Cu^{2+} 起始浓度对 Cu^{2+} 去除率的影响

4.2.2.3 重金属捕集剂DTC（TBA）对Cu-EDTA的去除特性及影响因素

1. DTC（TBA）用量与Cu-EDTA去除率的关系

在pH=3，阴离子型PAM用量4mg/L时，DTC（TBA）用量与Cu-EDTA去除率关系如图4-25所示，往Cu-EDTA溶液投加DTC（TBA）溶液，马上出现黑色的Cu-DTC（TBA）颗粒物沉淀，现象与DTC（TBA）处理Cu^{2+}废水一致。随着DTC（TBA）用量的增加，Cu^{2+}去除率接近线性递增。当DTC（TBA）用量为1∶1时，Cu^{2+}去除率达到了99.7%，出水Cu^{2+}仅0.3mg/L。继续增大DTC（TBA）用量时，Cu^{2+}去除率不再增加。

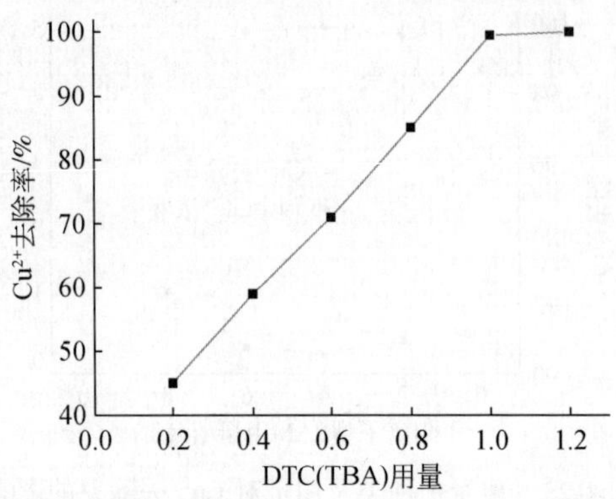

图4-25 DTC（TBA）用量与Cu-EDTA去除率关系

2. pH对Cu-EDTA去除率的影响

图4-26为溶液pH对Cu-EDTA去除率的影响。在DTC（TBA）用量为1∶1，阴离子型PAM用量4mg/L的条件下，当pH<3，Cu^{2+}去除率随pH升高而提高；pH在3～5的范围内时，Cu^{2+}去除率保持稳定，去除率接近100%，当pH=4时，出水Cu^{2+}浓度仅为0.2mg/L，当pH>5，Cu^{2+}去除率随pH升高而下降；当pH=9时，出水Cu^{2+}浓度高达19.8mg/L。DTC（TBA）对酸性Cu-EDTA都有良好的去除效率，在酸性环境下，DTC（TBA）对Cu^{2+}的去除率都在90%以上，反应最佳pH应该控制在3～5。

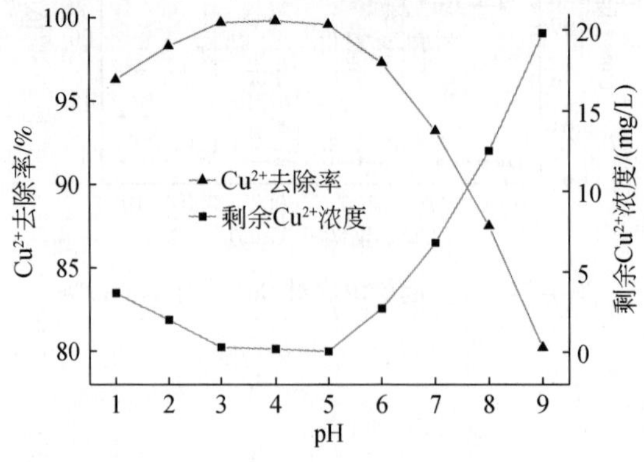

图4-26 pH对Cu-EDTA去除率的影响

3. 反应时间对 Cu-EDTA 去除率的影响

在 pH=3，DTC（TBA）用量为 1∶1，阴离子型 PAM 用量 4mg/L 的条件下，DTC（TBA）反应对 Cu-EDTA 去除率的影响如图 4-27 所示。在反应前 30s，DTC（TBA）对 Cu-EDTA 溶液中 Cu^{2+}的去除率仅为 87.6%，反应速度慢于 DTC（TBA）去除 Cu^{2+}的反应速度，这是由于 DTC（TBA）与 EDTA 对 Cu^{2+}的络合产生竞争作用所致。在反应前 3min 内，Cu^{2+}的去除率随着反应时间的延长而升高。在 3min 后，DTC（TBA）与 Cu-EDTA 反应基本结束，Cu^{2+}的去除率稳定在 99.5% 以上，出水 Cu^{2+}低于 0.5mg/L。

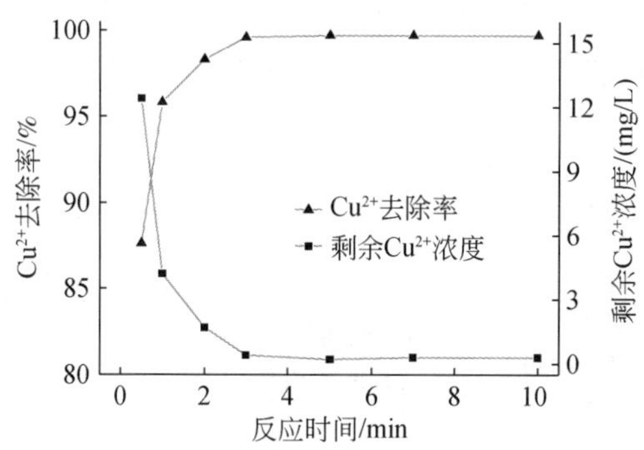

图 4-27　DTC（TBA）反应时间对 Cu-EDTA 去除率的影响

4. 絮凝剂种类及用量对 Cu-EDTA 去除率的影响

在 pH=3，DTC（TBA）用量 1∶1，反应时间 3min，絮凝剂种类以及用量对 Cu-EDTA 去除率的影响如图 4-28 所示，不投加絮凝剂，Cu^{2+}去除率只有 93.5%，且生成的颗粒较小，不容易沉降。使用 PAC 作为絮凝剂时，Cu^{2+}去除率以及颗粒物沉降性能并没有发生变化，这是由于溶液中 EDTA 与 PAC 中的 Al^{3+}螯合，形成 Al-EDTA 螯合物，致使 PAC 失活。因此，处理络合铜废水时，应选用有机絮凝剂。使用阴离子型 PAM 作为絮凝剂，用量在 2～6mg/L时，Cu^{2+}去除率均在 99.6% 以上，残余 Cu^{2+}均低于 0.5mg/L。

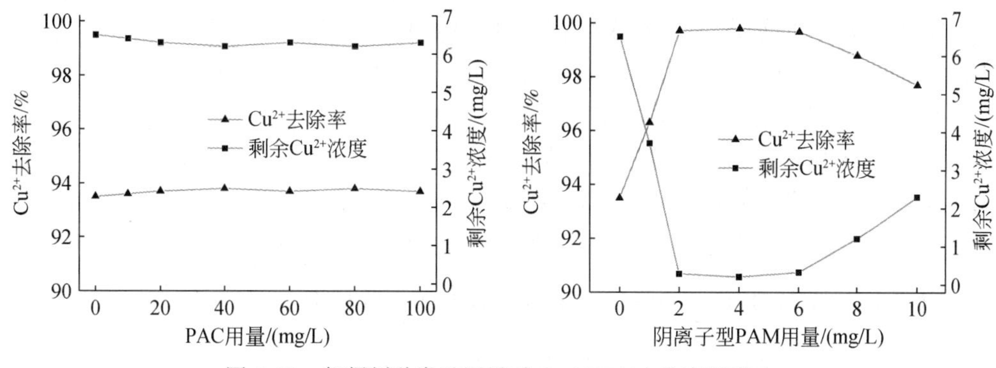

图 4-28　絮凝剂种类及用量对 Cu-EDTA 去除率的影响

5. EDTA/Cu^{2+}值对 Cu-EDTA 去除率的影响

研究表明，使用 DTC 类重金属捕集剂处理络合铜废水时，络合剂的浓度对 Cu^{2+}的去除率产生明显的影响。陈文松等（2008）采用含有二硫代氨基甲酸基团的重金属捕集剂 TMT 处理 Cu^{2+}废水时，重金属捕集剂用量不变，没有络合剂时，Cu^{2+}去除率达到 99% 以上，但当 EDTA 的摩尔浓度是 Cu^{2+}摩尔浓度 5 倍时，Cu^{2+}去除率仅为 20%。然而使用 DTC（TBA）处理 Cu-EDTA 废水时，EDTA 浓度对 Cu-EDTA 的去除率几乎没有影响。如图 4-29 所示，在 pH = 3，Cu^{2+}浓度为 100mg/L，DTC（TBA）用量 1∶1 时，无论是单纯 Cu^{2+}溶液还是 EDTA 的摩尔浓度是 Cu^{2+}摩尔浓度 10 倍时的 Cu-EDTA 溶液，DTC（TBA）对 Cu^{2+}的去除率都保持在 99.5% 以上，残余 Cu^{2+}均低于 0.5mg/L。可见，DTC（TBA）对 Cu^{2+}的螯合能力强于 EDTA。

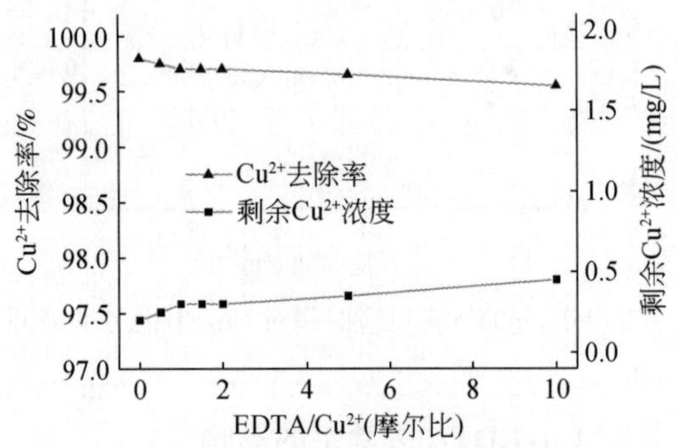

图 4-29　EDTA/Cu^{2+}值对 Cu-EDTA 去除率影响

6. Cu-EDTA 起始浓度对 Cu-EDTA 去除率的影响

在 pH = 3，阴离子型 PAM 用量 4mg/L，起始 Cu-EDTA 浓度对 Cu^{2+}去除率的影响如图 4-30 所示。在本实验中，Cu-EDTA 溶液中 Cu^{2+}与 EDTA 摩尔比为 1∶1，起始 Cu^{2+}浓度范围在 5 ~ 1000mg/L。可见，当 DTC（TBA）用量 1∶1，对 Cu^{2+}<200mg/L 的溶液的 Cu^{2+}去除率在 99% 以上，残余 Cu^{2+}均低于 0.5mg/L；对 Cu^{2+}在 200 ~ 600mg/L 的溶液的 Cu^{2+}去除率稍有下降；对 Cu^{2+}>600mg/L 的溶液的 Cu^{2+}去除率开始明显下降，当 Cu^{2+}为 1000mg/L 时，Cu^{2+}去除率降至 94.2%，残余 Cu^{2+}达到 58mg/L。但当 DTC（TBA）用量 1.2∶1 时，DTC（TBA）对各浓度的 Cu-EDTA 都保持良好的去除效果，Cu^{2+}去除率均接近 100%，且残余 Cu^{2+}均低于 0.5mg/L。究其原因，在高浓度 Cu-EDTA 下，DTC（TBA）与 Cu-EDTA 的局部反应速度很快，部分药剂被无效消耗，导致 Cu^{2+}去除率下降。可见，处理高浓度络合铜废水时，要适当提高 DTC（TBA）用量，才能保持 Cu-EDTA 良好的去除效果。

7. 重金属捕集剂 DTC（TBA）对 Cu-EDTA 的去除机理

在本实验中，Cu-EDTA 溶液中 Cu^{2+}与 EDTA 摩尔比为 1∶1，Cu^{2+}浓度为 100mg/L，以 COD 的浓度间接表示 EDTA 的浓度。在 pH = 3，DTC（TBA）用量 1∶1，反应 3min 后，投加阴离子型 PAM 4mg/L，继续反应 2min，静置沉淀后，取上清液测定 COD 值。从表 4-12

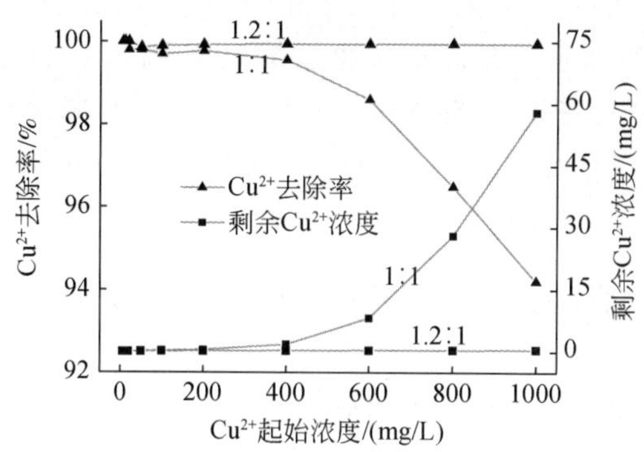

图4-30　Cu-EDTA起始浓度对Cu-EDTA去除率的影响

可知，等EDTA浓度下的Cu-EDTA溶液与纯EDTA溶液中的COD差异不大，表明用COD间接表示EDTA是合理的；DTC（TBA）以及DTC（TBA）联合阴离子型PAM处理Cu-EDTA前后，溶液的COD值变化很小，表明EDTA几乎没有被去除。据此可以推断，DTC（TBA）主要通过与Cu-EDTA发生置换反应，生成Cu-DTC（TBA）沉淀，从而去除Cu^{2+}，反应式如下：

$$\text{Cu-EDTA} + \text{DTC(TBA)} \longrightarrow \text{Cu-DTC(TBA)}\downarrow + \text{EDTA} \tag{4-23}$$

表4-12　反应前后EDTA的浓度

	EDTA-Cu溶液	EDTA溶液	DTC（TBA）投加量1∶1反应后	DTC（TBA）投加量1∶1，阴离子型PAM投加4mg/L反应后
COD/(mg/L)	371	363	375	367

DTC（TBA）分子为左右对称结构，含有二硫代羧基-CSSH，二硫代羧基上的S原子有3对孤对电子，其中2对可以占用金属离子的空d轨道，形成配位键。根据配位场理论，在d轨道全空的情况下，容易形成正四面体型的结构，这样各电子对之间的相互排斥力小，而S原子外层4对电子也形成互斥力小的正四面体构型，形成稳定的交联网状螯合物。此外，DTC（TBA）中的N—N键有很强的负电性，通过电子传递作用，使得二硫代羧基上的S原子负电性增强，利于其配位键增强，通过竞争配位使Cu^{2+}从Cu-EDTA中置换出来生成稳定的Cu-DTC（TBA）沉淀。由此可见，DTC（TBA）只能去除Cu-EDTA溶液中的Cu^{2+}，而被置换出来的EDTA仍留在溶液中，仍需要进行后续处理。

综上所述，采用DTC（TBA）处理Cu-EDTA废水，需要把废水的pH调到3～5，DTC（TBA）投加量由废水中的Cu-EDTA浓度决定，投加量在（1.0～1.2）∶1，反应时间在3～7min，由于DTC（TBA）对废水中的EDTA没有去除效果，因此，不能使用无机絮凝剂对产生的的Cu-DTC（TBA）颗粒物絮凝，只能采用有机絮凝剂。

4.2.3　壳聚糖交联沸石小球吸附重金属研究

4.2.3.1　壳聚糖交联沸石小球的制备

将颗粒状沸石研磨成粉末状，用200目筛子过筛后干燥备用；称取6g壳聚糖溶解于

100mL 5%（体积分数）的醋酸溶液，加入 2mL 环氧氯丙烷，搅拌 4h 后加入 12g 沸石粉，继续高速搅拌 30min 制得均匀糊状物，通过蠕动泵滴加在置于恒温磁力搅拌器上的 0.5mol/L 的 NaOH 溶液中，控制搅拌速度，可提高壳聚糖交联沸石小球的成球质量。制得的壳聚糖交联沸石小球在 0.5mol/L 的 NaOH 溶液中放置 24h 后，用蒸馏水洗涤至中性，覆盖去离子水，常温下密封保存。

4.2.3.2 壳聚糖交联沸石小球对 Cu^{2+}、Ni^{2+}、Cd^{2+}的吸附特性及影响因素

1. 沸石和壳聚糖交联沸石小球的吸附容量

表 4-13 显示了在 pH=5 下，重金属离子浓度为 100mg/L，吸附 8h，沸石和壳聚糖交联沸石小球对 Cu^{2+}、Ni^{2+} 及 Cd^{2+} 的吸附容量。从表 4-13 可以看出沸石对 Cu^{2+}、Ni^{2+} 及 Cd^{2+} 的吸附容量不大，壳聚糖交联沸石小球对 Cu^{2+}、Ni^{2+} 及 Cd^{2+} 明显高于沸石的吸附容量，且在壳聚糖沸石小球中，沸石与壳聚糖的质量比为 2∶1，可见，壳聚糖沸石小球对 Cu^{2+}、Ni^{2+} 及 Cd^{2+} 的吸附主要通过壳聚糖进行。

表 4-13 沸石和壳聚糖交联沸石小球对 Cu^{2+}、Ni^{2+} 及 Cd^{2+} 的吸附容量

重金属离子	吸附容量/(mg/g)	
	沸石	壳聚糖交联沸石小球
Cu^{2+}	3.2	7.6
Ni^{2+}	2.6	8.5
Cd^{2+}	2.3	9.2

2. pH 对吸附容量的影响

图 4-31 显示了重金属离子浓度为 100mg/L，吸附时间为 8h 时，pH 对壳聚糖交联沸石小球重金属吸附容量的影响规律。当 pH<2.5 时，小球对 Cu^{2+}、Ni^{2+} 及 Cd^{2+} 的吸附容量不大，吸附容量不大于 1mg/L；当 pH>2.5 时，小球对 Ni^{2+}、Cd^{2+} 的吸附容量开始显著增高，当 pH>3.0 时，小球对 Cu^{2+} 的吸附容量也开始显著增高；当 pH>4.0 时，小球对该三种重金属的吸附容量达到平衡后增幅不大，当 pH 为 5 时，小球对 Cu^{2+}、Ni^{2+} 及 Cd^{2+} 的饱和吸附容量分别达到了最大 7.7mg/L、8.9mg/L 及 9.1mg/L。可见，pH 是影响壳聚糖交联沸石小球重金属吸附容量的主要因素。这是因为壳聚糖中的—NH_2 既可与金属离子螯合，又可与 H^+ 螯合，存在着一个平衡。H^+ 的浓度能影响壳聚糖上活性基团的吸附能力，pH 的降低，平衡朝着生成 R—NH_3^+ 的方向进行，pH 的升高，壳聚糖朝着与金属离子的螯合方向进行（贺小进等，2000）。当 pH>5.5 时，随着溶液中 OH^- 的浓度增加，Cu^{2+} 开始出现沉淀。呈现相同的变化规律。后续研究选择在 pH 5.0 最大吸附容量下进行吸附实验。

3. 重金属离子初始浓度对吸附容量的影响

图 4-32 所示为重金属离子初始浓度对吸附容量的影响。随着重金属离子浓度的增大，

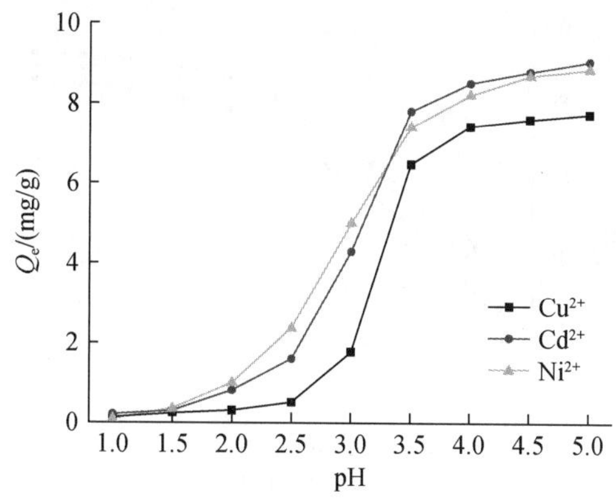

图 4-31 pH 对壳聚糖交联沸石小球吸附容量的影响

壳聚糖交联沸石小球的吸附容量接近线性递增，小球对三种重金属离子吸附容量的排序为 Cd^{2+}>Ni^{2+}>Cu^{2+}。其中 Cd^{2+}、Ni^{2+} 及 Cu^{2+} 的最大吸附容量分别为 16.8mg/g、15.9mg/g 及 13.5mg/g，扣除 80% 的含水率后，小球对 Cd^{2+}、Ni^{2+} 及 Cu^{2+} 的最大吸附容量可达到 84.0mg/g、79.5mg/g 及 67.5mg/g（干重）。

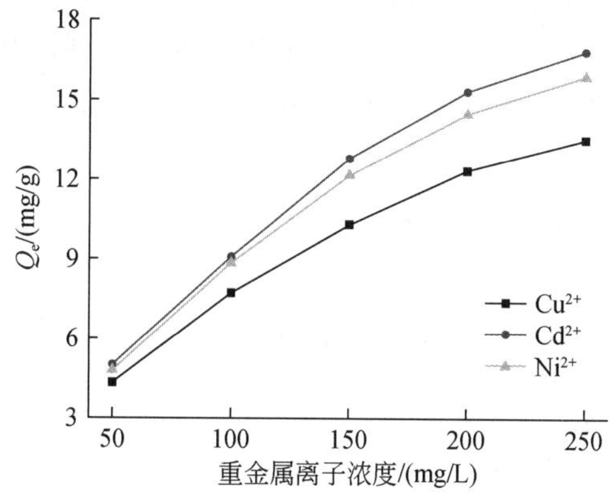

图 4-32 重金属离子起始浓度对壳聚糖交联沸石小球吸附容量的影响

4. 离子竞争对吸附率的影响

如图 4-33 所示，在每种重金属离子浓度为 100mg/L 的混合溶液体系中，吸附时间为 8h 时，重金属离子之间的吸附竞争对壳聚糖交联沸石小球吸附率的影响。为使吸附充分，小球的投加量为 20g/L。在 Cu^{2+}、Ni^{2+} 及 Cd^{2+} 的混合溶液体系中，小球对三种重金属离子的吸附无明显选择性，吸附率均在 85% 以上，且吸附率排序依然为 Cd^{2+}>Ni^{2+}>Cu^{2+}，与重金属离子初始浓度对吸附容量的实验结果一致。

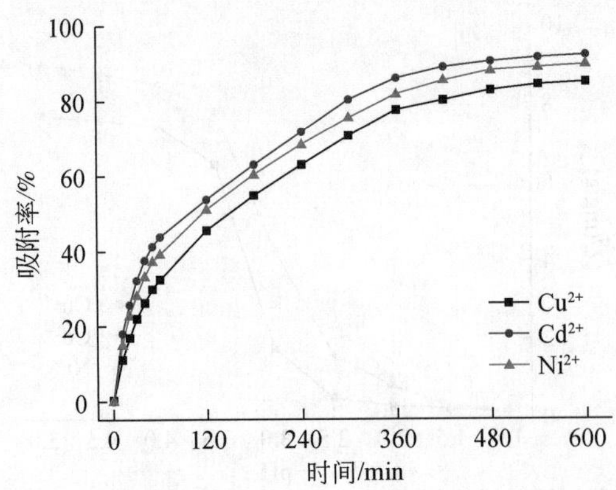

图 4-33　壳聚糖交联沸石小球竞争吸附动力学曲线

4.2.3.3　壳聚糖交联沸石小球吸附 Cu^{2+}、Ni^{2+}、Cd^{2+}的动力学和机理

1. 壳聚糖交联沸石小球的吸附动力学

图 4-34 显示重金属离子浓度为 100mg/L 时，壳聚糖交联沸石小球吸附容量随时间变化而变化的过程。在 1h 内，小球的吸附速率最快，吸附达到饱和吸附容量的 50% 以上。之后吸附速率逐渐降低，5h 后 Cu^{2+}的吸附逐渐趋向平衡；7h 后 Cd^{2+}和 Ni^{2+}的吸附逐渐趋向平衡。

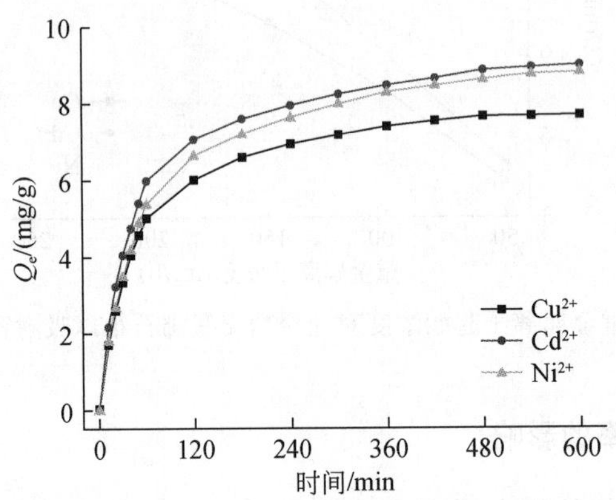

图 4-34　壳聚糖交联沸石小球的吸附动力学曲线

用准一级动力学模型对吸附动力学过程进行拟合，其表达式为

$$\lg(q_e - q_t) = \lg q_e - k_1 t/2.203 \qquad (4\text{-}24)$$

式中，q_e和 q_t分别为吸附平衡和 t 时的吸附量（mg/g）；k_1为一级吸附速率常数（min^{-1}）。

用准二级动力学模型对吸附动力学过程进行拟合，其表达式为

$$t/q_t = 1/k_2 q_e^{\ 2} + t/q_e \qquad (4\text{-}25)$$

式中，q_e和 q_t分别为吸附平衡和 t 时的吸附量（mg/g）；k_2为二级吸附速率常数［g/(mg·

min)]。拟合结果列于表 4-14。结果表明用准一级动力学模型对小球吸附 Cu^{2+}、Ni^{2+} 及 Cd^{2+} 的拟合相关性较差，表明小球吸附 Cu^{2+}、Ni^{2+} 及 Cd^{2+} 不符合准一级动力学模型；用准一级动力学模型对小球吸附 Cu^{2+}、Ni^{2+} 及 Cd^{2+} 的拟合相关性较好，表明小球吸附 Cu^{2+}、Ni^{2+} 及 Cd^{2+} 符合准二级动力学模型，吸附过程以化学吸附为主，小球对 Cu^{2+}、Ni^{2+} 及 Cd^{2+} 的吸附常数 k_2 分别为 0.00165g/(mg · min)、0.00144g/(mg · min) 及 0.00141g/(mg · min)，而平衡时间先后顺序依次为 Cu^{2+}、Ni^{2+} 及 Cd^{2+}，与 k_2 值的大小顺序一致，也与重金属离子竞争对吸附效率的影响实验结果一致。

表 4-14　壳聚糖交联沸石小球吸附 Cu^{2+}、Ni^{2+} 及 Cd^{2+} 的准一级、准二级动力学模型参数

重金属离子	初始浓度 /(mg/L)	q /(mg/g)	准一级动力学模型			准二级动力学模型		
			q_e /(mg/g)	k_1 /min^{-1}	相关系数 R^2	q_e /(mg/g)	k_2 /[g/(mg · min)]	相关系数 R^2
Cu^{2+}	100	8.0	5.2	0.0113	0.3247	7.9	0.00165	0.9887
Ni^{2+}	100	8.8	6.0	0.0178	0.2565	8.5	0.00144	0.9875
Cd^{2+}	100	9.1	7.3	0.0192	0.3586	8.9	0.00141	0.9836

2. 壳聚糖交联沸石小球的等温吸附模型

在 Langmuir 等温吸附模型中：

$$C_e/Q_e = 1/Q_{max}C_e + 1/Q_{max}b \tag{4-26}$$

式中，Q_{max} 为小球的最大吸附量（mg/g）；Q_e 为平衡时小球的吸附量（mg/g）；C_e 为平衡时溶液中重金属离子的浓度（mg/g）；参数 b（L/mg）表征吸附材料表面的吸附点位对重金属离子亲和力的大小，b 值越大，表明吸附点位对重金属离子的亲和力越大。

在 Freundlich 等温吸附模型中：

$$\lg Q_e = \lg K + 1/n \lg C_e \tag{4-27}$$

式中，Q_e 为平衡时小球的吸附量（mg/g）；C_e 为平衡时溶液中重金属离子的浓度（mg/L）；K 为吸附能力的量度，反映了吸附量的大小。

小球吸附 Cu^{2+}、Ni^{2+} 及 Cd^{2+} 的 Langmuir 与 Freundlich 等温吸附模型参数列于表 4-15。比较 R^2 可知，小球对重金属的吸附更符合 Langmuir 等温吸附模型，同时也基本符合 Freundlich 等温吸附模型。在 Langmuir 等温吸附模型中，小球对 Cu^{2+}、Ni^{2+} 及 Cd^{2+} 的最大吸附量分别为 13.57mg/g、15.92mg/g 及 16.61mg/g，与实验所测的结果相一致。在 Freundlich 等温吸附模型中，n 描述了等温线的变化趋势，一般认为 $n^{-1}>0.1\sim0.5$ 时，容易吸附；$n^{-1}>1$ 时，优惠吸附；$n^{-1}>2$ 时，则难于吸附（陈一良等，2004）。从表 4-15 可以看出，小球对 Cu^{2+}、Ni^{2+} 及 Cd^{2+} 的吸附为容易吸附。

表 4-15　壳聚糖交联沸石小球吸附 Cu^{2+}、Ni^{2+} 及 Cd^{2+} 的 Langmuir 与 Freundlich 等温吸附模型参数

重金属离子	实验所测	Langmuir 等温吸附模型			Freundlich 等温吸附模型		
	Q_{max}/(mg/g)	Q_{max}/(mg/g)	b/(L/mg)	R^2	n^{-1}	K	R^2
Cu^{2+}	13. 17	13. 57	0. 0652	0. 9902	0. 513	1. 653	0. 9911
Ni^{2+}	15. 86	15. 91	0. 127	0. 9994	0. 329	4. 304	0. 9828
Cd^{2+}	16. 23	16. 61	0. 165	0. 9906	0. 324	3. 879	0. 9879

4. 2. 3. 4　壳聚糖交联沸石小球吸附 Cu^{2+}、Ni^{2+}、Cd^{2+}的解吸和再用

由于壳聚糖中的—NH_2既能与金属离子螯合，又能与 H^+螯合，它们之间存在着平衡。可以利用酸对吸附重金属离子后的壳聚糖交联沸石小球进行解吸。图 4-35 为酸度和解吸时间对壳聚糖交联沸石小球解吸的影响。可以看出，当 H_2SO_4浓度小于 0. 05mol/L 时，增加 H^+浓度有利于小球中重金属离子的解吸，但当 H_2SO_4浓度达到 0. 1mol/L 时，由于壳聚糖和沸石都能在酸中溶解，小球的稳定结构受到破坏，变软并开始解体。故选择 H_2SO_4浓度为 0. 05mol/L，振荡 1h 作为小球的解吸条件。从图 4-35 可见，解吸容易程度排序为 Cu^{2+}>Ni^{2+}>Cd^{2+}，解吸率分别为 96%、90% 及 74%。周利民等（2008）用 0. 01mol/LEDTA 对吸附了 Hg^{2+}、Cu^{2+}及 Ni^{2+}硫脲改性磁性壳聚糖微球进行解吸，三种重金属离子的解吸率均在 85% 以上。显然采用硫酸解吸比采用 EDTA 解吸更经济易行。

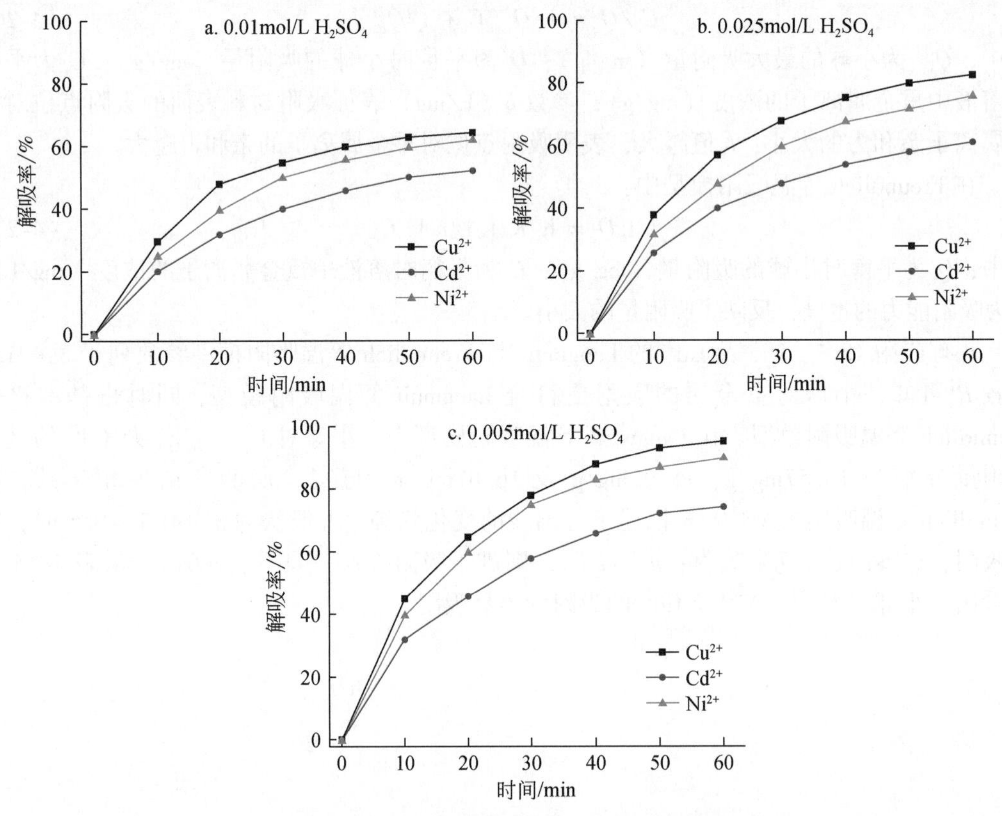

图 4-35　酸度对壳聚糖交联沸石小球脱附的影响

表 4-16 所列为振荡吸附 8h，然后振荡解吸 1h 时，壳聚糖交联沸石小球对 Cu^{2+}、Ni^{2+} 及 Cd^{2+} 的解吸和重复吸附特性。结果显示，Cu^{2+} 和 Ni^{2+} 的解吸率可达 90% 以上，且小球对 Cu^{2+} 和 Ni^{2+} 的重复吸附效果较好，可重复使用 5 次，吸附容量几乎无衰减。而小球对 Cd^{2+} 的解吸和重复吸附效能不高，重复吸附 5 次后，吸附容量只能达到初次吸附容量的 57%。

表 4-16　壳聚糖交联沸石小球对 Cu^{2+}、Ni^{2+} 及 Cd^{2+} 的解吸和重复吸附性能

脱附次数	脱附率/%			吸附容量/(mg/g)		
	Cu^{2+}	Ni^{2+}	Cd^{2+}	Cu^{2+}	Ni^{2+}	Cd^{2+}
0	—	—	—	8.2	9.0	9.2
1	97	90	76	8.0	8.7	6.8
2	96	88	70	7.8	8.5	6.3
3	96	86	66	7.7	8.3	5.9
4	95	86	61	7.5	8.1	5.5
5	93	84	58	7.4	8.0	5.2

4.2.4　纳米 Pd/TiO_2-SnO_2 催化还原硝酸盐的研究

4.2.4.1　纳米 Pd/TiO_2-SnO_2 催化剂的制备

1. 制备方法

1）TiO_2-SnO_2 复合载体的制备

用去离子水分别配置浓度为 0.5mol/L 的 $Ti(SO_4)_2$ 和 $SnCl_4 \cdot 5H_2O$ 溶液，将 $Ti(SO_4)_2$ 和 $SnCl_4 \cdot 5H_2O$ 溶液按 TiO_2 掺杂量为（0，5%，10%，15%，20%）混合均匀后，与氨水（1mol/L）同时滴入激烈搅拌的 pH 8 的 $NH_3 \cdot H_2O/NH_4Cl$ 碱性缓冲溶液中，滴定过程保持 pH 约 8。将生成的沉淀物在溶液中老化 1h 后过滤、洗涤 5 次，于 120℃ 干燥 12h，（300℃，400℃，500℃，600℃）焙烧 4h，得到的粉末即为 TiO_2-SnO_2 复合半导体。

2）Pd/TiO_2-SnO_2 催化剂的制备

按一定质量比，将 $PdCl_2$ 加入到 5mL 去离子水中搅拌，滴加 1 ~ 2 滴浓盐酸加速溶解。待完全溶解后，加入 2.00g TiO_2-SnO_2，进行周期性搅拌，室温下干燥后，于 100℃ 干燥 10h，350℃焙烧 2h，冷却至室温后用 pH 12 的 $NaBH_4$ 溶液还原。最后用去离子水洗涤 5 次，真空干燥后得到的粉末即为负载型单金属催化剂 Pd/TiO_2-SnO_2。

2. 制备 TiO_2-SnO_2 复合载体及 Pd/TiO_2-SnO_2 催化剂的影响因素

通过观察 TiO_2-SnO_2 和 Pd/TiO_2-SnO_2 的制备过程，发现共沉淀法制备 TiO_2-SnO_2 过程主

要受煅烧温度和 TiO_2 掺杂量的影响，而湿式浸渍法制备催化剂 Pd/TiO_2-SnO_2 主要受 Pd 负载的影响。为此，本实验主要考察了煅烧温度和 TiO_2 掺杂量对共沉淀法制备 TiO_2-SnO_2 的晶型结构及比表面积的影响，以及 Pd 负载对制备催化剂 Pd/ TiO_2-SnO_2 的晶粒粒径及比表面积的影响。

3. TiO_2-SnO_2 复合载体与 Pd/ TiO_2-SnO_2 催化剂的表征分析

图 4-36 为 TiO_2 掺杂量为10%，煅烧温度为500℃的 TiO_2-SnO_2 及 Pd/TiO_2-SnO_2 的 XRD 谱图。可以看出，TiO_2-SnO_2 和 Pd/TiO_2-SnO_2 的 XRD 谱图无明显区别。主要衍射峰均属于 PDF 卡（41-1445）四方晶系 SnO_2 特征衍射，未出现 Pd 和 TiO_2 特征衍射，说明 Pd 和 TiO_2 在 SnO_2 载体上均匀分散，粒径较小以致无法形成足够强度的 XRD 衍射峰。根据希夫公式 $B = 0.89\lambda/D\cos\theta$ 计算出 TiO_2-SnO_2 和 Pd/TiO_2-SnO_2 的平均粒径分别为 8.9nm 和 9.1nm，属于纳米颗粒。贵重金属 Pd 的负载略增加了催化剂的粒径。

图 4-37 为催化剂 Pd/TiO_2-SnO_2 的 XPS 全谱图，可以看出催化剂 Pd/TiO_2-SnO_2 表面金属元素为 Pd、Ti 和 Sn。说明 TiO_2 掺杂成功并均匀分散于 SnO_2 载体中。

图 4-38 为 TiO_2-SnO_2 和 Pd/TiO_2-SnO_2 的透射电镜照片。可以看出，TiO_2-SnO_2 和 Pd/TiO_2-SnO_2 粉体颗粒分散性良好，平均粒径都在 10nm 左右，与 XRD 所得结果是一致的。与文献报道的催化剂 Pd/SnO_2 相比，共沉淀法制备的 TiO_2 掺杂复合载体 TiO_2-SnO_2 和浸渍法制备的催化剂 Pd/TiO_2-SnO_2，均匀性和分散性均有所提高，有利于增加催化活性。

TiO_2-SnO_2 和 Pd/TiO_2-SnO_2 的 BET 测定得出 TiO_2-SnO_2 和 Pd/TiO_2-SnO_2 的比表面积分别为 108.3m^2/g 和 106.8m^2/g。Pd 的负载使催化剂的比表面积略有减少。

根据上述结果，可以得出结论，采用共沉淀法和浸渍法都可以获得纳米级材料，TiO_2-SnO_2 和 Pd/TiO_2-SnO_2 的粒径均在 10nm 左右，BET 比表面积分别达到 108.3m^2/g 和 100.8m^2/g，Pd 的负载使催化剂的粒径增大，比表面积略有减少。硼氢化钠作为还原剂可以有效还原金属 Pd，而对 TiO_2-SnO_2 不起作用。

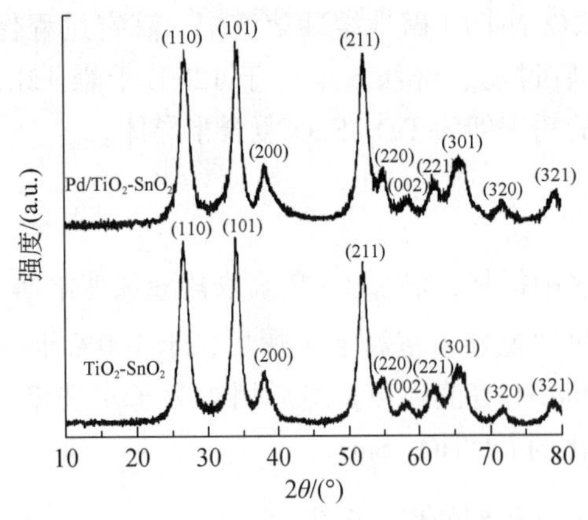

图 4-36　TiO_2-SnO_2 及 Pd/TiO_2-SnO_2 的 XRD 谱图

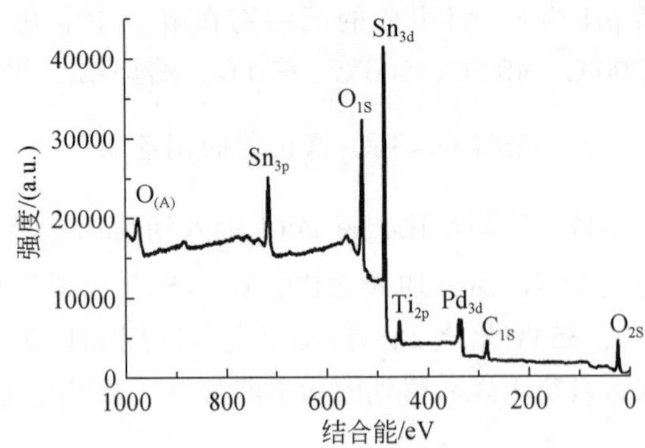

图 4-37　Pd/TiO_2-SnO_2 XPS 图谱

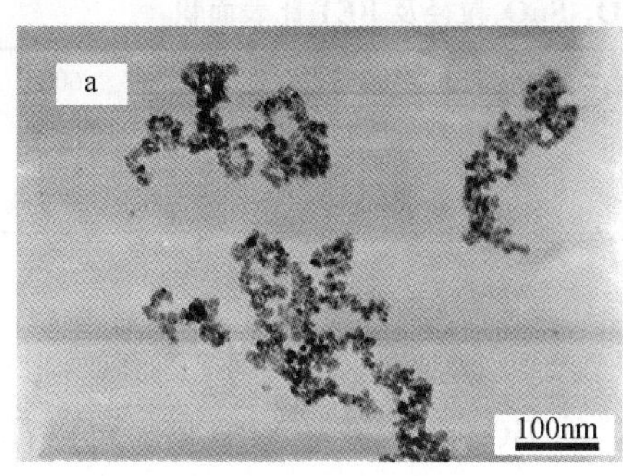

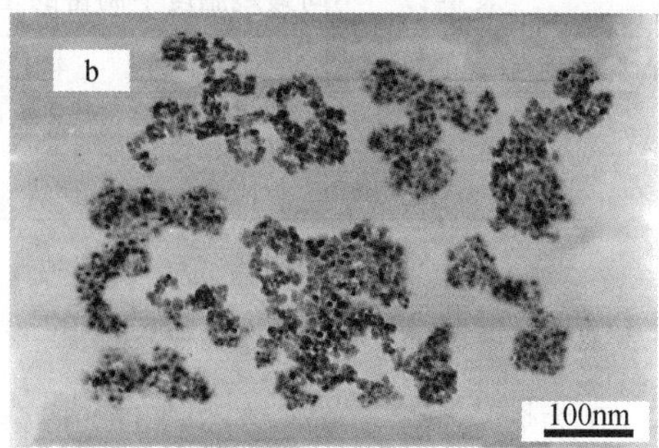

图4-38　TiO_2-SnO_2及Pd/TiO_2-SnO_2的透射电镜照片

a. TiO_2-SnO_2；b. Pd/TiO_2-SnO_2

4. 煅烧温度对TiO_2-SnO_2复合载体的影响

对TiO_2掺杂量为10%，不同煅烧温度下制得的TiO_2-SnO_2粉末进行XRD分析，如图4-39所示，可以看出随着煅烧温度的升高，SnO_2特征峰更加明显和尖锐，XRD谱图中也并无TiO_2特征峰出现。根据衍射峰，利用希夫公式$B = 0.89\lambda/D\cos\theta$估算$TiO_2$-$SnO_2$的晶粒粒径，并对其进行BET比表面积分析，得到的结果如表4-17所示。数据显示，300°C、400°C、500°C及600°C下制得的TiO_2-SnO_2粉末对应的晶体粒径分别为8.6nm、8.7nm、8.9nm和9.5nm，对应的BET比表面积分别为89.7m^2/g、98.5m^2/g、108.3m^2/g和96.2m^2/g。可见，共沉淀法制备TiO_2-SnO_2的晶粒粒径随煅烧温度的升高略有增大，BET比表面积随温度的升高先升后降，当煅烧温度为500°C时，可以获得最大的BET比表面积。

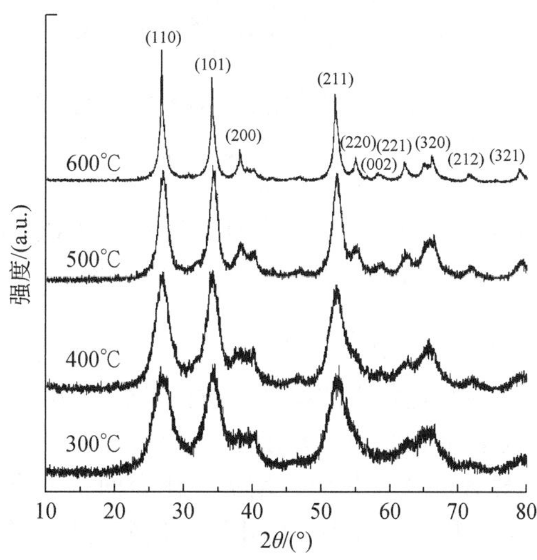

图4-39　不同煅烧温度下制得TiO_2-SnO_2 XRD谱

表 4-17 不同煅烧温度下制备的 TiO_2-SnO_2 粒径及 BET 比表面积

煅烧温度/℃	300	400	500	600
BET/(m^2/g)	89.7	90.5	108.3	96.2
晶粒大小/nm（XRD）	8.6	8.7	8.9	9.5

5. TiO_2掺杂量对 TiO_2-SnO_2复合载体的影响

图 4-40 为煅烧温度 500°C，不同 TiO_2掺杂量的 TiO_2-SnO_2样品 XRD 谱。可以看出，各样品均为四方晶系结构。当 TiO_2含量即 x（TiO_2）为 10% 时，未出现 TiO_2特征衍射，说明 TiO_2在 SnO_2载体上形成单层或亚单层分散，粒径较小以致无法形成足够强度的 XRD 衍射峰。TiO_2含量超过 10% 时，在衍射角 2θ 48.03°和 75.04°处出现 TiO_2的特征峰，说明 TiO_2在 SnO_2载体表面超过最大分散量，部分以晶相 TiO_2的形式堆积在 SnO_2晶粒表面。当 TiO_2含量小于 10%，Ti 主要取代 SnO_2晶格中小部分的 Sn 离子而渗入 SnO_2晶格中，形成 TiO_2-SnO_2固溶体，引起 SnO_2晶格畸变，晶体对称性降低，在 XRD 光谱中表现出 XRD 特征峰强度随 TiO_2掺杂量增加而减弱和宽化，结晶度逐渐下降。

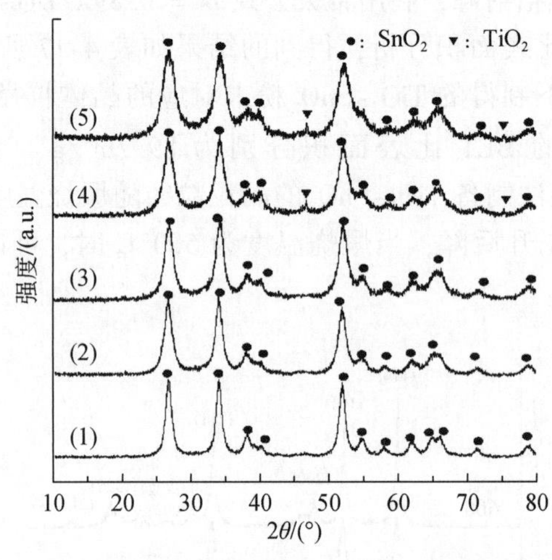

图 4-40 不同 TiO_2含量的 TiO_2-SnO_2样品的 XRD 谱

x（TiO_2）：(1) 0；(2) 5%；(3) 10%；(4) 15%；(5) 20%

根据 Scherrer 方程 $D = k\lambda/(\beta\cos\theta)$ 可以计算出 TiO_2-SnO_2的平均粒径，结果列于表 4-18。TiO_2的适量引入阻碍了 SnO_2成核过程中的团聚，微孔未被破坏，样品的粒径逐渐减小，比表面积有所增加。TiO_2负载量为 15% 时，XRD 谱显示有 SnO_2晶相生成，说明第二相的存在加快了 SnO_2成核生长，导致固体材料粒径增大，比表面积下降。当 TiO_2负载量为 10% 时，催化剂粒径最小，比表面积达到最大。催化还原硝酸盐是一个多相催化过程，只有位于催化剂表面的金属原子才具备催化活性，因此增加催化剂的比表面积有利于提高其催化活性。

表 4-18　不同 TiO_2 含量的 TiO_2-SnO_2 样品的平均粒径和比表面积 S_{BET}

x（TiO_2）/ %	S_{BET}/(m^2/g)	平均粒径/nm
0	59. 5	11. 7
5	91. 5	10. 6
10	108. 3	8. 9
15	99. 6	9. 5
20	95. 3	10. 4

图 4-41 为催化剂的透射电镜照片。由图可计算出，单一成分的 SnO_2 粉体和 TiO_2-SnO_2 复合粉体的粒径都在 10nm 左右，这与上述 XRD 所得结果是一致的。对于单一成分的 SnO_2，颗粒之间有一定的粘连，当和 TiO_2 复合后，颗粒的分散性有较大的改善，这是由于 TiO_2 的加入在一定程度上抑制了 SnO_2 的团聚。由于 TiO_2-SnO_2 样品的粒径较小，其尺寸效应更为显著，有利于提高催化剂催化活性。

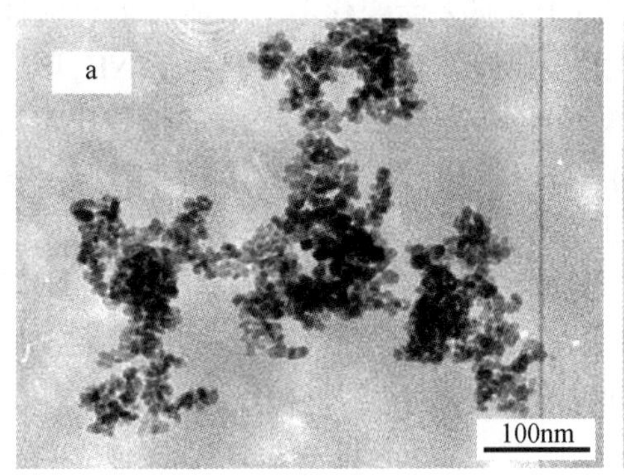

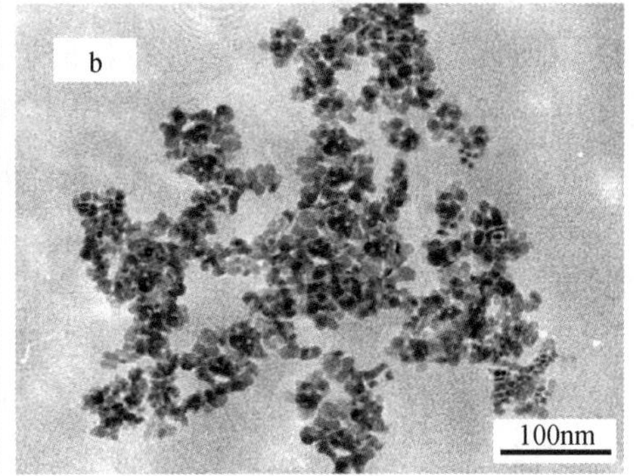

图 4-41　SnO_2 及 TiO_2-SnO 样品的透射电镜照片

a. SnO_2；b. TiO_2-SnO_2

6. 制备纳米 TiO_2-SnO_2 复合载体的条件与参数控制

结合上述 TiO_2-SnO_2 的表征分析结果，可以得到制备高比表面积纳米 TiO_2-SnO_2 的条件与参数控制对策为：煅烧温度宜控制在 500℃左右，可以获得最大的 BET 比表面积和较小的晶粒粒径，温度升高会降低 BET 比表面积，而增大晶粒粒径；温度过低也会降低 BET 比表面积，但对晶粒粒径影响较小；TiO_2 的掺杂量宜控制为 10%，可获得最小粒径 8. 9nm，最大比表面积 100. 8m^2/g，当 SnO_2 超过最大单层分散量 10% 时，有晶相 TiO_2 生成，粒径增大，比表面积减小，材料的催化性能下降。

4.2.4.2 纳米 Pd/TiO_2-SnO_2催化还原硝酸盐的特性及影响因素

1. 制备条件对催化还原硝酸盐效能的影响

1）Pd 负载比对 Pd/TiO_2-SnO_2催化还原硝酸盐效能的影响

在 Pd 负载比 2% ~7%，TiO_2掺杂量 10%，甲酸量 16.0mmol/L，不控制 pH，常温、常压下反应 100min，得到负载比与催化活性及选择性的关系如图 4-42 所示。Pd 负载比对甲酸-Pd/TiO_2-SnO_2催化还原硝酸盐体系的催化性能影响显著。催化活性随负载比的增大而升高，但当负载比大于 4% 时，继续加大负载比对催化活性的提升作用减小。这是由于 Pd 负载量较低时，金属活性位太少，反应慢；随着 Pd 负载量的增加，单位质量催化剂表面的 Pd 原子数增多，增加了活性位，从而提高催化剂的活性；催化还原硝酸盐是一个多相催化过程，只有位于催化剂表面的金属原子才具备活性，继续增加 Pd 的负载量，可能会导致 Pd 金属颗粒增大，而暴露的 Pd 金属表面变化不大，故对催化活性的提高作用不大。催化剂的选择性随负载比的增大而略有下降，这主要是由于 NH_4^+形成的主要控制因素和 Pd 表面的 NO 以及活性 H 有关（Sá et al.，2005），Pd 的负载比越高，导致氢溢流效应形成的 Pd-H 就越多，NO 与过多的 Pd-H 相遇，就会形成 NH_4^+。与张燕等（2003）典型非半导体载体催化剂的还原效能相比，单金属 Pd/γ-Al_2O_3对催化还原硝酸盐无效果，需添加第二金属 Cu 来激活 Pd，双金属催化剂 Pd-Cu/γ-Al_2O_3还原硝酸盐的催化活性为 3.75mg/(min · g_{cata})，NH_4^+生成量为 4.3mg/L。而本实验的单金属 Pd/TiO_2-SnO_2可以有效转化硝酸盐，催化活性为 4.00mg/(min · g_{cata})，NH_4^+生成量为 5.2mg/L，表现出“类双金属催化剂”的催化效能。

因此，控制 Pd 负载比为 4% 适宜硝酸盐的还原反应，本书在讨论其他因素时 Pd 负载质量比皆为 4%。

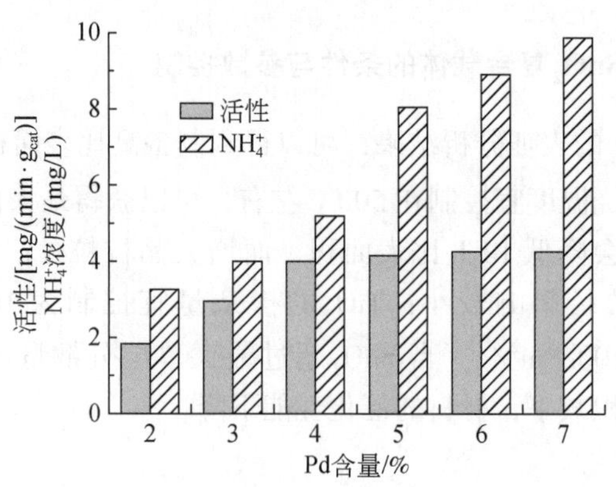

图 4-42 不同 Pd 负载比的 Pd/TiO_2-SnO_2的催化效能

2）TiO_2掺杂量对 Pd/TiO_2-SnO_2催化还原硝酸盐效能的影响

在TiO_2掺杂量 0～20%，Pd 负载比 4%，甲酸量 16.0mmol/L，不控制 pH，常温、常压下反应 100min。图 4-43 为不同TiO_2掺杂量的 Pd/ TiO_2-SnO_2复合催化剂对硝酸盐的降解曲线。可以看出掺杂的 Pd/TiO_2-SnO_2催化剂催化活性都要高于纯的 Pd/SnO_2催化剂，当TiO_2掺杂量为 10%时，催化活性达到最大。Roberta 等（2002）认为由于 Pd 上氢的溢流效应，会在具有半导体性质的SnO_2上产生一些氧空位（尤其在 Pd 和SnO_2的界面处），这将产生富电子 Sn 中心，富电子 Sn 中心通过配位效应改变 Pd 上的电子密度，从而改变了 Pd 的催化性能，使它能够还原硝酸盐。引入的 Ti 离子替代晶格 Sn 离子引起的晶格畸变，使氧化还原活性中心氧空穴增加，从而有利于提高 Pd/TiO_2-SnO_2复合催化剂对硝酸盐的催化活性。

氢溢流效应产生的电子 e^-和空穴 h^+，由于TiO_2和SnO_2导带能级的不同会在微粒界面产生电子迁移，迁移的过程可对复合微粒的催化还原反应产生两方面的影响。一方面，这种迁移能够有效地减少 e^-和 h^+的复合，延长催化剂的寿命，提高样品的催化性能。另一方面催化剂的催化还原活性与其导带和价带的电极电位有关，价带的电极电位越正，其 h^+氧化能力越强；同时，导带的电极电位越负，其 e^-还原能力越强。SnO_2导带的还原能力比TiO_2导带的低，而TiO_2价带的氧化能力比SnO_2价带的低。因此，e^-由TiO_2导带注入到SnO_2的导带和 h^+由SnO_2的价带注入到TiO_2的价带时，导致了 h^+的氧化能力和 e^-的还原能力同时降低，对 Pd/TiO_2-SnO_2催化还原硝酸盐活性起到了负面影响。在本实验中，当TiO_2量比较少时，第一方面的促进作用占主导地位，表现为随着TiO_2量的增加，样品催化活性提高；达到最佳比例后，随着TiO_2量的相对提高，第二方面的负效应逐渐增强。因此，TiO_2的掺杂量宜控制在 10%。

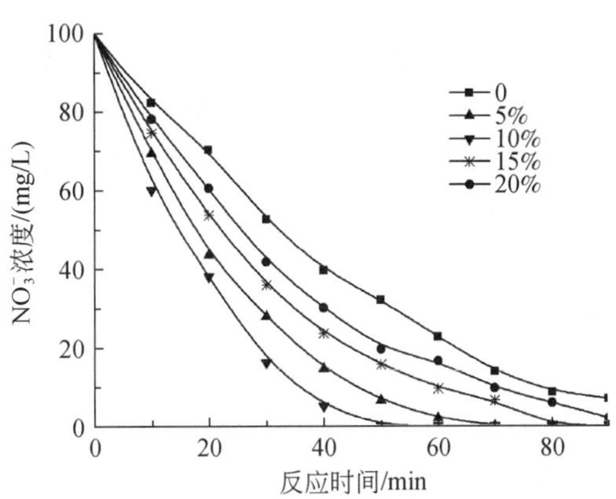

图 4-43　不同TiO_2掺杂量的催化还原硝酸盐曲线

图 4-44 为不同TiO_2负载量对催化还原硝酸盐选择性的影响。可以看出催化还原硝酸盐的选择性随着TiO_2负载量的增加而不断提高。副产物 NH_4^+的形成和还原过程中生成的氢氧根引起的 pH 升高有关，碱性的 pH 环境会引起载体的极化，对硝酸盐和亚硝酸盐产生排斥作用，造成催化活性和选择性的降低。改变催化剂表面的酸碱性是控制 pH 升高的方

法之一。Barrabe 等（2010）通过引入氟化类物质改变单金属催化剂 Pd/CeO_2 的酸碱性质，对减少 NH_4^+ 的形成，增加催化剂的选择性有良好的效果。研究表明复合氧化物的表面酸性比单一氧化物有所增强（刘平等，2001），TiO_2 的掺杂增加了 Pd/ TiO_2-SnO_2 复合催化剂的表面酸性，因此随着 TiO_2 含量的增加，铵根的生成量逐渐减少，催化剂的选择性升高。

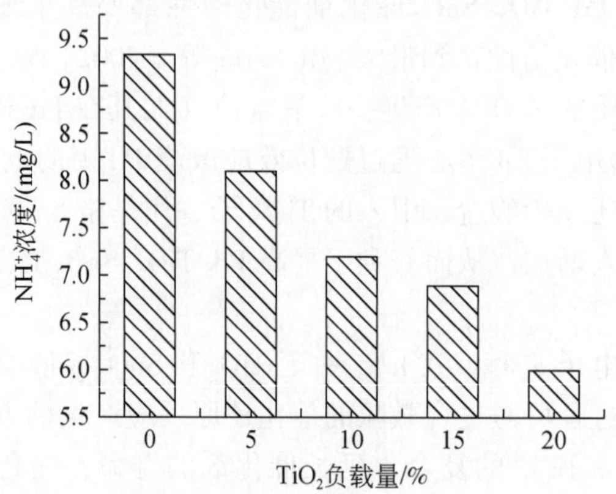

图 4-44　不同 TiO_2 负载量对催化还原选择性的影响

2. 反应条件对催化还原硝酸盐的影响

1）甲酸量对 Pd/TiO_2-SnO_2 催化还原硝酸盐效能的影响

在甲酸量 4.0～24.0mmol/L，负载比 4%，TiO_2 掺杂量 10%，不控制 pH，常温、常压下反应 100min。得到甲酸量对 Pd/TiO_2-SnO_2 催化还原硝酸盐效能的影响如表 4-19 所示。甲酸量对硝酸盐催化还原反应的影响显著。甲酸量少，相应的硝酸盐去除率、催化活性低；随着甲酸量增大，硝酸盐去除率和催化活性快速提高，但催化选择性逐渐降低。这主要是由于在 NO_3^- 还原为 N_2 的过程中，要历经 NO_2^-、NO、N_2O 和原子 N 阶段，在每一步反应过程中所产生的氧原子强烈吸附于催化剂表面，占据着催化剂的活性中心，从而降低催化活性。甲酸吸附在 Pd 表面分解生成氢气，氢气离解为活性 H，甲酸量增加，则活性 H 含量增加，有利于促进氢原子和氧原子的结合，从而提高催化活性；另外，氮原子与氢原子结合形成 N—H 键的几率也增加，从而降低催化选择性（Chen et al.，2003）。

甲酸与硝酸根的基本反应为

$$2NO_3^- + 5HCOOH \longrightarrow N_2 + 3CO_2 + 2HCO_3^- + 4H_2O \tag{4-28}$$

$$NO_3^- + 4HCOOH \longrightarrow NH_4^+ + 2CO_2 + 2HCO_3^- + H_2O \tag{4-29}$$

理论上转化 100mg/L 硝酸盐需要消耗约 4.0mmol/L 甲酸。而由表 4-19 可知，当甲酸量为 4.0mmol/L 时，硝酸盐去除率仅为 54.0%；只有当甲酸量达到 16.0mmol/L 时（甲酸/硝酸盐摩尔比为 4∶1），硝酸盐才得以完全去除。这可能是因为甲酸分解的一部分氢气被 Pd 的氢溢流效应所消耗导致。

表 4-19　甲酸量对催化还原硝酸盐效能的影响

甲酸量/(mmol/L)	反应前 pH	反应后 pH	硝酸盐转化率	催化活性 /[mg/(min · g_{cata})]	NH_4^+生成量/(mg/L)
4.0	3.22	8.17	54.0%	1.20	2.3
8.0	3.12	7.78	89.5%	1.98	3.1
12.0	2.95	4.24	95.4%	2.32	4.5
16.0	2.86	3.76	100.0%	4.00	5.2
20.0	2.85	3.42	100.0%	4.06	8.0
24.0	2.82	3.27	100.0%	4.23	11.6

Pintar 等（1998）研究水中永久硬度对 Pd-Cu/γ-Al_2O_3催化还原硝酸盐的影响得出，水中永久硬度对催化活性与选择性都无明显影响，但重碳酸根对硝酸盐的还原有很大影响，这可能是由于重碳酸根与硝酸盐结构相似，二者在催化剂表面发生竞争吸附所致。甲酸的酸解离常数p_{Ka}（HCOOH/$HCOO^-$）为3.74，反应过程中 pH 为3～4时，可以防止碳酸氢根的生成，有利于提高催化剂的活性（Garron and Epron，2005）。因此，若要将100mg/L 硝酸盐完全还原，甲酸与硝酸盐的摩尔比宜大于4∶1，可以有效抑制 pH 上升，获得较高的催化活性和选择性，若小于4∶1，则硝酸盐不能完全转化。

2）*硝酸根初始浓度对催化还原硝酸盐效能的影响*

在硝酸盐初始浓度 50～400mg/L，负载比4%，TiO_2掺杂量10%，甲酸量16.0mmol/L，不控制 pH，常温、常压下反应100min。试验结果表明：在试验的浓度范围内，不同浓度下的硝酸盐变化曲线相类似：硝酸盐还原的同时均形成副产物 NH_4^+，且 NH_4^+浓度随着硝酸盐初始浓度的增大而不断增大。

图4-45为不同硝酸盐初始浓度下 Pd/TiO_2-SnO_2催化还原硝酸盐的时间曲线图。可以看出，在实验的硝酸盐初始浓度范围内，随着初始浓度的升高，Pd/TiO_2-SnO_2的催化活性仍在，但随着初始浓度的不断加大，在90min 里，催化剂已不能将硝酸盐完全去除。

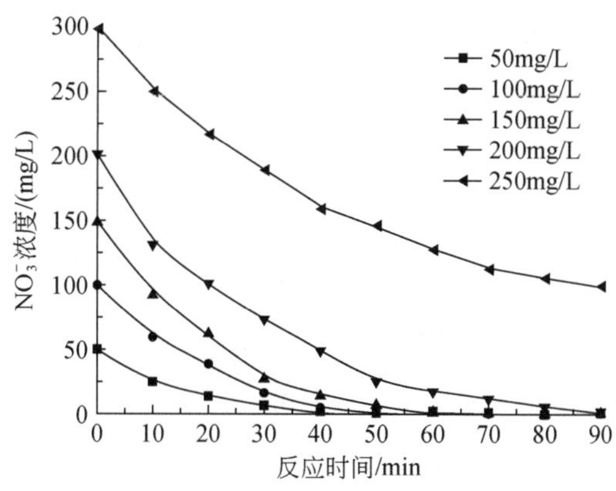

图4-45　硝酸根初始浓度对催化还原硝酸盐活性的影响

因此，甲酸-Pd/SnO_2催化还原硝酸盐体系适宜处理低浓度硝酸盐废水。

3）反应温度对催化还原硝酸盐效能的影响

在反应温度 15 ~ 45℃，甲酸量 16.0mmol/L，负载比 4%，不控制 pH，常压下反应 100min。得到温度对 Pd/TiO_2-SnO_2催化还原硝酸盐效能的影响如图 4-46 和图 4-47 所示。

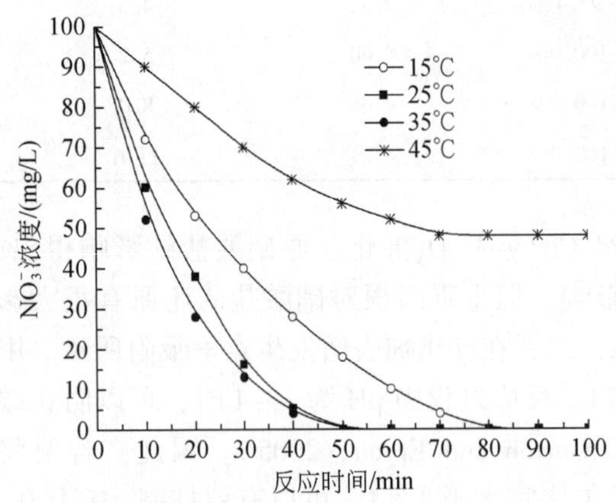

图 4-46　反应温度对硝酸盐还原速率的影响

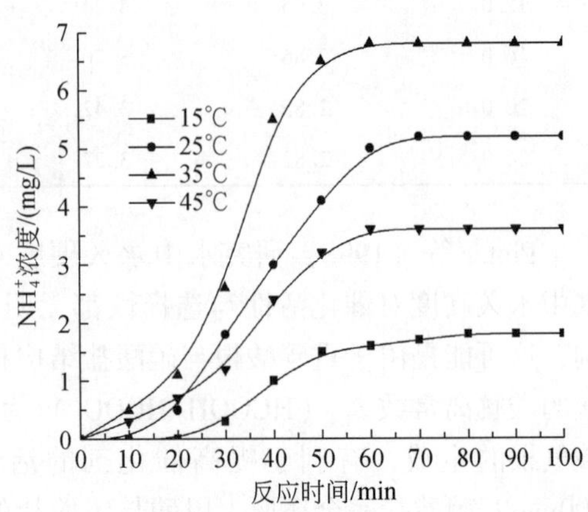

图 4-47　反应温度对硝酸盐还原选择性的影响

从图 4-46 可以看出，温度对 Pd/TiO_2-SnO_2催化还原硝酸盐速率的影响显著。在 15 ~ 35℃内，随反应温度升高，硝酸盐还原速率提高；但当反应温度超过 45℃，硝酸盐的还原速率大大下降，转化率仅为 52%，这可能是高温导致部分 Pd 氧化为 PdO 使催化剂部分失活。一般情况下，化学催化还原硝酸根在室温即可发生反应，当反应温度从 25℃降为 15℃，虽然还原速率略有下降，但是仍能在 80min 内将硝酸盐完全转化。因此，化学催化还原法也适用于较低水温的情况，只是需要延长反应的时间。

从图 4-47 可以看出，催化选择性随反应温度的升高而降低。当反应温度从 15℃升高至 35℃，NH_4^+的生成量由 2.3mg/L 升高到 6.8mg/L，选择性由 91.6%降至 75.1%。Wang Y 等（2007）以水滑石做载体，得出在反应温度 10 ~ 35℃内，Pd-Cu/水滑石的选择性随反应温度升高而提高。Centi 和 Perathoner（2003）以陶瓷膜做载体，将反应温度从 20 ~ 22℃降为 5 ~ 15℃，所生成 NH_4^+的量明显减少。显然，载体不同催化剂选择性随温度的变化也不同，可能是由不同载体的性质随温度会引起不同的改变所致。因此，对甲酸-Pd/TiO_2-SnO_2-硝酸盐反应体系，为了确保较高的催化活性及选择性，反应的温度宜控制在 25 ~ 35℃。温度>45℃会造成催化剂失活，温度<25℃会降低催化活性，需延长反应时间。

3. Pd/TiO_2-SnO_2催化还原硝酸盐反应的调控策略

为同时获得较高的催化活性和选择性，甲酸-Pd/TiO_2-SnO_2-硝酸盐催化还原反应的调控策略为：甲酸与硝酸盐的摩尔比宜大于 4∶1，可以有效抑制 pH 上升，获得较高的催化活性和选择性，若小于 4∶1，则硝酸盐不能完全转化；反应温度宜控制在 25 ~ 35℃，温度>45℃会使催化剂失活，温度<25℃会降低催化活性，需延长反应时间。

1）水质条件的影响

（1）水中常见阴离子对催化还原硝酸盐效能的影响。地下水中常见的阴离子有HCO_3^-、Cl^-、SO_4^{2-}，为了考察水中常见阴离子HCO_3^-、Cl^-、SO_4^{2-}对催化还原硝酸盐活性和选择性的影响，在反应的$NaNO_3$溶液中分别加入一定量的HCO_3^-、Cl^-、SO_4^{2-}，溶液进行催化还原反应，结果如表4-20所示。

表4-20　常见阴离子对催化还原硝酸盐效能的影响

阴离子	催化活性/[mg/(min·g_{cata})]	NH_4^+生成量/(mg/L)
无添加	4.00	5.2
HCO_3^-	3.67	8.9
Cl^-	3.96	5.8
SO_4^{2-}	4.05	4.9

可以看出，HCO_3^-的存在使得硝酸盐的去除速率降低，NH_4^+的形成量增加，Cl^-、SO_4^{2-}的存在对催化还原硝酸盐的活性和选择性影响很小。原因可以解释如下，催化还原硝酸盐的反应是在催化剂活性表面上进行的，由于HCO_3^-与NO_3^-具有相同的平面结构（N—O的键角与C—O的键角均为120，所以在催化剂表面，HCO_3^-与NO_3^-之间可能存在着竞争吸附，使NO_3^-所占有的催化剂表面活性位相应减少，从而导致反应速度减慢。而Cl^-、SO_4^{2-}与NO_3^-的结构不同，相互之间不存在竞争吸附，所以对硝酸盐的去除活性和选择性不会产生太大影响。综上所述，在水中常见阴离子当中，只有那些会与NO_3^-产生竞争吸附的阴离子才会对催化还原硝酸盐的活性和选择性产生影响。

（2）水中常见阳离子对催化还原硝酸盐效能的影响。水体中常见的阳离子有K^+，Ca^{2+}，Na^+，Mg^{2+}，在上述实验中，均是以$NaNO_3$溶液为水样进行反应，为了考察K^+，Ca^{2+}，Mg^{2+}对催化还原硝酸盐活性和选择性的影响，分别以$Ca(NO_3)_2$，KNO_3，$Mg(NO_3)_2$代替$NaNO_3$进行催化还原反应。考虑到我们是针对电子尾水的深度净化，里面可能存在着一定量的Fe^{3+}，因此向水中加入了Fe^{3+}考察其对反应催化效能的影响，结果如表4-21所示。由表可以看出K^+，Ca^{2+}，Mg^{2+}对催化还原的活性和选择性影响不大。然而水样中Fe^{3+}存在使硝酸盐的转化速率加快，且NH_4^+生成大大增加。这可能是Fe^{3+}与Pd形成双金属合金有关，但是Pd-Fe去除硝酸盐的反应产物绝大多数都是NH_4^+，所以在该反应中，Fe^{3+}的存在在一定程度上有利于提高反应速率，但是不利于反应的选择性。

表4-21　常见阳离子对催化还原硝酸盐效能的影响

阳离子	催化活性/[mg/(min·g_{cata})]	NH_4^+生成量/(mg/L)
Na^+	4.00	5.2
K^+	3.96	5.8
Ca^{2+}	4.00	4.9
Mg^{2+}	3.98	4.9
Fe^{3+}	4.46	9.3

（3）水中有机物对催化还原硝酸盐效能的影响。上述所有的实验都是以蒸馏水为介质进行的。由于实际水样中常含有大量的有机物杂质，为了考察实际水样中的有机物是否会对催化还原硝酸盐的反应产生影响，为此向水样中加入常见的腐殖酸，以考察其对催化还原效能的影响。结果如图4-48所示。可以看出，加入腐殖酸后，硝酸盐的去除速率明显降低且NH_4^+的生成量增加。这说明，实际原水中的杂质对催化还原硝酸盐存在着不利的影响。我们推断，这可能由于实际有机物在催化剂表面形成沉淀或者污垢堵塞孔道，对催化剂造成污染，减少了催化剂的活性位，导致了硝酸盐去除速率下降。

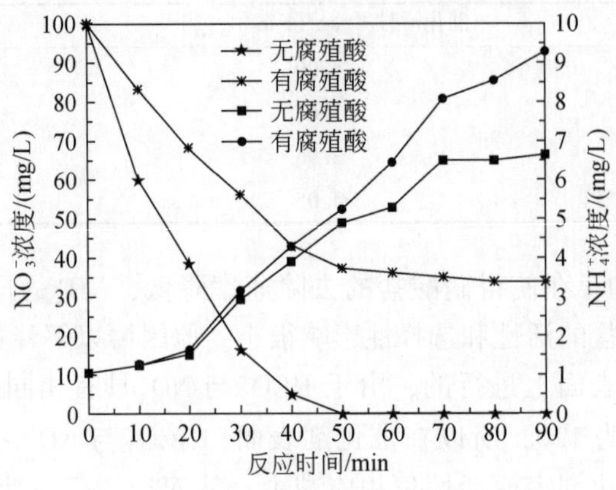

图4-48　腐殖酸对催化还原效能的影响

2）催化剂稳定性的考察

（1）催化剂酸稳定性。由于在以甲酸为还原剂的Pd/TiO_2-SnO_2催化还原硝酸盐体系中，初始pH大约在3～4，属于酸性环境。而在酸性条件下贵金属有可能会发生溶出现象，所以需要进一步考察Pd/TiO_2-SnO_2催化剂在水中的酸稳定性。在反应结束后，利用ICP-OES对溶液中的离子进行检测，结果并未检测到Pd离子，说明该催化剂在酸性条件下具有较好的稳定性。

（2）催化剂重复稳定性。为了考察Pd/TiO_2-SnO_2催化还原水中硝酸盐的长期稳定性，将试验后的催化剂离心分离，洗涤表面残留的离子后，于室温干燥回收，进行催化还原硝酸盐的重复试验，结果如表4-22所示。催化剂重复使用5次后，其对硝酸根的催化还原活性和选择性并没有明显降低，说明Pd/TiO_2-SnO_2催化剂的稳定性较好，可以长期重复使用。

表4-22　Pd/TiO_2-SnO_2催化剂重复使用效果

重复使用次数	降解率/%	活性/[mg/(min·g_{cata})]	NH_4^+浓度/(mg/L)
1	100	4.00	7.2
2	99.5	3.89	6.4
3	99.7	3.92	7.9
4	99.8	3.90	8.5
5	99.4	3.85	6.9

4.2.5　生物陶粒悬浮填料移动床处理低浓度污水的中试研究

4.2.5.1　生物陶粒悬浮填料移动床处理低浓度污水的中试装置

1. 中试装置与设计参数

中试装置见图4-49～图4-52。

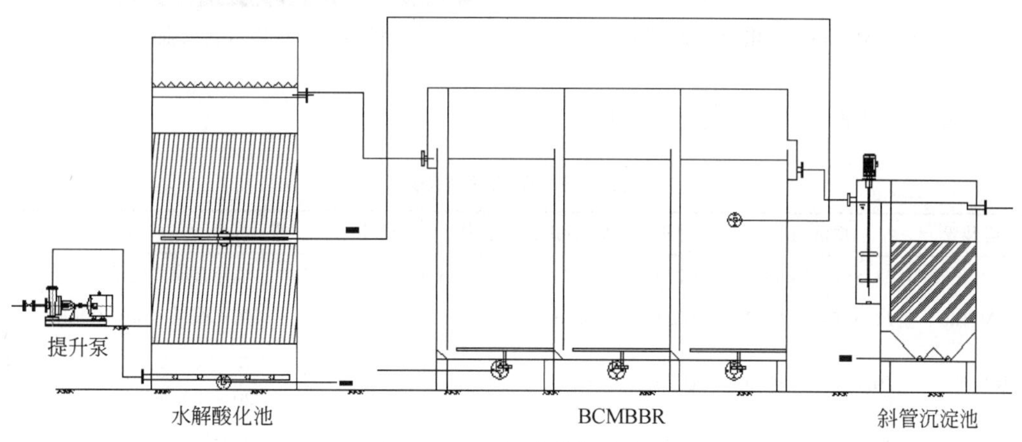

图4-49　中试装置流程图

图4-50　中试装置实物图

图 4-51　BCMBBR 陶粒填料

图 4-52　进出水在线监控仪

中试反应装置具体参数见表 4-23。

表 4-23　中试装置构造

反应装置	规格/m	材质	有效容积/m³	水力停留时间/h	数量/座	备注
水解酸化池	$L1.5\times B1.5\times H3.5$	Q235	6.75	6.75	1	填充石棉波纹瓦
BCMBBR	$L3.6\times B1.2\times H2.7$	Q235	8.64	8.64	1	陶粒填料，30% 填充率
反应池	$L0.5\times B0.5\times H0.5$	Q235	0.125	0.125	2	搅拌机 2 台，搅拌转速：20～100r/min
沉淀池	$L1.0\times B1.0\times H1.9$	Q235	1.0	1.3	1	蜂窝填料

2. 工艺流程

中试系统采取灵活组合的工艺流程，包括以下三个流程：

（1）水解酸化-MBBR 工艺：从污水厂沉砂池取水通过潜水泵进入水解酸化池，然后流入 MBBR 反应器，然后出水。

（2）解酸化-MBBR-反应沉淀工艺：从污水厂沉砂池取水通过潜水泵进入水解酸化池，然后流入 MBBR 反应器，继续流入反应沉淀池，加药混凝沉淀，然后出水。

（3）水解酸化-反应沉淀-MBBR 工艺：污水厂沉砂池取水通过离心泵进入水解酸化池，再流入反应沉淀池，接着通过离心泵进入 MBBR 反应器，然后出水。

水解酸化池采用上向流，底部进水，采用穿孔管布水，内置波纹板，分为两层，顶部溢流槽出水，波纹板中部设回流管，回流 MBBR 第三格的混合液，同时反硝化脱氮。

MBBR 反应器采用 3 格串联，单格完全混合流，3 格一同成推流。反应器内投加陶粒，填充率约 30%，陶粒经挂膜后，相对密度接近 1，在强烈曝气的条件下，在反应器内形成完全混合，增强填料与水的接触。曝气系统采用可拆卸式，选穿孔管和微孔曝气器做比较，溢流出水处设置织网，拦截溢出陶粒。

反应池设置两级，一级快搅，二级慢搅，采用机械混合，从而控制水力混合强度。混凝剂在第一级投加，助凝剂在第二级投加。沉淀池采用斜管沉淀。

4.2.5.2　生物陶粒悬浮填料移动床处理低浓度污水的影响因素与调控策略

BCMBBR 生化处理过程由附着型和悬浮型微生物完成，而微生物的生长繁殖与外界环境条件、操作条件等因素密切相关。因此，本章通过探讨 HRT、气水比、混合液回流比、填充率以及 C/N 对 BCMBBR 运行性能的影响，确定 BCMBBR 运行的主要控制参数并进行优化，为实际运行提供参考。

本试验是在水温 25 ~ 29℃条件下，考察 BCMBBR 运行的主要影响因素，为优化运行参数提供参考依据。具体各工况条件如表 4-24 所示，其中每种影响因素各工况都稳定运行 5d，在保证出水稳定的情况下再考察下一种工况，然后再取平均值，考察各因素对于 BCMBBR 运行的影响。

表 4-24　BCMBBR 反应器运行的不同工况

影响因素	各工况说明		
HRT/h	4	6	8
气水比	3	5	7
回流比/%	50	150	250
填充率/%	20	30	40
C/N	4 : 1	6 : 1	8 : 1

1. HRT 对运行的影响

本试验考察了 BCMBBR 在水温 25 ~ 29℃条件下，控制参数分别选气水比 5 : 1，填充率 30%、回流比 150%，C/N 为 4 : 1 时，HRT 对于系统运行的影响。从图 4-53 可知，HRT 对于 BCMBBR 处理效率影响很大。当 HRT 逐渐增大时，污染物去除率不断升高。HRT 为 6h 时，COD、BOD_5、NH_3-N、TN 和 TP 的去除率就分别达到了 80.5%、81.0%、62.1%、40.3% 和 27.0%，各污染物出水浓度分别在 24.3mg/L、11.4mg/L、6.8mg/L、14.8mg/L 和 3.7mg/L 以下，除了 TP 外，其他指标均已达到（GB 18918－2002）一级标准。

BCMBBR 作为一种膜生物反应器，HRT 对污染物去除效果的影响主要体现为底物在液相及生物膜中的传质扩散过程，底物的传质扩散与时间 T 正相关，因此较短的 HRT 不利于底物的充分扩散，营养物质来不及接触到生物膜中的微生物，未降解就随水排出，其总体去除率降低。随着 HRT 的延长，有机物有更多的时间扩散进入生物膜被微生物摄取，降解效率提高。而且，硝化细菌和反硝化细菌的世代时间较长，充足的接触时间才能保证其正常的生长代谢，实现脱氮效率的提高。但是，在工程实践中，不能无限制地延长 HRT，否则基建投资增加。因此本试验条件下，认为 6h 的 HRT 较佳。

2. 气水比对运行的影响

当反应器在一定流量下运行时，通过改变曝气量来调整气水比。膜生物反应器曝气的主要作用为：一为提供微生物生长所需 DO；二是提供填料流动所需动力。而不同气水比

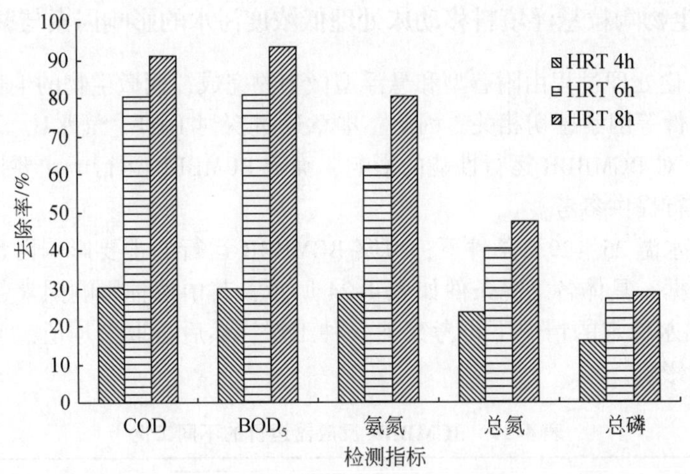

图 4-53　HRT 对于去除率的影响

又主要影响水力剪切力对生物膜的影响，较低气水比条件下，生物膜生长更新较慢，流动性差，生物活性低，降解效率低；适当的气水比不仅保证陶粒有较好的流动性，还使生物膜脱落速度与更新速度达到一种平衡，生物活性较高；但是高气水比条件下，水力剪切力较强，生物膜脱落较快，生物膜活性同样较低，降解效率低（朱成辉，2005）。

本试验考察了 BCMBBR 在水温 25 ~ 29℃ 条件下，控制参数分别为 HRT 6h，填充率 30%，混合液回流比 150%，C/N 为 4 : 1 时，气水比对于系统运行的影响。由图 4-54 可知，反应器运行在不同气水比条件下（3 : 1、5 : 1、7 : 1），有机污染物去除率变化较大。当气水比为 5 : 1 时，去除率达到最大。COD、BOD_5、NH_3-N、TN 和 TP 的去除率就分别为 91.1%、93.2%、80.3%、47.4% 和 28.4%。当气水比降至 3 : 1 时，由于反应器曝气量不足，生物膜活性较低，陶粒流动性较差，致使降解效率整体偏低；但当气水比升至 7 : 1时，反应器中的陶粒流动性很强，水力剪切力也很强，生物膜脱落较多，对于降解效率的影响同样很大。因此，在本试验条件下，选择气水比为 5 : 1 较佳。

3. 混合液回流比对运行的影响

BCMBBR 好氧段硝化液回流至水解酸化池，在厌氧状态下发生反硝化作用，从而起到脱氮的效果。当回流量较小时，不能充分发挥反应系统的脱氮效能，大量经过好氧硝化的废水直接进入沉淀池，脱氮效率低；随着回流量的增大，硝化液经过厌氧反硝化作用，使硝化反应与反硝化反应达到平衡，系统脱氮效率达到最高；但随着回流量继续增大，系统脱氮效果提高不多，并且好氧硝化液过多也影响水解酸化池的厌氧条件，况且能耗也会升高，导致系统整体效率降低。

本试验考察了 BCMBBR 在水温 25 ~ 29℃ 条件下，控制参数分别选择 HRT 6h，填充率 30%，气水比 5 : 1，C/N 为 4 : 1 时，回流比对于系统运行的影响。具体试验结果如图 4-55 所示。

由图 4-55 可知，适当增大系统回流比，系统对有机污染物的去除率都有不同程度的

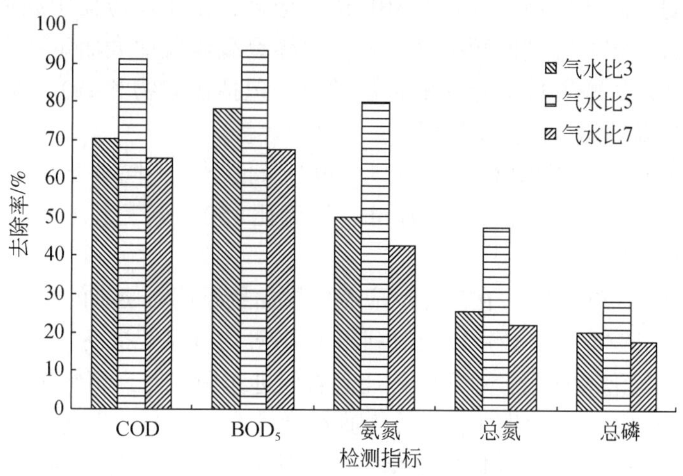

图 4-54　气水比对去除率的影响

升高。回流比由 50% 增至 150% 时，COD、BOD_5、NH_3-N、TN 和 TP 的去除率分别由 68.8%、70.3%、47.7%、31.5% 和 19.2% 增至 91.1%、93.2%、80.3%、47.4% 和 28.4%，去除效率提高明显；但当回流比再增至 250% 时，系统对于污染物的去除效率几乎没提高。可见，适当的回流可以提高系统的去污效率，特别是提高系统的脱氮效率，硝化液经过回流进入厌氧状态的水解酸化池进行反硝化作用，系统脱氮效率提高。但是过高的回流量不仅不会增大去污能力，反而会浪费更多能耗，实践中是不可行的。

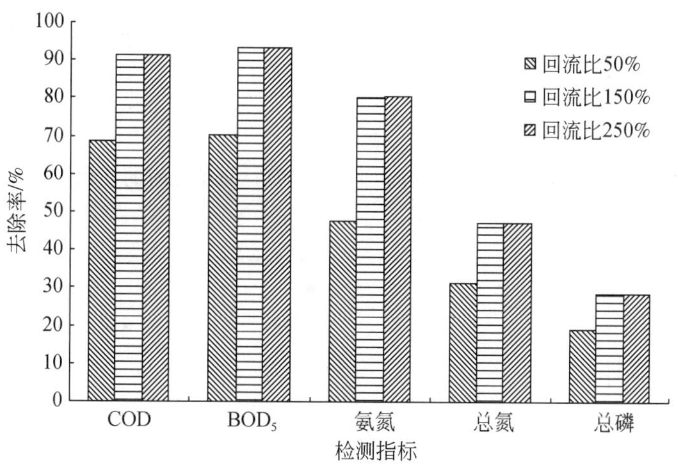

图 4-55　混合液回流比去除率的影响

4. 填充率对运行的影响

填充率作为生物膜反应器的重要工艺参数，它不仅影响工艺设施的建设费用，而且主要影响工艺的处理效果。研究表明，填料填充率太低，为微生物提供附着生长的比表面积不足，生物膜上食物链较单一，影响处理效果；而高填充率提供较大的附着表面积，因而可能维持较多的附着态微生物，但对于 MBBR 反应器，由于反应器中载体处于运动状态，高填充率则意味着载体之间碰撞频率增大，从而导致载体碰撞表面生物膜脱附速率增大。同时，填料填充率还影响着反应器中的传质效率，包括污染物和 DO。因此，选择合适的填充率是实现系统高效运行的关键因素。

本试验首先考察了 BCMBBR 在水温 25～29℃条件下，不同填充率条件下，反应器的充氧能力；接下来考察了系统在 HRT 为 6h，回流比 150%，气水比 5：1，C/N 为 4：1，填充率对系统运行的影响。

由图 4-56 和图 4-57 可知，在生化反应器中投加悬浮填料使氧的总传递系数 $K_{La}(T)$、25℃时氧传递速率 dC/dt（25℃）以及氧利用率 E_A 等均有显著提高。这是由于填料的存在产生了碰撞和切割气泡等作用，对氧的传递起着促进作用。但当填料填充率增加到一定值（即保证填料全池流化的最大投加率）后，随着填料填充率进一步增大，填料在反应器内拥挤，流化状态不好，导致氧的传递速率、曝气池充氧能力降低。因而在此试验条件下，30% 的填充率为最佳，其氧利用率为 8.07%。

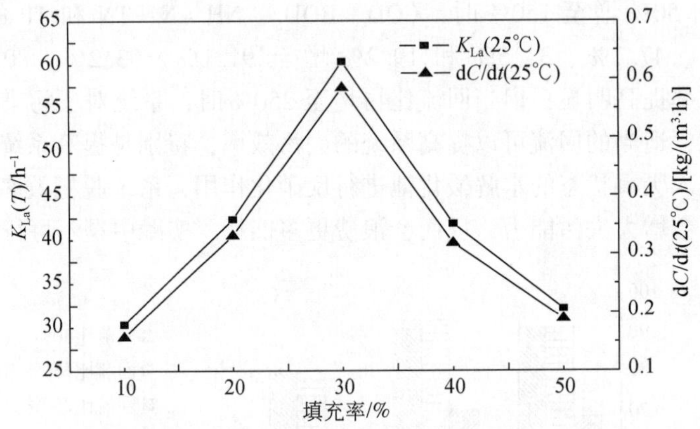

图 4-56　$K_{La}(T)$ 与 dC/dt（25℃）随填充率的变化

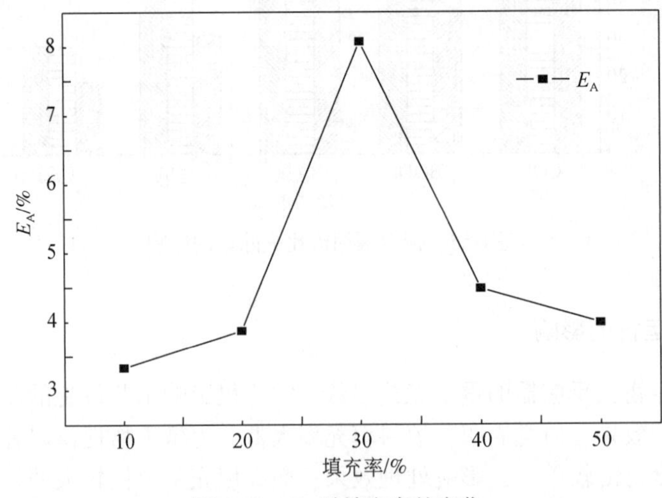

图 4-57　E_A 随填充率的变化

由图 4-58 可知，BCMBBR 的填充率对于污染物去除率影响不是很大，COD、BOD_5 在填充率 30% 略有上升，其他污染物去除率变化不明显。在此试验条件下，填充率 30% 时 COD、BOD_5、NH_3-N、TN 和 TP 的去除率分别为 91.1%、93.2%、80.3%、47.4% 和 28.4%，并且镜检观察到此时膜上微生物较丰富，广泛分布了大量的原生、后生动物，生物膜活性也较高。当填充率过高时，由于紊动效果不好，受传质和水力剪切等影响，填料平均附着生物量也相应降低，随着生物膜的随机脱落，本身就很薄的生物膜并不能有效生长大量硝化菌，所以当填充率很高时，系统去碳脱氮效率会降低。而在实际工程中，过高的填充率使得填料成本上升，且流态化也需要更多动力，能耗较高，经济性受影响。因此，在此试验条件下，选择 30% 的填充率为最佳。

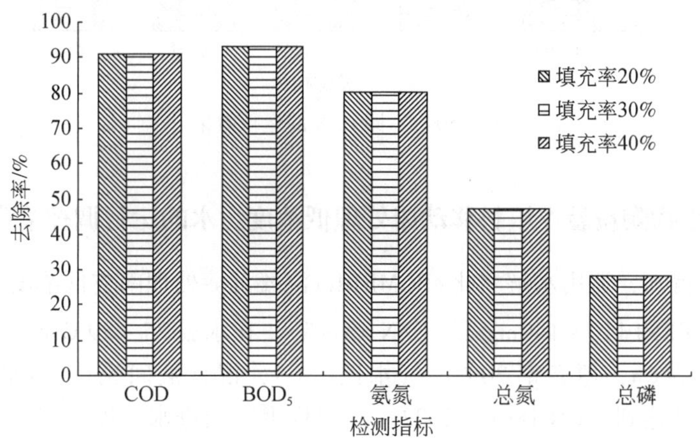

图 4-58　填充率对于污染物去除的影响

5. C/N 对运行的影响

C/N 对微生物的生长及有机物的降解起着重要的作用。长期以来认为生物体利用基质的最佳比例为 C∶N∶P=100∶5∶1，但对于典型南方城镇低浓度、低碳高 NH_3-N 的生活污水，营养比例失衡，因此对于 C/N 的要求必然也存在一定的不同。在此 BCMBBR 反应器中，合适的 C/N 不仅利于碳的去除，更重要的是适应失衡污水的脱氮规律，实现较高的同时硝化反硝化效率，从而提高系统的脱氮效率。

本试验考察了 BCMBBR 在水温 25～29℃ 的条件下，选择 HRT 为 6h，回流比 150%，气水比 5∶1，填充率 30% 时 C/N 对于系统运行的影响，本试验通过投加工业红糖提高 C/N。由图 4-59 可知，BCMBBR 与塑料 MBBR（Sari et al.，2006）呈现相同的生物脱氮规律，增加碳源可以提高脱氮效率。碳源作为异养好氧菌和反硝化过程的电子供体，被认为是实现生物硝化反硝化的关键因素之一。图 4-59 显示，C/N 由 4 逐渐增加至 8，碳源增加，NH_3-N 去除率由 80.3% 降至 73.5%；TN 去除率由 47.4% 升至 53.3%，显示改善了低碳高 NH_3-N 低浓度污水的反硝化作用，尽管也稍稍弱化了硝化作用使 NH_3-N 去除率有所降低，但 TN 去除率升高。根据非平衡增长（unbalanced growth）概念，污水中的有机碳源可在很短的时间内大部分储存于细胞中，可消除有机碳源对硝化过程的抑制，又可用作反

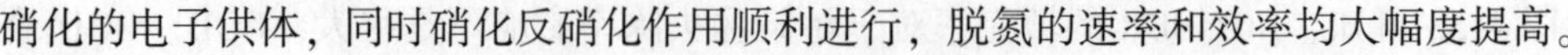

硝化的电子供体，同时硝化反硝化作用顺利进行，脱氮的速率和效率均大幅度提高。

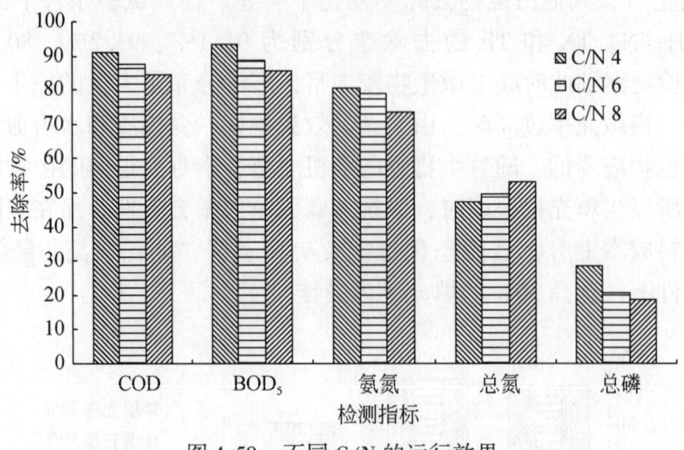

图 4-59　不同 C/N 的运行效果

4.2.5.3　生物陶粒悬浮填料移动床处理低浓度污水的运行调控策略

根据本试验得知，运用水解酸化+BCMBBR+混凝沉淀处理南方低浓度、低碳高 NH_3-N 生活污水时（COD 约 110～140mg/L、C/N=3～5），在水温 25～29℃下，较为优化的运行参数应为：HRT 为 6h，填充率 30%，气水比 5：1，混合液回流比 150%。出水除了 TP 外，其他指标均已达到（GB 18918-2002）一级标准。当进水浓度突然增大时，适当延长 HRT 出水即可达标；当进水浓度突然减小时，适当缩短 HRT 或者降低气水比，可保证出水达标；当进水水力负荷突然增大时，适当增大混合液回流比可保证出水达标；当进水水力负荷突然降低时，适当减小混合液回流比可保证出水达标。

4.3　精细化工行业废水脱毒减害深度处理技术研究

4.3.1　高效天然改性高电荷密度絮凝剂制备与絮凝效能研究

4.3.1.1　高效天然改性高电荷密度絮凝剂制备

以玉米淀粉为原料，采用微波加热法，分别通过醚化剂（2,3-环氧丙基氯化铵）进行阳离子化和正磷酸盐（$Na_2HPO_4 \cdot 12H_2O$ 与 $NaH_2PO_4 \cdot 2H_2O$ 按比例混合）进行阴离子化，合成了高取代度的淀粉絮凝剂。其中淀粉阳离子化的最佳反应条件为：淀粉 10g，醚化剂 1.5g，NaOH 0.5g，微波反应功率 480W，反应时间 5min，所得产物阳离子取代度 DSc 为 0.25。阳离子淀粉磷酸酯化反应制备两性淀粉的最佳工艺为：磷酸盐与阳离子淀粉用量比（mL/m^2）2.0，微波功率 600W，反应时间 6min。

1. 不同制备条件对阳离子取代度的影响

1）醚化剂用量

在干燥淀粉10g、氢氧化钠用量0.5g、微波反应功率为480W、反应时间为5min的实验条件下，考察醚化剂（2,3-环氧丙基三甲基氯化铵）用量对阳离子取代度的影响，实验结果如图4-60所示。

2）氢氧化钠用量对阳离子取代度的影响

在干燥淀粉10g、固定醚化剂（2,3-环氧丙基三甲基氯化铵）用量为1.5g、微波反应功率为480W、反应时间为5min的实验条件下，考察氢氧化钠用量对阳离子取代度的影响，实验结果如图4-61所示。

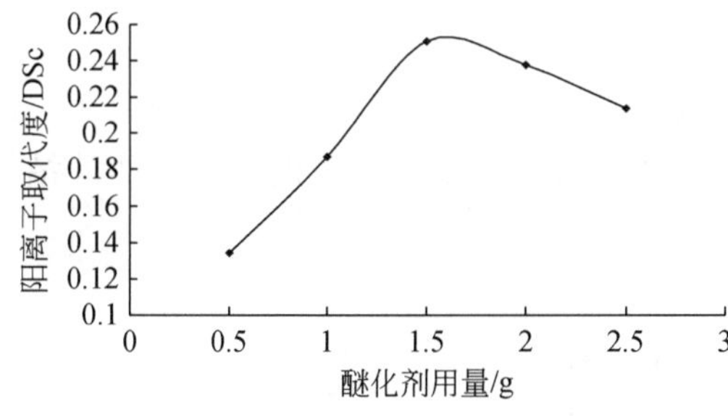

图4-60　醚化剂用量对阳离子取代度的影响

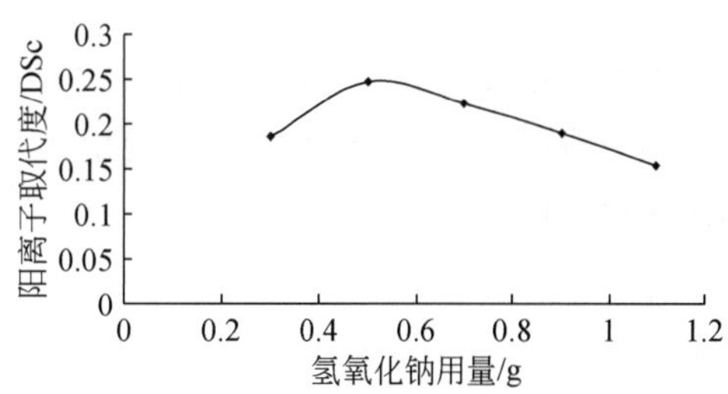

图4-61　氢氧化钠用量对阳离子取代度的影响

3）微波功率对阳离子取代度的影响

在干燥淀粉10g、氢氧化钠用量0.5g、固定醚化剂（2,3-环氧丙基三甲基氯化铵）用量为1.5g、反应时间为5min的实验条件下，考察微波功率对阳离子取代度的影响，实验结果如图4-62所示。

4）微波时间对阳离子取代度的影响

在干燥淀粉10g、氢氧化钠用量0.5g、固定醚化剂（2,3-环氧丙基三甲基氯化铵）用量为1.5g、微波反应功率为480W的实验条件下，考察微波时间对阳离子取代度的影响，实验结果如图4-63所示。

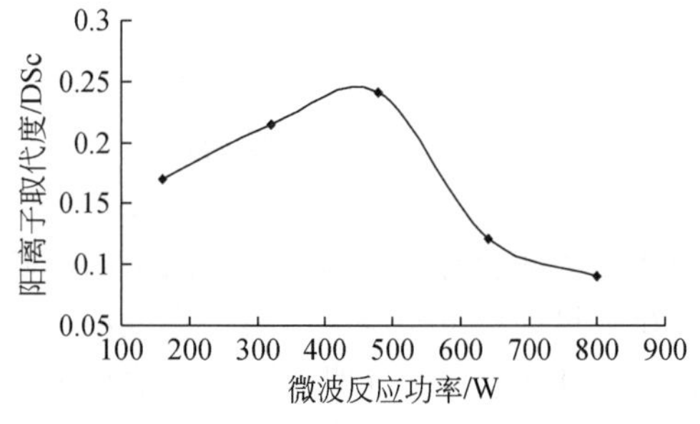

图4-62　微波功率对阳离子取代度的影响

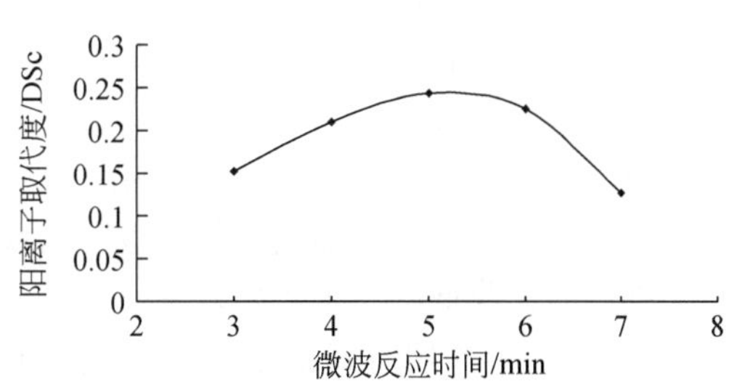

图4-63　微波时间对阳离子取代度的影响

如图 4-60 ~ 图 4-63 所示，阳离子取代度随着醚化剂用量、氢氧化钠用量、微波功率和微波时间呈先增大后降低的变化趋势，最大值为 0. 24 ~ 0. 26。即使进一步增大微波功率，阳离子取代度也没有超过此最大值，原因在于增大微波功率使温度急剧上升，导致醚化剂分解和淀粉碳化。

2. 不同制备条件对阴离子取代度的影响

1）磷酸盐与阳离子淀粉用量比（mL/m²）

在微波反应功率 600W，反应时间为 6min 条件下，使用阳离子取代度为 0. 25 的阳离子淀粉，考察磷酸盐与阳离子淀粉用量比（mL/m²）对阴离子取代度的影响，实验结果如图 4-64 所示。

2）微波功率

在微波反应时间为 6min，磷酸盐与阳离子淀粉用量比（mL/m²）为 2. 0 的条件下，使用阳离子取代度为 0. 25 的阳离子淀粉，考察微波功率对阴离子取代度的影响，实验结果如图 4-65 所示。

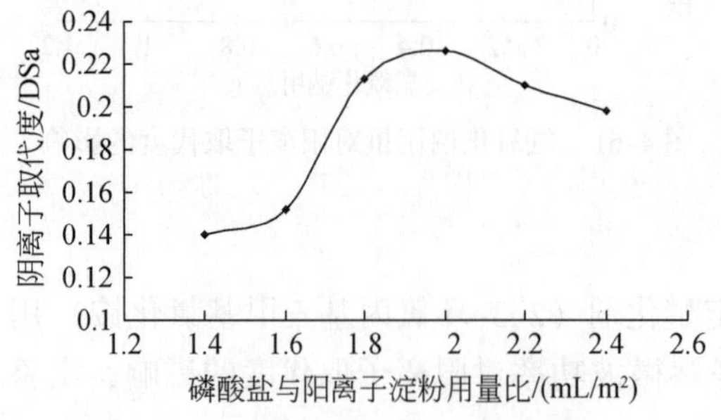

图 4-64　磷酸盐与阳离子淀粉用量比对阴离子取代度的影响

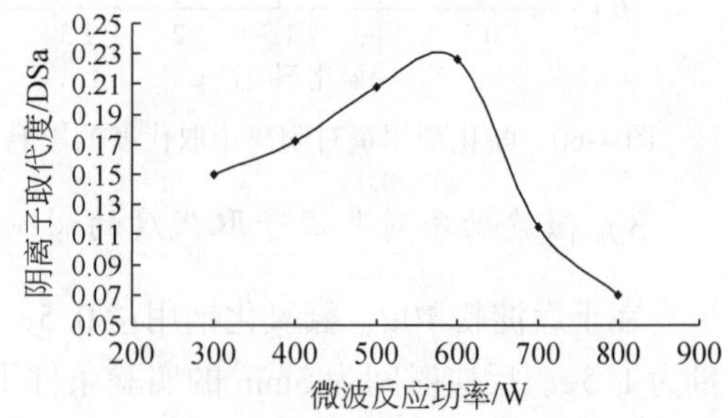

图 4-65　微波功率对阴离子取代度的影响

3）微波作用时间

在微波反应功率为 600W，磷酸盐与阳离子淀粉用量比（mL/m²）为 2. 0 的条件下，使用阳离子取代度为 0. 25 的阳离子淀粉，考察微波辐射时间对阴离子取代度的影响，实验结果如图 4-66 所示。

如图 4-64 ~ 图 4-66 所示，在设计的实验条件下，阴离子（磷酸根离子）取代度的变化趋势与阳离子类似，取决于微波功率、微波作用时间和磷酸盐与阳离子淀粉用量比等条件参数。阴离子酯化反应在干热条件下进行，随着微波功率的提高和反应时间的延长，酯化反应的效率提高，但继续延长反应时间或提高微波功率则会有部分磷酸盐生成交联的磷酸酯副产品，降低阴离子接枝效率。同时季铵基团在高热条件下会发生分解。在微波功率为 600W、微波作用时间 6min，磷酸盐与阳离子淀粉用量摩尔比 2. 0 时，阴离子取代度达到最大值（0. 226）。

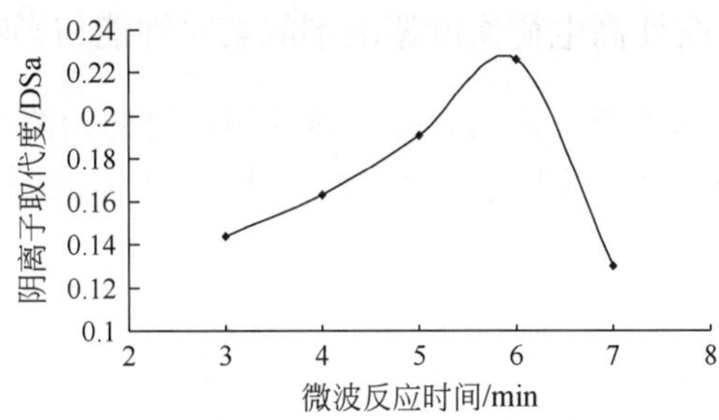

图 4-66　微波时间对阴离子取代度的影响

4.3.1.2　红外表征

利用尼高力 380 红外光谱仪测定了原淀粉、阳离子淀粉和两性淀粉的红外光谱，谱图见图 4-67。

对于阳离子淀粉，在 862 ~ 923cm^{-1}处明显存在（—CH_2—N—（CH_3)$_3$）季铵盐的特征峰、—C—H—吸收峰（2342cm^{-1} 和 2359cm^{-1}）和—C—O—吸收峰（1161cm^{-1} 和 1384cm^{-1})。而在两性淀粉中，除了包含上述特征峰外，还存在—P ═O（993cm^{-1}）和 P—O—C（1082cm^{-1}）伸缩振动峰，说明阳离子淀粉与正磷酸盐发生了酯化反应形成了两性淀粉，两性淀粉中同时含有阳离子基团（季铵基）和磷酸酯基团。

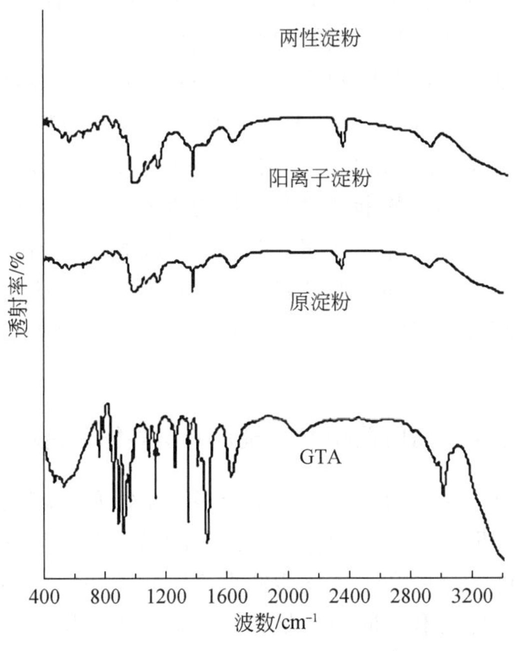

图 4-67　GTA 及三种淀粉红外光谱图对比

4.3.1.3 高效天然改性高电荷密度絮凝剂的絮凝性能与影响因素

高效天然改性高电荷密度絮凝剂的絮凝性能受污染物初始浓度、pH 和絮凝剂投加量等因素的影响。以甲基紫为例，不同 pH 和絮凝剂投加量对絮凝脱色率的影响如图 4-68 和图 4-69 所示。

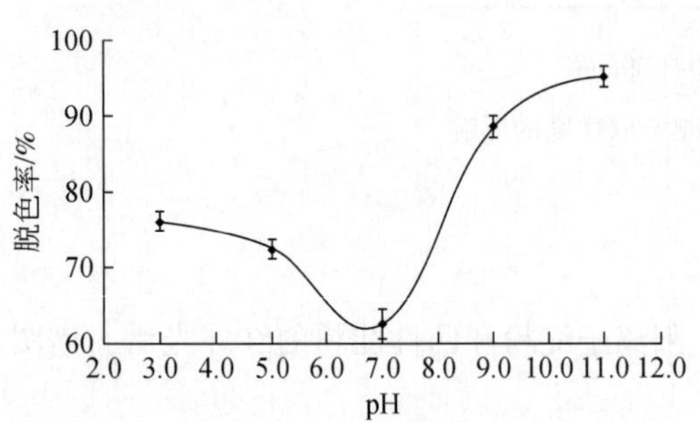

图 4-68 pH 对 50mg/L 甲基紫脱色率的影响（絮凝剂投加量 0.3g/L）

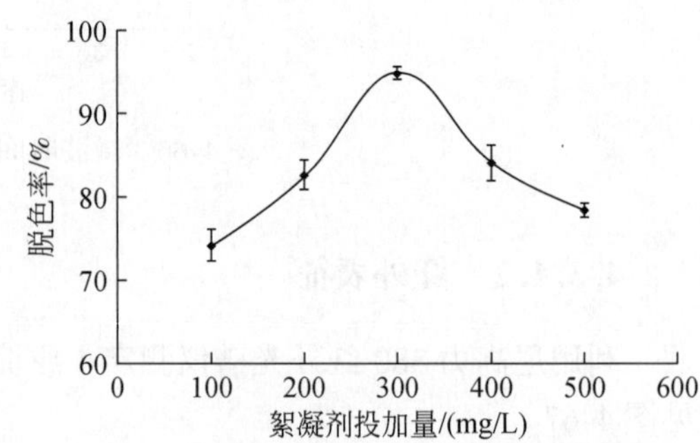

图 4-69 絮凝剂投加量对 50mg/L 甲基紫脱色率的影响（pH=11.0）

图 4-68 为投加 300mg/L 絮凝剂下，不同 pH 对甲基紫脱色效率的影响。甲基紫脱色效率与溶液 pH 密切相关，在 pH 7.0 时脱色效率最低（62.6%）。原因在于，pH 7.0 时，该絮凝剂达到了等电点，使两性分子自身形成分子内络合物。因此，絮凝剂对带正电荷的甲基紫分子的电荷中和能力减弱，导致较低的絮凝效率。而碱性条件改善了磷酸酯基的电负性，从而增强了其对甲基紫的电荷中和能力，进一步增强了絮凝效率。

如图 4-69 所示，絮凝剂投加剂量显著影响其对甲基紫染料的絮凝效果，在絮凝剂浓度为 300mg/L 时，甲基紫脱色率最大，达 95%。进一步增大投加量，脱色率反而下降。这是因为两性淀粉絮凝剂中的磷酸酯基具有较强的负电性，对带正电荷的甲基紫分子具有较好的电中和能力，能吸附微粒并以压缩双电层使微粒脱稳；当絮凝剂添加过量时，过多的聚合物分子使颗粒表面空间饱和，颗粒表面已无吸附空位，从而使高分子结构季铵基失去架桥作用，同时由于高分子吸附膜的空间位阻效应使颗粒间相互排斥，颗粒又重新处于稳定分散，导致絮凝效果下降。

4.3.1.4 高效天然改性高电荷密度絮凝剂的絮凝作用机理

两性高电荷密度絮凝剂是在改性淀粉链上嫁接了季铵基和磷酸酯基，是一种高效的两性高分子絮凝剂。絮凝初期，强烈水力作用下产生的激烈湍流使季铵基迅速捕捉废水中带负电荷的有机胶体、磷酸酯基中和带正电荷的重金属离子并形成小而密实的矾花。随后的絮凝阶段，适当的湍流程度有利于同向絮凝和使小矾花碰撞长大，同时利用淀粉的网链结构与溶液中的胶体粒子发生键联架桥作用，使得吸附电中和与桥联作用机制同时进行，在静置沉降阶段，絮凝颗粒碰撞凝结，发挥网捕卷扫作用，使溶液中的悬浮物得以沉降去除。

4.3.2　铝铁改性淀粉复合絮凝剂制备及絮凝效能研究

4.3.2.1　铝铁改性淀粉复合絮凝剂制备

淀粉的改性：取一定量的玉米淀粉溶解于去离子水中，在 55℃水浴中按 NaOH/淀粉（质量比）= 1∶10 缓慢匀速加入 NaOH 溶液磁力搅拌反应 1h，得到 6% 改性淀粉溶液。

复合反应：采用稀硫酸预调节改性淀粉溶液 pH 到 4.0，然后按比例往改性淀粉溶液中依次加入 $Al_2(SO_4)_3 \cdot 18H_2O$ 与 $FeSO_4 \cdot 7H_2O$，维持 pH 为 3.0，55℃于恒温振荡器中反应 4h，冷却得到复合絮凝剂。

冷冻干燥：将复合絮凝剂置于冷冻干燥机中预冻 9h 后再抽真空（真空度为 11Pa 至 13Pa）开始冻干，24h 后得到改性淀粉絮凝剂。

4.3.2.2　铝铁改性淀粉复合絮凝剂的絮凝效能与影响因素

铝铁改性淀粉复合絮凝剂的絮凝性能受污染物初始浓度、pH 和絮凝剂投加量等因素的影响。以 100mg/L 甲基紫为例，在 pH 为 11.0 条件下，絮凝剂投加量对絮凝脱色率的影响如图 4-70、图 4-71 和图 4-72 所示。

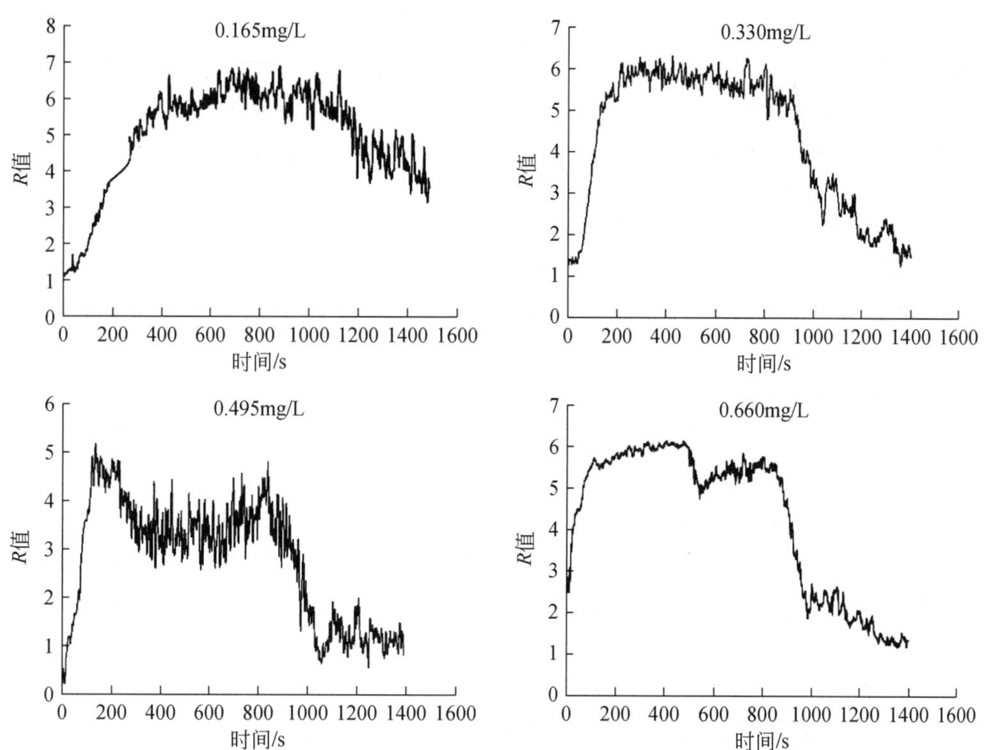

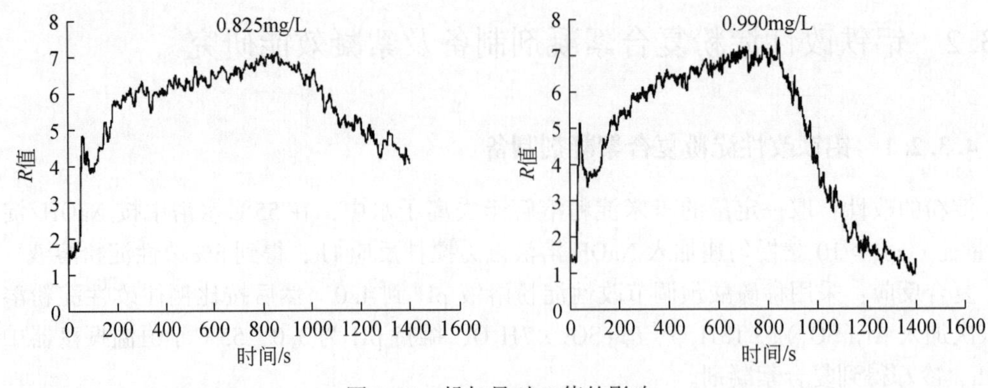

图 4-70　投加量对 R 值的影响

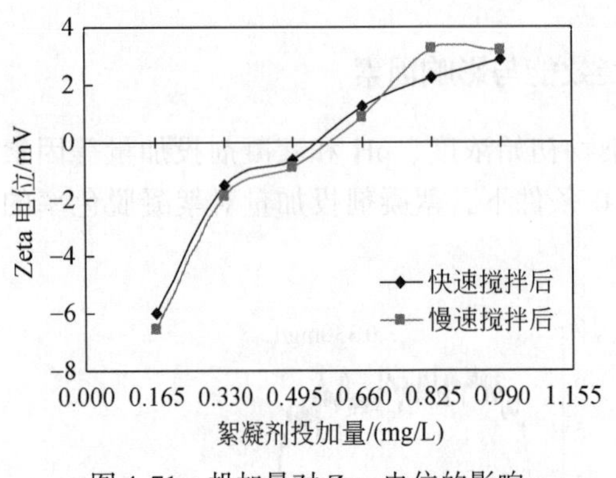

图 4-71　投加量对 Zeta 电位的影响

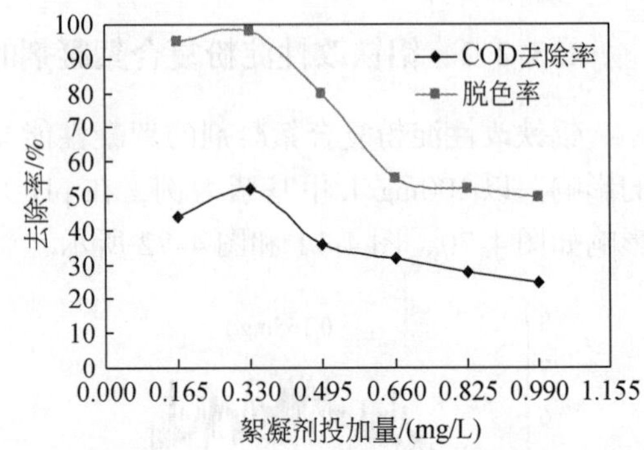

图 4-72　投加量对絮凝效率的影响

由图 4-70 可以看出，在强碱性条件（pH=11.0）下，不同絮凝剂投加量的 R 值均呈现出在絮凝剂投加后的短时间内迅速达到了最大值，并随着时间的延长，R 值基本维持一定时间的平衡值。这是因为甲基紫 2B 染料废水中含有大量的氨基，在强碱条件下以分子形式存在，而铝铁改性淀粉复合絮凝剂中嫁接了铝基和铁基，属于阳离子型化合物。当絮凝剂投加到水溶液中时，一部分阳离子型复合絮凝剂中的铝和铁会进行水解，产生类似于双亲分子的络离子和多核络离子，这些络离子进入固液界面，吸附甲基紫胶粒，中和电位，从而使胶体脱稳，这种机理趋于“吸附电中和”作用（Runkana et al.，2004）。而另一部分复合絮凝剂在强碱性条件下能提供大量的高分子疏水性氢氧化物聚合体，通过羟基桥联作用与胶体形成架桥聚凝体，这种键联吸附架桥作用能使两种分子紧密地结合在一起，两种作用交叉进行，形成了结构紧密、孔隙率较低、强度大的絮体颗粒（Li et al.，2006），表现为 R 值快速达到峰值。在短时间的较高（150r/min）和较低（40r/min）的剪切流场下，这种高密度的絮凝体的结合、破碎与再结合达到了相对平衡（Yu et al.，2009），从而表现出 R 值能随时间维持在较高的平衡值。当停止搅拌后，体积大的絮体开始迅速沉降，随着时间推移，水体中的没被吸附架桥细小胶体仍在慢慢下沉，R 值下降到另一平衡值。

图 4-71 表明了不同絮凝剂投加量对絮体 Zeta 电位的影响。随着絮凝剂投加量的增加，

Zeta 电位也不断上升，并且在絮凝剂投加量为 0.66mg/L 时发生了电性的逆转；快速搅拌和慢速搅拌的 Zeta 电位变化规律基本一致。图 4-72 表明了絮凝剂投加量对于 COD 和色度的去除效率的影响。随着絮凝剂投加量的增大，COD 去除率和脱色率均表现出先增大，后减少的趋势，当絮凝剂投加量超过 0.66mg/L 时，去除率逐渐达到平衡值。

4.3.2.3　铝铁改性淀粉复合絮凝剂的絮凝作用机理

铝铁改性淀粉复合絮凝剂在改性淀粉链上嫁接了大量的铝基和铁基，是一种高效的阳离子型高分子絮凝剂。絮凝初期，复合絮凝剂中的铝和铁部分发生水解，生成络离子，吸附水中的带电胶粒，中和胶团表面电位，使胶粒脱稳；部分絮凝剂聚合形成羟基络合物，与溶液中的胶体粒子发生键联架桥作用，吸附电中和与桥联作用机制同时进行，絮凝剂与胶体形成孔隙率较低、结构紧密的絮凝颗粒；在静置沉降阶段，絮凝颗粒碰撞凝结，发挥网捕卷扫作用，使溶液中的悬浮物得以沉降去除。

Zeta 电位结果表明，铝铁改性淀粉复合絮凝剂具有高电荷密度，属于阳离子型絮凝剂，对悬浮物的去除具有选择性，由于复合絮凝剂具有巨大的分子量和柔性线性分子链，絮凝过程依靠“絮凝架桥”和“卷扫网捕”作用，而“吸附电中和”作用主要发生在絮凝初期，最佳絮凝点的 Zeta 电位并不在接近零电点处。

4.3.3　聚氨酯负载型 TiO_2 纳米管催化剂的制备及其光催化性能研究

4.3.3.1　聚氨酯负载型 TiO_2 纳米管催化剂的制备

先对 TiO_2 纳米管进行硅烷化处理，得到表面接枝氨丙基硅氧烷的改性 TiO_2 纳米管；再利用 PDI 对 PU 薄膜进行表面活化处理，在其表面引入异氰酸酯（NCO）基团之后，促使改性后 TiO_2 纳米管表面伯胺基与异氰酸酯基团发生反应，从而使 TiO_2 纳米管负载于 PU 薄膜表面。反应过程如图 4-73。

$$TiO_2-OH + H_2N(H_2C)_3Si(OC_2H_5)_3 \longrightarrow TiO_2-O-Si(OH)_2-CH_2(CH_2)_2NH_2$$

$$PU-NCO + TiO_2-O-Si(OH)_2-CH_2(CH_2)_2NH_2 \longrightarrow PU-NH-C(=O)-NH-(CH_2)_3-Si(OH)_2-O-TiO_2$$

图 4-73　聚氨酯负载型 TiO_2 纳米管催化剂制备原理示意图

4.3.3.2 聚氨酯负载型 TiO_2 纳米管催化剂的催化性能与影响因素

以罗丹明 B 为研究对象，对比分析了未负载 TiO_2 的聚氨酯和负载型 TiO_2 聚氨酯的降解效果，结果如图 4-74 所示。

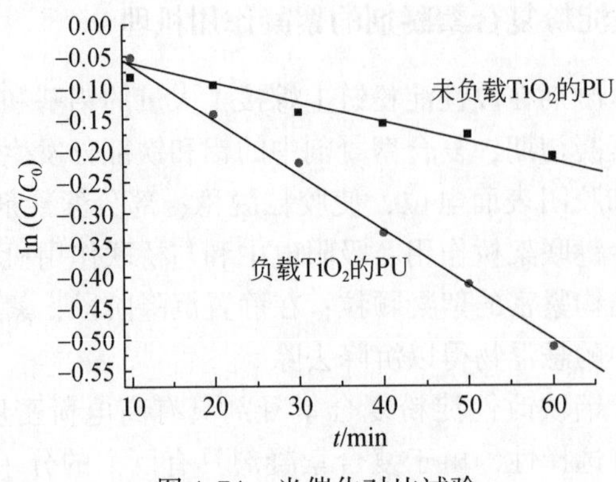

图 4-74 光催化对比试验

由图 4-74 可以看出，对照反应中，未负载 TiO_2 的聚氨酯溶液中，罗丹明 B 浓度随时间延长而降低，说明罗丹明 B 自身能够发生光解。在负载有 TiO_2 的聚氨酯薄膜存在下，罗丹明 B 降解速率明显加快，说明负载有 TiO_2 的聚氨酯薄膜具有很好的光催化活性。以 $\ln(C/C_0)$ 对 t 作图，基本上成直线，表明罗丹明 B 的光催化降解反应为一级动力学形式，其动力学常数如表 4-25 所示。

表 4-25 光催化降解罗丹明 B 的动力学常数与相关系数

光催化剂	一级动力学常数/min^{-1}	相关系数 R^2
未负载 TiO_2 的 TPU	0.0032	0.937
负载 TiO_2 的 TPU	0.0088	0.994

光催化剂的重复使用与再生实验结果如图 4-75 和图 4-76 所示。如图 4-75 所示，用负载有 TiO_2 的 PU 薄膜进行罗丹明 B 的光降解实验，60min 后，罗丹明 B 的降解率为 40%。重复实验，连续使用 20 次，聚氨酯负载 TiO_2 光催化降解罗丹明 B 的效率出现下降，产生催化剂失活现象。针对这一情况，再次进行重复实验，但在每次使用后，均用乙醇反复冲洗 PU 薄膜表面，结果光降解效果较为平稳、接近，没有出现催化剂失活现象（如图 4-76 所示）。重复试验表明，纳米管与 PU 薄膜结合牢固，纳米管损失少，重复利用率较好。

4.3.3.3 聚氨酯负载型 TiO_2 纳米管催化剂的催化作用机理

硅烷偶联剂可以与 TiO_2 纳米管表面羟基进行反应，在其表面引入氨丙基硅氧烷基团；利用甲苯二异氰酸酯对 PU 薄膜进行表面活化处理，可以在其表面引入异氰酸酯基团；借助 TiO_2 纳米管表面伯胺基与 PU 薄膜表面异氰酸酯基之间的反应，可以使 TiO_2 纳米管负载于 PU 薄膜表面，在 PU 表面产生稳定、致密的多层网状 TiO_2 纳米管覆盖层。所制备的负

载型 TiO_2 催化剂具有很好的光催化降解活性；负载型 TiO_2 催化剂性能稳定，重复使用率高。

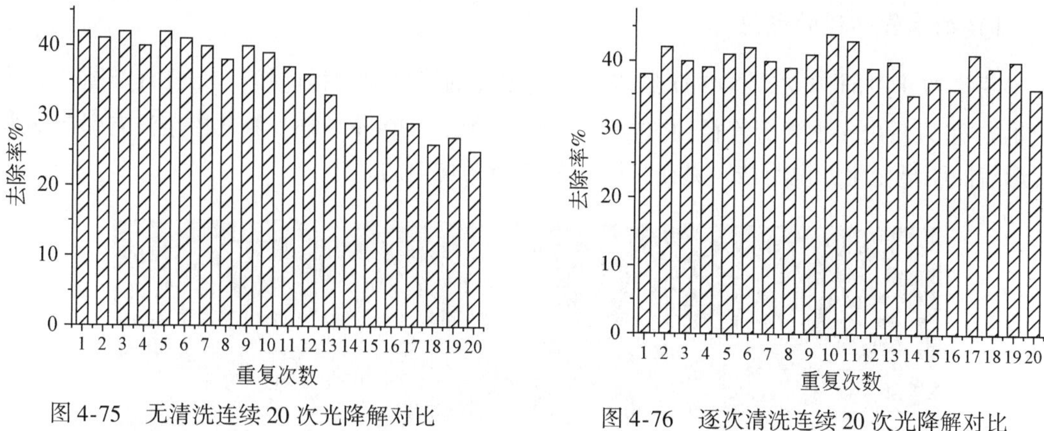

图4-75　无清洗连续20次光降解对比

图4-76　逐次清洗连续20次光降解对比

4.3.4　钛网负载型 TiO_2 纳米管复合掺杂催化剂的制备及其催化性能研究

4.3.4.1　催化剂的制备与表征

1. 催化剂的制备

1）钛网负载型 TiO_2 纳米管阵列的制备

阳极氧化由直流稳压电源完成，钛网做阳极，铂电极做阴极，两电极间距离保持3cm不变。电解液由0.14mol/L NaF 和0.5mol/L H_3PO_4 等量混合而成（Mohapatra et al.，2007；Liu et al.，2010）。阳极氧化在20V电压下持续30min，然后用去离子水冲洗钛片表面，空气中干燥。

2）钛网负载型Zr，N/TiO_2 纳米管阵列的制备

阳极氧化后的钛片做阴极、铂电极做阳极，电解液由不同体积的0.2mol/L $Zr(NO_3)_4$ 和0.2mol/L NH_4Cl 混合组成，其中 Zr^{4+}/NH_4^+ 的摩尔比分别调整为1∶1，1∶2，1∶3，2∶1和3∶1，两电极间距离为3cm，整个电化学过程在5V电压下持续1h，然后取出钛片用去离子水冲洗后空气中干燥。

3）煅烧

TiO_2 和Zr，N/TiO_2 纳米管阵列分别在300℃，400℃，500℃和600℃下煅烧2h。

2. 催化剂的表征

1）纳米管阵列的形貌

图4-77是TiO_2和Zr，N/TiO_2纳米管阵列顶部的场发射扫描电镜（FESEM）图片。从图4-77可以看出，纳米管管径约70nm，管壁厚约20～30nm。锆、氮共掺杂没有引起纳米管形貌的明显变化，说明锆、氮在TiO_2中的掺杂是均匀的。

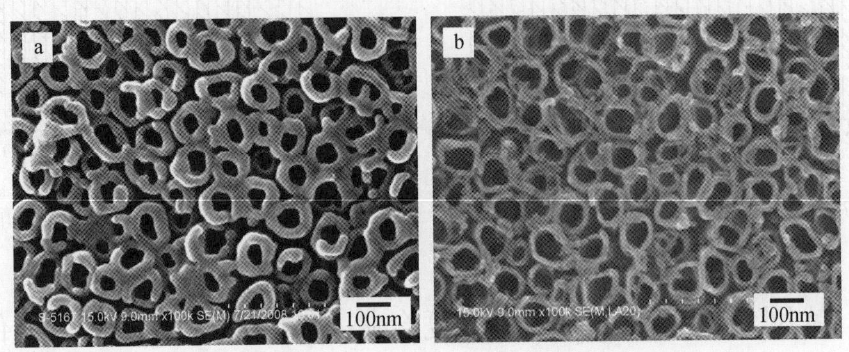

图4-77 TiO_2和Zr，N/TiO_2纳米管阵列的FESEM图片

a. TiO_2纳米管顶部；b. 共掺杂TiO_2纳米管顶部

2）XPS分析

图4-78为Zr，N/TiO_2纳米管阵列的XPS图谱分析。从宽谱（a）可以看出，纳米管表面由Ti、O、Zr、N和C（机器污染）元素组成。Zr3d峰位于182.26eV和184.55eV处，说明Zr—O键的存在。N1s峰由两个峰组成，分别位于399.96eV和401.69eV处。由于制备条件和方法的不同，N1s峰通常位于396eV、400eV和402eV处（Chen et al.，2008；Horikawa et al.，2008；Xu et al.，2008）。因为396eV非常接近Ti—N键的键能，所以通常认为396 eV处的峰是N取代了TiO_2中的氧原子。

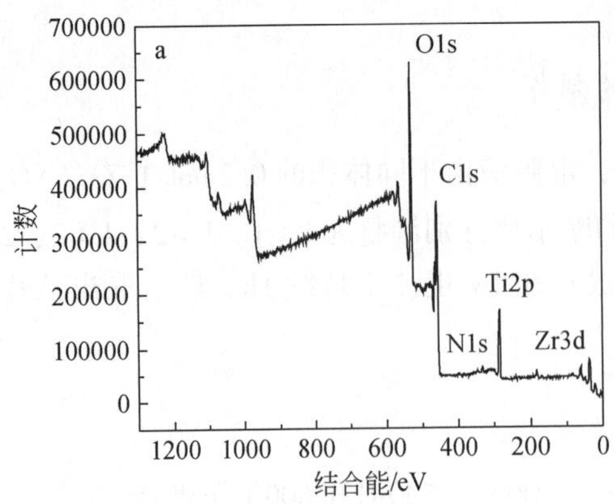

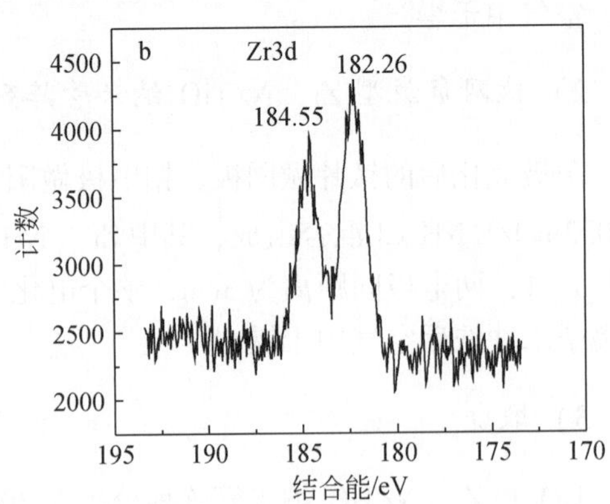

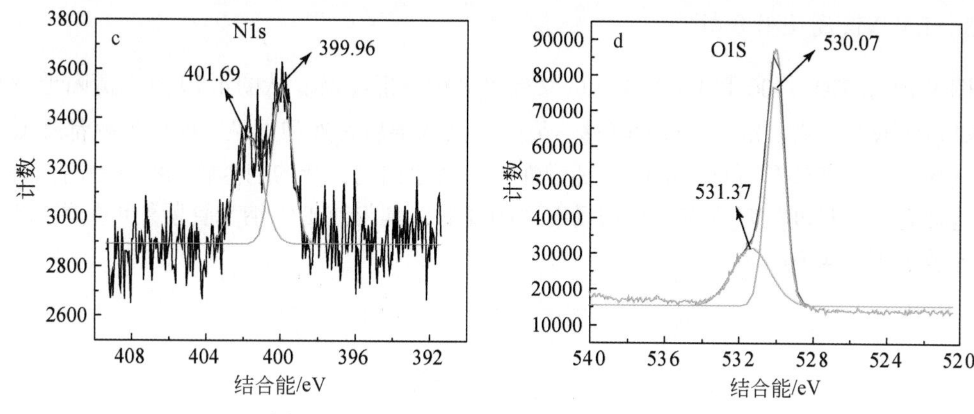

图 4-78　Zr，N/TiO_2 纳米管阵列的 XPS 图谱

a. 宽谱；b. Zr3d 峰；c. N1s 峰；d. O1s 峰

N1s 的两个峰分别位于 399.96eV 和 401.69eV 处，其中，399.96eV 处的峰应归属于 O—Ti—N 连接，而 401.69eV 处的峰归属于 NO—连接（Wang J et al.，2007）。氮的存在形式应该是间隙氮，与 TiO_2 晶格中的 Ti 或 O 原子相连。这一点也被 O1s 的 XPS 分析所证实（图 4-78）。O1s 峰通过分峰拟合显示由 530.07eV 和 531.37eV 两个峰组成，分别归属于 Ti—O 键和 NO_x（晶格中的氧和间隙氮相连）（Wang et al.，2006）。

实验中电化学掺杂过程中的电解液是由不同比例的 Zr^{4+}/NH_4^+ 组成的。有趣的是，纳米管中 Zr 和 N 的浓度与电解液中的比例并不一致（表 4-26）。纳米管中 Zr 和 N 的浓度应该与电解液中 Zr^{4+} 和 NH_4^+ 的迁移量成正比，而电解液中带电离子的迁移受离子半径、浓度、温度、电流密度以及所带电荷数等因素的影响。Zr^{4+} 和 NH_4^+ 的离子半径分别是 0.68Å 和 1.45Å。在水溶液中，离子半径越小形成的水合半径越大。因此，Zr^{4+} 的水合半径要比 NH_4^+ 的水合半径大，在相同的电压下，Zr^{4+} 的迁移速度要比 NH_4^+ 低。所以，当电解液中 Zr^{4+}/NH_4^+ 为 1∶1 时，纳米管中 N/Ti 的值要大于 Zr/Ti 值。由于二者所带电荷数不同（4∶1），电解液浓度的变化对 Zr^{4+} 和 NH_4^+ 的影响是不一样的。浓度增大时，离子间的吸引力增加，所以迁移速度会降低，所带电荷数越多，速度降低越明显。所以，当电解液中 Zr^{4+} 浓度增加时，纳米管中 Zr/Ti 浓度反而降低。

表 4-26　纳米管中 Zr，N 浓度与电解液中 Zr^{4+}/NH_4^+ 摩尔比

Sample	Zr^{4+}/NH_4^+	Zr/Ti	N/Ti
1∶1-400	1∶1	0.049	0.082
1∶2-400	1∶2	0.075	0.071
1∶3-400	1∶3	0.080	0.076
2∶1-400	2∶1	0.047	0.079
3∶1-400	3∶1	0.034	0.080

3）UV-Vis 漫反射分析

图4-79 是 TiO_2-400 和1：2-400 的紫外可见漫反射图谱。从图4-79 可以清晰地看到，共掺杂后吸收带边有 20nm 左右的红移。另外，共掺杂后紫外和可见区的反射率都降低了，说明共掺杂后在紫外和可见区的吸收都增强了。其他比例掺杂的纳米管与纯 TiO_2纳米管相比，也都有不同程度的吸收带红移和反射率的降低，其与纯 TiO_2纳米管紫外可见漫反射图谱的比较示于图 4-80 中。

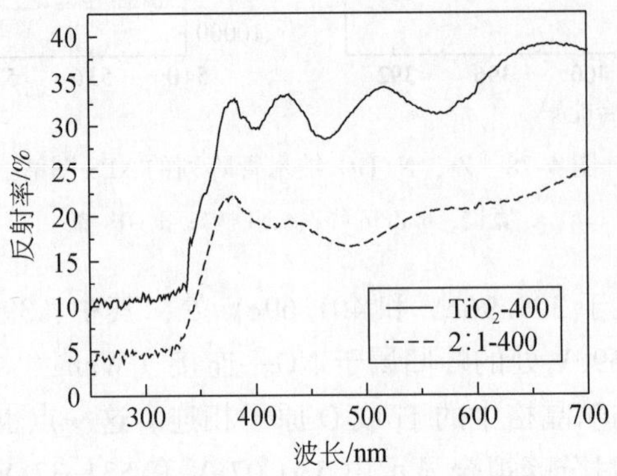

图 4-79　TiO_2-400 和 2：1-400 的紫外可见漫反射图谱

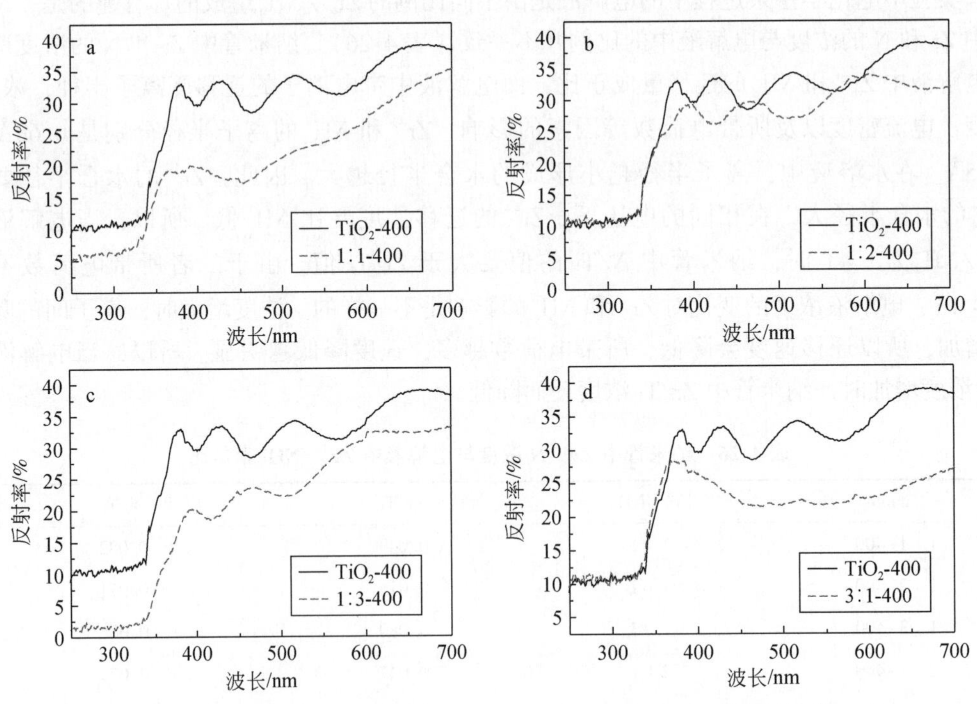

图 4-80　不同比例共掺杂纳米管与 TiO_2-400 的紫外可见漫反射图谱

4）XRD 分析

图 4-81 显示不同温度下煅烧的 TiO_2 和共掺杂 TiO_2 纳米管阵列的 XRD 图谱。煅烧前的纳米管阵列是无定形的，晶型在煅烧过程中形成。对未掺杂纳米管来说，煅烧温度低于 500℃时主要形成锐钛矿，当温度高于 600℃时有金红石相生成。而对于共掺杂纳米管，煅烧温度为 500℃时就有明显的金红石相生成，锆、氮的共掺杂似乎有利于 TiO_2 从锐钛矿向金红石型的转变。在图谱上没有看到锆或氮的衍射峰，可能是因为锆和氮的含量较低且在管中掺杂均匀。

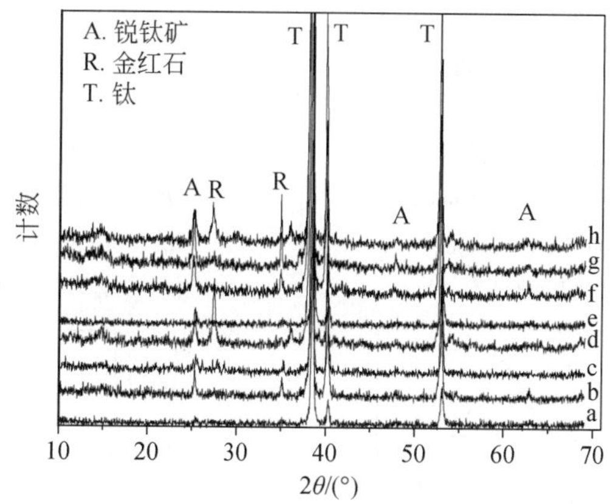

图 4-81　TiO_2 和共掺杂 TiO_2 纳米管阵列的 XRD 图谱

a. TiO_2-300；b. TiO_2-400；c. TiO_2-500；d. TiO_2-600；e. 1∶2-300；f. 1∶2-400；g. 1∶2-500；h. 1∶2-600

4.3.4.2　催化剂的性能及影响因素

图 4-82 和图 4-83 分别是 400℃煅烧的样品在汞灯和氙灯下对罗丹明 B 的降解图。从图上可以看出，所有（不同掺杂比例）共掺杂纳米管都比未掺杂纳米管的光催化活性有了明显的提高。在紫外光照射下，降解效率受锆掺杂量的影响。反应的一级动力学常数与电解液中 Zr^{4+}/NH_4^+ 比例的关系示于图 4-84 中。从图上可以看出，1∶1-400 和 2∶1-400 在汞灯下的光催化活性较高，其中的 Zr 掺杂量分别是 Zr/Ti 0.049 和 0.047。掺杂量较低（3∶1-400 中 Zr/Ti 0.034）或较高（1∶2-400 和 1∶3-400 中 Zr/Ti 比分别是 0.075 和 0.080）的纳米管阵列，其光催化活性均有所降低。所以，Zr/Ti 比例介于 0.047～0.049 之间被认为是合适的掺杂量。而氙灯下的光催化效率和汞灯下的并不一致。氙灯下降解的一级动力学常数和 Zr^{4+}/NH_4^+ 比例的关系示于图 4-85 中。首先，不同样品中氮浓度变化不大（N/Ti 从 0.071 到 0.082），所以，氮浓度变化不是氙灯下光催化活性变化的主要原因；其次，氙灯下的光催化效率似乎也和锆浓度有关。1∶1-400 和 2∶1-400 中的锆含量较合适，因此表现较高的光催化活性。1∶3-400 中高含量过高、3∶1-400 中高含量过低，所以光催化活性较低。但是，目前无法解释为什么 1∶2-400 在氙灯下光催化活性最高（其中 Zr/Ti 是 0.075）。不管怎样，锆、氮共掺杂在紫外和可见区都极大地提高了 TiO_2 的光催化活性。通过比较一级动力学常数，在紫外和可见区，共掺杂后纳米管的光催化活性比未

掺杂的效率提高最多达 42.6% 和 62.0%。

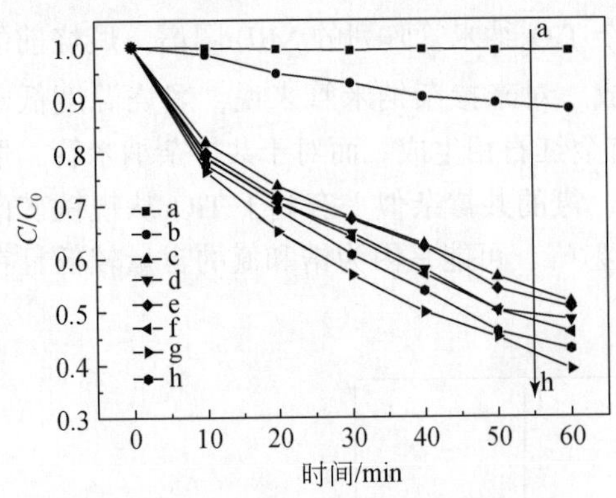

图 4-82　300W 汞灯下罗丹明 B 的降解

a. 暗反应；b. 罗丹明 B 光解；c. TiO_2-400；d. 1∶2-400；e. 1∶3-400；f. 3∶1-400；g. 1∶1-400；h. 2∶1-400

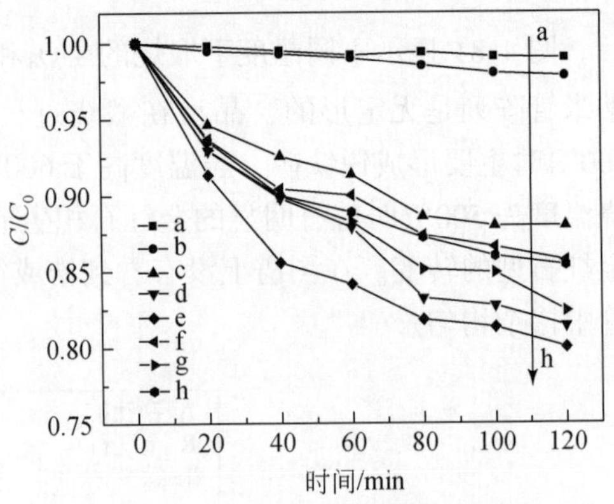

图 4-83　500W 氙灯下罗丹明 B 的降解

a. 暗反应；b. 罗丹明 B 光降解；c. TiO_2-400；d. 1∶3-400；e. 3∶1-400；f. 2∶1-400；g. 1∶1-400；h. 1∶2-400

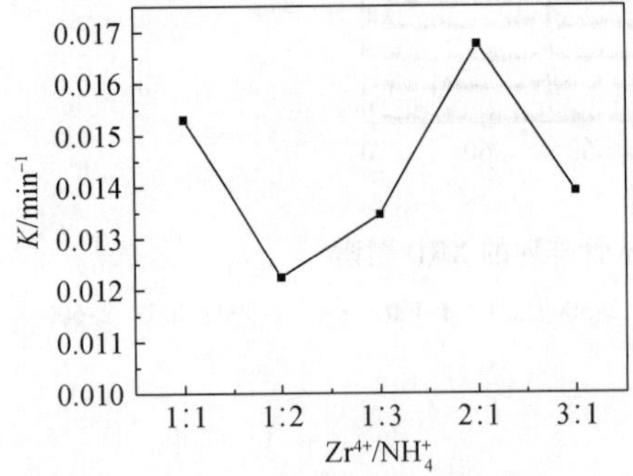

图 4-84　汞灯下一级动力学常数与电解液中 Zr^{4+}/NH_4^+ 比例的关系

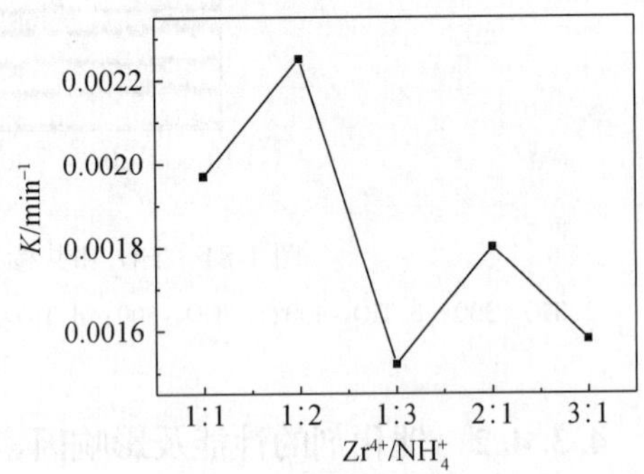

图 4-85　氙灯下一级动力学常数与电解液中 Zr^{4+}/NH_4^+ 比例的关系

4.3.4.3　催化剂的催化作用机理

氮掺杂（不论是取代氮还是间隙氮）引起可见光活性的原因可能是形成了较高的定态能级，使从价带到导带的电子跃迁变成了定态能级到导带的跃迁。在间隙氮模型中，N 原子与一个或多个 O 原子相连，因此是以正的氧化态的形式存在，可能是 NO^-、NO_2^- 或 NO_3^-，未成对电子在 NO 的 N 原子和 O 原子上都有分布。NO 形成的能级具有 π 键的特征。其中两个成键轨道能级位于 O2p 带的下方，两个反键轨道能级位于 O2p 带的上方，最高点定态能级在价带上方 0.73eV 处。因此，电子从这些氮掺杂所生成的较高能级跃迁到导带使二氧化钛的吸收边向低能级方向（可见光区域）偏移。此外，锆掺杂有利于提高光生电子和空穴的分离（Liu et al.，2009）。二者的共掺杂产生了协同效应，因此锆、氮共掺杂不仅提高了其在紫外区的光催化活性，而且将光响应范围扩展到了可见区。

4.3.5　羧甲基壳聚糖-膨润土复合吸附剂的制备及吸附性能研究

4.3.5.1　羧甲基壳聚糖-膨润土复合吸附剂的制备

将膨润土加水调配成浓度为5%的悬浮液，搅拌15min，使膨润土充分分散在水中，加入硝酸调节悬浮溶液的pH为5，然后先后加入十六烷基三甲基溴化铵和羧甲基壳聚糖，70℃恒温搅拌活化2h，取出冷却至室温，抽滤，滤饼在90℃下烘干，研磨粉碎，得到羧甲基壳聚糖-膨润土复合吸附剂。

4.3.5.2　羧甲基壳聚糖-膨润土复合吸附剂的吸附性能及影响因素

复合吸附剂吸附性能受pH、污染物浓度、吸附时间等因素的影响，不同因素对吸附性能的影响如图4-86、图4-87、图4-88、图4-89、图4-90所示。

1. 吸附时间的影响

分别移取1000mg/L的Cu^{2+}、Ni^{2+}和Cr^{3+}贮备液3.00mL于3个250mL具塞三角瓶中，加去离子水至100mL，即得到浓度为30mg/L的Cu^{2+}、Ni^{2+}和Cr^{3+}溶液，调节pH（Cu^{2+}）=6、pH（Ni^{2+}）=6、pH（Cr^{3+}）=5，加入0.2g复合吸附剂。将具塞三角瓶固定在恒温振荡器中，在T=25℃下以100r/min速度振荡，一定时间后取样测定，计算吸附量，并绘制吸附量与时间的关系曲线（图4-86）。

从图4-86可看出，复合吸附剂对Ni^{2+}的吸附可以很快达到吸附平衡，对Cu^{2+}的吸附大约在30min时达到平衡，而对Cr^{3+}的吸附要在180min趋于平衡。复合吸附剂对Cu^{2+}、Ni^{2+}和Cr^{3+}吸附含量分别是111.22mg/g、79.56mg/g、83.42mg/g。

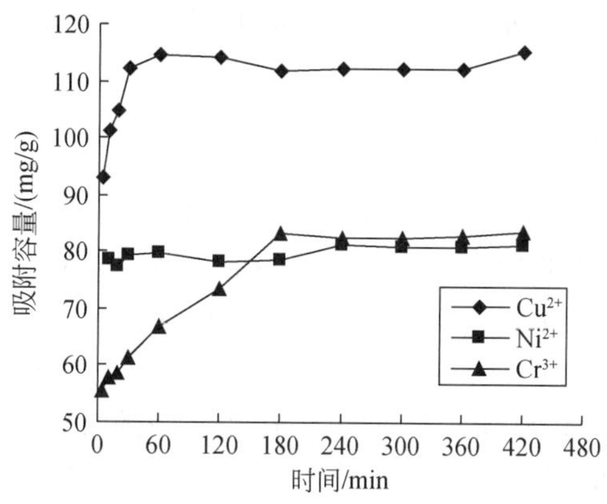

图4-86　吸附时间对吸附容量的影响（初始重金属浓度30mg/L，初始$pH_{(Cu^{2+})}$6.0、$pH_{(Ni^{2+})}$6.0、$pH_{(Cr^{3+})}$5.0）

2. pH 的影响

分别移取 1000mg/L 的 Cu^{2+}、Ni^{2+} 和 Cr^{3+} 贮备液 3.00mL 于 3 个 250mL 具塞三角瓶中，加去离子水至 100mL，即得到浓度为 30mg/L 的 Cu^{2+}、Ni^{2+} 和 Cr^{3+} 溶液，调节 pH = 2、3、4、5、6，加入 0.2g 复合吸附剂。将具塞三角瓶固定在恒温振荡器中，在 T = 25℃下以 100r/min 速度振荡，一定时间后取样测定，计算吸附量 7。通过计算，30mg/L 的 Cu^{2+}、Ni^{2+} 和 Cr^{3+} 分别在 pH = 6.04、6.80、5.02 时，开始出现氢氧化物沉淀。为了排除沉淀对吸附过程的影响，考察 pH 对复合吸附剂的吸附性能影响时，pH 的取值范围为 2 ~ 5。25℃下，溶液 pH 对复合吸附剂吸附 Cu^{2+}、Ni^{2+} 和 Cr^{3+} 的影响如图 4-87。随着溶液 pH 的升高，复合吸附剂对重金属的吸附含量都增大。这是因为当溶液呈强酸性时，氢离子和金属离子形成竞争吸附，氢离子占据了吸附剂的吸附位，不利于金属离子的吸附。Cu^{2+} 在 pH 为 2 ~ 4 时吸附容量变化不大，但在 pH 为 4 ~ 5 时吸附容量急剧增大；而 Ni^{2+} 和 Cr^{3+} 在 pH 为 3 ~ 5 时吸附容量逐渐显著增大。pH 为 5 时，复合吸附剂对 Cu^{2+}、Ni^{2+} 和 Cr^{3+} 的吸附容量分别为：61.925mg/g、78.413mg/g、88.421mg/g。

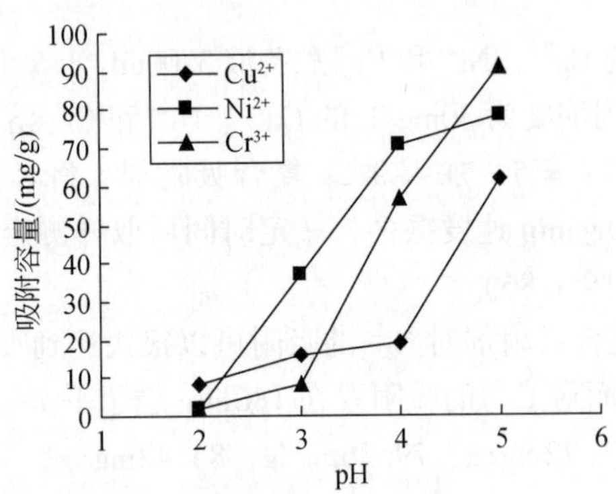

图 4-87　pH 对吸附容量的影响（初始重金属浓度 30mg/L，初始 $pH_{(Cu^{2+})}$ 6.0、$pH_{(Ni^{2+})}$ 6.8、$pH_{(Cr^{3+})}$ 5.0）

3. 吸附剂用量的影响

分别移取 1000mg/L 的 Cu^{2+}、Ni^{2+} 和 Cr^{3+} 贮备液 3.00mL 于 3 个 250mL 具塞三角瓶中，加去离子水至 100mL，即得到浓度为 30mg/L 的 Cu^{2+}、Ni^{2+} 和 Cr^{3+} 溶液，改变复合吸附剂的加入量，调节 pH（Cu^{2+}）= 6、pH（Ni^{2+}）= 6、pH（Cr^{3+}）= 5。将具塞三角瓶固定在恒温振荡器中，在 T = 25℃下以 100r/min 速度振荡，一定时间后取样测定，计算吸附量，结果如图 4-88、图 4-89、图 4-90 所示。不同质量的复合吸附剂对水体中的 Cu^{2+}、Ni^{2+} 和 Cr^{3+} 吸附存在一定的趋势：随着复合吸附剂用量的增加，Cu^{2+}、Ni^{2+} 和 Cr^{3+} 的回收率均呈迅速增加的趋势，并逐步缓慢增加趋向平稳；复合吸附剂对水体中 Cu^{2+}、Ni^{2+} 和 Cr^{3+} 的吸附量随着壳聚糖用量的增加呈迅速降低的趋势，并逐步缓慢降低趋向平稳。虽然提高复合吸附剂的用量，可增加 Cu^{2+}、Ni^{2+} 和 Cr^{3+} 的回收率，但复合吸附剂的吸附量却迅速降低。综合单位吸附量和实际吸附效果，确定复合吸附剂的用量为 0.2g。

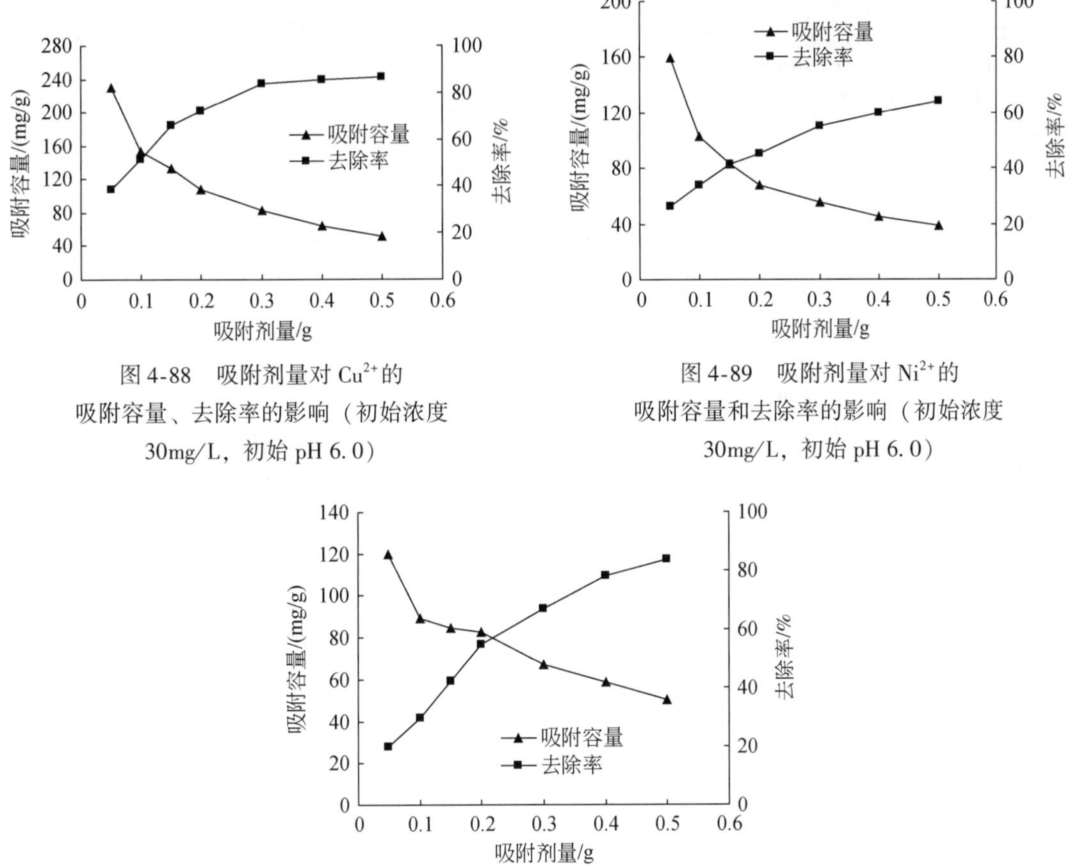

图 4-88　吸附剂量对 Cu^{2+} 的吸附容量、去除率的影响（初始浓度 30mg/L，初始 pH 6.0）

图 4-89　吸附剂量对 Ni^{2+} 的吸附容量和去除率的影响（初始浓度 30mg/L，初始 pH 6.0）

图 4-90　吸附剂量对 Cr^{3+} 的吸附容量和去除率的影响（初始浓度 30mg/L，初始 pH 5.0）

4.3.5.3　羧甲基壳聚糖-膨润土复合吸附剂的吸附性动力学

将三种金属离子在复合吸附剂上的吸附过程分别用一级速率方程和准二级速率方程进行拟合。拟合结果表明，准二级吸附速率方程可以很好地描述复合吸附剂对三种金属离子的吸附过程，如图 4-91、图 4-92、图 4-93 所示。

4.3.5.4　羧甲基壳聚糖-膨润土复合吸附剂的吸附性机理

羧甲基壳聚糖-膨润土复合吸附剂对三种重金属离子的等温吸附曲线遵循 Langmuir 等温吸附模型，动力学数据遵循准二级动力学模型。在吸附过程中，复合吸附剂中的羧甲基壳聚糖和膨润土发生协同作用，羧甲基壳聚糖插入膨润土层间，使膨润土层间距增大，吸附性能提高。膨润土利用其巨大的比表面积和孔容对重金属离子进行吸附，负载在膨润土上的羧甲基壳聚糖分子中的羧基通过静电、络合及离子键等作用与重金属离子结合，从而提高吸附容量，加快吸附平衡速率，减少吸附平衡时间。

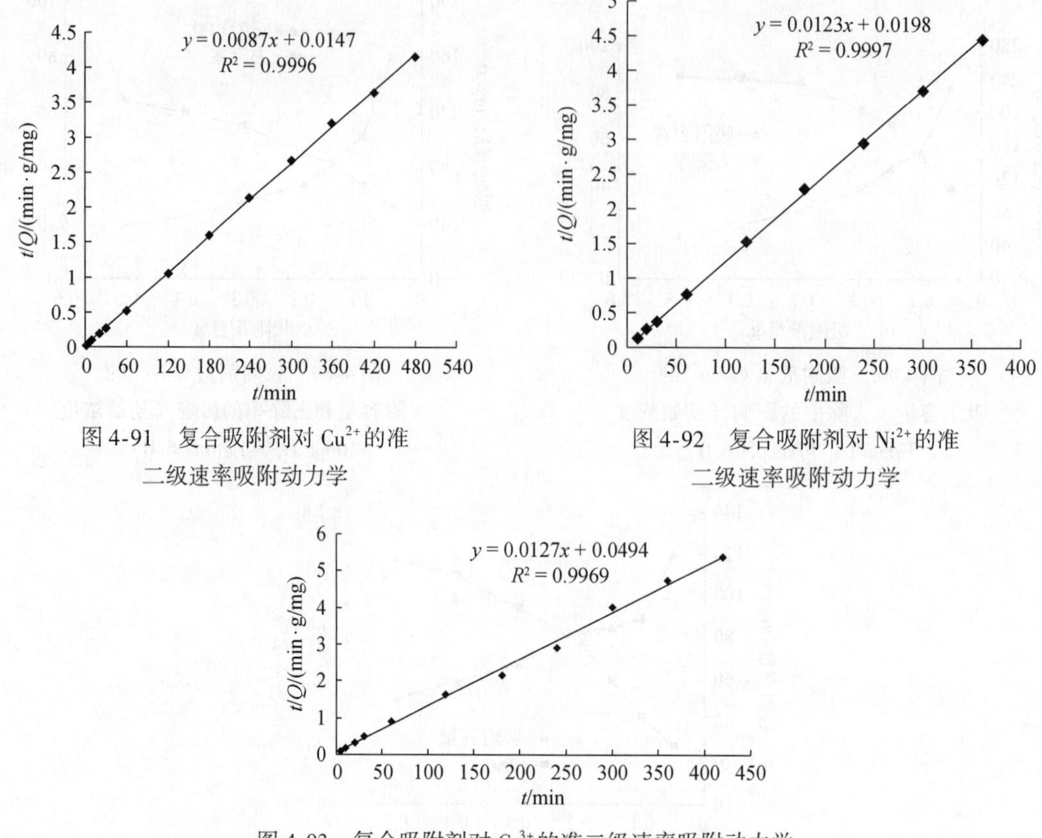

图 4-91　复合吸附剂对 Cu^{2+} 的准二级速率吸附动力学

图 4-92　复合吸附剂对 Ni^{2+} 的准二级速率吸附动力学

图 4-93　复合吸附剂对 Cr^{3+} 的准二级速率吸附动力学

4.4　新塘无序快速发展区水污染控制技术研究

4.4.1　漂染行业废水脱毒减害深度处理技术研究

4.4.1.1　催化臭氧氧化漂染废水脱毒减害技术研究

1. 催化剂的制备

1）Fe 负载活性炭催化剂的制备

活性炭的活化处理：活性炭在使用前经过硝酸氧化处理，处理方法是将 50.0g 活性炭加入到 200mL，浓度为 65% 的 HNO_3 溶液中。在 90℃ 下浸泡 10h，然后用蒸馏水洗涤至洗液 pH 不变为止。

活性炭负载 $Fe_2(SO_4)_3$ 的过程：取活性炭 10g，加入到不同浓度的 $Fe_2(SO_4)_3$ 溶液中浸渍，30min 后过滤，在 110℃的烘箱中烘干，制得活性炭负载铁催化剂，活性炭采用酸活化。

2）负载单金属催化剂

以人造沸石、粉煤灰陶粒为载体，采用浸渍法负载 Mn、Cu、Ni 金属。以沸石为例，选用 2～3 目的人造沸石作为载体，首先采用超声振荡 30min，然后用稀硝酸清洗，再用蒸馏水反复冲洗至与蒸馏水 pH 相同。将洗净后的载体在烘箱中于 110℃烘干，500℃焙烧 3h 后备用。处理后的载体，浸于一定浓度 pH 在 4～5 的单金属溶液中，在摇床上以恒定转速动态浸渍 12h 后，用蒸馏水反复清洗。然后于烘箱中 105℃下烘干，最后在马弗炉中 500℃下焙烧 2～5h，室温下密封放置。制备了 Mn/沸石、Ni/沸石、Cu/沸石、Mn/陶粒催化剂。

3）负载双金属催化剂

以活性污泥陶粒为载体，采用 Mn、Cu、Ni 两种金属组合配置金属溶液，将陶粒清洗后放入 pH 在 4～5 的双组分金属溶液中，在摇床上以恒定转速动态浸渍 12h 后，用蒸馏水反复清洗。然后于烘箱中 105℃下烘干，在一定温度下焙烧 2h，室温下密封放置。在焙烧温度为 500℃下制备了 Mn+Cu/陶粒、Cu+Ni/陶粒、Mn+Ni/陶粒，还制备了焙烧温度在 600℃和 700℃的 Mn+Ni/陶粒。

活性恢复：将使用后的催化剂在 500℃下焙烧 1h，取出后冷却，重新使用。

4）Fe/活性炭负载量的测定

通过 EDTA 滴定溶液中未负载的 $Fe_2(SO_4)_3$ 确定活性炭的 Fe 负载量。结果所得活性炭的载铁量依次为 0.045mg/g、0.05mg/g、0.12mg/g、0.22mg/g。命名为 $Fe_{0.045}$、$Fe_{0.05}$、$Fe_{0.12}$、$Fe_{0.22}$。

2. 制备的催化剂 SEM 和能谱分析

1）陶粒负载单金属 SEM 和能谱分析

（1）单组分 SEM 图

实验制备了 Mn/陶粒催化剂。采用粉煤灰陶粒作为负载材料。经过焙烧后，表面性质有了很大变化，单组分催化剂表面分析采用 SEM 扫描，对 Mn/陶粒和 Ni/陶粒催化剂进行负载前后表面形态分析，将催化剂置于铜台上，经过镀金之后，调节 SEM 电压为 20kV，放大 1000 倍。对陶粒表面 Mn、Ni 进行能谱扫描。结果如图 4-94 所示。

图 4-94 a、b 是 Mn 负载前后对比图，图 4-94 c、d 是 Ni 负载前后对比图，其他负载条件相同。陶粒经过预处理，然后负载金属，焙烧后，原本的孔隙大部分被覆盖，表面结构变得紧凑。

加酸处理后，陶粒原本稳定的晶体结构被破坏，表面原来的金属被加入的 Mn、Ni 等对臭氧有催化分解作用的重金属替代，经过焙烧后形成新的晶体结构。不同的负载物对陶

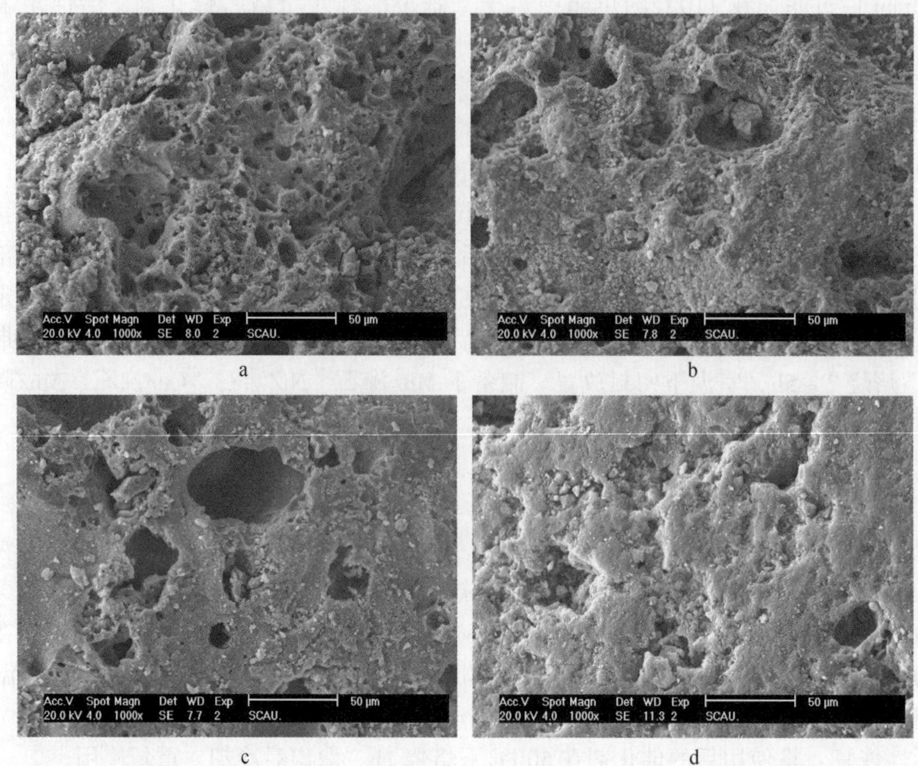

图 4-94　陶粒负载锰（a、b）和负载镍（c、d）前后 SEM 对比图

粒表面的破坏性不同，对比可知，Ni 负载的表面较为松散，而 Mn 负载表面有明显的结块，表面变得光滑。

（2）负载锰金属氧化物前后的能谱图

图 4-95a、b 分别为陶粒负载 Mn 催化剂前后能谱对比图，由图可知陶粒负载 Mn 后，Mn 的吸收峰有明显增加，说明 Mn 负载情况良好。

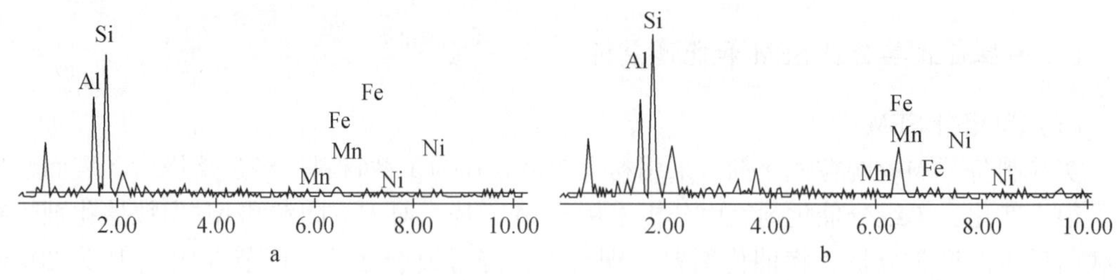

图 4-95　陶粒负载锰前（a）后（b）能谱图

2）陶粒负载双金属 SEM 和能谱分析

对 Mn+Ni/陶粒和 Mn+Ni/陶粒进行负载前后表面形态分析，将催化剂置于铜台，经过镀金之后，调节 SEM 电压为 15kV，放大 30000 倍。对表面 Mn、Ni、Cu 进行能谱扫描。

(1) 双组分 SEM 图

图 4-96 是负载前后陶粒表面 SEM 图，其中 a 是负载前陶粒表面的 SEM 图，b、c 分别为陶粒负载 Mn+Cu 和陶粒负载 Mn+Ni 后的 SEM 图。

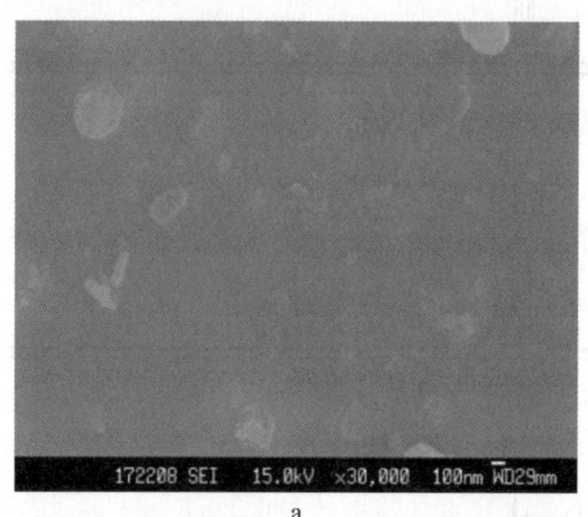

a

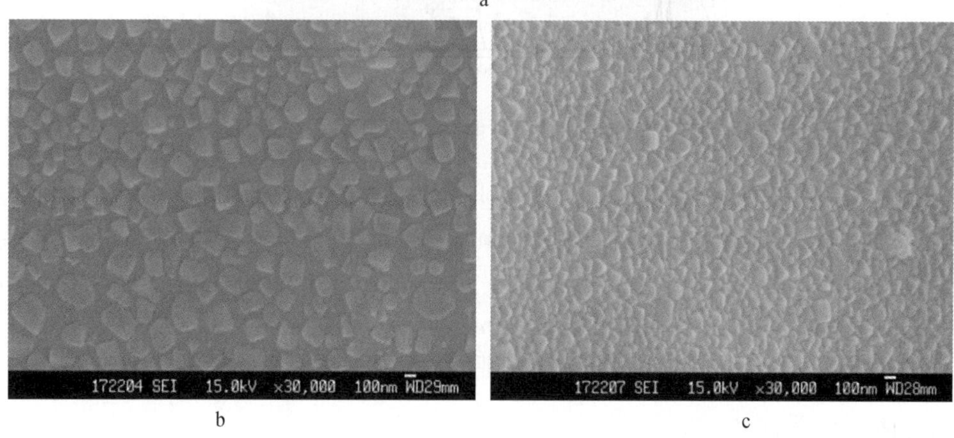

b c

图 4-96 陶粒（a），负载双金属（b. Mn+Cu；c. Mn+Ni）SEM 对比图

未负载陶粒表面和负载后陶粒表面对比发现，负载后表面有不同规则形状的凸起，陶粒主要成分为 SiO_2、Al_2O_3，以及一些碱性金属。在酸性条件下陶粒骨架释放出部分 Al^{3+}、碱性金属离子，空出的晶格部位被 Mn、Ni、Cu 占据，在一定温度下焙烧后氧化形成不同晶体结构的氧化物。图 4-96b 陶粒负载 Mn+Cu 催化剂凸起形状呈菱形，而图 4-96c 陶粒负载 Mn+Ni 催化剂表面凸起形状相对密集，形状比较圆润。

(2) 负载锰、镍金属氧化物前后的能谱图

对陶粒负载 Mn+Ni 催化剂表面能谱分析结果如图 4-97 所示，对比发现在原本的吸收峰位置，Mn、Ni 均有负载。经过焙烧后，Mn+Ni 都是以氧化态形式存在，Mn 负载含量分布较为均匀，而镍负载量在 0 ~ 6%。

3. 催化臭氧氧化含菲模拟废水

1) 臭氧浓度对反应的影响

图 4-98 的实验结果表明臭氧浓度对菲去除影响明显，反应过程受到臭氧传质的影响。

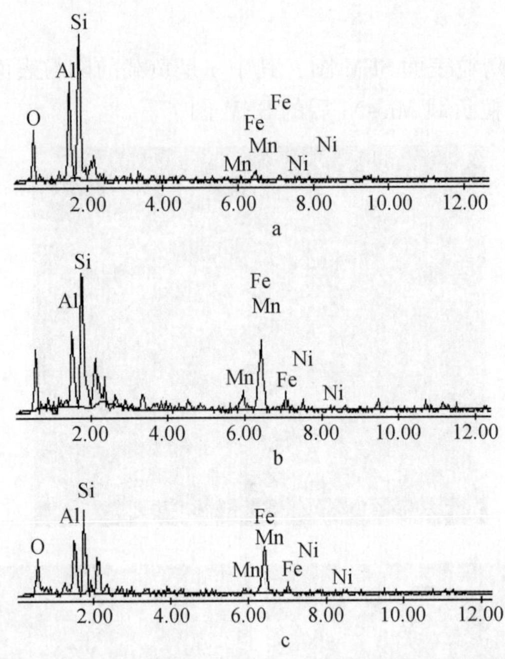

图 4-97　陶粒负载 Mn+Ni 前（a）后（b、c）能谱图

臭氧浓度由 6mg/L 提高到 150mg/L，对菲的去除提升不高，此时反应速率快，菲和臭氧反应速率主要受到水中菲浓度和臭氧与菲直接氧化速率的影响。在文献查到臭氧能完全去除水中低浓度的菲（Kornmuller et al.，1997；Kornmuller and Wiesmann，1999；Butkovic et al.，1983），在本实验中，臭氧浓度在 6～60mg/L，反应 4min 内，菲去除率相同时，低浓度臭氧利用率高几十倍，在考虑去除水体中菲时，建议采用低臭氧浓度。

2）pH 对反应的影响

菲和臭氧在酸性条件下主要以臭氧直接反应为主。pH 对反应影响结果如图 4-99 所示，不同酸性条件下菲去除不同，臭氧浓度为 6mg/L，水体 pH 在 3.94 时，相同条件下菲的去除比 pH 在 6.45 时反应速率低 50% 左右。

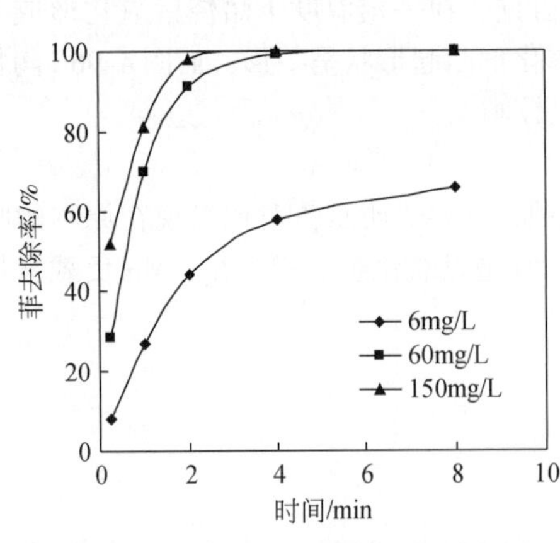

图 4-98　臭氧浓度对菲臭氧氧化的影响

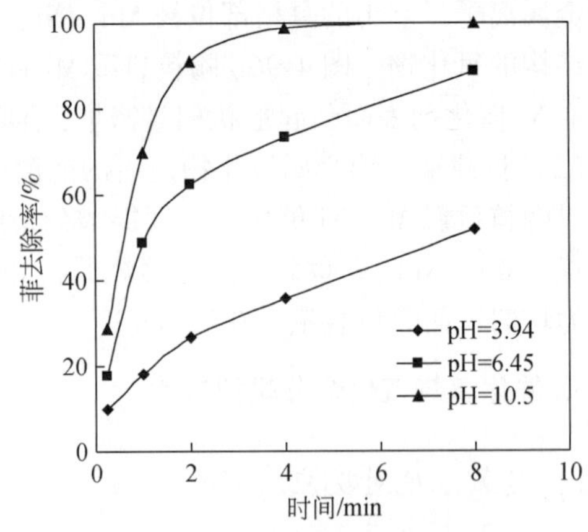

图 4-99　pH 对菲臭氧氧化的影响

3）不同臭氧化气体流速对菲去除率的影响

通过改变臭氧化气体流速提高水中微量菲的去除率，如图4-100所示，臭氧和菲的反应随臭氧流速的增大明显加快，在臭氧化气体流速为1.8～3.6L/min调节下，反应为一级反应，整个过程受到臭氧传质过程的控制。臭氧化气体流速接近5～10L/min时反应速率趋于稳定。在气体流速为5L/min时，提高气体流速反应速率趋于稳定，在保证反应器处于动力学控制条件下（吴迪、王建龙，2006；克里斯蒂安·哥特沙克等，2001；Beltrán，2004），提高反应速率以及臭氧利用率条件，本实验选用臭氧投加速率为360μg/min。

4）不同初始菲浓度对菲去除率的影响

不同菲初始浓度对臭氧利用率影响不同，如图4-101所示，在臭氧投加速率为360μg/min，菲初始浓度在24μg/L到48μg/L时，菲的下降趋势相同，反应受到动力学控制。而12μg/L时菲去除很小，反应受到传质过程的影响。

臭氧消耗比随着初始菲浓度的下降，臭氧利用率下降，菲浓度12μg/L到48μg/L的范围内，在臭氧投加1100μg时，不同初始浓度下的菲都能去除到1μg/L左右。

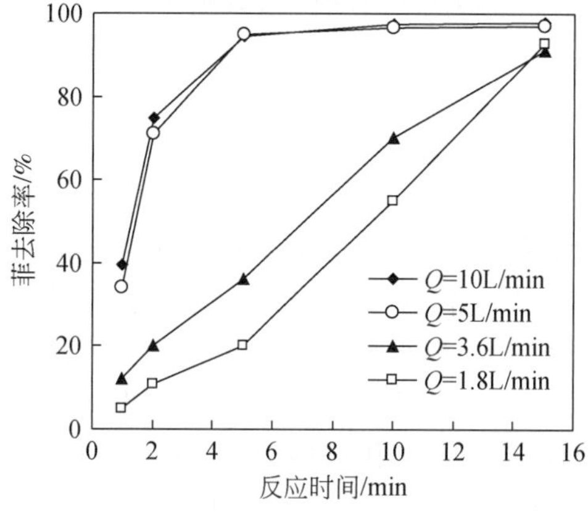

图4-100　不同气体气量对菲去除的影响

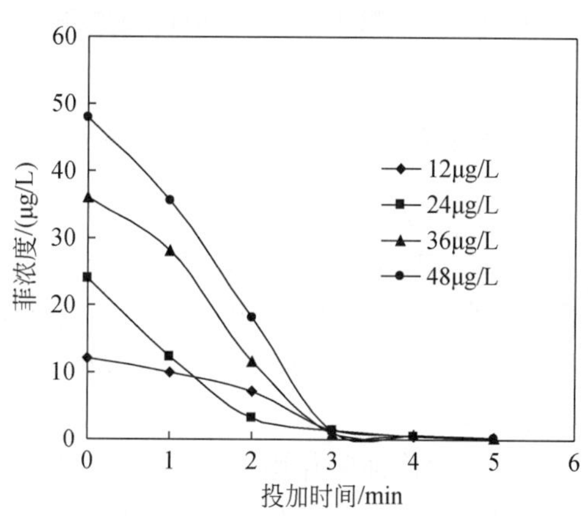

图4-101　不同初始菲浓度随投加速率的去除

5）臭氧投加量对菲去除率的影响

试验确定臭氧投加速率对菲去除的影响，试验为批次反应，按1min、2min、3min等投加时间投加臭氧，投加结束后静置4min，结果如图4-102所示，臭氧投加速率为360μg/min。投加1min后，臭氧在水中的投加量为360μg/L，菲去除率达到50%，然后臭氧投加速率与去除率比逐渐下降。这是因为水中菲浓度下降，臭氧和菲的反应速率下降；同时菲分解产生的中间产物竞争消耗臭氧。

6）COD对菲去除的影响

在实际尾水中，菲含量在微克级别，而COD浓度在100mg/L以下，用葡萄糖配置不同COD浓度的菲模拟废水，臭氧投加速率为360μg/min，气体条件不变，试验COD对水样中臭氧对菲去除的干扰。废水中 COD 对菲去除的影响如图 4-103。在 COD 为 20～60mg/L 时，对菲的去除影响不大，COD 增加到 80mg/L 时，菲的去除率下降了 4%。主要是废水中菲分解的 HO · 被葡萄糖消耗，这也说明了在 pH 为 7.8 时菲的消耗主要是臭氧直接氧化为主。臭氧对废水中的 COD 没有影响。

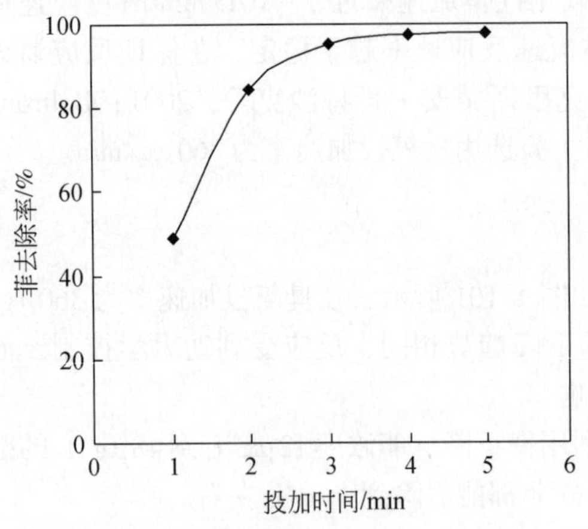

图 4-102　臭氧投加速率对菲去除率的影响

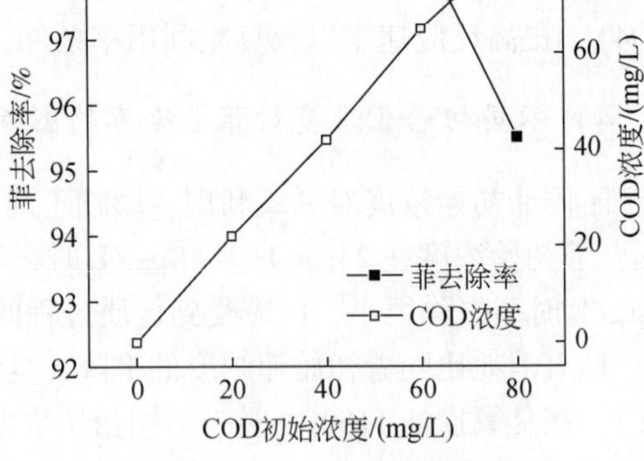

图 4-103　COD 对菲去除的影响

7）单金属负载催化剂的选择与参数优化

（1）Fe 负载量对菲去除率的影响

本实验探讨了 Fe/活性炭对菲的催化效果。如图 4-104 所示，未负载的活性炭催化活性低，随着 Fe 负载量的变化催化活性也有所改变，在负载量为 0.12mg/g 附近，菲的去除率达到最高，随后稍有降低，表明催化活性主要受到 Fe 的影响。初步认为由于活性炭对铁盐的负载，载铁活性炭对苯的羟基化具有较好的活性，其原因主要为活性炭表面含氧官能团对铁的“修饰”作用，使得 Fe 在活性炭表面形成具有催化活性中心。Fe 是通过化学键吸附而负载在活性炭上的，在催化氧化过程中，Fe 易流失（Jans and Hoigné，1999；杨文清、李旭凯，2011）。

（2）不同重金属对菲去除率的影响

金属对臭氧催化活性有差异，负载后金属氧化物形态的不同，其催化活性也有差异，因此研究不同金属负载催化臭氧氧化，如图 4-105 所示三种载体对菲催化效果对比：三种负载催化剂对菲都有催化效果，其中 Mn 负载的催化剂对菲去除效果最好，Mn 离子负载后经过焙烧形成 MnO_2，在催化过程中去除率平均提高了 20%。

（3）不同载体对菲去除率的影响

本实验研究了两种载体对菲去除的影响，不同载体对菲去除如图 4-106 所示，加催化剂后菲去除率均有提高，陶粒负载 Mn 作为催化剂对菲催化效果最好，陶粒表面比表面积大，孔隙率多，能截留一部分臭氧化气体，提高了臭氧停留时间；陶粒表面具有很好的催化活性。

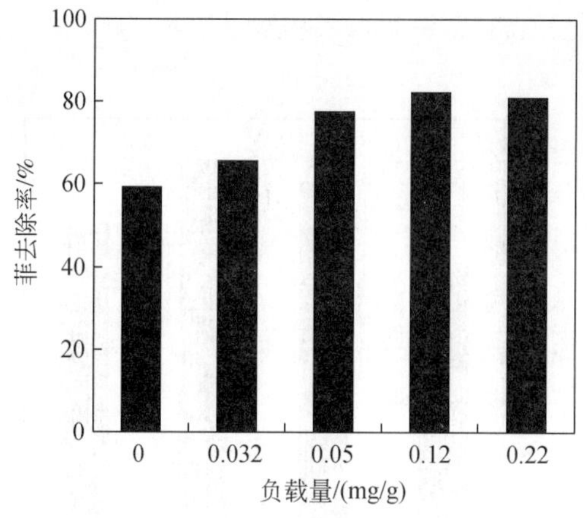

图 4-104　Fe 负载量对菲去除率的影响

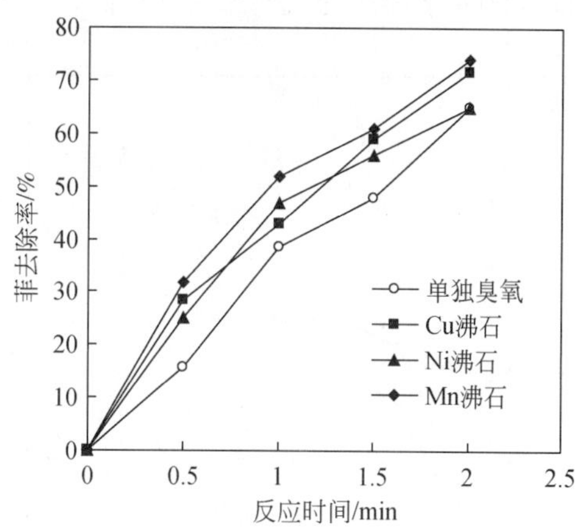

图 4-105　不同重金属对菲去除的影响

(4) 催化剂用量对菲去除的影响

如图 4-107 所示，随着加入催化剂，增加了水中臭氧的分解，产生的自由基加速了反应，此时水中溶解臭氧浓度低于 0.1mg/L。继续增加投加速率菲不再提高，此时气固传质阻力增加，反应受到传质过程影响，主要催化剂增加臭氧停留时间的效果与增大传质阻力之间达到平衡。

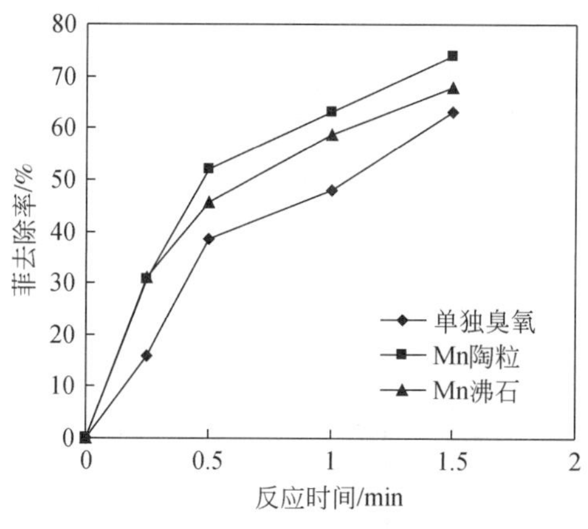

图 4-106　不同载体对菲去除的影响

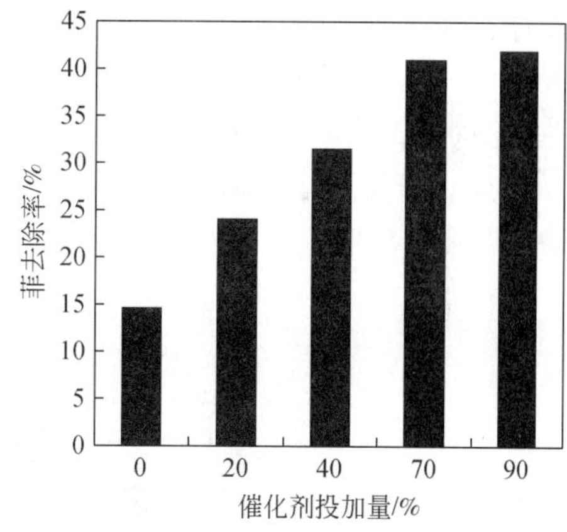

图 4-107　不同催化剂用量对菲去除的影响

(5) 陶粒负载不同双金属催化剂对菲去除率的影响

选择多种重金属负载陶粒，如 Mn、Ni、Cu 选择其中两种作为负载金属，结果如图4-108 所示，Mn+Ni 催化效果最好，对菲的去除效果相差不大，但是双组分催化剂在废水中应用更广泛，双组分金属在陶粒表面能形成更多的催化活性中心，能催化不同类型的污染物。

(6) Mn+Ni/陶粒催化剂不同焙烧温度下的活性

陶粒经过酸活化负载后，表明性质发生很大变化，焙烧会影响金属氧化形态以及表面空隙结构等，因此实验在不同温度下焙烧的结果如图 4-109 所示，未负载的陶粒也对菲去除有作用，最佳的焙烧温度为 600℃，比未负载催化剂的效果提高了 13%，这是因为 Mn、

Ni 在 600℃下形成的氧化态活性最高。

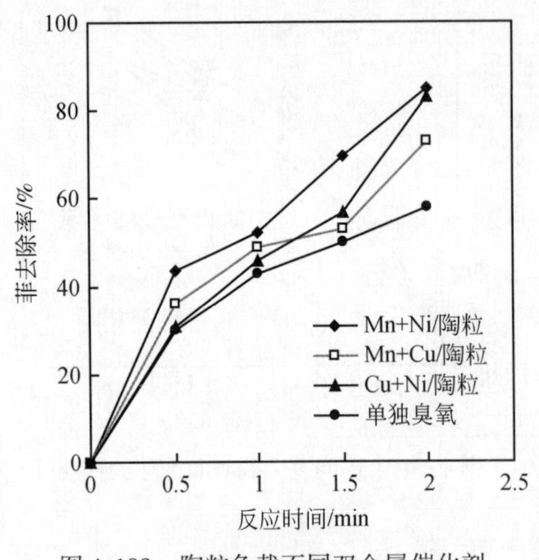

图 4-108　陶粒负载不同双金属催化剂对菲去除率的影响

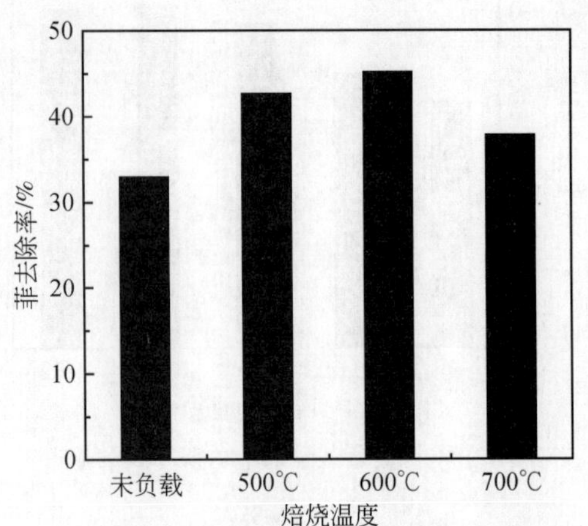

图 4-109　Mn+Ni/陶粒催化剂焙烧温度对菲的去除效果

（7）负载双金属催化剂用量对菲去除率的影响

催化剂用量对菲去除有很大影响，催化剂的活性中心能催化臭氧分解，数量越多催化能力越强。同时催化剂的加入，整个体系成为三相体系，臭氧和菲的反应包括臭氧分子与菲的反应，催化剂表面臭氧分解产生的 HO·与菲的反应。催化剂用量对菲的影响如图 4-110所示。适量的催化剂能延长水中气体停留时间，提高臭氧利用率；而且能催化臭氧分解生产 HO·，催化剂投加量 20g（对应投加的体积比为 5%），臭氧利用率比单独氧化提高了 14%；催化剂的投加增加了臭氧液相到催化剂表面的传质阻力，因此随着催化剂的增加臭氧利用率反而有所下降。

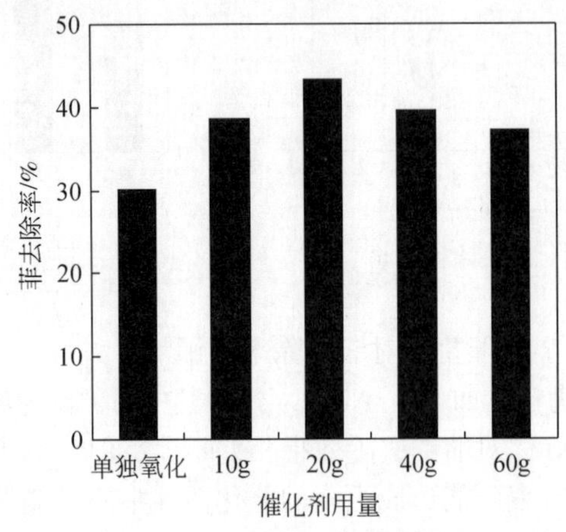

图 4-110　负载双金属催化剂用量对菲去除的影响

4.4.1.2　电–磁-MBR 漂染废水脱毒减害技术研究

1. 磁性载体的研制

1）材料的预处理

花生壳、木屑等生物质材料的改性：取适量花生壳或其他生物质材料，于圆底烧瓶中，加入稀 H_2SO_4 甲醛溶液，加热回流处理 2h，抽滤清洗后烘干。再经过碱化处理，其过程为：所用材料用 30% NaOH 碱化，抽滤清洗至中性后烘干备用。

2）磁性生物载体的制备

磁性生物载体通过化学共沉淀法制备，具体步骤为：将 Fe^{2+} 和 Fe^{3+} 按 1∶2 的摩尔比溶于蒸馏水中，加入一定量（与 $FeSO_4 \cdot 7H_2O$ 按质量比为 1∶2 加）经预处理的原材料，磁力搅拌至溶液温度升至 80℃，在快速搅拌下缓慢滴加稀氢氧化钠溶液，然后把混合物在高温下陈化 4h，冷却至室温后，抽滤并用水反复洗涤至产物 pH 接近中性，最后将抽滤后的产品放入烘箱内于 102 ~ 105℃下干燥即可得到产品。

3）磁性生物载体的比表面积和孔径分布

载体的挂膜性能与其比表面积和孔径的大小有着密切的关系，大的比表面积和孔径有利于微生物在载体上生长吸附。图 4-111 为各载体的吸–脱附等温线，参考吸附等温线 BDDT 的五种类型，由图可以看出，除了木屑和花生壳的吸附等温线属于Ⅰ型外，其余载体的吸附等温线都属于Ⅳ型，说明木屑和花生壳主要为微孔结构，经过磁化后，木屑和花生壳的孔结构增大。表 4-27 为各载体的比表面积和孔径分布，可以看出，磁化改性后，木屑的比表面积由 2.2m^2/g 提高到 49m^2/g，花生壳由 4.8m^2/g 提高到 63.0m^2/g，活性炭由 515.8m^2/g 提高到 928.2m^2/g，木屑和花生壳的平均孔径分别增加到 16μm 和 19μm，孔容增加到 0.196cm^3/g 和 0.299cm^3/g，而活性炭的孔径和孔容分别从 1.8μm 减小到 0.9μm 和从 0.237cm^3/g 减小到 0.208cm^3/g。磁性木屑和花生壳的比表面积均有增加，说明磁性

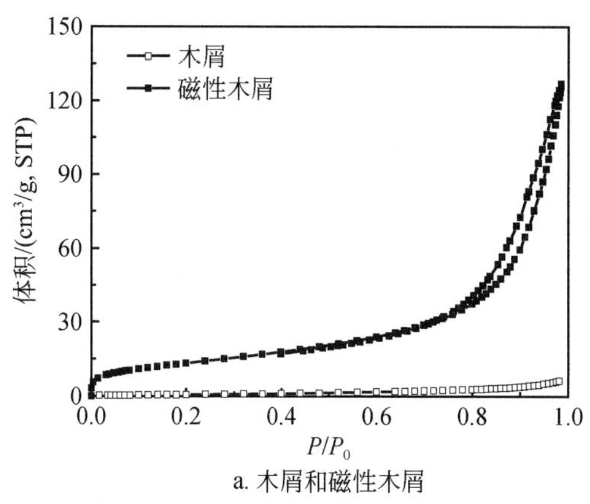

a. 木屑和磁性木屑

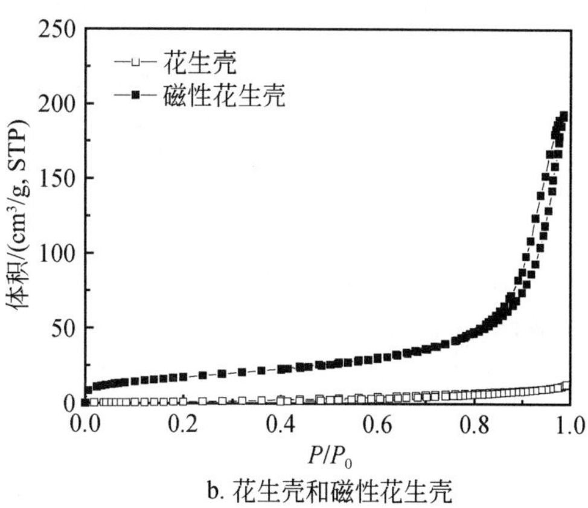

b. 花生壳和磁性花生壳

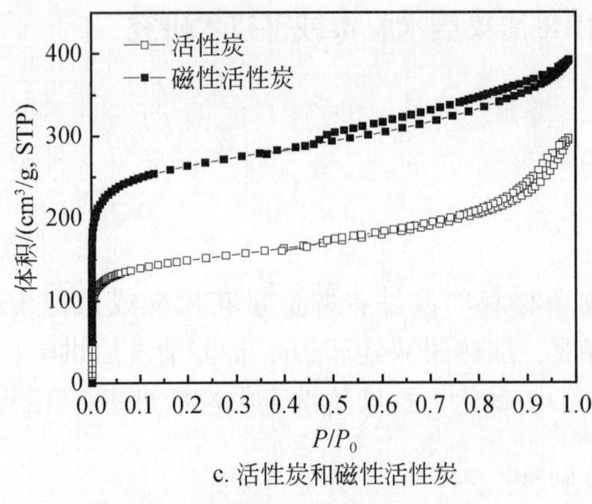

c. 活性炭和磁性活性炭

图 4-111　生物载体的吸附-脱附等温线

生物载体并没有堵塞原载体的孔道，其比表面积和孔容的增大，是由于在制备过程中 Fe_3O_4 与原载体形成了孔状结构，从而使木屑和花生壳的比表面积和孔容增加。

表 4-27　各载体的比表面积和孔径分布

种类	比表面积/(m^2/g)	孔径/μm	孔容/(cm^3/g)
木屑	2.2	—	—
磁性木屑	49.0	16.0	0.196
花生壳	4.8	18.4	0.022
磁性花生壳	63.0	19.0	0.299
活性炭	515.8	1.8	0.237
磁性活性炭	928.2	0.9	0.208

2. 电好氧生物体系处理含微量萘和菲废水的影响因素研究

1）不同体系对 1ppm 萘的降解效果对比

不同体系对 1ppm① 萘的降解随时间变化曲线如图 4-112 所示，萘在实验条件下有一定的挥发性，好氧生物对萘去除率较低；石墨电极好氧生物组以及钛电极好氧生物组对萘的去除效果明显。分析认为：微生物在电流的刺激下活性较高，电流条件下萘的苯环被打开能成为微生物能利用的物质。实验表明，单独电极体系，电好氧生物体系对 1ppm 萘具有降解作用，石墨好氧生物体系对萘的去除率要高于钛好氧生物体系等其他反应体系，7h 后去除率达到 59.0%。

① $1ppm=10^{-6}$。

2）不同体系对 1ppm 菲的降解效果对比

不同体系对 1ppm 菲的降解效果对比如图 4-113 所示，菲的挥发性远低于萘，实验取得了较好的预期效果。由图可知，石墨好氧生物体系对菲的降解效率最高，6.5h 后降解率达到 77.0%。钛好氧生物体系对菲降解率次之，6.5h 后降解率达到 67%。单独石墨体系以及单独钛电极体系对菲有一定的降解。好氧生物体系对菲的降解作用不明显，6.5h 后降解率仅为 26.0%。由此可知，电流的引入提高了生物对菲的降解，石墨好氧生物体系对菲的降解效率最高。

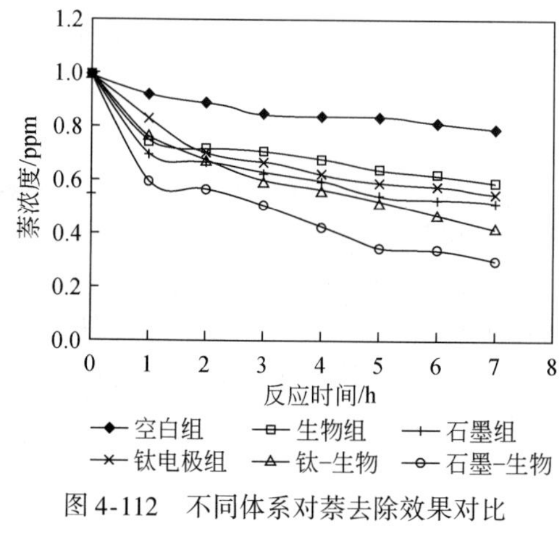

图 4-112　不同体系对萘去除效果对比

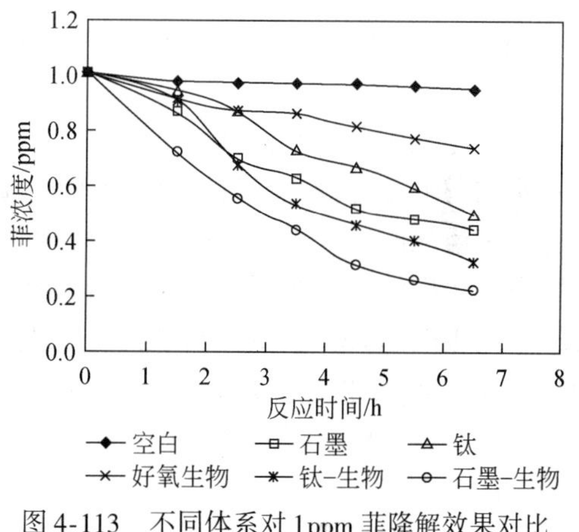

图 4-113　不同体系对 1ppm 菲降解效果对比

3）电好氧生物体系对 12ppb 菲降解因素研究

（1）不同体系对 12ppb① 菲降解效果对比

由图 4-114 可知，电好氧生物系统对菲的去除效果要比单独好氧生物体系以及单独电极的效果要好，达到 94.8%。而单独好氧生物对菲的去除效果达到 92.7%。由此可知电解作用的引入对菲的降解率只提高 2.1%。初步分析认为好氧生物对菲的去除只是吸附作用，当好氧生物达到吸附饱和后，对菲的去除率会降低，而电好氧生物系统对菲的去除是降解作用。

（2）连续性实验对菲降解效果对比

通过一组批次性 24h 的试验，试验结果如图 4-115 所示，电好氧生物系统在连续反应的 24h 内对菲去除率很高，均在 90% 以上，最高的降解率为 93.7%，平均降解率为 92.0%：比单独电极的降解率平均要提高 8.4%；而单独好氧生物体系降解率由 89.9% 降低到 15.7%，在 24h 内平均降解率为 48.5%；可知好氧生物体系在连续性反应的条件下对菲的去除达到了吸附饱和，菲的去除率逐渐升高。证明好氧生物对菲的去除吸附起主导作用，而电流的引入使微生物对菲进行吸附与转化。单独电极对菲的降解率高于单独好氧生物体系系统，低于电好氧生物系统。

---

① $1ppb = 10^{-9}$。

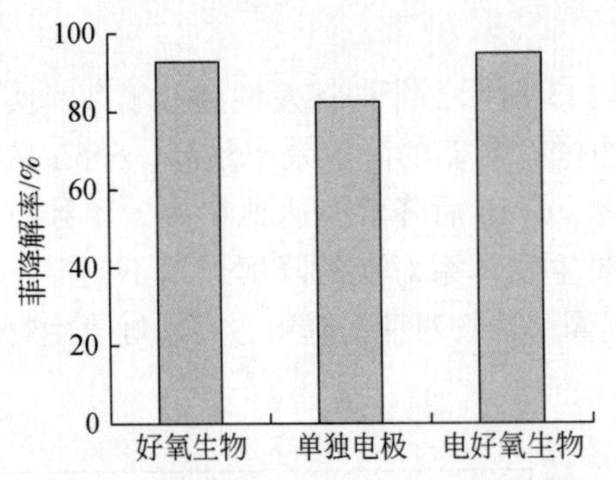

图 4-114　不同体系对 12ppb 菲降解效果对比

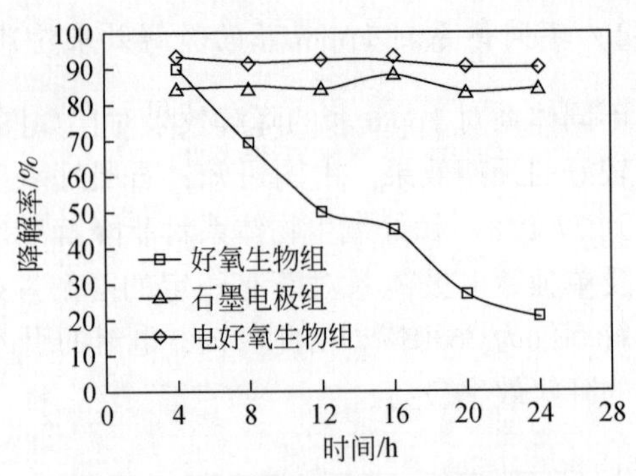

图 4-115　连续性试验每 4h 后菲的降解率

（3）电极材料影响研究

不同的电极材料对试验的影响不同，金属材料电极在电解过程中会产生电絮凝现象，为进一步优化试验过程，采用了两种相同大小的石墨电极、钛电极对 12ppb 菲进行了 6h 的降解，得出的结果如图 4-116 所示。反应 6h 后的石墨电极对菲的降解率达到 94.6%，优于钛电极的 68.3%；经分析认为：电极电解的作用原理主要基于电解氧化、电解还原和电解气浮。4h 石墨电极条件下菲的降解率达到 92.3%。反应从 4h 到 5h 之间无论是石墨电极组还是钛电极，菲的降解率只提高了 1%，从节能、缩短反应时间角度出发，拟确定反应时间为 4h。

（4）pH 影响的研究

由图 4-117 可知，在 pH 为 8 的条件下电好氧生物系统对菲的降解率最高，达到了 96.8%。在酸性条件下好氧生物不适宜生长，而在碱性条件下好氧生物活性较高，其原因可能是由于菲的微生物降解过程中会产生一些酸性中间产物，偏碱性溶液中 OH^- 正好可以中和这些酸性中间产物中的 H^+。而酸性条件下 H^+ 会在溶液中积累，从而酸性条件下菲降解率弱低于碱性。

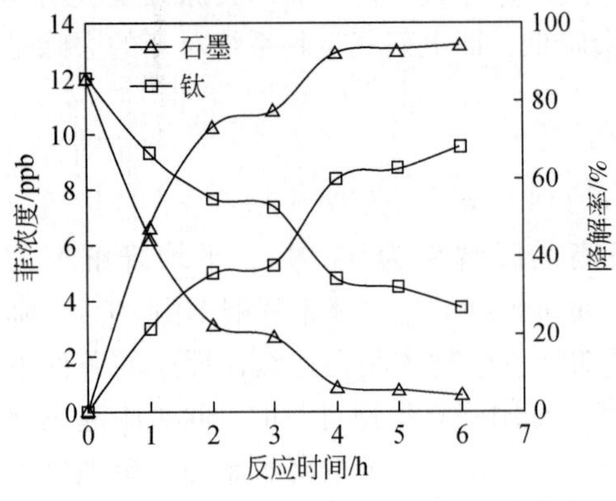

图 4-116　菲在不同电极条件下随时间变化曲线

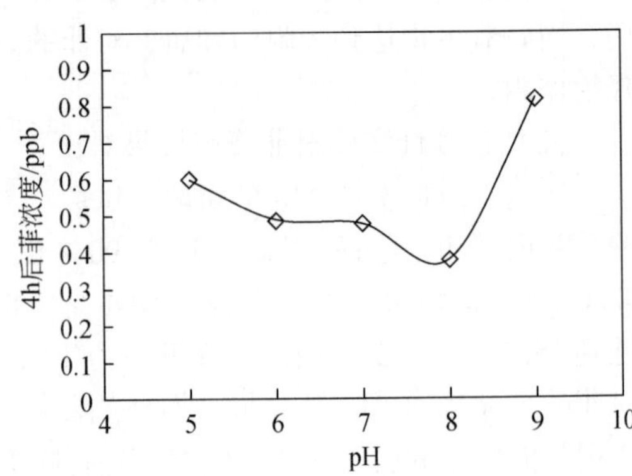

图 4-117　不同 pH 条件下 4h 后菲的降解率

4.4.1.3　催化臭氧氧化-电磁 MBR 对印染废水脱毒中试试验研究

1. A/O 反应器对印染废水去除效果

A/O 反应器启动后以实际印染废水按进水 300L/d，运行稳定一段时间各工艺段进出水 COD 和去除率如图 4-118 所示，由图知，取自于废水厂集水池的印染废水 COD 浓度在 300 ~ 600mg/L 范围内，驯化的污泥来自于印染废水厂，对印染废水达到了较好的去除效果，连续运行的 40 天内 COD 出水浓度在 110mg/L 以下，平均去除率在 80% 以上，出水色度在 5 倍以下，达到了预期 A/O 反应器对印染废水的处理效果，出水 COD 达到国家纺织染整工业水污染物排放标准（GB 4287-92）。

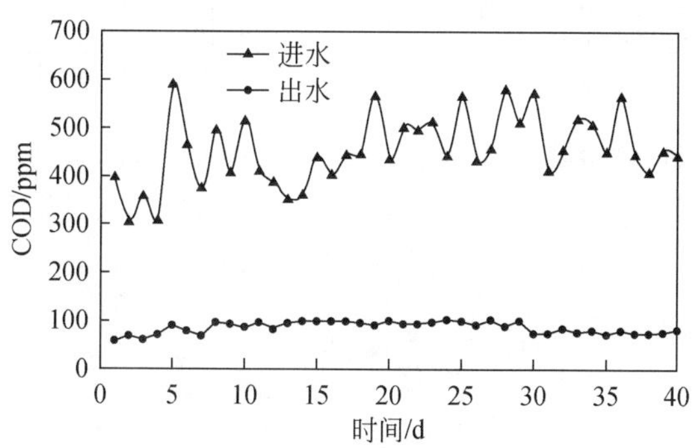

图 4-118　A/O 反应器中印染废水 COD 浓度

2. 催化臭氧氧化单元对印染废水尾水处理效果萘菲的去除

A/O 处理后的印染废水虽然在 COD 等指标方面已经达到了排放的要求，但尾水中仍然存在着萘、菲等多种多环芳烃类的污染物。为进一步实现尾水的脱毒减害，探讨了催化臭氧单元对尾水中萘、菲等多环芳烃类化合物的处理效果。

1）COD 的去除

加入催化臭氧工艺后，臭氧反应器出水 COD 值变大，结果如图 4-119 所示。这是因为印染废水中芳烃类有机物不能被重铬酸钾法氧化，而臭氧与芳烃类反应生成小分子有机物，或者生成带有羧基基团的有机物。这些产物都能被重铬酸钾法进一步氧化，从而提高 COD 值。加入臭氧工艺后，A/O+MBR 工艺出水 COD 去除率比没有添加臭氧工艺提高了 10% ~15%，这是因为臭氧反应将一些大分子有机物与难生物利用的有机物分解成可生物去除的小分子，增加了废水的可生化性。

2）萘和菲的去除

萘、菲是不饱和有机物，臭氧分子对菲具有很强的针对性反应，催化剂能提高臭氧利用率，将部分臭氧分解生成 HO·参与到去除萘菲的过程中。且固体催化剂作为填料加入反应器中，增加了气液接触时间，提高了水中臭氧溶解度。如图 4-120、图 4-121 所示，加入臭氧和催化剂载体后，萘的去除率达到60%以上，菲的去除率平均在50%左右。

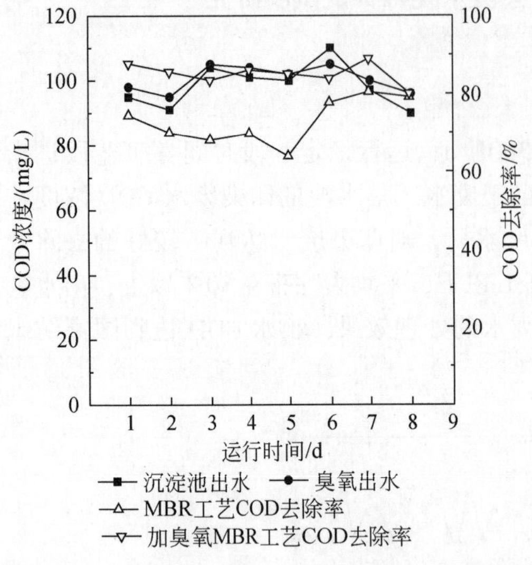

图4-119　催化臭氧氧化对出水COD去除率的影响

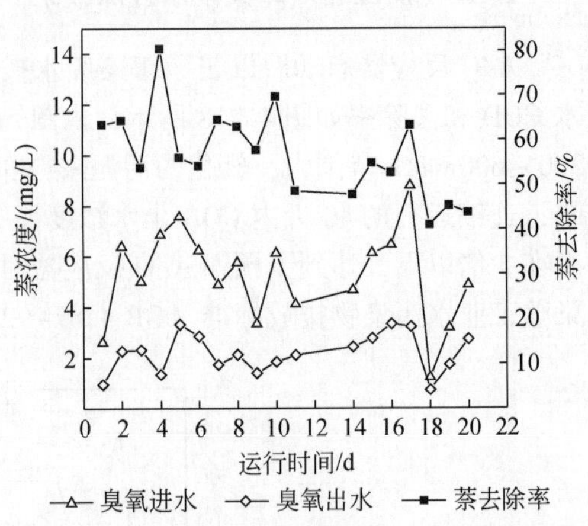

图4-120　催化臭氧反应器进出水中萘浓度变化

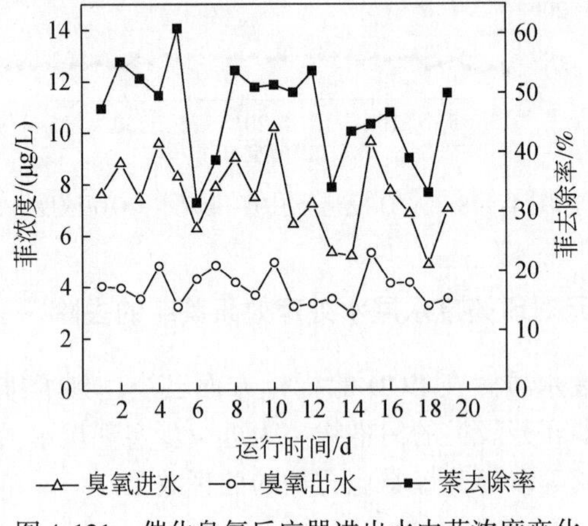

图4-121　催化臭氧反应器进出水中菲浓度变化

3. A/O-催化臭氧氧化-电磁式MBR对印染废水的综合处理效果

根据上述试验所取得的运行参数，将所有处理单元串联起来，进一步探讨了整个工艺连续运行的效果。

1）COD去除

整个工艺对COD的去除效果如图4-122所示，由图知，系统出水COD浓度在40mg/L以下，COD出水浓度较低，出水较稳定，工艺对COD的平均去除率为92.2%。

2）萘的去除

整个工艺对萘的去除效果如图4-123所示，由图可知，系统对萘去除率较高，整个系

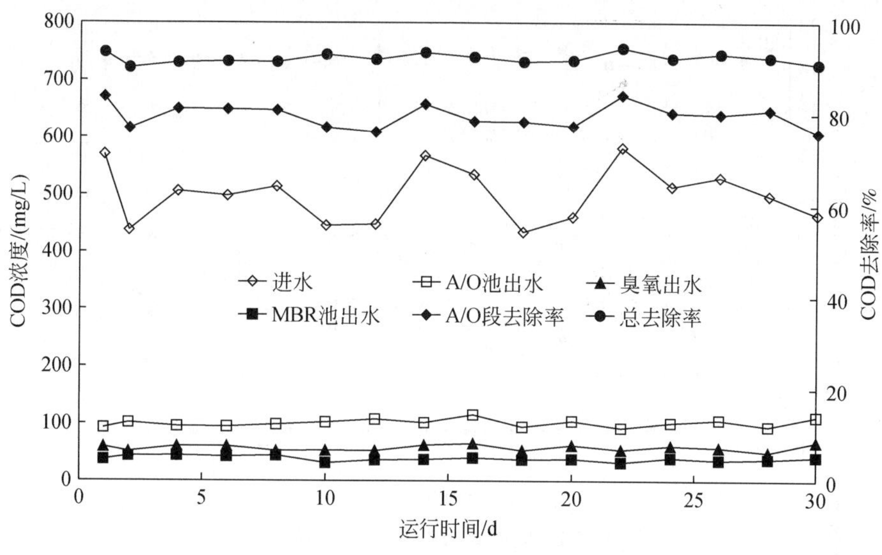

图 4-122　整个工艺对 COD 的去除效果

统出水的萘浓度控制在 0.75ppb 以下，出水的萘浓度已经符合《生活饮用水卫生标准》（GB 5749-2006）中总 PAHs 浓度限值，整个系统对萘的去除率最高可达 97.5%。

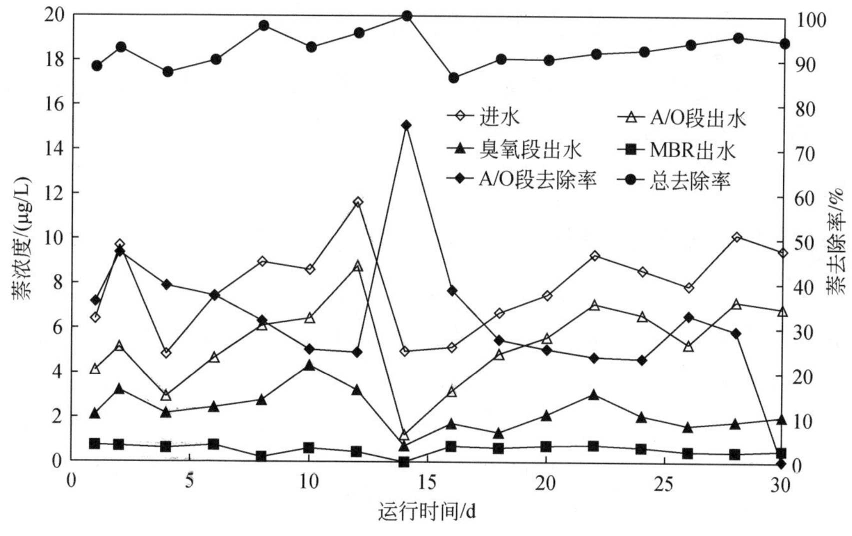

图 4-123　电磁式 MBR 对萘的去除效果

3）菲的去除

整个工艺对菲的去除效果如图 4-124 所示，菲虽然进水浓度波动范围大，但系统对菲的去除仍维持在较高的水平，菲出水的平均浓度在 0.8ppb 以下。工艺中对菲的总去除率为 90% 以上。

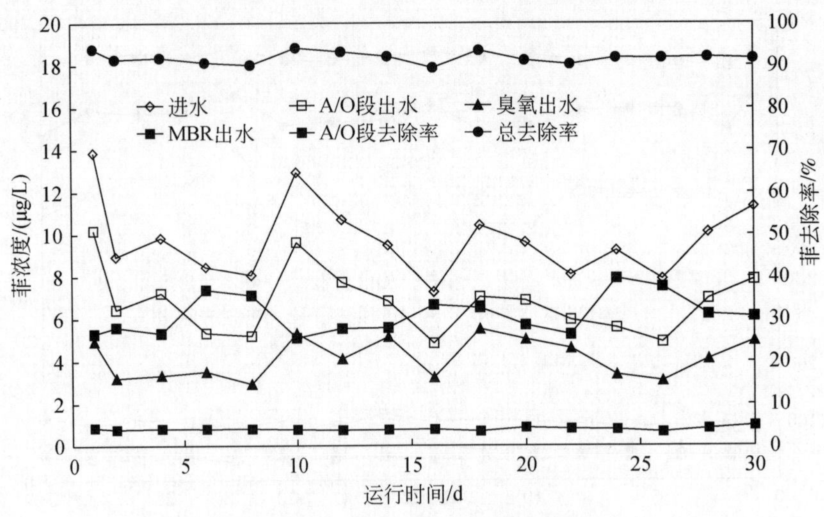

图 4-124　电磁式 MBR 对菲的去除效果

4.4.2　综合排水河道持续净化成套技术研究

4.4.2.1　固定化微生物脱氮技术实验性研究

通过对实验室保藏的枯草芽孢杆菌进行试验，采用辫带式水处理填料作为生物载体，通过闷曝方式使枯草芽孢杆菌固定在辫带式水处理填料上。然后，采用预固定枯草芽孢杆菌的辫带式水处理填料净化微污染水体。

1. 枯草芽孢杆菌的最大负载量

本实验以枯草芽孢杆菌的负载量为评价指标。枯草芽孢杆菌的负载量是单位面积的辫式飘带所负载的枯草芽孢杆菌的菌落数。单位面积负载的菌落数越多，越节省负载材料。该值是一个具有经济价值的指标，它的大小将影响处理污染水体的固定费用。

由表 4-28 极差 R 大小可见，影响枯草芽孢杆菌的负载量的 4 个因素主次顺序依次为 pH、负载菌液浓度、负载时间、DO 浓度。由表中各因素水平值的均值可见各因素中较佳的水平条件分别为：pH=6，DO 为 4mg/L，负载菌液浓度为 3.2×10^8 cfu/mL，负载时间为 5 周。根据上述结果，确定枯草芽孢杆菌的最大负载量为 2.1×10^{12} cfu/m^2。

表 4-28　最大负载量的正交实验结果

实验号	因子				
	pH	DO/(mg/L)	负载菌液浓度/(cfu/mL)	时间/周	负载量/(10^{12} cfu/m^2)
1	6	3	3.2×10^7	4	1.1
2	6	4	3.2×10^8	5	2.1

续表

实验号	因子				
	pH	DO/(mg/L)	负载菌液浓度/(cfu/mL)	时间/周	负载量/(10^{12}cfu/m^2)
3	6	5	3.2×10^9	6	1.7
4	7	3	3.2×10^8	6	2
5	7	4	3.2×10^9	4	1.5
6	7	5	3.2×10^7	5	1.9
7	8	3	3.2×10^9	5	0.77
8	8	4	3.2×10^7	6	0.52
9	8	5	3.2×10^8	4	0.83
K_1	4.9	3.87	3.52	3.43	
K_2	5.4	4.12	4.93	4.77	
K_3	2.12	4.43	3.97	4.22	
K_1 均值	1.6	1.29	1.17	1.14	
K_2 均值	1.8	1.37	1.64	1.59	
K_3 均值	0.71	1.48	1.32	1.41	
R	1.09	0.19	0.47	0.45	

2. 固定化枯草芽孢杆菌载体的处理能力

图4-125显示出辫式飘带对COD、NH_3-N、NO_2^--N及NO_3^--N具有一定的吸附能力，且吸附4d后趋于饱和。用对照组2对四项指标的去除率减去对照组1的去除率作为无负载的辫式飘带的吸附率。7d后，无负载的辫式飘带对COD、NH_3-N、NO_2^--N及NO_3^--N的吸附率分别为15.7%、16.7%、19.4%、9.7%。负载有枯草芽孢杆菌的辫式飘带有良好的修复能力，运行7d对COD、NH_3-N、NO_2^--N及NO_3^--N的去除率分别为97.35%、96.8%、89.4%、40.8%，显著高于两个对照组，且COD、NH_3-N达到地表Ⅱ类水标准。7d后NO_3^--N浓度下降较少，原因依然在于枯草芽孢杆菌在好氧条件下可促进硝化作用（Chen et al.，1999），并且在好氧条件下，反硝化反应受到抑制，4NO_3^--N还原遇到阻碍。且低基质浓度下，碳源不足时，枯草芽孢杆菌的同化受到抑制（Martienssen and Schops，1999），故当水体中COD浓度较低时，NH_3-N、NO_2^--N及NO_3^--N的去除亦变得缓慢而接近停滞。

固定化枯草芽孢杆菌显示出较好的处理效果，本研究认为主要有三个原因：一是作为负载物的辫式飘带具有吸附能力，使水体中分散的COD、NH_3-N、NO_2^--N及NO_3^--N聚集到飘带表面上，致其游离于水体中的浓度减少。二是辫式飘带起到了一个富集枯草芽孢杆菌和营养物质的作用，飘带为枯草芽孢杆菌提供了一个相对稳定不容易分解且可以附着生长的环境，在飘带表面附着的枯草芽孢杆菌的数量比游离于水体中的枯草芽孢杆菌多，这在低基质环境下本是不利于枯草芽孢杆菌的生长繁殖，但由于辫式飘带具有吸附污染物质的能力，因而同时在飘带表面创造了一个基质浓度相对高的微环境，使飘带表面的枯草芽孢杆菌有了相对较高的碳源供应。枯草芽孢杆菌的同化主要受到碳源控制，因而固定化的枯草芽孢杆菌生长更为旺盛，对污染物质的去除更为高效。三是辫式飘带独有的线圈状结构，对气泡有很好的切割作用，有储氧功能，枯草芽孢杆菌一般认为是好氧菌，富氧环境有利于其生长，同时由于受水流和气流的冲动，填料上的生物膜不断更新，老化的枯草芽孢杆菌死亡后能自然脱落，传质效率好，因此飘带上的枯草芽孢杆菌生物活性高，同化能力更强。

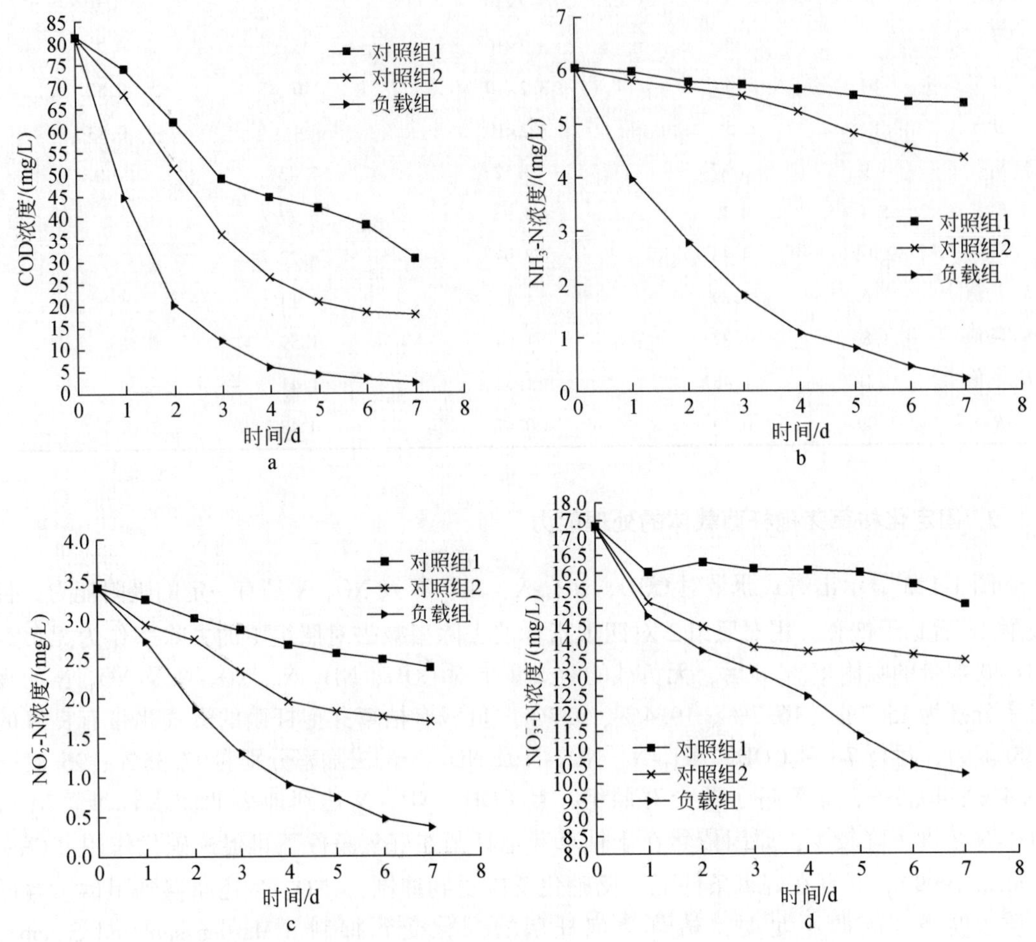

图 4-125　最大负载量固定化枯草芽孢杆菌的 COD，NH_3-N，NO_2^--N 和 NO_3^--N 的去除效果

3. 枯草芽孢杆菌对环境条件变化的耐受能力

1）对 pH 冲击的耐受能力

由图 4-126 和图 4-127 可见，改变水体 pH 至 4、9 并持续 1d 后，即使回调 pH 至 7，仍然对系统造成了不可逆的影响。9d 的运行中，对照组各指标明显低于受 pH 冲击的 2 组。对照组的 COD 和 NH_3-N 达到了地表Ⅱ类水水质标准，NO_2^--N 低于 0.5mg/L。而受 pH

冲击的2组，COD和NH_3-N均未达到地表Ⅱ类水水质标准，NO_2^--N高于0.5mg/L。在pH冲击下，枯草芽孢杆菌对NH_3-N的去除能力下降最显著，其次是NO_3^--N，再次是NO_2^--N和COD。受pH冲击组的活菌数显著低于对照组，只有其1/3～1/2，pH 9冲击后活菌数量减少最多，其次是pH 4冲击。

本研究发现，在低基质浓度下，枯草芽孢杆菌由同化主导的繁殖的适宜pH范围为5～8，且受酸碱冲击时，偏碱性越高，活菌数减少相对较多直至细菌死亡导致净化系统崩溃（图4-127）。故控制稳定的水体酸碱性（pH 5～8）是系统正常运行的关键因素之一。

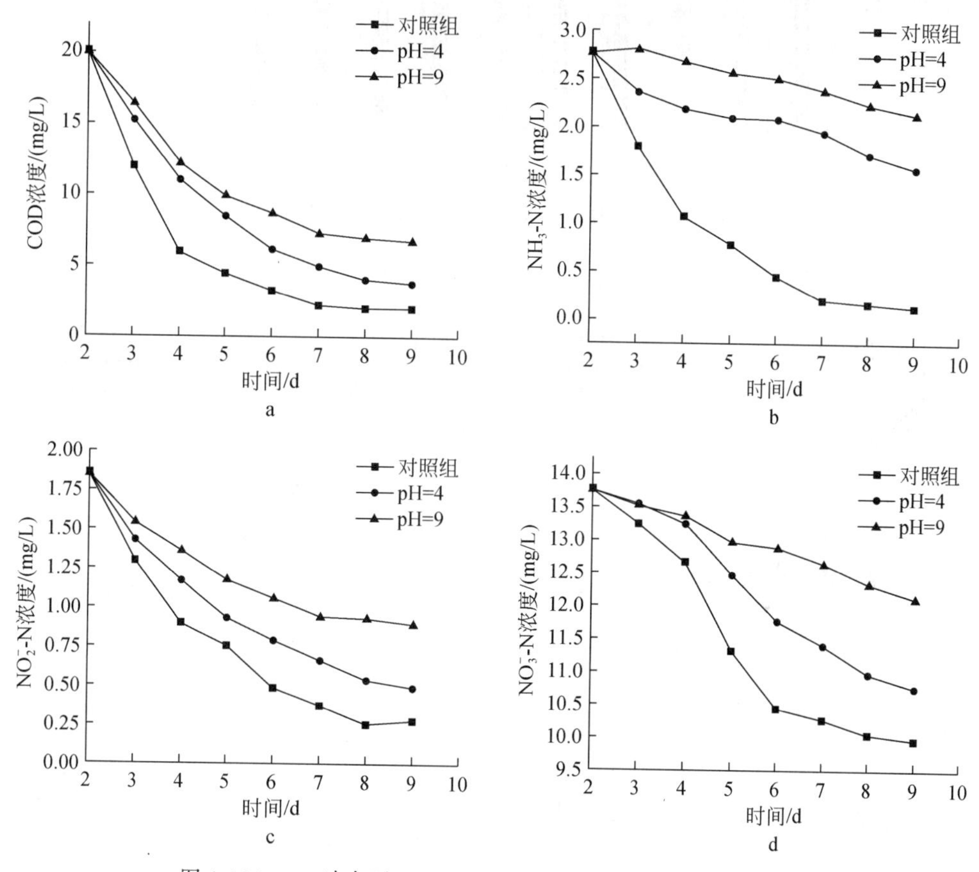

图4-126　pH冲击下COD，NH_3-N，NO_2^--N和NO_3^--N的变化

2）对DO变化冲击的耐受能力

从图4-128和图4-129可以看出，降低DO冲击1d后，回调DO至5～6mg/L，系统的净化能力可恢复。与对照组相比，受到DO降低冲击后，各指标的去除率稍有降低，但回调DO至5～6mg/L维持2d后，各指标的去除率可恢复至冲击前的水平。可见，低基质浓度下，DO的降低也只是暂时使枯草芽孢杆菌的生理活性受到抑制，当DO浓度重新提高后，枯草芽孢杆菌的活性快速恢复。运行9d后，各组COD和NH_3-N均达到地表Ⅱ类水

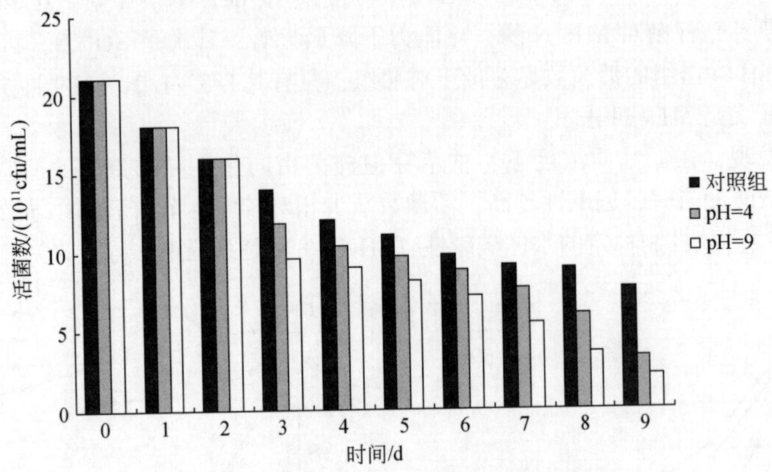

图 4-127　pH 冲击下水体中活菌数量的变化

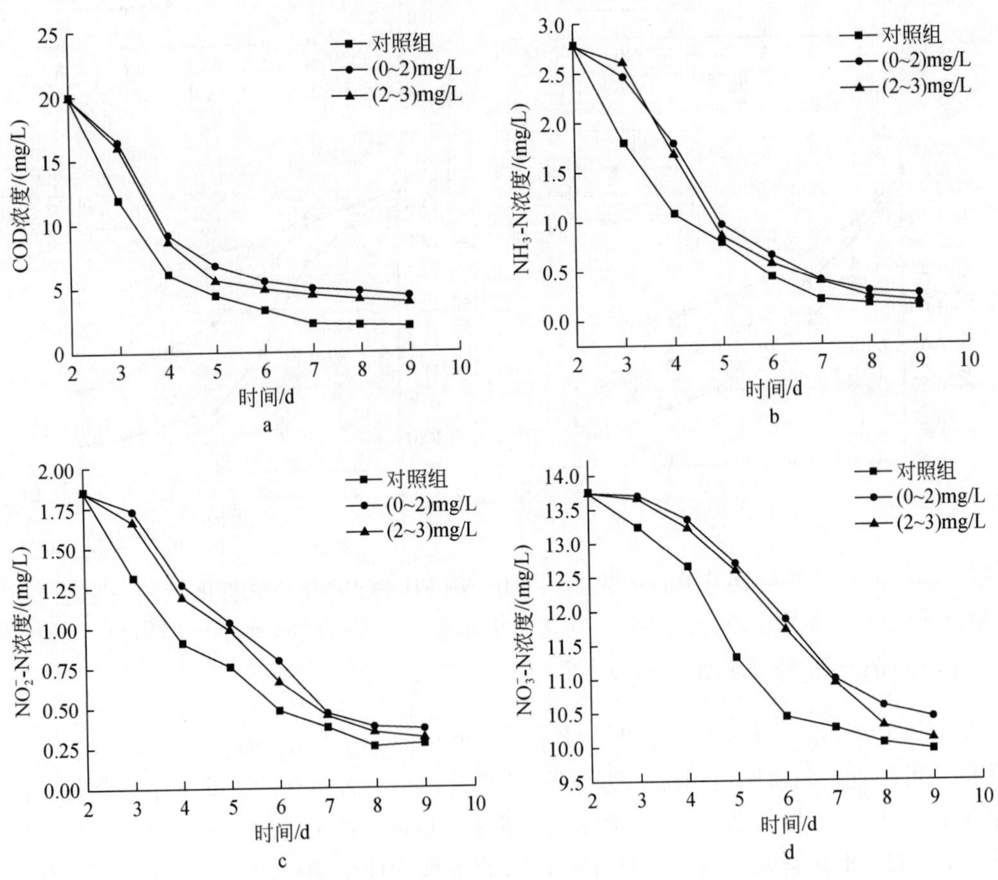

图 4-128　DO 冲击下 COD，NH_3-N，NO_2^--N 和 NO_3^--N 的变化

水质标准，NO_2^--N 低于 0.5mg/L。DO 冲击下枯草芽孢杆菌活菌数与对照组相比无明显减少，最低也有其 75%（图 4-129）。显示枯草芽孢杆菌对水体 DO 的降低有相当的耐受能力。受到 DO 冲击后，NO_3^--N 的去除能力有一定的下降，这是因为低溶氧时积累的 NH_3-N 及 NO_2^--N 在 DO 浓度回升后硝化反应生成 NO_3^--N 的速度快于枯草芽孢杆菌恢复活性后对其的同化速度所致。

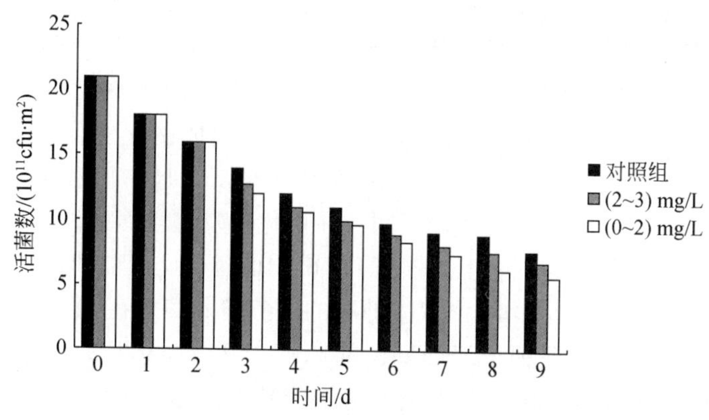

图 4-129　DO 冲击下水体中活菌数量的变化

固定化枯草芽孢杆菌受到 pH=4 和 pH=9 冲击时，系统同样受到不可逆转的影响，但所受影响相对较少，表现在四项指标的去除率相对较高，达到水质标准所需时间较短，且固定化的枯草芽孢杆菌存活数量均高出约 1/6。原因依然在于，固定化的枯草芽孢杆菌具有更高的活性，分泌更多多聚糖，与飘带的固定更为牢固。飘带为附着的枯草芽孢杆菌提供了一个营养物质相对高的微环境，且具有增氧能力，这些都有利于提高枯草芽孢杆菌的活性，因此就形成了一个正反馈循环。芽孢杆菌活性高时，所能适应的环境条件更广泛（余林娟等，2004），因此枯草芽孢杆菌受到冲击时死亡的细菌数量相对较少，保持了对四项指标相对高的去除率。

固定化枯草芽孢杆菌在不适宜的 DO 0～3mg/L 下反应，COD、NH_3-N、NO_2^--N 及 NO_3^--N 的去除率均高于投加游离枯草芽孢杆菌液，但发现其活菌数量并没有显示出明显的优势，且在 DO 0～2mg/L 存活的数量相对还要少。出现这种现象，本研究认为首先是辫式飘带对四项指标具有吸附作用，在枯草芽孢杆菌的同化和辫式飘带的吸附的联合作用下，四项指标显示出了较好的去除率；其次是由于整个水体的 DO 水平已经很低，辫式飘带切割气泡，增加溶氧的能力得不到发挥；再次是枯草芽孢杆菌多为好氧菌，固定在辫式飘带上的枯草芽孢杆菌细胞膜内层是缺氧状态，当整体 DO 水平不足的时候，内层缺氧会导致部分细菌死亡，反而游离枯草芽孢杆菌十分分散，接触氧气更多。恢复 DO 水平后，固定化的枯草芽孢杆菌和游离的枯草芽孢杆菌都显示出非常好的处理效率，说明短时的 DO 冲击不会造成系统崩溃。

综上所述，受到环境条件变化冲击时，固定化枯草芽孢杆菌系统受到的影响较游离枯草芽孢杆菌处理系统少。

4.4.2.2 生物表面活性剂鼠李糖脂对环境激素底泥/水相迁移的实验性研究

1. 鼠李糖脂的制备方法

鼠李糖脂生物表面活性剂产生菌为诱变后的高产铜绿假单胞杆菌 MIG-N146。诱变筛选过程简述如下：收集培养至对数期的出发菌（*P. aeruginosa* MIG146），制成菌悬液（菌液密度 OD660 控制在 0.6~0.7），加入一定体积的亚硝基胍 NTG 溶液（NTG 最终浓度 0.5mg/mL），黑暗处 36℃水浴下恒温 0.5h。之后，用磷酸盐缓冲液洗涤该 NTG 处理过的菌液，加入 1mL 鼠李糖溶液（1mg/mL）作为鼠李糖脂前体诱导物，并将其稀释涂布于蓝色凝胶平板和油平板上，36℃下培养。根据菌落生长情况，最后挑选得到诱变菌株，并命名为 *P. aeruginosa* MIG-N146。后期实验证明，在优化的发酵培养条件下，该菌株的鼠李糖脂产量高达 30~50g/L，与诱变前相比约提高了 6~10 倍（诱变前产量约为 5g/L）。

诱变菌 *P. aeruginosa* MIG-N146 产鼠李糖脂的发酵培养实验在 1L 的厄氏三角锥形瓶中进行。筛选保存的菌株接种至种子培养基，摇床培养 24h（36℃，160r/min）。之后，将 8mL 培养的种子菌悬液接至 200mL 灭菌后发酵培养基中，相同条件下培养。培养过程中定期检测发酵液的表面张力性质、菌体生长情况及鼠李糖脂生物表面活性剂产量。

将 6g 鼠李糖脂粗提物重新溶于 10mL 氯仿中，用柱层析结合薄层层析跟踪检测的方法进行进一步分离和纯化。柱层析填充物硅胶（UltraPure Flash silica-gel 60，Silicycle，Canada）粒径为 40~63μm、230~400 目，表面积 $500m^2/g$。取 85g 硅胶在 105℃下活化 4h，然后与氯仿溶剂混合，混合物小心填装入层析玻璃柱中（φ2.8cm×35cm）。填装过程中注意排尽残留气泡。之后，将粗糖脂的氯仿溶液沿层析柱内壁壁周缓慢注入至硅胶层顶部，使其在顶层硅胶上吸附。接下来，以 1mL/min 的流速用蠕动泵输入不同比例的氯仿/甲醇混合溶剂，对硅胶进行梯度淋洗，每 15mL 一管淋洗液用自动部分收集器收集。梯度淋洗程序为：500mL 纯氯仿，直至将所有中性脂物质淋洗出；1000mL 氯仿：甲醇（10：0.5，*V/V*）和 100mL 氯仿：甲醇（10：1，*V/V*），洗脱弱极性单糖脂成分；500mL 氯仿：甲醇（1：1，*V/V*），洗脱强极性双糖脂成分；最后用 100mL 纯甲醇淋洗直至将所有有机物洗脱出来。淋洗过程，同时采用薄层层析色谱（TLC）对每管收集液进行跟踪测试，以确定淋洗液中所含物质极性。薄层层析色谱所用展板为 GF-254 硅胶 60 铝板（Merck Darmstadt，Germany），$CHCl_3$：CH_3OH：H_2O（65：15：2，*V/V/V*）的混合溶剂为展开剂，茴香醛：醋酸：硫酸（0.5：50：1，*V/V/V*）的混合溶液为显色剂。样品展开并喷洒显色剂后，薄层层析板于 105℃下反应 15min 显色。根据 TLC 检测结果将含类似极性物质的淋洗液合并，分别于 45℃真空旋转蒸发，并再次相同温度下真空烘干后，得到分离纯化的鼠李糖脂同系物组分。

2. 鼠李糖脂同系物组分的质谱解析

采用高效液相色谱-质谱联用的方法对分离纯化的鼠李糖脂同系物组分进行分析。在 ESI 负离子模式下扫描得到两种鼠李糖脂同系物组分的总离子流信号，如图 4-130a 所示。其中，两种组分中对应最强的同系物信号峰的二级质谱见图 4-130b。通过分析离子流图中一级质谱信号的二级质谱出峰、子离子碎片大小及丰度等信息，可以得出鼠李糖脂同系物可能的分子结构。由分析可知，柱层析最先淋溶出的鼠李糖脂同系物组分，对应薄层层析图谱中比移值较大的物质，主要为单鼠李糖脂，命名为 RL-F1。其中，40.1min 出峰，相对丰度最大的物质为 2-*O*-α-L-吡喃鼠李糖苷-*β*-羟基癸酰-*β*-羟基癸酸（Rha-C_{10}-C_{10}）。另一组分主要为双鼠李糖脂同系物，命名为 RL-F2。其中相对丰度最大的物质为 2-*O*-α-L-吡喃鼠李糖苷-α-L-吡喃鼠李糖苷-*β*-羟基癸酰基-*β*-羟基癸酸（Rha-Rha-C_{10}-C_{10}）。

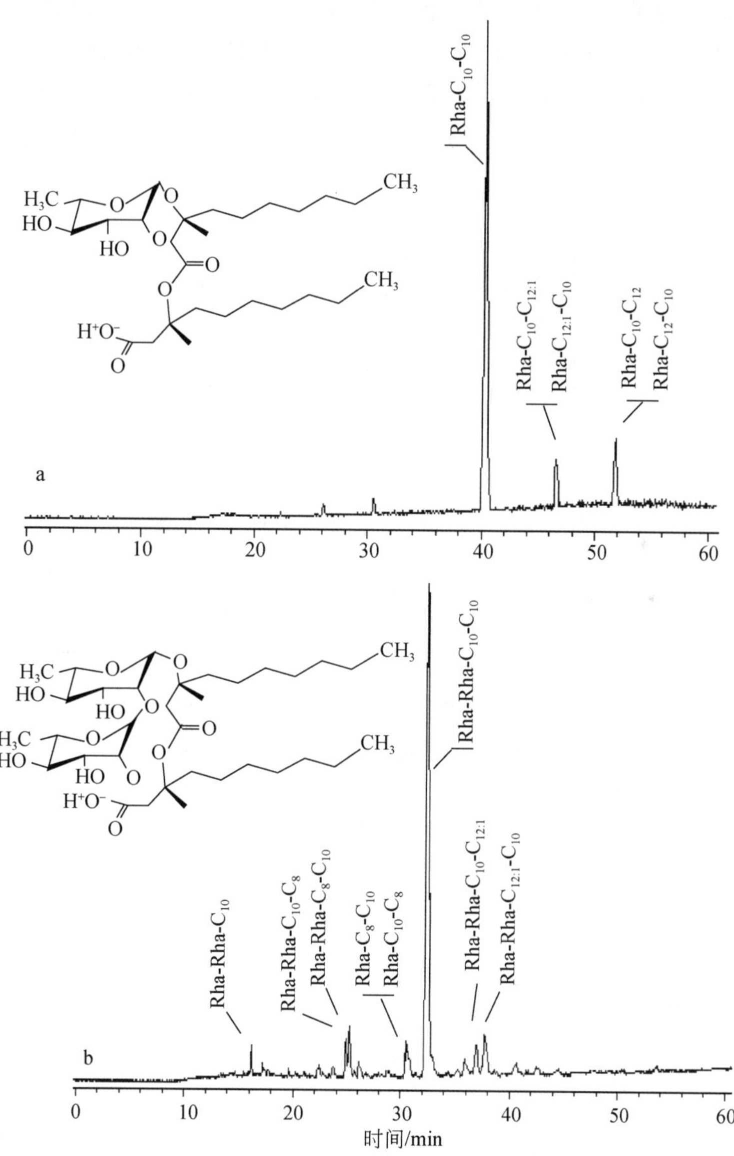

图4-130　HPLC-ESI-MS分析中鼠李糖脂同系物组分（a）RL-F1和（b）RL-F2的总离子流图

插图分别为两种鼠李糖脂同系物组分中对应丰度最大的物质的分子结构式

3. 鼠李糖脂的表面活性及胶束化行为

1）临界胶束浓度

不同浓度 RL-F1、RL-F2 以及粗糖脂的表面张力测试结果如图 4-131 所示。鼠李糖脂低于 CMC 时，对低浓度段内表面张力变化曲线的模拟可看出，所有曲线均呈稍微的内凹趋势，这与一般的非离子表面活性剂的表面张力变化行为一致（Peker et al.，2003；Helvaci et al.，2004）。由于羧基的存在，溶液中鼠李糖脂可能呈阴离子状态，这可能使其在水溶液中的行为受溶液离子强度的影响较大。本实验中配制鼠李糖脂溶液的背景溶液含 10mmol/L NaCl。因此，鼠李糖脂表面张力变化的内凹现象很有可能是因为电解质中抗衡离子对羧化基团的屏蔽作用所致。

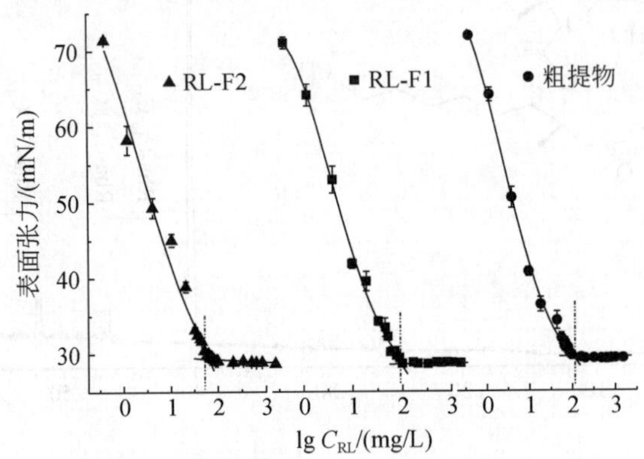

图 4-131 鼠李糖脂同系物组分 RL-F1、RL-F2 和粗提物的表面张力曲线及临界胶束浓度（CMC）

胶束存在情况下对应的表面活性剂降低水的表面张力称为最小平均表面张力，γ_{CMC}（如表 4-29 所示）。不同鼠李糖脂体系的 γ_{CMC} 值分别为 27.9mN/m、28.4mN/m 和 28.7mN/m，大小次序为 RL-F1 <粗糖脂<RL-F2。表面活性剂分子中亲水基团在数量或体积上区别较大，可以缓解疏水基团对其表面性质的影响。所以，RL-F2 双鼠李糖脂降低水的表面张力的能力略低。而粗糖脂，同时含有单鼠李糖脂、双鼠李糖脂及中性脂成分，具有比 RL-F2 较高的表面活性。

表 4-29 鼠李糖脂同系物组分及粗糖脂的表面性质

化合物	CMC		γ_{CMC}	Γ_m	S	pC_{20}
	10^2 mg/L	mmol/L	mN/m	10^{-26} moL/Å^2	Å^2/mol	
RL-F2	0.45	0.07	28.7	2.1	79	5.3
RL-F1	0.56	0.11	27.9	2.5	66	4.9
粗提物	1.20	0.22	28.4	2.4	70	5.1

2）表面单分子膜吸附特性

上述表4-29详细列出了鼠李糖脂同系物组分及粗糖脂三种不同鼠李糖脂表面活性剂的单分子膜表面饱和吸附过剩 Γ_m 和单分子平均横截面积 S 值。鼠李糖脂是离子型表面活性剂，其离子头基团的体积和直径取决于羧酸基团的质子化状态（Champion et al.，1995）。已有文献证明不同鼠李糖脂混合物的 pK_a 值约在4.28～5.60范围内（Ariel et al.，2006）。考虑到背景溶液为中性，相邻离子基团之间的相互排斥作用必然将有效地增加鼠李糖脂离子头的直径。由表4-29可知，RL-F2组分，其同系物分子主要富含双鼠李糖基团，因而与RL-F1组分相比，其估算的表面饱和吸附量（2.1×10^{-26} mol/Å^2）较低，单分子平均横截面积（79Å^2/molecule）较大。粗糖脂的 Γ_m 值和 S 值分别为2.4和70。与单鼠李糖物质相比，双鼠李糖脂的离子基头较大，因而表面单分子层排列时所聚集的分子数量也相对较少。另外，表面活性剂的混合体系，较大的表面活性剂分子也易于围绕小分子穿插有效排列，从而形成紧密的单分子吸附层（Wydro，2007）。这也是粗糖脂溶液体系与同系物组分相比，其 Γ_m 值和 S 值均比较居中的原因。

表4-29同样列出了不同鼠李糖脂的吸附效率，pC_{20}。表面活性剂分子在液/气界面的吸附效率通常用 pC_{20} 值来评价，即 C_{20} 的负对数，其中 C_{20} 表示将纯水的表面张力降低到20mN/m时所需要的表面活性剂的浓度。因此，pC_{20} 值越大，表明表面活性剂的效能越高（Gao et al.，2007）。从表中数据可以看出，RL-F2的吸附效率 pC_{20} 值最高，为5.3。其次是粗糖脂，然后是单鼠李糖脂同系物组分RL-F1。鼠李糖脂吸附效率的排序与表面饱和吸附过剩一致。这说明，在三种混合物鼠李糖脂类型中，RL-F2组分可能是最有效的生物表面活性剂。

3）聚集胶束粒径分布及其变化

由图4-132可以看出，当溶液浓度为0.06mmol/L时，三种鼠李糖脂体系均出现有较小的分子聚集体，动力学粒径范围约<20nm。在RL-F2体系也同时出现了一些较大的颗粒（40～100nm）。这说明，在接近RL-F2的CMC浓度范围内（0.07mmol/L）预胶束已经开始逐渐形成（Lee et al.，2008）。该实验现象也充分地支撑了之前的实验结果，RL-F2组分有着最低的临界胶束浓度值。

鼠李糖脂浓度增加到临界胶束浓度值以上（0.5mmol/L和2.5mmol/L），溶液中的自聚体和/或预胶束增长成了更大的表面活性剂缔合结构。这些缔合体的动力学粒径从100nm至1000nm左右，RL-F1体系中颗粒粒径偏小，约300～400nm。我们同时也发现，在此浓度增加范围内，每种鼠李糖脂自聚体颗粒粒径的分散性以及其大致的趋势仍然保持一致。当生物表面活性剂浓度继续增加到5.0mmol/L，鼠李糖脂体系中开始同时出现少量粒径约大于1500nm的颗粒。

通过对比三种鼠李糖脂体系大致的DLS曲线及趋势，我们发现RL-F1的平均颗粒粒径最小，且基本上呈准单分散趋势。而与之相反，RL-F2的颗粒粒径表现出分离较宽的多峰分散模式。这表明，小颗粒的双鼠李糖脂分子聚合体、胶束、囊泡，或甚至较大粒径的多层囊泡在RL-F2溶液体系中平衡共存。一方面，对于RL-F2组分，当水溶液中的表面活性剂分子自聚体开始形成，而这些双鼠李糖物质，因为具有较大的亲水特性，同时又容易从分子自聚体中脱离，使自聚体颗粒维持在一个较小的动力学稳定尺寸。另一方面，随着溶液中鼠李糖脂分子浓度增加，鼠李糖脂的脂肪酸疏水碳链从水相逃逸并聚集成核，胶束聚集体在一动力学平衡中形成并逐渐长大。同时，又因为双鼠李糖脂的特殊分子结构，双鼠李糖脂分子紧密排列成胶束聚集体，交织在双鼠李糖脂羧氧基与第二鼠李糖头之间的这种有效的分子内外相互吸引力，可能促进胶束以分子间聚集的方式继续增长。而双鼠李糖亲水头之间的相互排斥以及其本身拥有的较大的分子横截面积，也使其分子聚集体的增长尺寸更大。对于粗糖脂溶液，中等浓度时颗粒粒径基本上呈双峰分散模式，且平均粒径尺寸较 RL-F2 大，这可以从 DLS 曲线中一组相对右移的出峰反映出来。DLS 实验结果充分证明了，鼠李糖脂生物表面活性剂的分子结构及组成是影响其颗粒粒径分散及变化的最重要的因素。

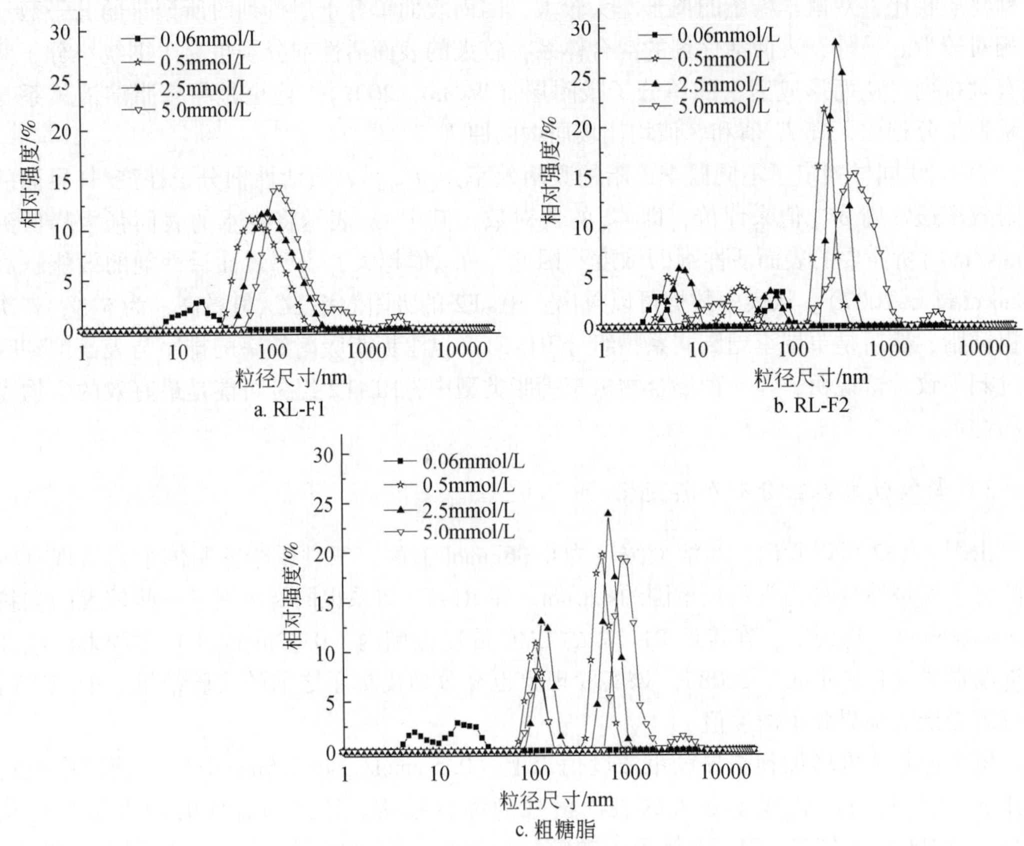

图 4-132　鼠李糖脂同系物组分 RL-F1、RL-F2 和粗提物生物表面活性剂溶液随浓度变化的聚集胶束粒径分布

4. 鼠李糖脂对 17α-炔雌醇（EE2）底泥/水相迁移的作用

1）鼠李糖脂作用下 EE2 的吸附行为

研究了两种鼠李糖脂同系物：RL-F1 或 RL-F2 存在条件下，EE2 在三种不同底泥中的

吸附行为。实验结果如图 4-133 所示。Freundlich 等温吸附模型用来模拟 EE2 的吸附行为，公式如下：

$$C_s = K_F \times [C_w]^{n_F}$$

式中，C_s和 C_w分别是有机物在固相和水相的平衡浓度，用 μmol/g 和 μmol/L 表示；K_F［(μmol/g)/(μmol/L)^n］和 n_F（无量纲）分别为 Freundlich 吸附系数和非线性指数。

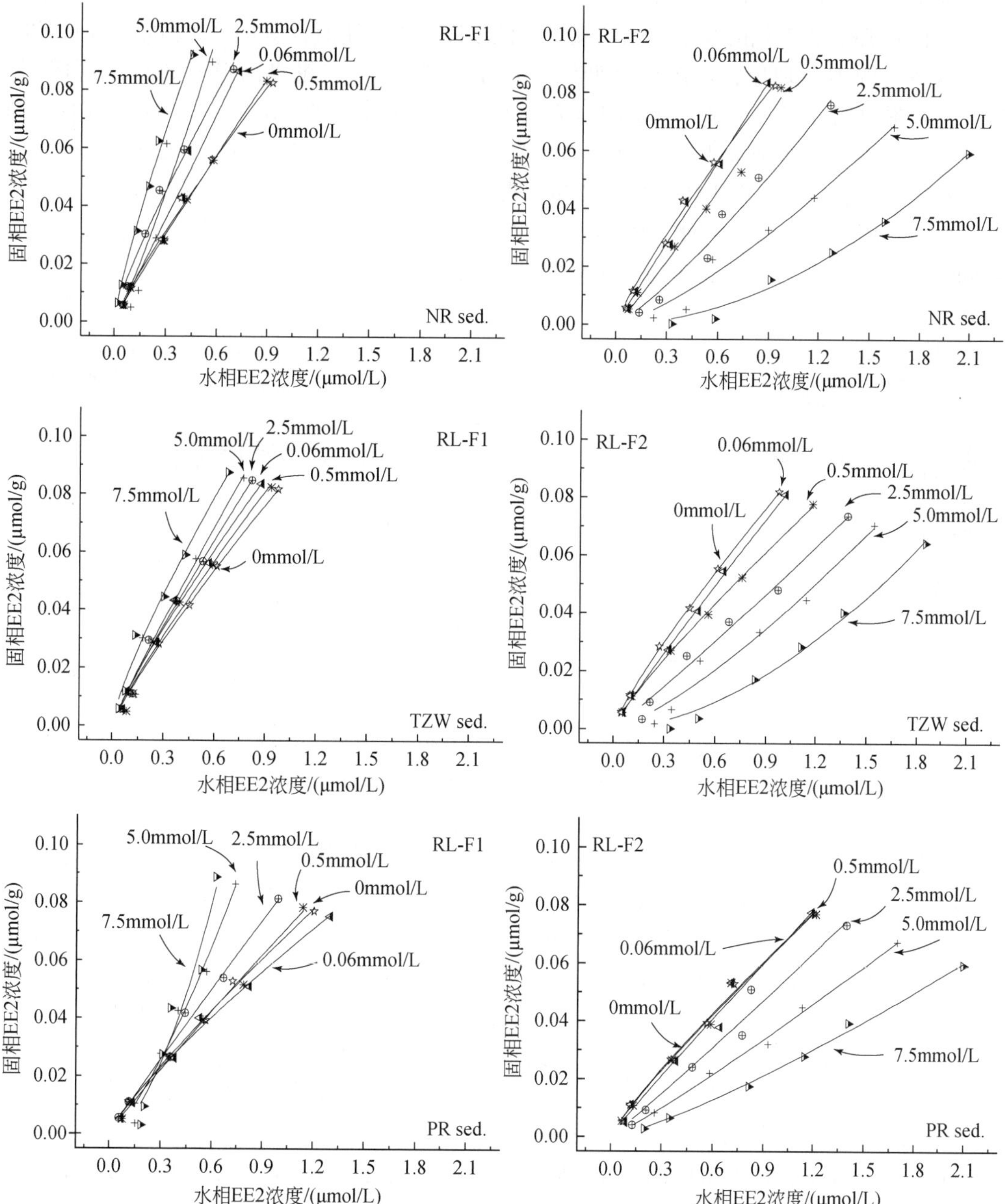

图 4-133　RL-F1 或 RL-F2 作用下 EE2 在三种底泥中的吸附及 Freundlich 模型拟合

通过对比两种鼠李糖脂同系物组分条件下，EE2 在水/底泥体系总的吸附行为和趋势，我们可以明显看出，RL-F1 和 RL-F2 对 EE2 在水相和泥相的分配呈现截然不同的作用效应。EE2 的泥相/水相表观分配系数随鼠李糖脂初始浓度的变化关系见图 4-134。图中 K_d^* 值是根据吸附平衡实验数据的 Freundlich 和线性拟合结果综合得出。由图可知，整体上，RL-F2 体系的 EE2 分配系数总是低于对应的 RL-F1 体系。RL-F2 作用下，初始阶段，EE2 在底泥中的分配质量随鼠李糖脂浓度的增加而呈稍微上升的趋势；当双鼠李糖脂浓度增加到一定值时 EE2 在泥相的吸附量剧烈减少。低浓度鼠李糖脂时，有机物在固相介质中的吸附出现一定的迟滞现象，这主要是低浓度鼠李糖脂在水/底泥界面形成单分子层吸附，EE2 向吸附单层分配的结果。类似的迟滞现象在 RL-F1 作用的 NR 和 TZW 底泥体系中同样也可以观察到。PR 底泥体系中相应浓度段呈反迟滞行为。但与 RL-F2 截然相反的是，迟滞现象之后，RL-F1 作用体系中 EE2 在泥相的吸附量随鼠李糖脂浓度的继续增加呈快速上升趋势。RL-F1 作用下，EE2 对吸附有鼠李糖脂的底泥表现出强吸附特性，这与之前观察到 RL-F1 单糖脂对三种底泥均表现出较强的吸附性能有关。

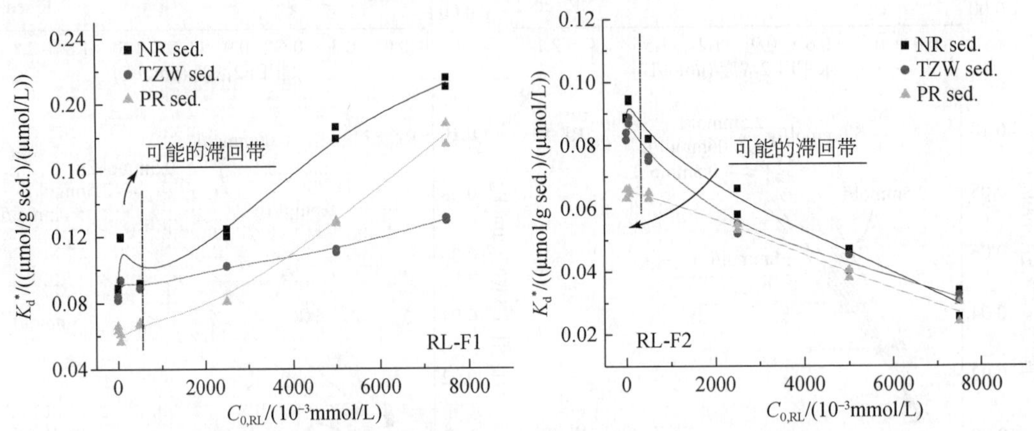

图 4-134　RL-F1 或 RL-F2 存在条件下 EE2 吸附平衡体系中表观分配系数（K_d^*）与初始鼠李糖脂浓度（$C_{0,RL}$）之间的变化关系

实验研究发现，吸附态 RL-F1 对 EE2 表现出较强的吸附性能，该特性为单鼠李糖脂吸附胶团/半胶团在对疏水有机污染物吸附固定作用中的应用提供了可能。以往研究者们在类似的实验研究中同样也观察到吸附表面活性剂后的固相介质可以进一步加强其对 HOC 的分配吸附能力（Zhu and Chen，2003）。然而，这种表面活性剂增强 HOC 分配吸附的特性取决于表面活性剂的浓度水平，增强吸附现象只能在较低的表面活性剂浓度下得到。而本研究中，RL-F1 作用下，除 PR 底泥中出现的反迟滞现象外，EE2 对底泥的吸附固定现象在较宽的鼠李糖脂浓度范围内呈明显的两阶段上升过程。据我们所知，该实验现象在以往关于表面活性剂引起的 HOC 的吸附研究中没有报道过。引起两阶段吸附或反迟滞现象的原因可能是多方面因素造成的，如吸附质的性质、底泥性质、水化学性质，以及表面活性剂本身及其胶束化性质等。因此，解析现有的吸附现象，深入对鼠李糖脂-EE2-底泥相互作用的探讨显得十分有必要。

为确定表面活性剂作用下 HOC 的吸附/解吸平衡，Wang 和 Keller（2008）定义了表面活性剂的盈亏平衡浓度。表面活性剂达到盈亏平衡浓度时，有机物的水相平衡浓度与无表面活性剂时的水相浓度相等。据此，本研究中，RL-F2 作用于 EE2 的盈亏平衡浓度应小于 0. 5mmol/L（约 0. 3g/L）。该值明显大于 RL-F2 的临界胶束浓度值（0. 07mmol/L），它可能位于鼠李糖脂因吸附损失而引起的有效临界胶束浓度范围（Zhou and Zhu，2007）。表面活性剂的盈亏平衡浓度，可以用来预测底泥淋洗过程中表面活性剂对有机物的脱附解吸性能。而本研究中，RL-F2 的盈亏平衡浓度与 Wang 和 Keller（2008）的研究结果相比，远远低于 Triton-100 作用于有机农药的盈亏平衡浓度，即 0. 9g/L（砂质土壤体系）或甚至其他更大值（含有机质含量较高的土壤体系）。这说明，双鼠李糖脂生物表面活性剂将具有较好的有机污染物增强洗脱的效能。

2）鼠李糖脂作用下陈化底泥中 EE2 的脱附特性

预先配制有 EE2 并经过长时间陈化作用的底泥用于脱附实验。实验结果见图 4-135。整体上，两种鼠李糖脂对陈化底泥体系中的 EE2 均有较好的脱附效能。陈化底泥中 EE2 的浓度水平对脱附平衡后有机物在泥相和水相的分配特性无明显影响，这可以从有机质在泥相和水相的表观分配系数值（K_d^*）反映出来。EE2 初始浓度水平约为 0. 070μmol/g 时，随鼠李糖脂剂量变化的 K_d^* 值列于表 4-30。由表可知，与鼠李糖脂浓度为 0 时的脱附体系相比，RL-F1 和 RL-F2 作用下 EE2 的 K_d^* 值变化趋势相似，均随鼠李糖脂剂量的增加而呈单一降低的趋势。陈化底泥体系中 EE2 的脱附呈单一下降的趋势，没有出现明显的迟滞现象，这与之前采用新鲜配制 EE2 底泥的吸附平衡实验结果大不相同。这种单一下降的趋势也同样与以往类似的实验研究结果有区别。Park 等（2004）研究了 Triton 系列表面活性剂对 PAH 菲污染物的脱附性能，发现菲的脱附曲线不呈单一的下降趋势。该研究中使用的是含菲的陈化底泥，陈化时间约为 2 个星期。值得指出的是，本研究中采用的是陈化时间为 3 个月的 EE2/底泥。有机物在陈化过程中可能经历诸多反应，如有机物向土壤聚集颗粒微孔中慢性扩散、有机物向土壤腐殖酸物质体系疏水分配、有机物在纳米微孔疏水表面截留或与土壤中的不可解吸有机点位吸附等，这些反应可以致使有机物在土壤中强化吸附固定，从而引起有机物的耐解吸现象（Hatzinger and Alexander，1995）。通过对比吸附平衡与脱附实验中无生物表面活性剂时的 EE2 特性分配系数，我们可以发现陈化底泥体系的特性分配系数比新鲜配制 EE2 体系时的特性分配系数大出 2 ~ 3 倍。这说明经过长时间的陈化反应后，EE2 对底泥的吸附性能大大增强。另外，考虑到 17α-炔雌醇的半疏水性分子结构特性，EE2 分子中的碳氢疏水部位易与底泥的有机质部位形成疏水相互作用，此外该物质分子中的极性基团还可能与底泥中的某些极性点位形成强烈的化学吸附作用。从而加剧了 EE2 在底泥中的难解吸特性。针对有机物的耐解吸现象，Park 等（2004）将有机物解吸分成三个过程：快速解吸阶段（平衡）、速率限制解吸阶段（非平衡）和无解吸阶段。经过一定的陈化反应后，HOCs 物质将呈现一定的耐解吸特性。而目前，只有少数研究报道了污染物陈化时间对表面活性剂作用的有机物脱附效能的影响。如 Rodriguez-Cruz 等（2006）研究发现，化学表面活性剂 SDS 和 Triton X-100 对几种农药的脱附效能随物质陈化时间的增加而降低。本研究中，鼠李糖脂对 EE2 的脱附过程呈单一下降趋势，可以推断，这种趋势应主要源于陈化体系中 EE2 的非平衡速率限制解吸环节。该实验研究结果预示了，采用表面活性剂对 EE2 污染历史相对较长的底泥进行淋洗，将存在一定的困难。

鼠李糖脂作用下，陈化底泥体系 EE2 的速率限制解吸行为可以清晰地从 K_d^* 随 $C_{0,\mathrm{RL}}$ 的变化趋势曲线中反映出来（图 4-135）。由图可知，对于多数实验体系，EE2 脱附速率随鼠李糖脂剂量的增加而降低，表现出初始呈强烈解吸而之后逐渐减速的变化过程。总的说来，RL-F2 作用的 EE2 表观 K_d^* 值总是比 RL-F1 低。该实验结果同我们以往的研究结果一致，水相中双鼠李糖脂胶束对 EE2 具有较大的增溶特性。在此，我们再次证明了双鼠李糖脂有效的脱附性能。Wang 和 Keller（2008）用脱附效率系数（E），$E=(1-D_s)/(1-D_w)$，来评价表面活性剂的脱附性能。在此公式中，D_s 和 D_w 分别代表脱附平衡后，有/无表面活性剂情况下 HOC 的固相浓度与脱附之前 HOC 固相浓度的比值。

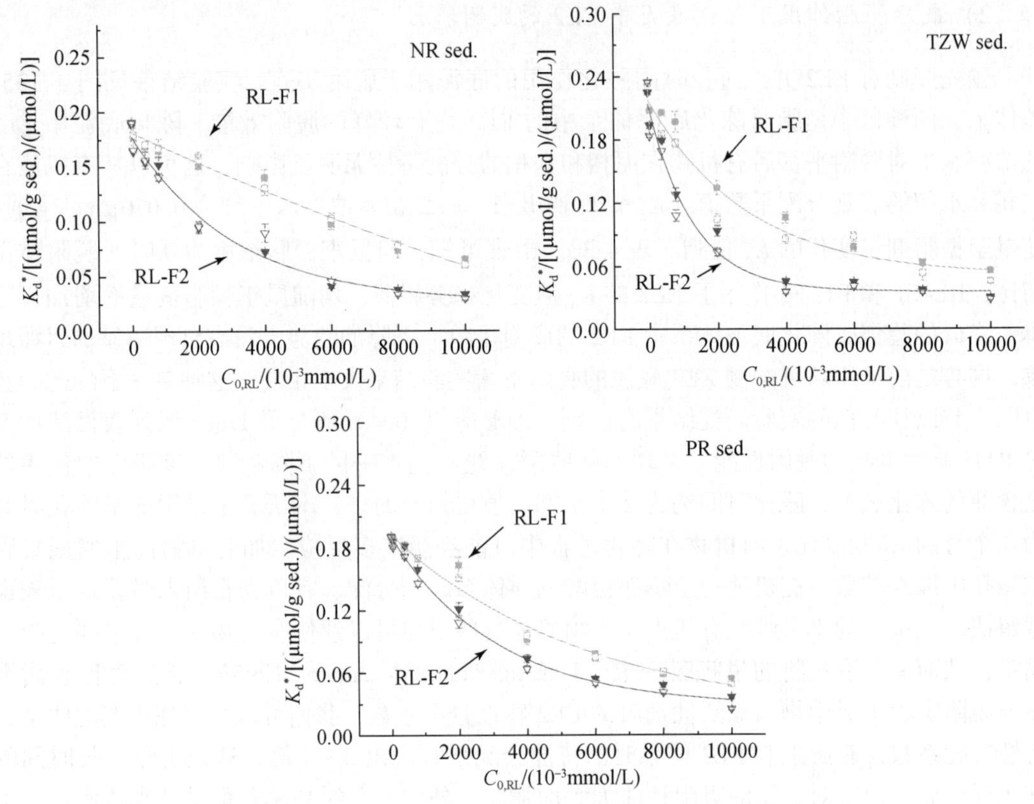

图 4-135　RL-F1 或 RL-F2 对陈化底泥体系中 EE2 的脱附行为

表 4-30　不同浓度 RL-F1 或 RL-F2 作用下陈化底泥体系 EE2 的 K_d^* 和 E 值

$C_{0,\mathrm{RL}}$ /(mmol/L)	RL-F1						RL-F2					
	NR sed.		TZW sed.		PR sed.		NR sed.		TZW sed.		PR sed.	
	K_d^*	E	K_d^*	E	K_d^*	E	K_d^*	E	K_d^*	E	K_d^*	E
0	0.190		0.225		0.191		0.190		0.225		0.191	
0.05	0.177	1.06	0.208	1.08	0.188	1.02	0.165	1.14	0.194	1.15	0.186	1.02
0.4	0.169	1.11	0.206	1.09	0.183	1.04	0.155	1.21	0.179	1.24	0.182	1.05

续表

$C_{0,RL}$ /(mmol/L)	RL-F1						RL-F2					
	NR sed.		TZW sed.		PR sed.		NR sed.		TZW sed.		PR sed.	
	K_d^*	E	K_d^*	E	K_d^*	E	K_d^*	E	K_d^*	E	K_d^*	E
0.8	0.165	1.13	0.197	1.14	0.169	1.12	0.152	1.23	0.128	1.71	0.160	1.19
2.0	0.151	1.17	0.134	1.64	0.163	1.14	0.095	1.92	0.093	2.30	0.121	1.43
4.0	0.140	1.28	0.106	2.05	0.092	2.00	0.073	2.03	0.045	4.35	0.074	2.44
6.0	0.098	1.80	0.077	2.72	0.077	2.34	0.041	3.72	0.044	4.42	0.054	3.21
8.0	0.073	2.31	0.063	3.08	0.059	2.99	0.037	4.45	0.037	5.14	0.048	3.55
10.0	0.065	2.45	0.055	3.28	0.054	3.85	0.033	5.04	0.030	6.08	0.036	4.48

注：K_d^* 为表观分配系数；E 为脱附效率；K_d * 和 E 值对应含初始 EE2 残留浓度约为 0.070μmol/g 的陈化底泥体系；$C_{0,RL}$ 为初始投加生物表面活性剂浓度。

5. 鼠李糖脂对 EE2 生物有效性的影响

1）鼠李糖脂同系物组分对 EE2 生物有效性的影响

鼠李糖脂同系物组分 RL-F1 和 RL-F2 存在下 EE2 的生物降解情况如图 4-136 所示。因为高浓度生物表面活性剂条件下，鼠李糖脂对 EE2 生物降解的强化效果较明显，该实验主要在 6mmol/L 和 10mmol/L 两种不同的生物表面活性剂浓度条件下进行。与无鼠李糖脂存在下的空白对照试验比较，研究表明 RL-F1 和 RL-F2 均对原体系 EE2 的生物降解行为不存在抑制作用。且通过对比 RL-F1、RL-F2 作用下 EE2 随时间的降解情况，我们可以明显地发现，两种同系物组分对水/底泥体系 EE2 的生物有效性的影响存在很大差异。基本上，RL-F1 对 EE2 生物降解的强化程度远远大于 RL-F2。RL-F1 作用下，在样品培养的 24h 内 EE2 的残留浓度就仅为 RL-F2 对应体系的 1/5，并快速进入生物降解的平缓期。在样品检测的后期（>30d），RL-F1 体系中 EE2 的去除率陆续达到 100%，而 RL-F2 体系仍在较长时间内维持着约 5% 初始浓度的 EE2 残留。

2）鼠李糖脂同系物组分作用下 EE2 代谢中产物的变化规律

我们同样检测了鼠李糖脂同系物组分作用下 EE2 生物降解体系，其代谢中产物的累积和变化规律。同粗糖脂存在情况下一样，EE2 代谢生成的 M.1 和 M.3 的变化较易检测，而 M.2 产物峰的 HPLC-PDA 检测信号很弱，较易受背景信号的干扰，且该物质峰的出现不稳定，仅在生物降解后期样品的检测中零星地扫描到。因此，与粗糖脂作用体系一致，我们仅总结了鼠李糖脂同系物组分作用下 M.1 和 M.3 的累积和变化规律（如图 4-137 所示）。由图可知，对于两种鼠李糖脂同系物，其投加浓度越大，对应生成的代谢中产物的量也相对较多。

通过分析不同鼠李糖脂同系物体系 M.1 和 M.2 的变化规律，我们可以看出，RL-F1 作用体系中产物的累积和变化与粗糖脂作用体系极其相似。该体系中，M.1 产物的生成在 EE2 生物降解的前期（约第 1 天）就能达到一个最高峰，且该物质在之后的检测中也表现

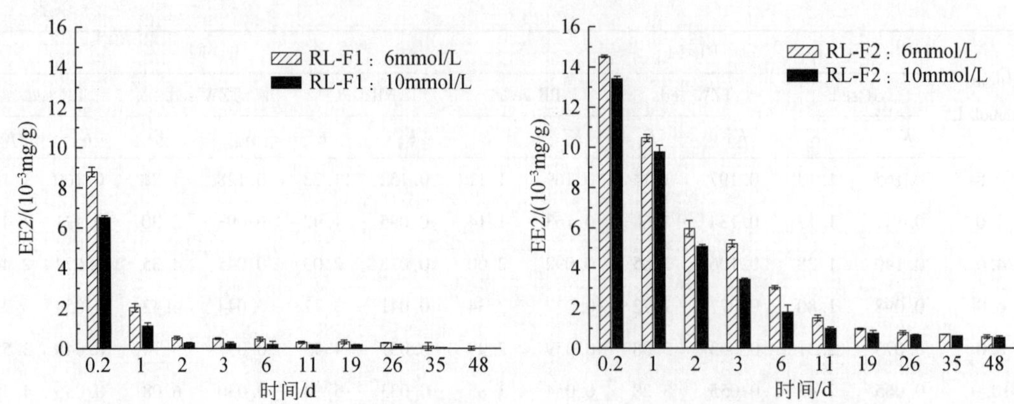

图 4-136 不同鼠李糖脂同系物组分（RL-F1 和 RL-F2）对水/底泥体系 EE2 的生物降解的影响（$C_{EE2,0}$ 为 18.78μg/g）

出较快的降解速率；而 M.2 转化生成出现最高峰的时间相对滞后（约第 10～11 天），且该物质较难降解。而与 RL-F1 作用体系相比，我们可以明显地发现，RL-F2 作用体系中 M.1 和 M.2 转化生成得到最高峰的时间均相应地有所滞后了。M.1 产物的高峰期延至了第 3 天，M.2 产物的高峰期约为第 17～20 天。且 RL-F2 作用下，两种中产物生成的最大量与 RL-F1 作用体系相比均较低。这说明，RL-F2 存在条件下，生物降解前期底泥/河水体系中微生物对 EE2 的摄取和吸收需一定的适应过程，而该适应过程使其对 EE2 生物降解的强化程度大打折扣。但该适应效应不会影响后期微生物对 EE2 的转化降解速率。因而，总体上，RL-F2 对 EE2 的生物降解仍呈一定的强化促进作用，只是促进的程度相对较小。

3）鼠李糖脂本身的生物降解特性

采用 HPLC 对 EE2 生物降解体系鼠李糖脂自身的生物降解情况进行检测（图 4-138）。HPLC 的等度洗脱条件下，RL-F1 中主要物质出峰对应的停留时间为 11.5min 和 13.2min，而 RL-F2 中主要物质出峰对应的停留时间为 6.8min 和 9.9min。因此，整理这些主要物质出峰随采样时间的变化情况，可以大概地反映各鼠李糖脂同系物组分的生物降解变化规律。

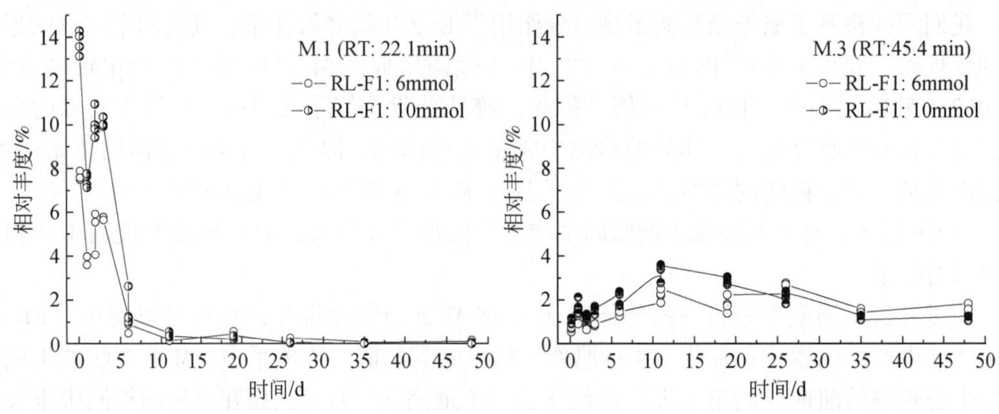

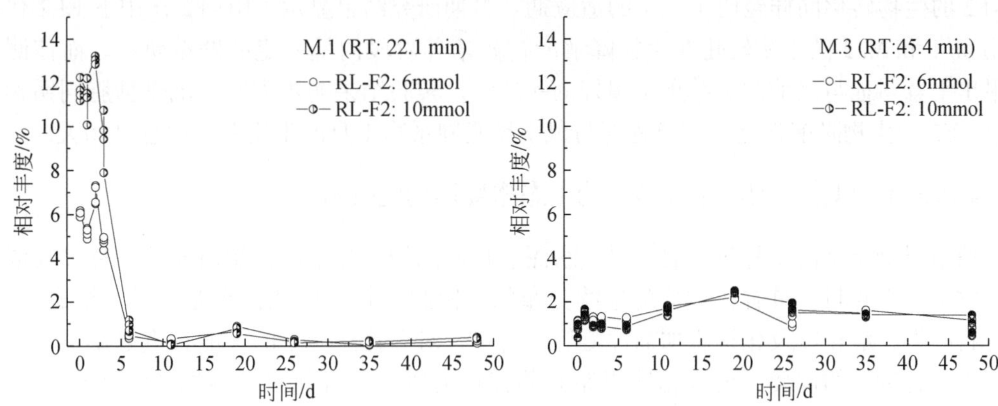

图 4-137　不同鼠李糖脂同系物组分（RL-F1 和 RL-F2）对 EE2 生物降解过程代谢中产物 M.1 和 M.3 累积和变化的影响

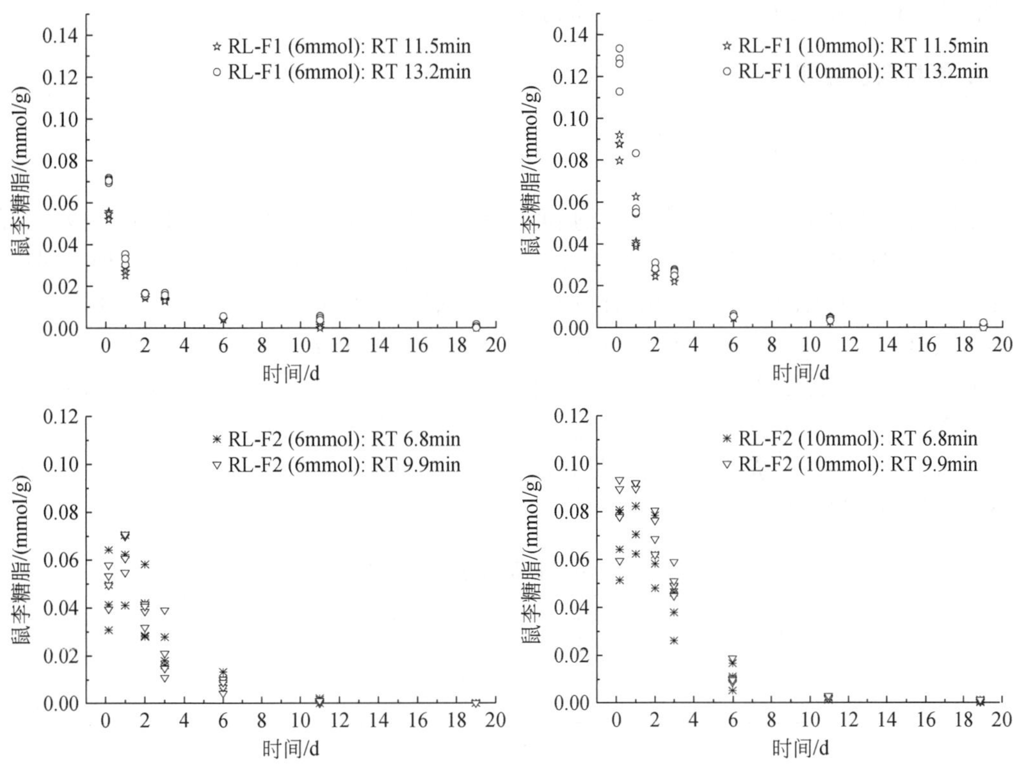

图 4-138　EE2 生物降解体系鼠李糖脂同系物组分（RL-F1 或 RL-F2）自身生物降解变化

在整个 EE2 生物降解的培养阶段内，两种鼠李糖脂同系物组分均表现出较快的消耗速率。在前期培养的约 6～10 天时间内，体系中鼠李糖脂生物表面活性剂的浓度迅速下降，直至低于检测限（约 10μmol/g）。而与 RL-F2 相比，RL-F1 似乎更容易被微生物利用转化。其生物降解曲线呈明显的一级动力学变化，在培养的第 1～2 天，生物降解转化速率就达到最大。而 RL-F2 在培养初期的降解中表现出略微的滞后性，底泥/河水中微生物对

RL-F2 的生物转化同样经历了一定的适应期。前期研究结果显示，RL-F2 作用下 EE2 代谢产物 M. 1 和 M. 2 的生物转化在生物降解的初始培养阶段内呈一定的停滞现象。而该测试结果出乎意料地与之前测试结果呈很好的一致性。实验结果初步表明，鼠李糖脂同系物组分对 EE2 的生物降解强化效应及程度与鼠李糖脂同系物本身的生物有效性息息相关。

4.4.2.3 以植生混凝土为核心的生态型堤岸构建技术

植生混凝土是由粗骨料、混合材、水泥、化学添加剂和水等拌制而成的一种多孔混凝土。它不含细骨料，具有孔穴均匀连续分布的蜂窝状结构。因此，水泥标号、组成成分，粗骨料种类、粒径以及化学添加剂性能等的选择，对多孔混凝土的性能有重要影响。植生混凝土因为种植的需要，要求植物根系必须穿透混凝土，因此石子的粒径常选择在 10 ~ 30mm，粒径太小根系很难穿透，太大又会降低混凝土的强度，且所选粗集料应满足片状含量少、表面干净杂质少的要求。为了提高植生混凝土的强度和降低孔隙内碱度，应掺入适量的混合材，如粉煤灰、矿渣和硅灰。化学添加剂的选用能起到胶结材增强增黏作用，因此常选用高效减水剂和聚合乳液作为添加剂。

1. 原材料及性能

1）水泥

不同品种的水泥，其性能不同，如强度、耐久性等在相当大的程度上影响着混凝土的性能。对于多孔混凝土，水泥可以使用普通的波特兰水泥、高炉水泥 B 种、C 种、烟灰水泥等。但若多孔混凝土为生物适用型的情况下，则必须控制游离石灰的溶出，使之不对动植物造成影响，且不会降低耐久性。因此，最好是使用 C_3S 含量少的水泥或掺入了火山灰材料的水泥。在实际工程中，有时为了取材的经济、方便，选用普通硅酸盐水泥同样可以满足条件。

本研究使用中外合资韶关昌泥建材有限公司生产的粤海牌普通硅酸盐水泥，强度等级 42.5R，其物理性能见表 4-31。

表 4-31　普通硅酸盐水泥物理性能

比表面积/(m^2/kg)	安定性	凝结时间/min		抗折强度/MPa		抗压强度/MPa	
		初凝	终凝	3d	28d	3d	28d
385	合格	135	218	6.0	8.5	29.1	49.1

2）粗骨料

粗骨料的品质是多孔混凝土力学性能的主要影响因素之一。作为植生型多孔混凝土，其对粗骨料的外观及来源要求更加严格。所选粗骨料应满足片状含量少、表面干净杂质少的要求。若碎石表面含用一些有机杂质、黏土、粉尘、硫化物、盐类等，这将不仅影响到植生型多孔混凝土的制备成型，而且会影响到混凝土的孔隙表面的物理化学性质，从而进一步影响到多孔混凝土中植物根系的生长与发育。制作植生混凝土前，一般将粗骨料冲洗干净并且在自然的状态下风干。

本研究中，粗骨料采用石灰岩碎石，其粒径为 G1（10 ~ 20mm）、G2（10 ~ 30mm）、G3（G1 占 30% 与 G2 占 70% 混合）和 G4（G1 与 G2 各占 50%）。

3）矿物掺和料

为了提高植生型多孔混凝土的强度和适当降低孔隙内碱度，掺入适量的混合材是必需的，如粉煤灰、矿渣和硅灰。

本研究采用湖南产水淬高炉矿渣，比表面积 403m^2/kg，密度 2.85g/cm^3，化学成分见表 4-32。

表 4-32　矿渣的化学成分

化学成分	SiO_2	Al_2O_3	Fe_2O_3	CaO	MgO	SO_3
含量/%	32.77	9.82	0.75	38.65	11.2	1.21

4）化学添加剂

化学添加剂的选用主要是起到胶结材增强增黏作用。

本研究采用的减水剂为湖南同远建材科技有限公司生产的缓凝型（TYN-3）萘系高效减水剂，粉剂，主要成分为 β 萘磺酸甲醛缩合物。

5）拌和水

普通自来水。

2. 多孔混凝土的制备与养护

1）搅拌方式

采用“二次水泥造壳法”，先加入全部粗骨料，然后加入 9% ~ 13% 的预拌水进行搅拌，将碎石表面预湿，再加入水泥、矿渣和减水剂的混合物进行搅拌约 30s，使碎石表面包裹上一层水泥浆壳，最后加入剩余的拌和水搅拌，使碎石表面水泥浆壳变厚变均匀，搅拌时间为 3min 左右。

2）成型方式

采用无振荡分层压制法，将拌和料分三次浇筑到指定模上，每一层采用实心钢管压平压实，并敲击模的侧面，增加球体间的接触点和减少间距，使多孔混凝土的组织结构更加密实和稳定。

3）养护方式

在浇筑后 1 天就要开始洒水养护，洒水养护采用细水散洒方式，在炎热天气浇筑后 8 ~ 10h即可开始洒水养护，并用塑料薄膜及时覆盖构件的表面，保证湿度和水泥充分水化，常温下每天至少洒水 4 次，湿养护时间 3 ~ 7 天。成型后的多孔混凝土如图 4-139 所示。

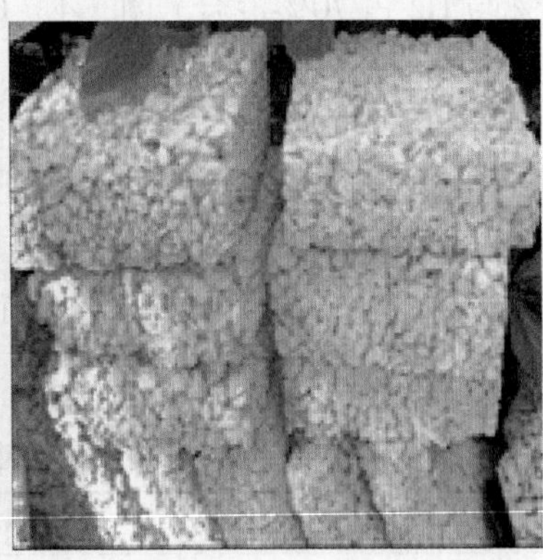

图 4-139　成型后的多孔混凝土

3. 多孔混凝土结构优化

1）因素选择

目前还没有多孔混凝土的配合比设计的标准方法，在配置混凝土试样时按一般混凝土配合比设计试样的骨灰比、萘系高效减水剂掺量、水灰比、骨料粒径四个参数。

（1）确定骨灰比

骨灰比（G/C）的大小影响骨料颗粒表面包裹的水泥浆薄厚程度以及孔隙率的多少，也即影响多孔混凝土的强度和透水性。正交试验中，G/C 选用 7、6、5 三个水平。

（2）确定萘系减水剂掺量

根据产品说明，萘系高效减水剂推荐掺量为胶凝材料总量的 0.6% ~1.5% 。本次正交试验选用 0.8%、1.0% 和 1.2% 三个掺量水平。

（3）确定水灰比

水灰比既影响多孔混凝土的强度，又影响其孔隙率。据相关研究成果，多孔混凝土的最佳 w/C 介于 0.25 ~0.35 之间。本试验选用 0.29、0.31 和 0.33 三个水平。

（4）确定骨料粒径

多孔混凝土的制作都选用粗骨料即骨料粒径大于 5mm，本试验选用 G_1、G_2、G_3 三个水平。

（5）试样组合设计

试验中用上述骨灰比、萘系高效减水剂掺量、水灰比、骨料粒径四个因素的设计水平进行正交组合。本研究选用了 L_9（3^4）正交表安排试验，其试验方案设计及试验结果如表 4-33 所示。

表 4-33　多孔混凝土结构优化正交试验因素水平表

水平	因素			
	骨灰比	减水剂/%	水灰比	骨料粒径
	A	*B*	*C*	*D*
1	7	0.8	0.31	*G*1
2	6	1.0	0.33	*G*2
3	5	1.2	0.29	*G*3

2）试验结果

多孔混凝土结构优化正交试验设计方案及试验结果如表 4-34 所示。

表 4-34　多孔混凝土结构优化正交试验设计方案及试验结果

试验号	*A*	*B*	*C*	*D*	试验结果	
					28d 抗压强度	孔隙率
					MPa	%
1	1	1	1	1	8.7	25.7
2	1	2	2	2	5.3	30.5
3	1	3	3	3	7.8	28.1
4	2	1	2	3	9.2	27.2
5	2	2	3	1	10.0	24.3
6	2	3	1	2	8.4	29.2
7	3	1	3	2	9.2	27.9
8	3	2	1	3	10.4	26.8
9	3	3	2	1	11.1	22.1

（1）各因素对 28d 抗压强度的影响

① 极差分析

由表 4-35 的极差的直观分析可知，4 个因素对植生型多孔混凝土的 28d 抗压强度影响的大小顺序为骨灰比（*A*）>骨料粒径（*D*）>水灰比（*C*）>减水剂掺量（*B*）。最佳组合为 $A_3B_3C_1D_1$，它不在表 4-33 中，但考虑 *C* 为次要影响因素，*C* 可选 C_2代替 C_1，所以可以确定最佳试验组合为 $A_3B_3C_2D_1$，即表 4-34 中的第 9 组试验。

表 4-35　植生型多孔混凝土 28d 抗压强度方差分析

方差来源	偏差平方和	自由度	*F* 值	*F* 临界值	显著性	极差	K_1	K_2	K_3
A	13.607	2	26.838	$F_{0.05}$（2，2）= 19.0	*	2.966	7.267	9.200	10.233
B	0.507	2	1.000	$F_{0.01}$（2，2）= 99.0		0.533	9.033	8.567	9.100
C	0.647	2	1.276			0.634	9.167	8.533	9.000

续表

方差来源	偏差平方和	自由度	F值	F临界值	显著性	极差	K_1	K_2	K_3
D	8.180	2	16.134			2.300	9.933	7.633	9.133
误差	0.51	2							

注：偏差平方和明显偏小的B项作为误差项处理。

② 方差分析

骨灰比（A）对植生型多孔混凝土的28d抗压强度的影响达到显著水平，说明骨灰比（A）为主要影响因素。骨料粒径（D）对植生型多孔混凝土28d抗压强度有一定的影响，而减水剂掺量（B）、水灰比（C）对植生型多孔混凝土28d抗压强度没有影响。

本试验误差为0.51MPa，试验精确度较高。

把具有显著影响的A因素，选择最好水平，即表4-33中的A取A_3。D有一定的影响，选择最好水平，即表4-34中的D取D_1。B、C原则上可取在试验范围内任意一个水平，这里B取B_3、C取C_1，由此得到最优试验方案为$A_3B_3C_2D_1$，即为表4-34中9号试验，与极差分析一致。

（2）各因素对孔隙率的影响

① 极差分析

由表4-36的极差的直观分析可知，4个因素对植生型多孔混凝土孔隙率影响的大小顺序为骨料粒径（D）>骨灰比（A）>减水剂掺量（B）>水灰比（C）。最佳组合为$A_1B_2C_3D_2$，它不在表4-33中，但考虑C为最小影响因素，C可选C_2代替C_3，所以可以确定最佳试验组合为$A_1B_2C_2D_2$。

表4-36　植生型多孔混凝土孔隙率方差分析

方差来源	偏差平方和	自由度	F值	F临界值	显著性	极差	K_1	K_2	K_3
A	9.380	2	14.498	$F_{0.05}(2, 2)=19.0$		2.500	28.100	26.900	25.600
B	0.827	2	1.278	$F_{0.01}(2, 2)=99.0$		0.733	26.933	27.200	26.467
C	0.647	2	1.000			0.633	27.233	26.600	29.200
D	41.167	2	63.628		*	5.167	24.033	29.200	27.367
误差	0.65	2							

注：偏差平方和明显偏小的C项作为误差项处理。

② 方差分析

骨料粒径（D）对植生型多孔混凝土孔隙率的影响达到显著水平，说明骨料粒径（D）为主要影响因素。骨灰比（A）对植生型多孔混凝土28d抗压强度有一定的影响，而减水剂掺量（B）、水灰比（C）对植生型多孔混凝土28d抗压强度没有影响。

本试验误差为0.65，试验精确度较高。

把具有显著影响的D因素，选择最好水平，即表4-34中的D取D_2。A有一定的影响，选择最好水平，即表4-33中的A取A_1。B、C原则上可取在试验范围内任意一个水平，这里B取B_2、C取C_2，由此得到最优试验方案为$A_1B_2C_2D_2$，即为表4-34中2号试验，与极差分析一致。

3）综合评价

从对植生型多孔混凝土 28d 抗压强度的影响来看，骨灰比（A）是主要影响因素，且 A_3 即骨灰比为 5 时 28d 抗压强度较大。骨灰比是决定植生型多孔混凝土 28d 抗压强度的重要因素。这是由于多孔混凝土较普通混凝土的破坏形态有所不同，其破坏多发生在粗骨料之间的接触点上，而接触点上浆体的黏结强度和黏结面积大小又决定了其强度大小。骨灰比越大，水泥用量就越少，黏结面积及黏结点的数量越少，其强度就越低；反之，骨灰比越小，水泥用量就越大，骨料颗粒之间的黏结点越多，黏结面积便增大，其强度自然就随之提高。

从对植生型多孔混凝土孔隙率的影响来看，骨料粒径（D）是主要影响因素，且 D_2 即选用骨料粒径 10 ~ 30mm 时孔隙率较大。粗骨料粒径 $D_1<D_3<D_2$，说明植生型多孔混凝土孔隙率随骨料粒径增加而增大。

减水剂掺量（B）、水灰比（C）对植生型多孔混凝土的 28d 抗压强度和孔隙率的影响很小，所以在骨灰比、骨料粒径合适的情况，为了节约成本，可以不掺和减水剂。

28d 抗压强度与孔隙率是一对矛盾体，孔隙率越大，抗压强度就越小。抗压强度越大，防洪护堤效果越好，但孔隙率低不利于植被在其上生长；孔隙率越大，虽然植被越容易在其上生长，但抗压强度降低了，不利于防洪护堤。因此，应根据实际工程情况，合理地选择抗压强度和孔隙率的大小。

4. 厚度对多孔混凝土抗压强度的影响

多孔混凝土厚度对工程施工有重要影响。厚度小可节约成本，且植物根系易穿透试块植生于地面土壤。本研究设计了系列 1 和系列 2 两组试验（配合比见表 4-37），测定了厚度分别为 6cm、8cm、10 cm、15cm 以及 20cm 的多孔混凝土 28d 抗压强度的变化，结果如图 4-140 所示。

表 4-37　多孔混凝土的配合比

	水灰比	集灰比	粒径/mm	矿渣掺和比/%
系列 1	0. 35	5	G3	10
系列 2	0. 35	8	G2	0

从图 4-140 可看出，多孔混凝土的厚度从 6cm 增加到 8cm，其抗压强度急剧下降；当厚度从 8cm 增加到 15cm，抗压强度有所回升；超过 15cm 后，抗压强度又急剧下降。这个结果给出了这样一个重要信息，并非多孔混凝土越厚抗压强度就越高；当多孔混凝土厚度过低或过高，其抗压强度与多孔混凝土厚度均成反比。

当多孔混凝土试块受压时，其内部并非均匀受压，而是受到弯曲、剪切和拉应力的共同作用，导致多孔混凝土的抗压强度与厚度不呈线性关系。笔者认为厚度在 8 ~ 15cm 时，随着试块厚度的增加，其截面面积和抵抗矩相应增大，提高了对弯、剪、拉等应力的抵抗能力，故其抗压强度增大。当厚度小于 8cm 时，骨料之间连接紧密，弯、剪、拉等应力很小或消失，大大提高了抗压强度；而当厚度大于 15cm 时，厚度大于宽度，弯曲力骤增，

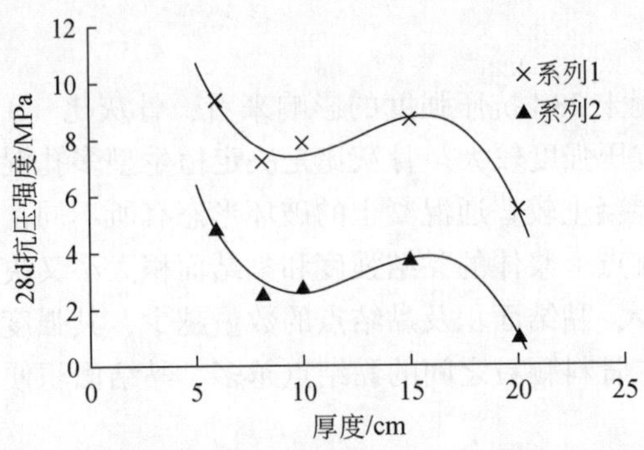

图 4-140 厚度与抗压强度的关系曲线图

使得抗压强度急剧下降。虽然结果是 6cm 厚度的多孔混凝土抗压强度最高，但考虑到多孔混凝土应有一定的自重以保持水流冲刷时的坡体稳定。是故，护堤植生型多孔混凝土厚度的选择应综合考虑抗压强度及自重，宜取 10 ~ 15cm。

5. 多孔混凝土的去碱性处理

1）去碱性处理的必要性

成功制备多孔植被混凝土的关键问题之一，是对多孔混凝土孔隙中的高盐碱性水环境进行改造，使其能够适应植物生长，这是因为采用普通硅酸盐水泥制作植生混凝土孔隙间的水环境若未经改造其 pH 会很高。

植物生长对酸碱度有一定要求，常见护坡植物生长材料的 pH 见表 4-38，多孔混凝土孔隙内高的盐碱性水环境使上述各品种草均难成活。孔隙内析出的碱类物质改变着孔隙内充填材料的化学组分，对植物生长环境产生不同方式和程度的影响，特别是 Na_2CO_3、$NaHCO_3$等可溶性的强碱弱酸盐，可使胺态氮肥分解逸出、保水剂的保水倍率下降、植物所需元素失衡等，对多孔植被混凝土上生长的植物产生很强的胁迫作用，主要表现为：降低植物的光合作用，使植株失绿、草叶坏死、易受病害等；干扰植物的物质代谢，植物对若干元素的吸收受到遏制特别是抑制 N 的吸收；破坏植物的渗透平衡，使植物失水。当然，析出的物质也有营养作用，但胁迫作用表现更为明显。因此，碱性水环境的改造成为植物能否在其中顺利生长的关键。

表 4-38 常见护坡植物适生材料的 pH

名称	适应 pH 范围	最适 pH 范围
黑麦草属	5.2 ~ 8.2	6.0 ~ 7.0
草地早熟禾	5.8 ~ 7.8	6.0 ~ 7.0
加拿大早熟禾	5.5 ~ 7.8	6.0 ~ 7.0
野牛草	5.8 ~ 8.8	6.0 ~ 7.0
白三叶草	4.5 ~ 8.0	6.0 ~ 6.5
狗牙草	5.0 ~ 7.0	5.0 ~ 7.0

2）酸处理植生混凝土后孔隙水环境碱性变化规律

随机取3组试件，每组3个。各组分别用水、1mol/L硫酸亚铁和10%草酸进行淋洒，使试件内部完全湿润，放置1d直至内部风干，然后测其孔隙水的pH。3组试件在水中的pH随时间变化关系如图4-141所示。由图4-141可见，3组试件的孔隙pH随时间逐渐升高直至平衡。刚开始，经硫酸亚铁处理过的POC碱的释放速度比经草酸处理过的慢；但随后经硫酸亚铁处理过的POC的pH急剧上升，其碱的释放速度和释放量均大于草酸处理过的，96h后达到平衡，pH约10.9。草酸处理过的POC孔隙pH缓慢升高，72h达到第一次平衡，pH约为9.6；168h后，经草酸处理过的POC孔隙pH再次缓慢升高，312h达到第二次平衡，pH约为10.4。水浸处理过的POC孔隙碱性随时间缓慢增加，312h后达到平衡，pH约为9.8。全过程POC孔隙水环境碱的迁移速度及释放量从大到小排序为：硫酸亚铁处理过的POC> 草酸处理过的POC>浸水处理过的POC。

POC孔隙碱性主要来源于包裹在骨料表面的水泥水化产生的碱，可分为可溶性碱与非可溶性碱，其中，对POC孔隙内水环境有影响的是可溶性碱。可溶性碱是维持水化水泥稳定所需碱环境的主要因素，也是形成孔隙碱性水环境的源泉（封孝信、冯乃谦，2000）。董建伟（2003）认为POC孔隙内可溶性碱的析出是一个持续和动态的过程。本研究中，用酸性物对POC进行降碱时，为了维持孔隙水环境的平衡，水泥水化产物会自动析出$Ca(OH)_2$以补充可溶性碱的浓度。酸性越大，这种负反馈作用越大。由图4-142可见，1mol/L硫酸亚铁处理过的POC比10%草酸处理过的POC抗压强度降低得多，说明水泥水化产物发生了分解，且1mol/L $FeSO_4$处理过的POC比10%草酸处理过的POC分解的速度快。因此，对植生型POC孔隙碱性的改造不能简单、片面地采用淋洒酸性物来中和降低POC中固有而必要的碱性。

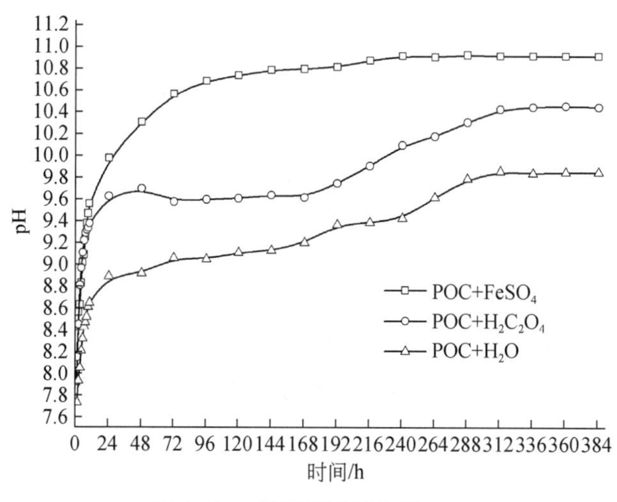

图4-141　酸处理后植生型POC孔隙pH时间变化

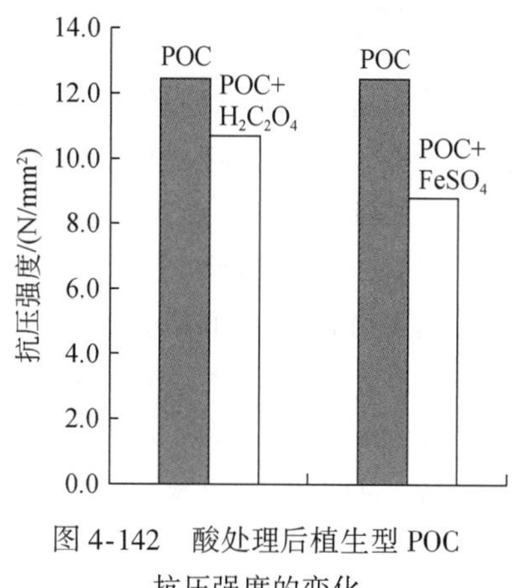

图4-142　酸处理后植生型POC抗压强度的变化

3）不同浓度酸处理植生混凝土后孔隙水环境碱性变化规律

图4-143为不同浓度草酸处理后植生型POC孔隙pH的时间变化关系。用3%、6%和9%草酸处理过的POC孔隙pH的变化趋向一致，随时间先下降后升高直至达到平衡。3%、6%和9%草酸处理后的POC孔隙pH平衡后分别为10.21、10.45、10.55。可见，酸浓度越高，水泥反馈作用越大，释放出的碱性越快越高。

图4-144为不同浓度硫酸亚铁处理后植生型POC孔隙pH的时间变化关系。用0.3mol/L、0.6mol/L和0.9mol/L硫酸亚铁处理过的POC孔隙pH的变化趋向一致，随时间逐渐升高直至达到平衡。达平衡时的pH分别为10.69、10.84和11.04。可见，植生型POC孔隙碱性的释放速度和释放量与所有硫酸亚铁浓度成正比。

由图4-143和图4-144可见，硫酸亚铁处理后的POC孔隙碱性的负反馈作用大于草酸处理后的POC。因此，植生型POC碱性改造不宜选用硫酸亚铁直接淋洒或者浸渍的方式。

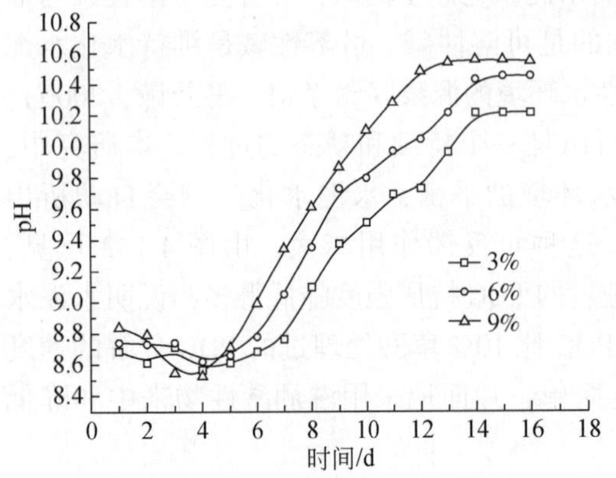

图4-143　不同浓度草酸处理后植生型POC孔隙的pH变化

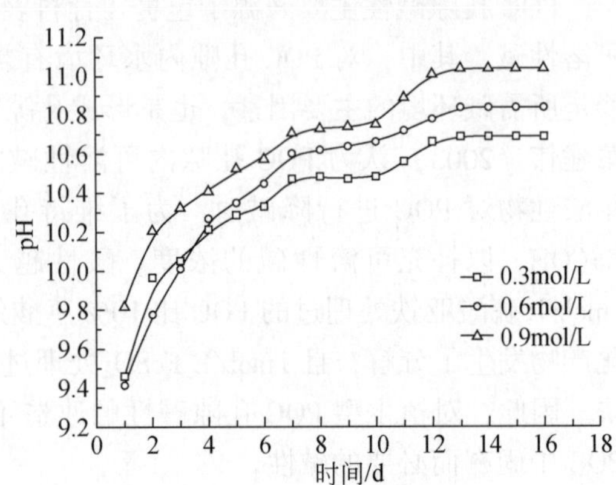

图4-144　不同浓度硫酸亚铁处理后植生型POC孔隙的pH变化

6. 适生材料的成分

适生材料的选择必须考虑多孔植生混凝土特殊的结构特征，种植基材不仅要满足在多孔混凝土表面的铺装，还要有材料填充到孔隙中去，这决定了适生材料的选用必须遵循以下6个原则。

（1）材料易填充

适生材料由于有部分要填入多孔混凝土的孔隙之中，故其粒径要小，最好成粉状，否则容易浮在多孔混凝土表面而不易填入连续孔隙内部，不利于植物根系穿过多孔混凝土的孔隙吸收底层的营养和水分。

（2）具有一定的保水吸水能力

多孔植被混凝土由于内部具有连续的孔隙，一方面水分很容易透过但另一方面也易流失，故需选用吸水能力强的适生材料如泥炭及某些高分子聚合物等，吸水能力强即意味着保水能力强，当植物根系缺水的时候周围适生材料内部仍然能提供水分供其继续生长发育，试验中适生材料中掺入一定量的高分子保水剂和锯末。

（3）肥料缓释能力强

多孔植被混凝土适生材料一般不提供植物生长发育所需的营养成分，所以种植材料中应加入一种可逐渐释放养分的肥料，这种肥料的缓释能力能使植物根系的生长及发育更为有利，尤其是对植物的后期生长有利。

（4）质轻、分散能力强

轻质的适生材料既能固定根系又利于搬运运输，适生材料在多孔植被混凝土内部的填充就要求其具有良好的分散性，分散能力强利于形成连续的均匀的基质和营养混合体，从而能充分地填充多孔混凝土内部的孔隙，吸水后极易成团的一些高分子材料不宜选作多孔植被混凝土的适生材料。

（5）环境和经济性好

适生材料必须具有很好的环境效益，比如一些垃圾处理厂的淤泥可能含有大量的砷、铬、汞等重金属，这些材料如用作适生材料易对周围的水体和土壤造成污染，不宜使用；此外适生材料宜选用资源丰富，价格合理的天然材料。

根据上述适生材料的选用原则，适生材料选择如下：

培养土：主要由泥炭土、木质泥炭、椰壳粉、蛭石和珍珠石中的一种或两种以上的混合物组成。

有机肥：主要由牛骨粉、花生麸、熟鸡粪和草碳中的一种或两种以上的混合物组成。

保水剂：聚丙烯酰胺。

营养液：草坪专用营养液。

缓释肥：PPG草坪专用缓释肥。

减水剂：聚羧酸系高性能减水剂。

塘泥：经过破碎处理的塘泥。

（6）植物的筛选及种植

选取了7种草籽，设置单播和混播试验。单播时，各草种发芽时间、成活率、长到10cm高度时间和生长情况见表4-39和图4-145、图4-146。

表4-39　不同草种在多孔混凝土中的生长情况

种植日期	植草情况	植草种类						
		结缕草	百喜草	高羊茅	矮羊茅	翦股颖	狗牙根	早熟禾
2010-09-29	发芽时间/d	13	15	5	7	10	10	12
	成活率/%	25	20	91	90	93	86	56
	长到10cm高度时间/d	48	36	31	45	53	40	43
	生长情况	3	4	5	5	4	4	3

注：生长情况栏采用评分法，其中5分为很好，4分为好，3分为一般，2分为差，1分为很差，0分为没有发芽和生长。

根据植物种的多样性理论，植物种的多样性使生态系统的网状食物链结构更加复杂，使生态系统更趋向稳定，另外，植物种的多样性也促使处于平衡的群落容量增加而导致生态系统的稳定。因此，护坡植物采用多种种子混播更易于形成稳定的植物群落。混播植物

图 4-145　3 个月后供试植物生长状况

图 4-146　供试植物根系穿透多孔混凝土（3 个月）

应遵循如下选型原则（朱航征，2002），即每种植物种须满足坡面植物种的选型原则：

（1）一般应包括禾本科和豆科的植物种；

（2）植物种的生物生态型要互相搭配，以便减少生存竞争的矛盾，如浅根与深根的配合，根茎型与丛生型的搭配等；

（3）不同植物种的发芽天数应尽可能相近，否则有可能造成发芽缓慢的植物种很快被其他适生材料淘汰。

据此，拟定如下四种混播方案：

（1）狗牙根、高羊茅和百喜草重量比为 10∶5∶8；

（2）高羊茅、黑麦草和早熟禾重量比为 5∶5∶3；

（3）高羊茅和早熟禾重量比为 11∶2；

（4）高羊茅、百喜草、狗牙根、早熟禾和黑麦草的重量比为 1.2∶1∶1∶0.5∶0.5。各方案的生长情况见表 4-40 和图 4-147、图 4-148。

表4-40　不同组合草种在多孔混凝土中生长情况

种植日期	植草情况	混播方案一	混播方案二	混播方案三	混播方案四
2010-08-20	发芽时间/d	6	5	7	6
	成活率/%	85	88	90	93
	长到10cm高度时间/d	35	53	50	42
	生长情况	5	4	4	5

注：生长情况栏采用评分法，其中5分为很好，4分为好，3分为一般，2分为差，1分为很差，0分为没有发芽和生长。

图4-147　混播前后情况对比

图4-148　混播三个月后植物根系发展情况

本试验草种播种后均生长良好，30d后各类植物基本均表现出良好的适应性，90d后根系都穿透植生混凝土试块。

7. 养护管理

养护管理是植生混凝土护坡工程的重要环节之一。植生混凝土护坡工程施工完毕后如果放任不管，将可能导致：植物不能很好发芽，出现裸地；具有强大繁殖能力的大型杂草乘机侵入，播种植物枯萎、退化等。因此，为了使植生混凝土护坡工程能够较好地发挥作用，必须对植生混凝土进行养护管理。

种植完成后到种子发芽的这段时间内非常重要，因此对其进行养护管理是必要的。养护管理主要包括洒水、施肥及除杂等内容，水分在植物发育阶段尤为关键，在天气炎热干旱时应适当地洒水，保证植物根系的正常生长，洒水的同时注意观察植物的生长发育状况，若夜间温度很低还应采取一些保温措施，如用塑料薄膜覆盖等。施肥是不可少的一个环节，一般 2 个月施一次肥即可满足植物正常的生长及发育要求。植物发芽后的生长时期，对维护管理也有一定的要求。在植物生长的过程中必要的修剪、施肥、灌溉及病虫害和杂草的控制等环节都需引起相当的重视，当多孔混凝土表面已形成不同植物群落时，营造出微生态系统单元环境之后，对其的维护管理工作就要简单得多。

4.4.2.4 复合生态浮床技术研究

复合生态浮床主要由曝气设施、水生植物浮床和生物填料床组成，经过局部曝气增氧在水生植物根系和生物填料间建立好氧微生态系统，对水体污染物起到有效的过滤和生物降解作用，水生植物的生长将从水体中吸收去除大量的营养盐，并为河道的后期生态系统恢复起到重要作用，同时也将营造独特的水上景观。包括：筛选、驯化适于不同应用区域气候和水体污染条件的水生植物或陆生植物；根据城市污染河道的水力特征，优化浮床生物填料床的填料组成和结构；根据综合排水河道氮污染比较突出的特点，在浮床生物填料床上填充生物陶粒作为高效生物脱氮微生物的载体，将生物飘带固定在生态浮床上作为高效脱氮系统的一部分；考察射流曝气条件对生态浮床的污染物去除能力影响，确定最佳的射流曝气和生态浮床的组合条件。

1. 植物选取

根据植物适应性、湿生性、去污染种类和能力进行分类选择，以污染的去除效率和生态景观为目标选择不同的植物。选择的依据是：能在水中培养的陆生植物、本土性、低养护要求、抗污染能力强、速生性、去污和园林景观结合。通过上述原则，结合新塘水南涌水体原有的水生生物种类，对所选植物的生长、适应性和湿生性进行评价，从中筛选出适宜满足不同季节、兼有景观和经济价值的植物进行试验，进而推广种植。

试验中选用以下植物：美人蕉、黄菖蒲、芦苇、水金钱、千屈菜、再力花，所有植物来自园艺中心土培苗，苗高 5 ~ 15cm，再经洗根去土放置于定植杯中用营养液水培 20 天，苗高 20 ~ 50cm，用自来水冲洗干净后移栽定植。

2. 实验水质

从新塘镇水南涌河道中采集实验用水，水质情况为 COD：20 ~ 80mg/L，NH_3-N：10 ~ 40mg/L，TN：5 ~ 16mg/L，TP：0.5 ~ 1.0mg/L，DO：0.5 ~ 1.0mg/L。

3. 复合生态浮床的结构

实验所采用的模型水槽为自制 PVC 材料，尺寸为 1.2m×1.2m×1.5m，水槽分为三部分，设计成上、中、下 3 层结构。上层区域（Ⅰ）为水生植物区，种植水生经济植物，该区域有效高为 20cm；中层区域（Ⅱ）为填料区，放置碎石、陶粒、火山岩等填料，这类材料表面积比较大，适合于微生物附着而形成生物膜，有利于降解污染物，该区域高为 30cm；下层区域（Ⅲ）为人工介质区，悬挂兼具软性及半软性特征的高效人工水草，大量富集微生物，形成高效生物膜净化区，该部分高为 60cm。装置最底部设置穿孔管进行曝气。曝气装置采用小型曝气机。

4. 复合生态浮床的性能研究

1）水中 DO 的变化

表 4-41 为不同植物生态浮床对水体 DO 的影响。由表 4-41 可以看出，植物对水中的 DO 具有很明显的改善作用，一方面是由于增加曝气措施，空气氧溶入水中所致，因而水中氧浓度还与气温、气压密切相关；另一方面，可能与植物根系具有复氧功能有关。

表 4-41　不同植物生态浮床的水中 DO 值　　单位：mg/L

日期	美人蕉	黄菖蒲	芦苇	水金钱	千屈菜	再力花
8-9	0.8	0.8	0.8	0.8	0.8	0.8
8-16	4.5	5.7	3.3	6.8	6.6	5.9
8-23	4.3	4.0	4.1	5.2	6.2	5.5
8-30	3.6	5.3	3.8	5.9	6.0	6.5
9-7	5.0	5.0	5.0	5.2	6.3	6.9
9-14	6.1	5.2	6.1	4.5	6.2	7.0
9-21	6.9	5.9	6.9	4.9	8.9	8.0
9-28	4.8	3.8	4.8	3.3	7.1	3.7

2）浮床对 TN 的去除效果分析

从图 4-149 中可以看出，六种植物处理中对水体中 TN 的去除总体上都呈下降趋势，去除效果均高于空白处理。8 月，这六种处理下降趋势较为平稳，幅度变化较小，各物种间差异不大；从 9 月开始，水中 TN 浓度急剧下降，去除效果非常显著。分析其中原因可能是经过水质的更换，植物对生长的水环境水质从低浓度到高浓度有一个适应的过程，所以 9 月表现出强烈的对氮的去除。到 9 月 28 日，其中芦苇、黄菖蒲和再力花处理下的 TN 去除率分别达到 40.0%、37.5% 和 33.8%（8 月 9 日至 9 月 28 日间的去除率，下同），相较于其他植物具有较高的去除氮的能力，同时也表明这三种植物在生长过程中对氮的需求很高，这与它们生产能力强和生物量有关系。

3）浮床对 NH_3-N 的去除效果分析

从图 4-150 中可知，各处理下水中 NH_3-N 总体变化规律是开始一周内浓度急剧下降，随后呈缓慢下降趋势，最终处理达到的浓度差异不大，芦苇处理的水中 NH_3-N 浓度在第一周结束时为 2.0mg/L，去除率达到 54.5%，在六种植物处理中效果最为显著，芦苇处理的急剧下降趋势延续至第二周，从第三周开始变化比较小。

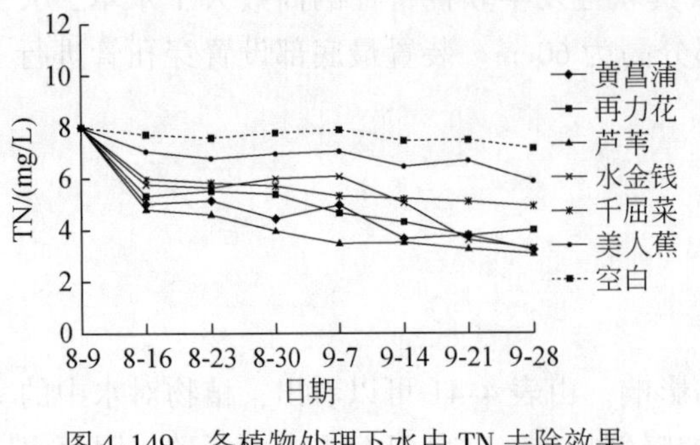

图 4-149　各植物处理下水中 TN 去除效果

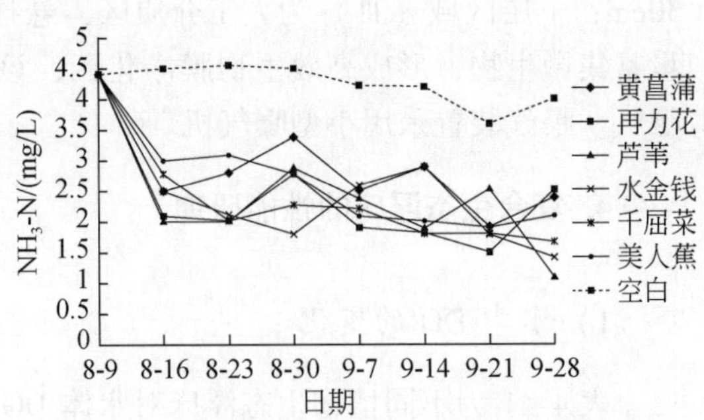

图 4-150　各植物处理下水中 NH_3-N 去除效果

4）浮床对 TP 的去除效果分析

由图 4-151 可知，各植物处理下水中总体呈下降趋势，处理下水中去除效果非常显著，空白处理效果不明显，其中芦苇处理最为明显，对去除率达到 77.8%。

5）浮床对 COD 的去除效果分析

图 4-152 可知，植物在 8 月 9 日至 8 月 16 日这一周内，水中浓度急剧下降，去除率达到 31.4% ~47.1%，为这一试验周期内总去除率的 60% 左右，分析其中原因可能是本试验在静态条件下进行，水体中的某些物质易产生沉淀，亦即供试水体中的一部分悬浮物及有机物由于沉淀作用而使水中 COD 在处理初期就产生急剧下降，水体中 COD 的去除，除了微生物对有机物的分解、矿化作用外，植物也可通过吸附、吸收等过程对水体中 COD 起作用，因此去除率与植物的生长状况有直接关系，供试水体经植物净化后，水体变清，悬浮物大量减少，透明度增加。

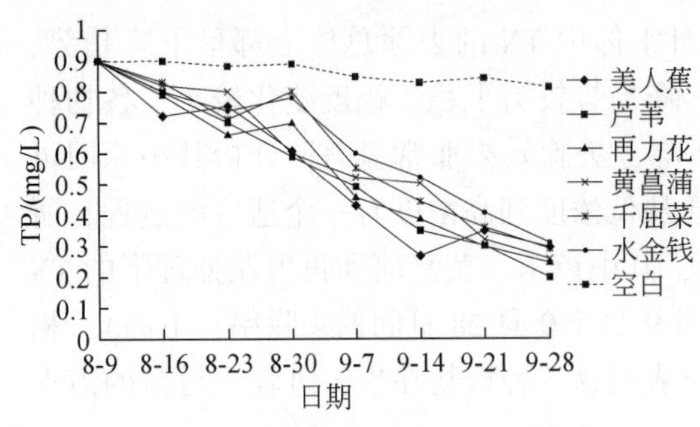

图 4-151　各植物处理下水中 TP 去除效果

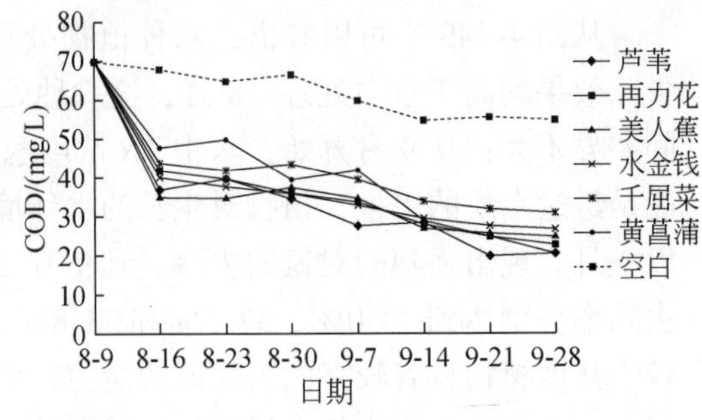

图 4-152　各植物处理下水中 COD 去除效果

6）不同填料对水体污染物净化效果分析

根据上面的试验结果，选择处理效果较好的植物美人蕉作为处理植物，通过考察水体的 TN、TP 和 COD 的变化，分析不同的填料对水体污染物的净化效果。

从图 4-153、图 4-154、图 4-155 中可以看出，陶粒作为填料载体，对 TN、TP 和 COD 的去除率均高于碎石和火山岩，与空白试验相对比，加入填料对 TN、TP 的去除效果较为明显，分别增加了 16.3% 和 22.2%，对 COD 的去除率仅增加 11.4%。

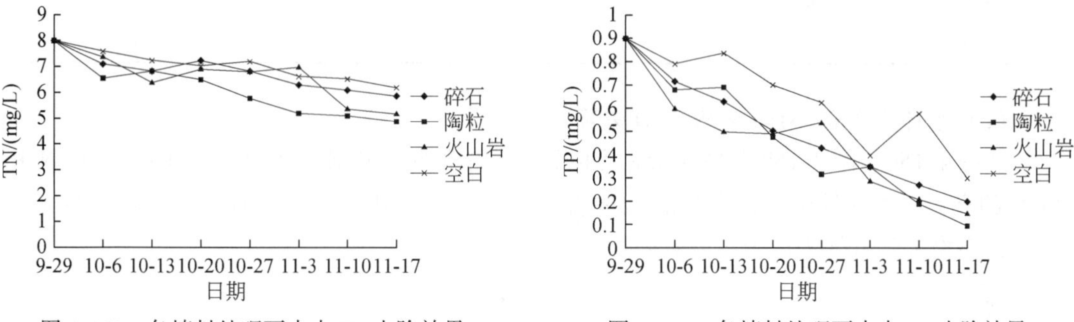

图 4-153　各填料处理下水中 TN 去除效果　　图 4-154　各填料处理下水中 TP 去除效果

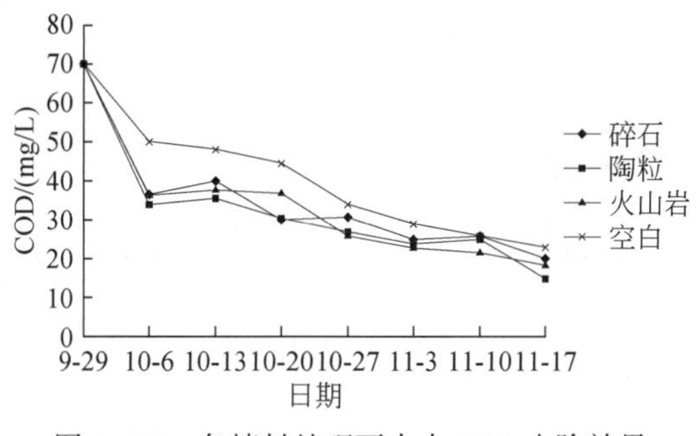

图 4-155　各填料处理下水中 COD 去除效果

7）不同曝气量对水体污染物净化效果分析

根据上面的试验结果，选择处理效果较好的植物美人蕉作为处理植物，陶粒作为填料载体，通过考察水体的 DO、TN、NH_3-N 和 COD 的变化，分析不同的曝气量对水体污染物的净化效果。

（1）水中 DO 的变化

从表 4-42 可以看出，曝气量的大小对于水体中的 DO 具有决定性作用，曝气量大，DO 高，当曝气量为 0.1m^3/h 时，水体的 DO 在第一周以后就达到 3mg/L。

表 4-42　不同曝气量下水中 DO　　单位：mg/L

日期	0.05m^3/h	0.1m^3/h	0.2m^3/h	0.5m^3/h	1m^3/h
3-1	0.7	0.7	0.7	0.7	0.7
3-8	2.1	3.5	4.8	4.9	5.4
3-15	4.1	4.1	4.4	5.4	5.8
3-22	4.8	4.6	3.8	5.6	6.7
3-28	5.1	5.8	5.2	5.1	6.9

续表

日期	$0.05m^3/h$	$0.1m^3/h$	$0.2m^3/h$	$0.5m^3/h$	$1m^3/h$
4-6	4.9	6.4	6.1	6.8	7.5
4-13	5.6	5.7	6.9	7.0	7.9
4-20	5.1	5.8	5.3	6.8	7.0

（2）水体中 TN、NH_3-N 和 COD 去除效果分析

从图 4-156、图 4-157 和图 4-158 可以看出，增加曝气措施，可以促进 TN、NH_3-N 和 COD 的降解，曝气量越大，去除效果越明显，当曝气达到 $0.1m^3/h$ 时，增加曝气量，虽然对污染物去除有促进作用，但效果相对较为平缓。

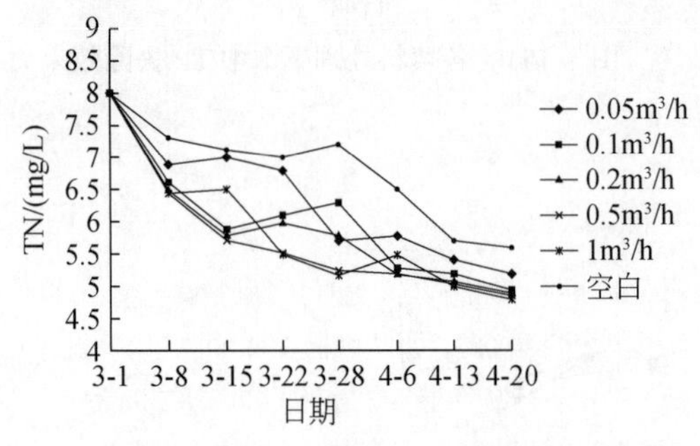

图 4-156　各曝气量处理下水中 TN 去除效果

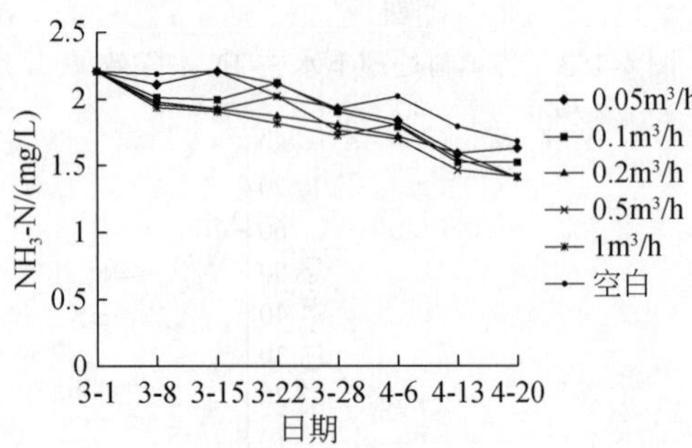

图 4-157　各曝气量处理下水中 NH_3-N 去除效果

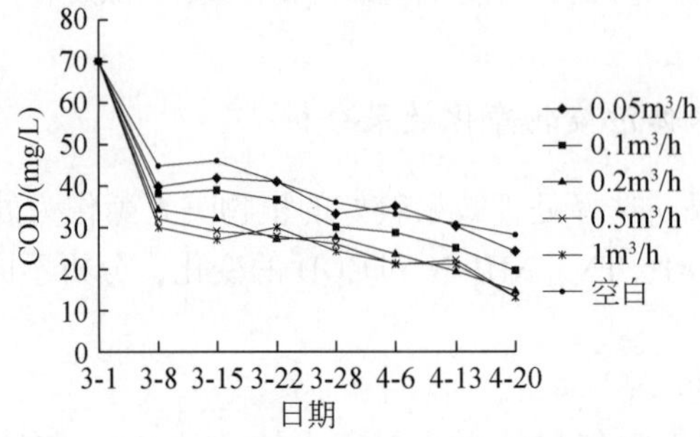

图 4-158　各曝气量处理下水中 COD 去除效果

4.4.2.5　河道内源污染氧化技术研究

底泥污染物的释放对水体产生的污染称为内源污染，对底泥污染的治理修复措施进行了研究。目前，底泥治理的主要方法有底泥疏浚、水力冲淤、底泥掩蔽、化学覆盖、生物修复，对比各种底泥治理措施，底泥疏浚往往工程量大、施工难度高，且不能确保彻底消除底泥污染，在处理不当的情况下还容易造成污染的恶化，水力冲淤费用节省，但效果周期长，且很多河道不具备天然的水力条件，如果采用人工换水，则代价巨大，采用底泥掩蔽和化学覆盖的方法对底栖生态系统会产生不利的影响，底泥掩蔽还会增加底泥泥量，使

水体库容变小。相对而言，对有机污染严重的底泥，最理想的处理方法是生物修复，利用微生物进行原位分解处理，既可以节省工程费用，同时也能减少一系列后续的环境问题。

1. 土著微生物和外源微生物对底泥生物氧化缺氧处理的效果比较

在人工制作玻璃水箱的4个水槽各放置约15.4cm×16.1cm×5.0cm水南涌黑色底泥，缓慢加满污废水。利用河道底泥接种专业培养基，定向扩增河涌土著微生物，制成土著微生物培养液（细菌含量1×10^6cell/mL）；从20多个配方中，选择1个主要由生物促生剂（美国普罗公司生产，简称BE）组成的底泥生物氧化高效配方，制成复合制剂；市场购得商品EM菌制剂。处理1（1#）滴加15ppm底泥生物氧化复合制剂；处理2（2#）滴加15ppm底泥生物氧化复合制剂和25ppm土著微生物培养液；处理3（3#）滴加15ppm底泥生物氧化复合制剂和25ppm外源微生物制剂（由日本EM指定某生产厂家生产产品）；处理4（4#）滴加同样剂量蒸馏水，连续处理10天。每天观察处理前后底泥和水体变化，检测底泥生物降解性能（*G*值）、底泥TOC等指标。

由图4-159、图4-160中各实验组的底泥TOC、*G*值的变化情况可知，处理1～3中底泥TOC都显著下降，*G*值明显上升，这说明经过底泥氧化处理后的底泥中有机污染物得到有效的去除，底泥对水体污染物的去除能力得到提高；而处理4中在不进行底泥氧化的情况下，底泥TOC和*G*值的变化相对不大。显然，采用配制的底泥氧化制剂对底泥的修复有显著效果，可以有效地减少底泥污染物和加强底泥的污染物降解能力，同时，实验结果表明，采用微生物制剂与底泥氧化剂配合投加时，对底泥能起到更好的修复效果，且采用土著微生物处理效果优于外源微生物，能够更加迅速和有效地达到修复效果，不加修复的底泥TOC维持在30g/kg左右，*G*值为0.8～0.12kg/(kg·h)，进行底泥生物氧化制剂与土著微生物配合处理后，底泥TOC值从36.3g/kg下降至10.0g/kg，降低72.5%，*G*值从0.09kg/(kg·h)提高到最大值0.35kg/(kg·h)，增加3.9倍。

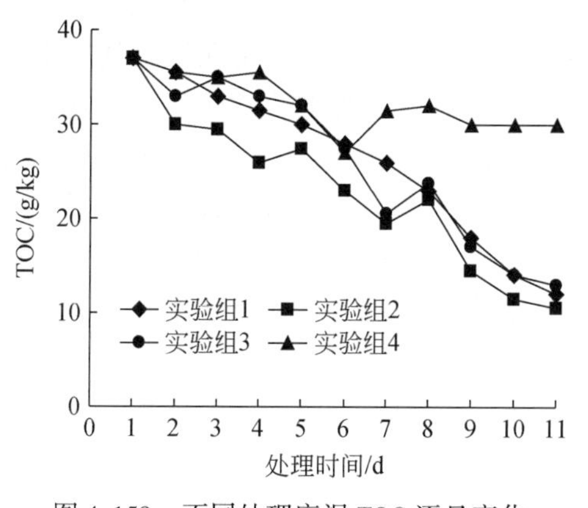

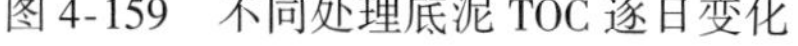

图4-159 不同处理底泥TOC逐日变化

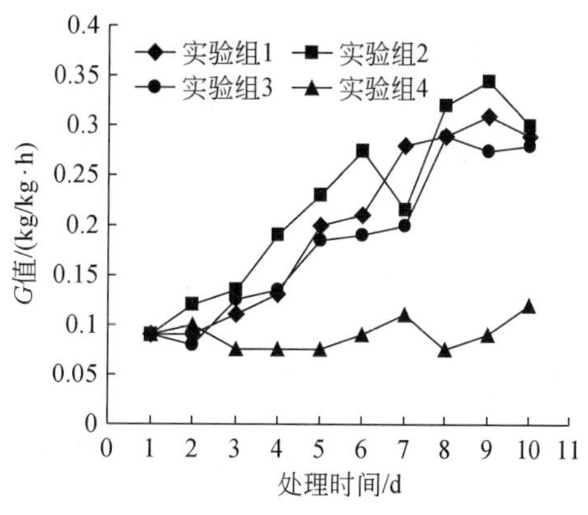

图4-160 不同处理底泥*G*值逐日变化

由以上实验结果分析，底泥生物氧化复合配方制剂能明显促进底泥氧化，在黑臭的河涌厌氧底泥表层形成氧化层，而将土著微生物培养液与底泥生物氧化复合配方制剂配合使用能进一步加快氧化进程，外源微生物虽然也能促进底泥的氧化，但其效果明显滞后于土著微生物。

2. 土著微生物和外源微生物对底泥生物氧化缺氧—好氧处理的效果比较

利用河道底泥接种专业培养基，定向扩增河涌土著微生物，制成土著微生物培养液（细菌含量 1×10^6cell/mL）；从 20 多个配方中，选择 1 个主要由生物促生剂（美国普罗公司生产，简称 BE）组成的底泥生物氧化高效配方，制成复合制剂；市场购得商品 EM 菌制剂。处理 1（1#）滴加 15ppm 底泥生物氧化复合制剂；处理 2（2#）滴加 15ppm 底泥生物氧化复合制剂和 25ppm 土著微生物培养液；处理 3（3#）滴加 15ppm 底泥生物氧化复合制剂和 25ppm 外源微生物制剂（由日本 EM 指定某生产厂家生产产品）；处理 4（4#）滴加同样剂量蒸馏水，连续处理 3 天后，用力搅拌至泥水混合均匀，曝气处理 7 天，每两天下午 16～18 时停止曝气，澄清取样。观察处理前后底泥和水体变化，检测水体 COD、底泥生物降解性能（G 值）、底泥 TOC 等指标。

用不同处理方法对底泥进行强化氧化处理，发现底泥 TOC、G 值均发生明显变化，外源微生物处理效果最佳，底泥 TOC 从 36.3g/kg 降到 8.1g/kg，降低了 77.7%，G 值从 0.09kg/(kg·h) 上升到 0.39kg/(kg·h)，提高 4.3 倍；土著微生物处理效果稍差，底泥 TOC 从 36.3g/kg 降到 9.6g/kg，降低了 73.6%，G 值提高 3.3 倍。与底泥生物氧化厌氧处理对比，对底泥进行生物氧化的同时进行水体的曝气增氧处理对采用底泥氧化制剂和土著微生物修复底泥的影响不大，但对底泥氧化制剂和外源微生物配合修复底泥具有一定的促进作用，TOC 从缺氧时的 14.6g/kg 下降到 8.1g/kg，G 值从 0.29kg/(kg·h) 提高到 0.39kg/(kg·h)，这可能是由于外源微生物是人为选择的好氧微生物菌群，在有氧的情况下，对污染物的分解能力强过土著微生物，但在实际的应用中，外源微生物往往环境适应性较土著微生物差，作用条件也较为苛刻，同时其价格较土著微生物要贵得多，因此，在黑臭河涌的底泥生物氧化中，我们还是建议采用土著微生物。

由以上对缺氧和好氧条件下的底泥生物氧化制剂-土著微生物修复和底泥生物氧化制剂-外源微生物修复两种底泥氧化方法进行初步研究的结果分析，确定在对河涌底泥进行生物修复时，可以采用底泥生物氧化制剂和土著微生物配合投加的方式进行，在底泥修复过程中不需要曝气增氧。但在实际的应用操作中发现，在底泥修复完成和达到一定程度后，即底泥 TOC 达到 10.0g/kg，G 值提高到 0.35kg/(kg·h) 左右时，需要对河涌水体进行曝气增氧，使底泥处于好氧环境，为底泥生物耗氧过程提供充足的 DO，才能保持底泥中土著微生物的正常生长和污染物降解能力，进行长期的底泥有机污染物氧化和减少底泥污染物的释放给上覆水体造成的二次污染。

4.4.2.6 自然景观湿地重建技术研究

湿地是地球表层上由水土和水生或湿生植物（可伴生其他水生生物）相互作用构成，其内部过程长期为水所控制的自然综合体。湿地不仅是人类最重要的生存环境，而且城市湿地在补充城市水量、改善城市生态和生活环境、丰富城市景观等方面扮演着重要的角色，发挥着湿地生态功能、服务功能和教育功能。城市的综合排水河道，由于大量工业废水和生活污水排放，水质污染和富营养化日趋严重。

本研究针对水南涌河道污染现状，对水南涌存在的滩涂进行自然湿地的建设，对水生高等植物带进行恢复，不仅将有利于调节整个河道生态系统的平衡，同时也可以利用河道滩涂水生植物带所形成的屏障对水体营养盐和污染物进行吸收利用和截留生物降解。

从图 4-161、图 4-162 和图 4-163 中可以看出，自然湿地对污染物去除有一定的效果，TN 去除率为 5.0% ~14.2%，TP 去除率为 15.7% ~23.8%，COD 去除率为 14.8% ~27.1%，当进水污染物浓度较低时，去除率较高，当进水污染物浓度较高时，去除率较低。

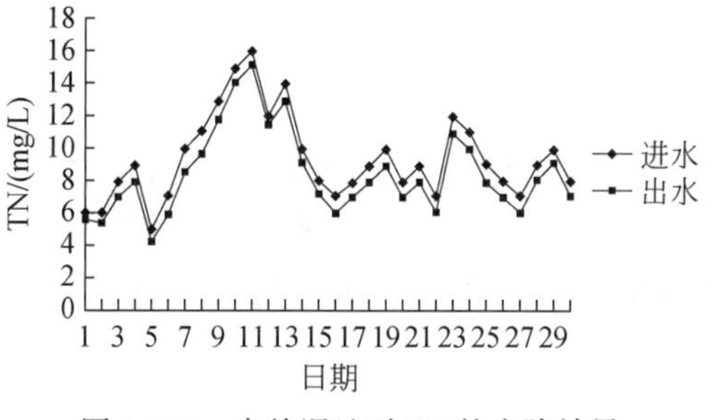

图 4-161　自然湿地对 TN 的去除效果

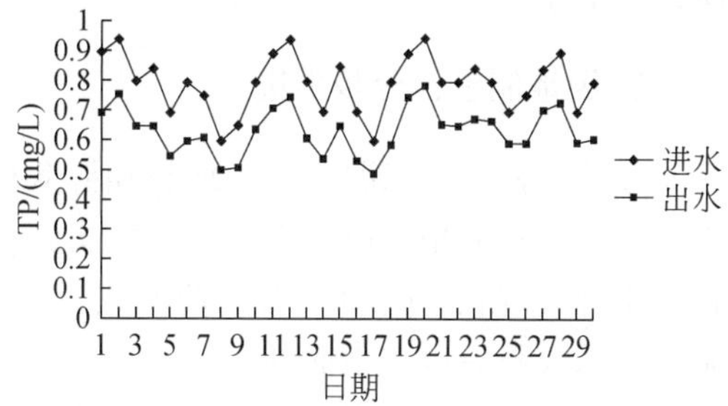

图 4-162　自然湿地对 TP 的去除效果

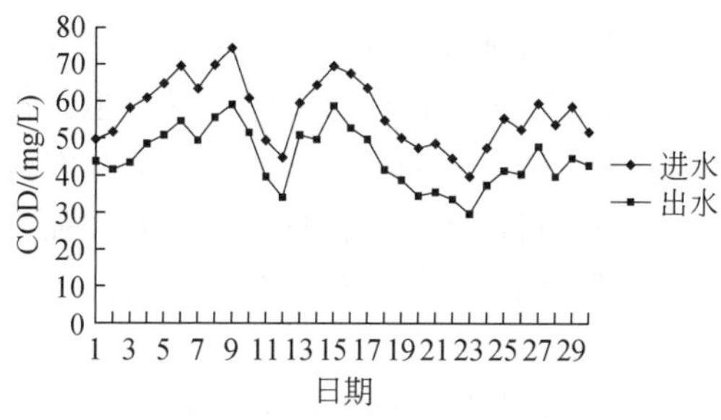

图 4-163　自然湿地对 COD 的去除效果

4.5　东江流域快速发展支流区农村典型污水控制模式及技术研究

4.5.1　分类控制与分步实施政策引导研究

一般来说，水污染控制除了在技术层面外，管理政策也十分重要。为了加强农村污水控制的引导，鼓励社会各界积极投身到农村污水治理的行列中来，政府部门首先要考虑的就是要制定好规划和控制政策，明确总体目标、思路和工作路线，为具体实施作准备。具体来说，要体现以下三个方面。

1. 科学规划，分类指导

根据城镇建设规划、经济发展现状和污水排放数量，合理规划布设农村污水处理工程，凡能纳入城镇污水处理厂的村，原则上纳入城镇污水处理管网系统。同时，根据农村人口分布密度、自然环境和经济条件，以及出水去向，科学确定适合农村不同类型的污水处理方式，例如，排入农田的按照农灌标准保留一定的氮磷浓度，一方面可以减少肥料的使用，另一方面又可以利用农作物处理氮磷污染；相反，如果排入鱼塘的尾水则需要把氮磷处理干净。

2. 因地制宜，分步推进

根据农村经济状况、地形地貌和群众积极性选择一批不同的污水处理模式的村先行试点建设，树立典型，以点带面，分步实施，逐步推进。首先，开展调查摸底，详细了解各村污水排放现状，明确污水处理模式，并在有条件的村和水源保护区上游村先行启动实施，技术成熟后以点带面推广。

3. 加强领导，明确职责

农村污水治理涉及量大、面广，以及各村各户，不仅是一项系统工程，也是一项社会效益和生态效益显著的民心工程，应加强领导，理顺关系，整合资源，提高办事效率，明确职责。通常需要成立由政府牵头、相关部门参加的领导小组，各乡镇建立相应的工作机构。同时加强与科研单位的技术合作，不断探索研究采用适合农村污水无害化处理和资源化利用的新工艺和新技术，提高农村污水综合治理水平，并加强工程监督管理，提高设施建设质量和运行质量，确保处理后的农村污水达标排放。

4.5.2 分类标准采用与典型污染物特征分析

从经济技术可行性考虑，农村生活污水应该根据经处理后不同的用途和目的采用相应的水质标准进行控制。对于经处理后污水能直接排入农田灌渠的，可以参考执行《农田灌溉水质标准》。对于经处理后污水直接排入地表水体的，可以参考执行《城镇污水处理厂污染物排放标准》，排入 GB 3838 地表水Ⅲ类功能水域的，执行一级标准的 B 标准；排入 GB 3838 地表水Ⅲ类功能水域但是该水域现状已达不到Ⅲ类功能区要求，执行一级标准的 A 标准。

4.5.2.1 快速发展区典型农村水污染物特征分析

快速发展区往往处于一个工业与农业的混合区，因此，排入河流的农村污水具有一定的典型性。为了更好地了解其污水特征，研究过程中根据实际情况，选取了一些有代表性的断面或点位，分别进行常规指标和环境激素类指标检测水质的分析，结果见表 4-43 和表 4-44。

表 4-43　竹坑村河流水质现状检测结果

检测项目 样品名称	水温/℃	pH	COD/(mg/L)	BOD_5/(mg/L)	DO/(mg/L)	NH_3-N/(mg/L)	SS/(mg/L)	TP/(mg/L)	TN/(mg/L)	LAS/(mg/L)	粪大肠菌群/(MPN/100mL)
竹坑村 1#断面	25.0	7.13	<10	2.2	8.3	0.12	18	0.30	0.432	0.08	2.3×10^4
竹坑村 2#断面	25.0	7.18	<10	2.6	6.5	0.16	16	0.26	0.471	0.09	1.3×10^4
竹坑村 3#点位	25.0	6.99	43.0	4.2	3.3	0.16	21	0.28	0.442	0.09	4.9×10^4
竹坑村 4#断面	29.0	7.24	35.6	4.0	3.8	0.20	19	0.34	0.540	0.10	7.9×10^5

表 4-44　竹坑村河流环境激素类分析检测结果

分析项目	检测结果	计量单位	检测方法
铅	<0.05	mg/L	ICP-AES
镉	<0.003	mg/L	
汞	<0.00001	mg/L	
壬基酚	未检出	μg/L	LC/MS/MS
灭多威	未检出	μg/L	
双酚 A	0.24	μg/L	
烷基苯酚聚氧乙烯醚（APEO）	0.43	μg/L	
己烯雌酚	未检出	μg/L	
多溴联苯醚（PBDEs）	0.038	μg/L	GC/MS（JY-T 003-1996）
六溴环十二烷	未检出	μg/L	
多氯联苯	未检出	μg/L	

从结果可知，1#和 2#断面水质检测结果除 TP 和粪大肠菌群超标外，其他检测指标均能达到地表水环境质量Ⅱ类标准要求；3#水塘和 4#河流下游断面水质检测结果中 COD 骤升（增加 4～5 倍），超出地表水环境质量Ⅳ类标准要求，粪大肠菌群超标更严重，达到 790000MPN/100mL 水平。

竹坑村现状上游水质现状较好，由于源头竹坑水库尚有村民在养鱼，因此检测结果中 TP 和粪大肠菌群出现少量超标，水库水流经竹坑村后，沿途接纳了竹坑村未经处理的农村生活污水，导致村内水塘和村下游二龙河的水质迅速恶化，化学需氧量和粪大肠菌群急升，从地表水Ⅱ类下降到地表水劣Ⅳ类，说明竹坑村现状居民生活污水对河流及村内水塘已造成较大污染。

此外，竹坑村生活污水中含的环境激素类物质较少，大部分指标均为未检出，检出的项目为双酚 A、烷基苯酚聚氧乙烯醚和多溴联苯醚，但是含量均低于 1μg/L，其主要来源为生活洗涤中的洗涤剂等化学物品。因此，就目前来说，竹坑村生活污水基本不含环境激素类物质。

对另外两个典型断面报德寺河涌断面和西南村灌渠河涌断面进行了常规指标的检测，结果见表 4-45。

表 4-45　报德寺和西南村河涌断面常规指标分析检测结果

检测点	BOD_5/(mg/L)	TP/(mg/L)	TN/(mg/L)	COD/(mg/L)	NH_3-N/(mg/L)
报德寺河涌（报德桥断面）	1.8	0.23	0.54	<10	0.48
西南村灌渠河涌	23.4	0.48	1.11	78.7	0.81

由结果可知，报德涌（报德桥断面）现状水质现状一般，除 TP 检测指标偏高外，其余检测指标均能达到《地表水环境质量标准》（GB 3838-2002）Ⅲ类标准，说明腊圃村现状居民生活污水对河涌已造成一定的污染。西南村灌渠河涌作为西南村污水处理站的纳污水体，水质能达到《农田灌溉水质标准》（GB 5084-2005）水作、旱作以及蔬菜要求。

通过对快速发展区典型农村的河流水质现状检测分析发现，该地区农村周边河流总体上可以基本满足地表水Ⅲ类标准的要求，但是均存在一定程度的 COD、粪大肠菌群、氮、磷指标偏高。竹坑村附近河流中，主要污染物是化学需氧量、粪大肠菌群和 TP，TN 偏高，其余指标均可以达标。腊圃村附近报德涌中，主要污染物表现为 TP 超标，TN 也偏高。其主要原因是由于农村生活污水未经处理直接排入水体所致。因此，对于快速发展区典型农村来说，主要的污染物仍然以 COD、TP 和 TN 为主，有机污染是主要的控制目标。

4.5.2.2　模拟人工湿地脱氮除磷室内试验分析

通过室内模拟人工湿地，研究了风车草、梭鱼草和香蒲组合技术对生活污水中氮磷的去除效应及其去除效率与水力停留时间（HRT）的变化规律。

1. 试验设计

试验在广州市环境保护科学研究院温室内进行。模拟人工湿地装置采用 PVC 箱（长 80cm，宽 60cm，高 80cm），湿地基质采用增城市小楼镇竹坑村稻田土壤，基质层高度为 10cm。湿地植物采用风车草、梭鱼草和香蒲。模拟人工湿地测试前先运行 1 个月，以让植物正常生长、培养根际微生物。

2. 处理设置

试验共设计四个处理和一个对照，分别为 A：梭鱼草+风车草（梭鱼草 3 株、风车草 3 株）；B：梭鱼草+香蒲（梭鱼草 3 株、香蒲 3 株）；C：梭鱼草+风车草+香蒲（梭鱼草 2 株、风车草 2 株、香蒲 2 株）；D：风车草+香蒲（风车草 3 株、香蒲 3 株）；CK：无植物。每处理三次重复。

3. 试验水质及运行方式

试验用污水取自广州大学城生活污水泵站，本试验用污水水质为氨氮 20.09mg/L，TN 25.12mg/L，$(PO_4)_3$-P 3.933mg/L，TP 5.89mg/L，COD 92.3mg/L，BOD_5 24.7mg/L。模拟人工湿地每次进污水 40L，水流方式为模拟表面流，试验期间每 3 天取水样进行测定，直至出水水质稳定为止，采用 3 次重复平均值进行计算。

4. 模拟人工湿地对总氮和氨氮的去除效应

模拟人工湿地对生活污水中总氮和氨氮的去除效率见图 4-164 和图 4-165。由图 4-164 和图 4-165 可知，各处理对总氮和氨氮的去除率随 HRT 的延长而增加，其中梭鱼草+风车草和梭鱼草+香蒲对总氮和氨氮的去除效果最好，HRT 为 3d 时，总氮的去除率为 89% 和 90%，氨氮的去除率为 89% 和 90%，HRT 为 6d 时，总氮的去除率为 90% 和 91%，氨氮的去除率为 91% 和 93%，HRT 为 12d 时，5 个处理总氮和氨氮的去除率均达到 92% 和 95%，但与 HRT 为 6d 时的污染物去除效率相比已经变化不大了。湿地系统中氮的去除基质是多样的，包括挥发、硝化/反硝化、植物摄取和基质吸附，许多研究表明，微生物的硝化与反硝化是脱氮的主要途径。因此，HRT 越长，微生物硝化与反硝化进行得越完善，脱氮效果越好，即使 CK 处理在 HRT 足够长（本试验为 12d）时，也能达到较好的脱氮效果，但是，HRT 越长，考虑野外运营，投资成本及工程占地也就越高，HRT 增加 1 倍，工程占地也相应增加约 1 倍，对于土地资源紧张的农村地区较难满足用地需求。同时，不同的植物组合的模拟人工湿地脱氮效果不同。植物对脱氮效果的影响有诸多原因，除了植物直接吸收作用外，通过其他作用对脱氮效果的改善作用更大，如根系附着大量微生物，并增强和维持介质的水力传输；植物为根区好氧微生物输送氧气，促进硝化细菌的生长，达到脱氮的目的。

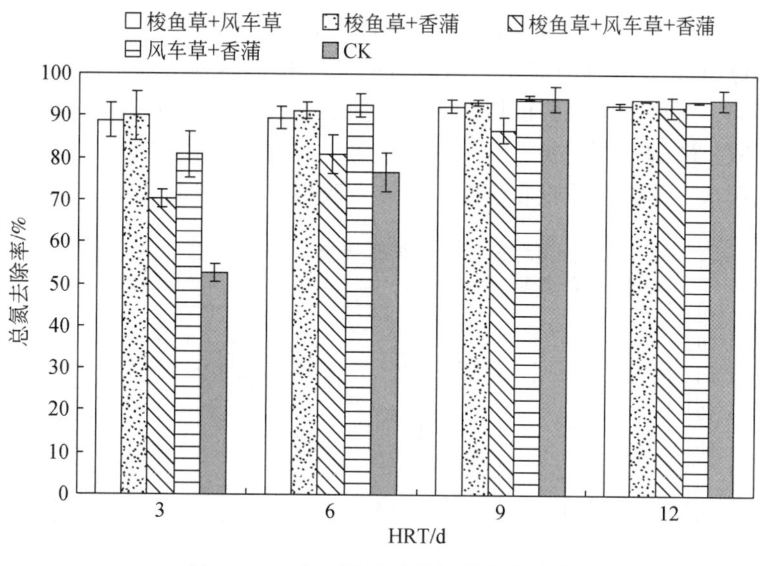

图 4-164　人工湿地对总氮的去除效率

5. 模拟人工湿地系统对总磷和磷酸盐的去除效应

模拟人工湿地对生活污水中总磷和磷酸盐的去除效率见图 4-166 和图 4-167。由图 4-166 和图 4-167 可知，各处理对总磷和磷酸盐的去除率随 HRT 的延长而增加，其中梭鱼草+风车草和梭鱼草+香蒲对总磷和磷酸盐的去除效果最好，HRT 为 3d 时，总磷的去除率为 77% 和 76%，磷酸盐的去除率为 76% 和 73%，HRT 为 6d 时，总磷的去除率为 84% 和

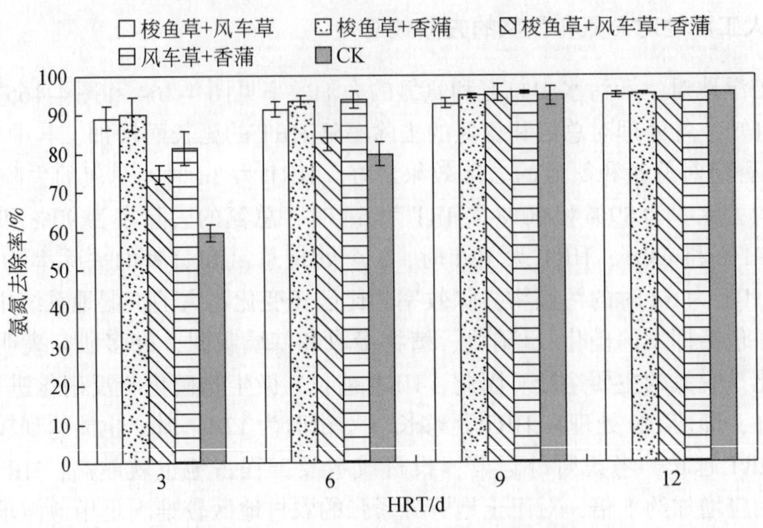

图 4-165　人工湿地对氨氮的去除效率

85%，磷酸盐的去除率为82%和84%，HRT为12d时，5个处理总磷和磷酸盐的去除率均达到90%。人工湿地系统中磷的去除过程由填料的物理化学作用、植物的摄取和微生物的同化作用共同完成，而其中广泛认同的主要去除机制是填料对磷的物化吸收和化学沉降作用。本试验用普通的稻田土壤为填料，填料对磷的去除能力相对有限，因此HRT足够长（本试验为12d）时，各处理对总磷和磷酸盐的去除效率达到一致。各处理对总磷和磷酸盐的去除率不同，这种现象说明植物在湿地处理中也起着重要的作用，虽然湿地植物本身摄取磷的量有限，磷的去除主要靠吸附沉降作用，但植物根系及附近微生物的降解吸收作用可大大增强湿地介质的拦截吸收功能，整体上改善了磷的去除效果。

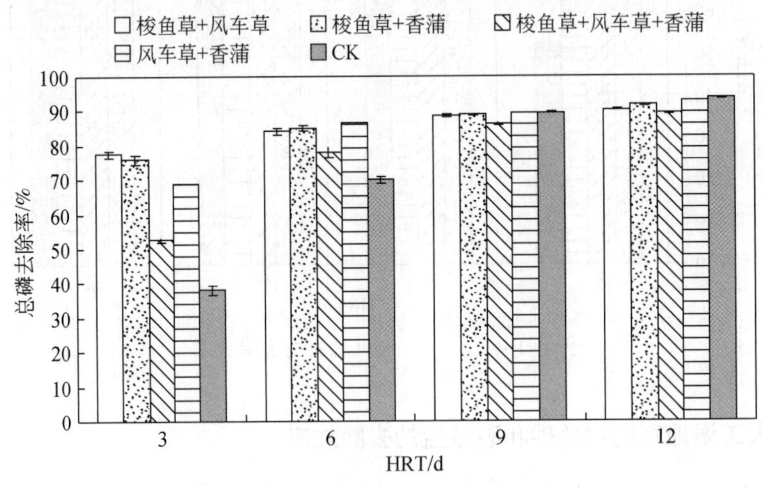

图 4-166　人工湿地对总磷的去除效率

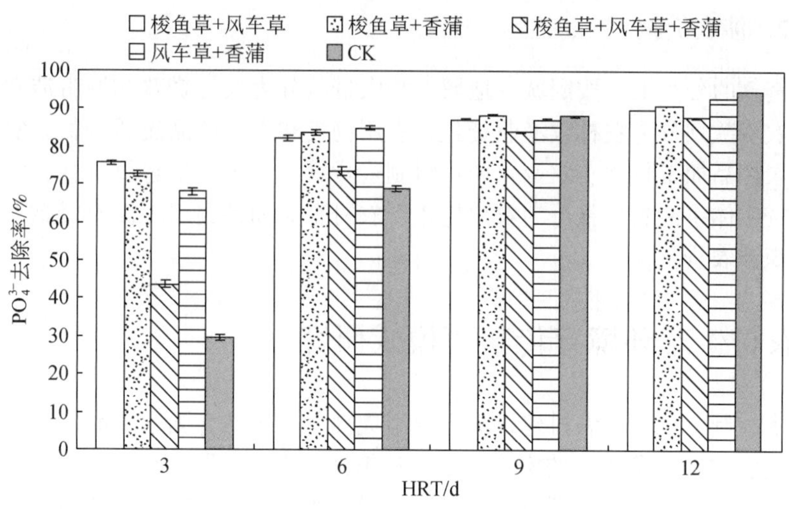

图4-167　人工湿地对磷酸盐的去除效率

4.5.3　资金筹措机制研究

为解决资金问题，《广东省农村环境保护行动计划（2011～2013）》（粤环〔2011〕99号）提出要加大资金投入，健全保障体系：积极争取中央各项涉农资金支持，用好省级村镇规划编制和农村环境保护专项资金，有效整合各项涉农资金，重点支持行动计划的重点工程项目，推动项目的实施。各地要统筹有关资金，加大对农村环境保护投入，不断探索创新资金投入方式，鼓励和引导企业、社会资金参与农村环境保护，逐步建立政府、企业、社会共同参与的多元化投入机制，对治污成效突出、示范推广作用明显的项目和技术根据本地区实际研究制订资金优惠及扶持政策。

4.5.3.1　"以奖促治""以奖代补"专项资金

"以奖促治"专项资金重点支持农村生活污水处理的内容包括：主要支持城镇周边村庄纳入城镇污水统一处理系统进行生活污水收集管网建设；规模较大的村庄进行集中污水处理设施建设；居住分散的村庄进行小型人工湿地、无（微）动力处理设施、氧化塘等分散式污水处理设施建设。

"以奖代补"资金重点支持开展生态示范建设达到市级环境保护部门有关生态示范建设标准并获得市级命名的"生态乡镇""生态村"。"以奖代补"资金主要用于农村生态示范成果建设、巩固和提高所需的方案或规划编制、环境污染防治设施或工程以及环境污染防治设施运行维护支出等。

4.5.3.2 涉农贷款

在涉农贷款的分类上，按照城乡地域将涉农贷款分为农村贷款和城市涉农贷款；按照用途，将涉农贷款划分为农林牧渔业贷款、农用物资和农副产品流通贷款、农村基础设施建设贷款、农产品加工贷款、农业生产资料制造贷款、农田基本建设贷款、农业科技贷款等；按照受贷主体将涉农贷款分为农户贷款、农村企业和各类组织涉农贷款、城市企业和城市各类组织涉农贷款。

4.5.4 农村生态环境宣传教育模式研究

农村污水控制，作为新农村建设的重要组成部分，应结合国家和地方的“改善农村生态环境、促进农村和谐发展”的宏观要求，从细微入手，采取多种途径，建立广大农民群众的主人翁意识，明确农民在新农村建设、农村污水治理工作中的主体地位，努力培养农民群众中的环境保护管理和技术人员，实现村民自行管理、自行监督的最优效果。

广泛普及环境科学知识，切实提高农民的环境保护意识。普及法律知识，提高农民环境保护的法律意识。倡导发展生态农业、循环农业、观光农业，将农村环境保护与农民脱贫致富相结合。政府要加大农村环境重视力度，增加农村环保投入，更好发挥农民在环保上的作用。发挥媒体作用，利用社会公益资金和正确的舆论导向帮助农民更好地发挥自己在农村环境保护中的作用。

4.5.5 农村生活污水控制模式研究

快速发展区农村污水的产生不同地方有所不同，具有以发达地区为核心向外围扩散的特点，因此，在污水处理上应因地制宜地采取不同的模式。经研究，该地区采用三种模式，分别为“欠发达农村政府帮扶模式”“新农村自治+政府帮扶模式”“发达农村自治模式化”。不同的模式有不同的适用范围，具体见表4-46。

表 4-46　快速发展区农村污水不同控制模式及适用范围

名称	适用范围	支撑管理政策	实施部门	建设资金来源	运行维护资金来源	后期运行管理方式	最佳可行技术组合	参考排放标准
欠发达农村政府帮扶模式	适用于水源源头区，经济欠发达，农灌系统发达，排水体制欠完善的生活污水处理	《关于村庄整治工作的指导意见》 《中共中央国务院关于推进社会主义新农村建设的若干意见》 《关于加强农村环境保护工作意见的通知》 《全国农村环境连片整治工作指南（试行）》 《关于深入开展生态示范创建的通知》 《广东省农村环境保护行动计划（2011～2013）》	新农办 环保局 当地村委	环保及污水治理专项资金	政府补贴	村委委托专业公司管理，政府给予一定补贴	厌氧+人工湿地	《农田灌溉水质标准》（GB 5084-2005） 《城镇污水处理厂污染物排放标准》（GB 18918-2002）
新农村自治+政府帮扶模式	适用于生态旅游区，以餐饮废水为主的农家乐污水处理		新农办 环保局 当地村委 餐饮企业	餐饮企业自筹，环保及污水治理专项资金补贴	企业自筹	政府委托专业公司监督，企业组织专人管理，政府给予一定补贴	隔油+水解酸化+接触氧化+人工湿地	《农田灌溉水质标准》（GB 5084-2005） 《城镇污水处理厂污染物排放标准》（GB 18918-2002）
发达农村自治模式	适用于经济发达区，人工较集中，排水体制完善的生活污水处理		环保局 当地村委	环保专项资金，村委自筹	村委自筹	村委组织专人管理，经费自筹	格栅+水解酸化+接触氧化+沉淀	《水污染物排放限值》（DB 44/26-2001）

第5章 示范工程

5.1 示范工程的构思与布局

5.1.1 工程技术体系总思考

广州经济开发区已形成电子及通信设备制造业、化学原料及化学制品制造业、金属冶炼及加工业、食品饮料制造业、交通运输设备制造业、电气机械及器材制造业这六大工业支柱产业。2011年，六大支柱产业实现工业总产值4073.85亿元，增长15.13%，占全区工业总产值的比重为82.50%，对全区工业增长的贡献率为81.96%。产值分别实现工业总产值1546.07亿元、1119.25亿元、477.58亿元、446.04亿元、266.16亿元和218.75亿元，分别占全区工业总产值的31.31%、22.67%、9.67%、9.03%、5.39%、4.43%；分别实现工业增加值271.61亿元、499.33亿元、79.22亿元、130.68亿元、67.67亿元和51.10亿元，分别占全区工业增加值的21.00%、38.62%、6.13%、10.11%、5.23%和3.95%。

新塘的“高发展速度、高经济密度”和东江“高功能水体”的水质目标之间的矛盾，表明单纯采用传统的末端治理的方式难以有效地控制水污染的恶化趋势，谋求基于生态健康、循环经济、支撑经济持续发展的水污染控制模式是最终解决矛盾的关键。

区域的水污染主要来源于三个方面：工业污水、市政生活污水和雨水（主要是初期雨水），以往的水污染控制模式重视工业污染源和市政生活污水的末端治理达标排放，忽视了雨水污染的控制，往往也忽视了工业污水、市政生活污水和雨水污染在治理上的有机联系，造成了在末端处理达标排放的情况下，仍不能达到收纳水体水质目标的现象。

图5-1是新塘水污染控制模式的示意图，该控制模式在实现受纳水体的水质目标的前提下，将工业污水、市政生活污水和雨水的治理作为一个有机的整体。与常规水污染控制模式比较，将清洁生产的理念纳入污水处理的全过程，强调了污水的回用和雨水的利用和生态调蓄。另外，对截污后的河涌进行生态补水、生态修复和水质持续净化，使河涌出水排入东江北干流前达到相应的水质目标。建立和完善清洁生产、污水（工业、市政、雨水）处理与回（利）用、排放尾水的河道持续净化相结合的新的“三位一体”的水污染控制模式，不仅能弥补我国目前仅以达标排放为主的水污染控制的缺陷，有效改善东江流域经济快速发展区内水污染现状；而且有助于解决新塘镇经济快速发展和流域水环境改善之间的矛盾，消除水污染对经济发展的制约，实现新塘经济由无序到有序发展阶段水环境保护和社会经济的协调发展。

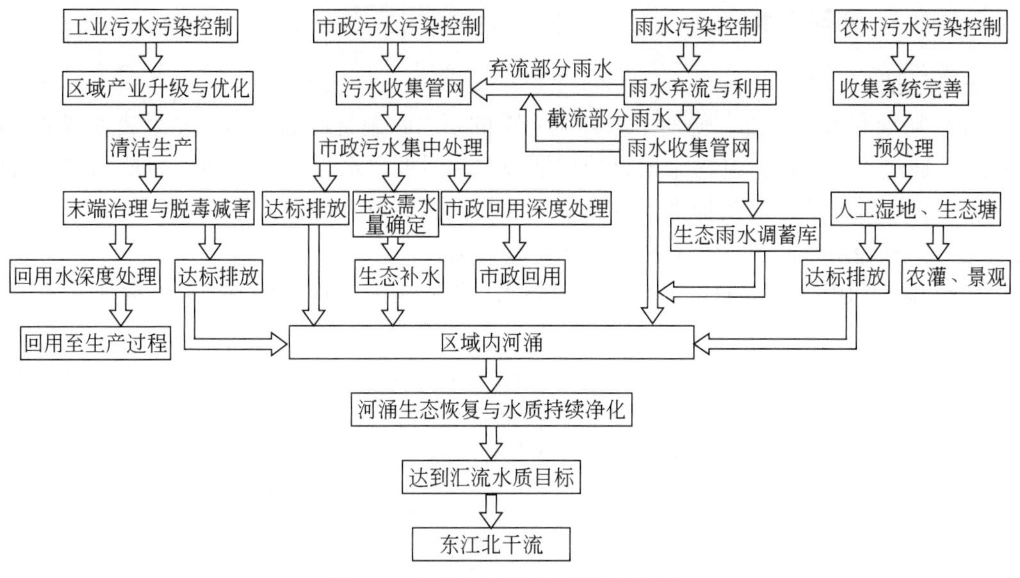

图5-1　新塘水污染控制模式示意图

5.1.1.1　工业污水

对于区域内提高产业升级与优化后保留的产业，首先进行清洁生产审核，将生产过程中的污水产水量降到最低。在工业污水末端治理工艺的选择中要考虑两个方面的因素：

（1）污水回用，污水的回用率要达到环保部门的相关要求，回用的深度处理工艺要和达标排放的处理工艺有机衔接；污水的回用要明确以回用到生产过程中为主，避免出现变相偷排的现象出现。

（2）末端治理工艺宜兼顾到行业特征毒害污染物的脱毒减害处理，虽然目前的工业污水排放标准中的生物毒性的指标不够全面，开展达标排放前提下的脱毒减害处理对于东江高功能水体的水质安全是有益的。环保部门应开展相关的毒害污染物清单的研究工作，并适时颁布相应的地方标准。

5.1.1.2　市政污水

如图5-1所示，在新的水污染控制模式下：①市政污水处理要将弃流、截流的初期雨水计入污水处理厂的设计水量中，根据区域特征，合理确定弃流方式、截流倍数，从而确定流入污水处理厂的初期雨水量；②合理确定市政回用的用途、水量、水质；③合理确定河涌的生态补水量。从广义上讲，维持全球生物地理生态系统的水分平衡所需要的水，包括水热平衡、生物平衡、水沙平衡、水盐平衡等所需要的水都是生态环境用水，对于河道而言，河流的生态需水量可以定义为：在特定的时段内，在一定生态保护目标下，维持河流基本结构与功能所需要的一定水质目标下的水量。河道生物生态需水量的组成包括：生态基流、自净需水、河滨湿地需水、景观需水等。在确定某河道的生态需水量时要综合考量河道功能（生态功能、环境功能和资源功能）、河道的污径比、汛期和非汛期的差异等因素。

5.1.1.3　初期雨水

主要包括：

（1）初期弃流、截流。初期雨水弃流侧重的雨水收集管网的起端，弃流装置有多种设计形式，通过雨水弃流，将污染较重的初期雨水和后期雨水分开，以利于后期雨水的有效利用；根据区域特征，适当加大雨水收集系统的截流倍数，增强污水处理厂对初期雨水的处理能力，减轻雨季时雨水排放对收纳水体的污染。

（2）雨水利用，一方面可以充分利用雨水资源；另一方面可以有效减少降雨径流，减轻内涝压力。

（3）雨水的生态调蓄，尽量利用现有的雨水调蓄区，并利用地形有利的区域新建雨水调蓄库。在雨水高峰流量后，再将调蓄库中的雨水缓缓排出。雨水调蓄库能有效地削减暴雨径流的峰值流量，降低雨水管道的设计流量和雨水管网的投资费用；防治水涝，大幅度地提高防洪标准，降低排洪设施的费用；并通过下渗，实现对地下水资源的补给；通过雨水调蓄库中的生态净化工程可以对雨水中的污染物进行一定程度的去除，减轻市政污水处理系统的处理负荷；在设计上，雨水调蓄库可以和公园、绿地、停车场等市政公用设施相结合，提高雨水调蓄库的效益/投资比。实现排洪减涝、雨洪利用与城市的水体景观、生态环境等功能统一。

我国开展雨水污染控制与利用较晚，美国、德国、日本从20世纪70～80年代就开始对城市雨水径流污染控制与利用进行研究。开发了多项技术，如城市雨水污染的评价与监测技术、城市雨水资源管理、雨水径流污染控制技术等。德国重视将雨水的输送和储存与城市景观建设、环境改善融为一体，日本利用雨水补充涵养地下水、复活泉水、恢复河川基流，调蓄削减洪峰流量，减少洪涝灾害。

我国北京、上海、杭州、南京、苏州、成都等已经有多年雨水利用研究与应用基础。上海市开展了在苏州河沿岸建立初期雨水调蓄库控制溢流污染方面的研究，如果采用有净化功能的雨水调蓄库，苏州河中下游河段的BOD_5平均下降18～24mg/L，COD平均下降48～70mg/L。表明雨水调蓄对控制进入苏州河的初期雨水的污染效果显著。

5.1.1.4　河涌的生态修复和水质持续净化

目前新塘河涌由于长期黑臭，底泥淤积，水生生态系统受到严重破坏，形成大型水生生物绝迹、生物多样性极低、营养结构单一的生态结构。另外，新塘的河涌的污径比偏大，随着市政污水截污管网的逐步完善，新塘镇内大多数河涌将面临着水源水量缺乏等问题。如果不实施河涌生态修复工程，河涌自然生态很难恢复。

在确定生态需水量的条件下，计算不同季节的生态缺水量，利用污水处理厂的达标尾水进行生态补水。再进行河涌的生态修复工程，包括：河涌自然湿地重建、生态清淤、生态化堤岸、生态浮床、人工复氧等。随着河涌生态修复的实施，河涌的自净能力逐步提高，使得河涌水质得到持续净化，在汇入东江北干流前达到相应的水质目标。通过河道的持续净化，将会解决新塘区域高功能水体背景下的排水出路问题。

在水污染控制系统的管理方面，建立联合调控的管理模式，通过关键节点、断面的在线监控，实现对市政污水处理厂、市政回用、生态补水、雨水生态调蓄库、河涌生态修复和持续净化的联合调控。

5.1.2　示范工程的选址条件

5.1.2.1　新塘污水处理厂污水深度脱毒减害示范工程

新塘污水处理厂污水深度脱毒减害示范工程选择新塘污水处理厂为依托工程，该厂服务面积40km^{2}汇水区，近期建设规模为20万t/d，远期40万t/d。占地面积20hm^2，同时预留10万t/d处理规模的用地，以备新塘工业化发展过快时扩容所需。示范工程以新塘污水处理厂二沉池出水为进水，采用“预氧化+生物纤维转盘+紫外消毒+复氧处理”的新型工艺开展相应的工程示范，出水达到一级A排放标准。示范工程位置如图5-2所示。

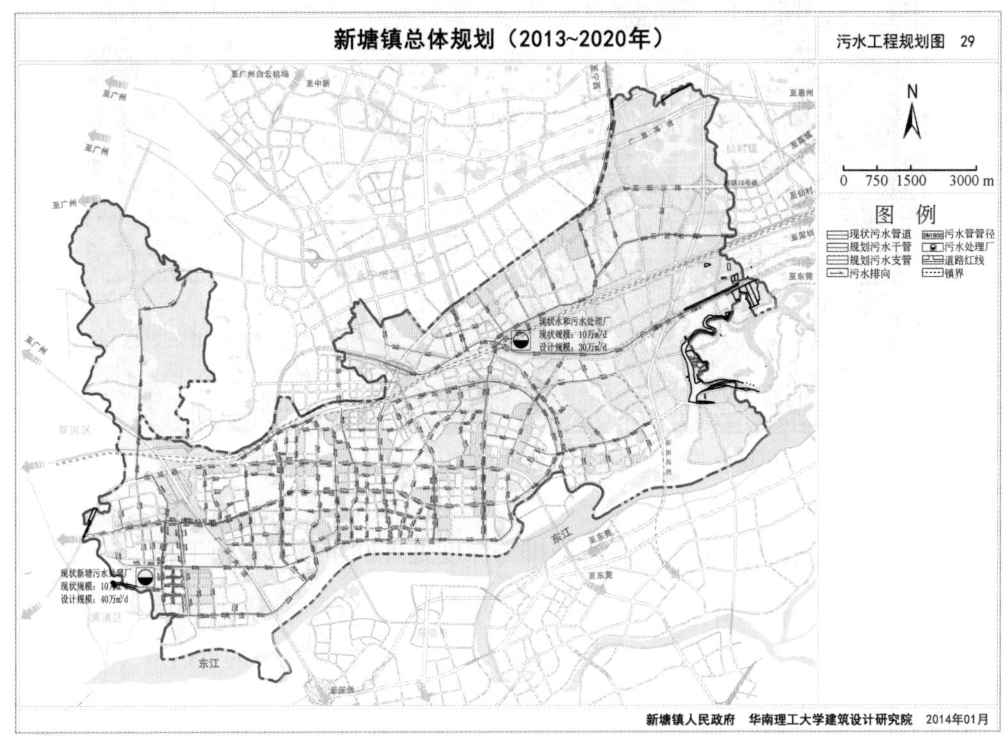

图5-2　新塘污水处理厂尾水深度处理示范工程位置图

5.1.2.2　机械电子行业废水脱毒减排与深度处理回用技术示范工程

依利安达（广州）电子有限公司，位于广州经济技术开发区北围工业区，其东面是安利（广州）有限公司，南面是将军机械厂，西面是自来水公司，北临横滘河。生产单、双面及多层覆铜板，年产量分别为180万m^2、50万m^2、37万m^2，年产值近8亿元，是开发区内机械电子行业中的具有代表性的典型企业。

公司总占地 200 亩①，废水排放量达 8000m^3/d，其中二期工程（配套）处理规模为 4000m^3/d，原设计达标废水经市政管网进入东区污水处理厂，最终排入南岗涌。

机械电子行业是“十一五”期间广州经济开发区重点控源减排的行业。对依利安达（广州）电子有限公司废水进行深度处理，建立机械电子行业废水脱毒减排与深度处理回用技术体系，并从实际应用角度出发，在全流域推广，探索出一条适合东江快速发展支流区的经济社会快速发展与水资源利用、水环境保护相协调的可持续经济发展模式，是有效保护东江流域生态环境的必然选择。

示范工程位置如图 5-3 所示。

图 5-3　机械电子行业废水脱毒减排与深度处理回用技术示范工程位置

5.1.2.3　精细化工行业废水脱毒减排与深度处理回用技术示范工程

安美特（广州）化学有限公司位于广州经济技术开发区永和经济区阿托菲纳工业园内，详见图 5-4。该公司成立于 1998 年，是全球四大石油公司之一的道达尔（TOTAL）石油化工集团的下属公司，是全球为普通五金电镀（General Metal Finishing）提供技术及服务、为印刷电路板（Printed Circuit Board）提供化学药品和设备的代表性供应商。该企业采用铬酸、甲醛、烯丙基磺酸钠、吡啶羟丙基磺基钠盐、硫酸铜、一乙醇胺、丁二醇、丙炔磺酸钠、氰化亚铜、氰化钠、氰化锌、硫酸镍、硫酸等 600 多种原材料生产电镀添加剂和感光油墨。该公司代表了当前精细化工工业先进生产工艺和先进生产技术，废水排放量远远小于同行业，但浓度是同行业的十几倍以上。

目前公司每天产生生产废水和研发废水（模拟生产废水）100 余 t，废水中 Cu^{2+}、Ni^{2+}

① 1 亩≈666.7m^2。

浓度为 20～30mg/L，COD 为 5000～20000mg/L。由于废水中相当一部分重金属离子以络合物的形式存在，有机物中含有相当部分的苯环化合物，处理后的废水只能达到污水综合排放标准中的三级排放标准，COD 仍达 300mg/L 以上，且仍含有不少的有毒物质，这些废水最终都会排放到饮用水源地——东江，废水排放所引起的潜在危害较大。示范工程位置如图 5-4 所示。

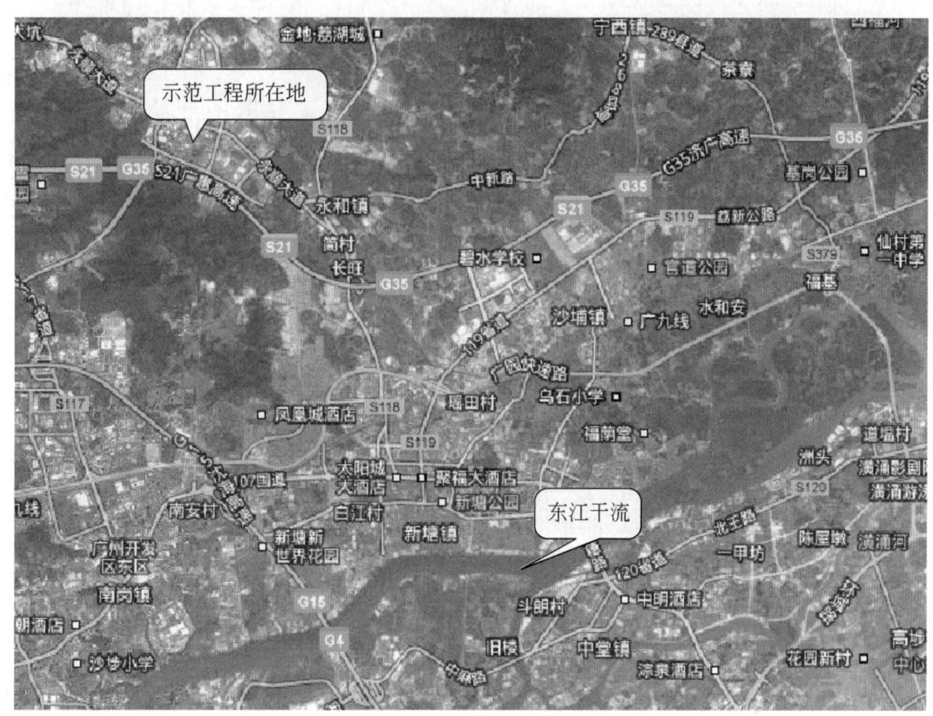

图 5-4 精细化工废水脱毒减排与深度处理回用技术示范工程位置图

5.1.2.4 漂染行业废水脱毒减排与深度处理回用示范工程

漂染行业废水脱毒减排与深度处理回用示范工程的地点位于新洲环保工业园污水处理厂内。新洲环保工业园污水处理厂位于广州增城市新塘镇新洲环保工业园内，是新洲环保工业园的配套环保设施，工业园是增城市于 2003 年建设的印染及漂染工业园，将新塘镇主要的漂洗、印染企业引入到工业园中集中生产，污染集中处理，园区占地面积 550 亩，总投资 5 亿元人民币。

新洲环保工业园污水处理厂集中统一处理园内漂洗、印染等厂家排放的工业废水、生活污水及其他废水，设计处理规模为 50000m^3/d，采用废水降温+厌氧水解酸化+接触氧化处理工艺，出水达到 GB 8978-1996 一级排放标准。

新塘镇是广州东北部工业、商业重镇。新塘镇的支柱产业为牛仔产业，是全国最大牛仔纺织服装集群生产基地，纺织服装制造业产值占增城市三大支柱产业的 48%，漂染行业用水量与排污负荷较大，对东江水质保障工作构成威胁。对新洲环保工业园污水处理厂废水进行深度处理，建立漂染行业废水脱毒减排与深度处理回用技术体系，并从实际应用角度出发，在全流域和行业推广，探索出一条适合东江快速发展支流区的经济社会快速发展与水资源利用、水环境保护相协调的可持续经济发展模式，是有效保护东江流域生态环境的必然选择。

示范工程位置如图 5-5 所示。

图 5-5　漂染行业废水脱毒减排与深度处理回用示范工程位置图

5.1.2.5　综合排水河道持续净化示范工程

综合排水河道持续净化示范工程位于广州增城市新塘镇水南涌。水南涌位于新塘镇西部，与广州市黄埔区南岗街接壤，长 1850m，流经南浦村、新敦村、南安村、海伦堡小区、夏埔工业区等地点，最终流入东江北干流。水南涌一直为典型的黑臭河道，近年来水南涌流域内的旺隆污水处理厂、新塘污水处理厂等工业废水和生活污水处理设施陆续建设运行，水南涌的污染情况得到一定改善，但水体污染依然严重。水南涌为综合排水河道，受纳新塘镇新塘污水处理厂尾水同时兼具排洪功能。新塘镇新塘污水处理厂主要是处理区域内的市政污水，该污水处理厂纳污范围 40.05km^2，近期建设处理规模是 20 万 t/d，远期 40 万 t/d。占地面积 20hm^2。同时预留 20 万 t/d 处理规模的用地，以备新塘工业化发展过快时扩容所需。该污水处理厂建成后，尾水将通过水南涌排入东江，因此，必须解决污水处理厂尾水排放问题。示范工程位置如图 5-6 所示。

5.1.2.6　农村污水处理技术示范工程

根据研究区域的现状特点，以及农村生活污水控制模式的研究和分析（见 4.5 节），相应地将快速发展区农村污水分为三个类型进行处理，分别为：南部经济发达区人口集中农村生活污水处理模式、北部水源区分散农村生活污水处理模式、北部生态旅游区农村农家乐生活污水处理模式。针对不同的处理模式，选择布置了 4 个示范工程，分别位于南部新塘镇西南村，北部小楼镇竹坑村、腊圃村，北部小楼镇小楼人家风景区二龙河，示范工

图5-6 综合排水河道持续净化示范工程位置图

程具体布局和位置图见图5-7。其中小楼镇竹坑村示范点属于典型的小规模分散式农村生活污水，小楼镇腊圃村示范点能很好地代表具有一定规模的分散式农村生活污水，对水源区分散农村生活污水处理模式能起到示范作用。增城市小楼镇二龙河沿岸是小楼镇主要的生态旅游区，代表以农家乐为主的污水处理模式。新塘镇西南村示范点位于新塘镇东北部，为经济较发达的人口集中农村地区生活污水处理模式起到示范作用。

5.1.3 示范工程单项技术与系统集成

5.1.3.1 新塘污水处理厂污水深度脱毒减害示范工程

1. 示范工程涉及的单项技术

单项技术包括高级氧化和物理吸附过滤。

2. 单项技术的系统集成

示范工程将上述两项单项技术有机结合，形成“高级氧化-物理吸附过滤”废水深度处理技术，在新塘污水处理厂A/A/O工艺处理出水的基础上，进一步去除壬基酚（NP）、双酚A（BPA）等毒害性有机污染物。废水首先进入搅拌池，通过投加H_2O_2对废水进行预氧化处理，加入浓度为5mg/L的H_2O_2，对来水中壬基酚、双酚A等难降解痕量有机污染物进行预氧化；搅拌池出水通过进水堰口均匀进入5个纤维转盘过滤池中，在水压压差的作用下通过滤布过滤，过滤后的清水进入滤盘骨架内，依次经过弧形连接件的过水孔、

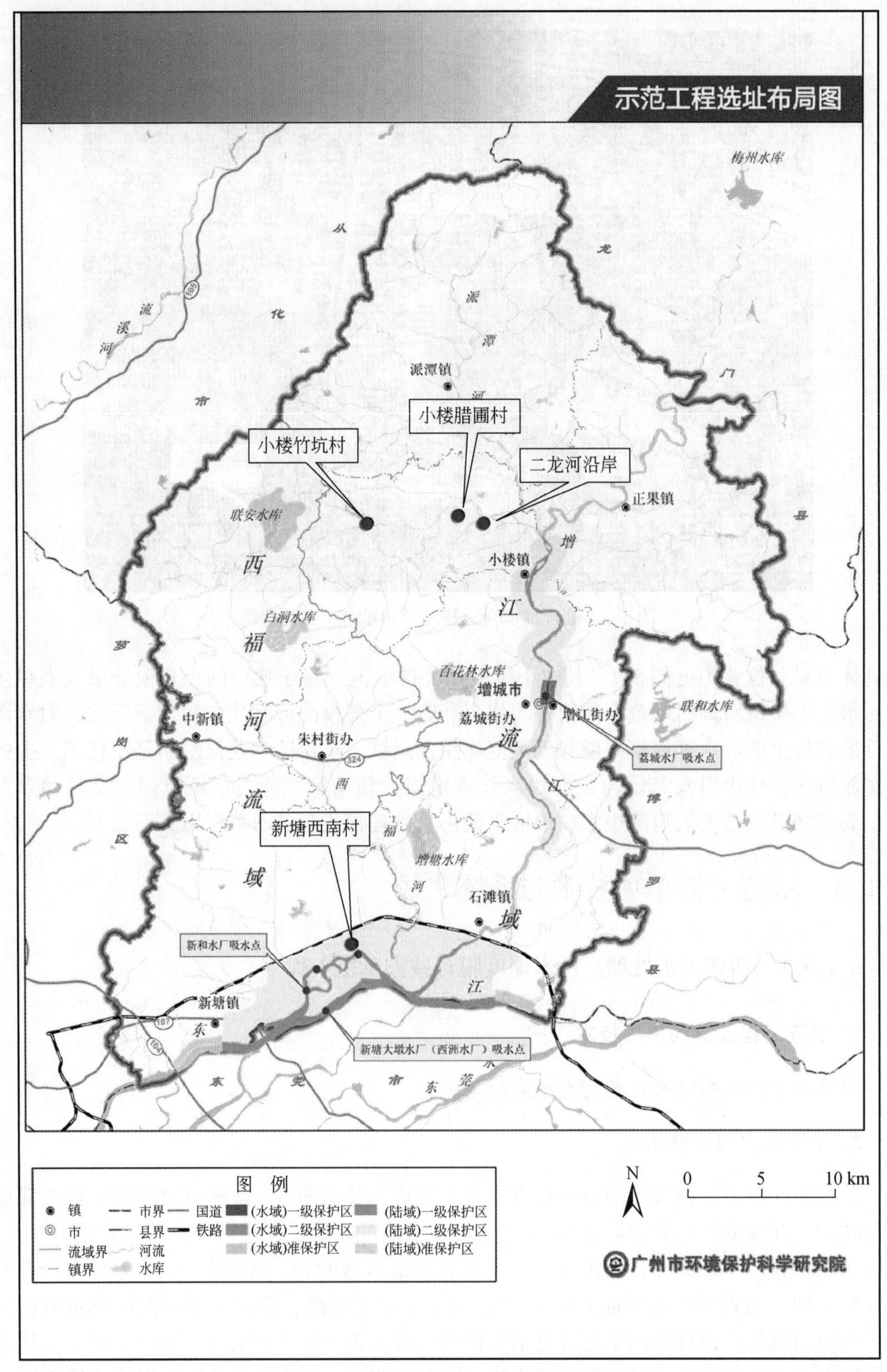

图 5-7　农村污水处理技术示范工程位置图

中空出水轴上的过水孔，最后流入中空出水轴，通过隔墙的通水孔到达出水堰溢流后由出水口流出；纤维转盘过滤池总出水进入紫外光区，充分利用紫外光的催化氧化及消毒作用，对尾水中痕量有机污染物进一步去除。考虑到污水处理厂尾水通过水南支涌进入东江，在出水池中增设微孔曝气管，在常规污染物及痕量有机污染物深度处理的基础上，增加尾水中的DO，以生态补水形式回到水南支涌中。单项技术系统集成的应用实现了废水中毒害性有机物的进一步去除，有助于提高行业的资源化回用水平。

5.1.3.2　机械电子行业废水脱毒减排与深度处理回用技术示范工程

1. 示范工程涉及的单项技术

主要包括四项处理技术：铁炭微电解破络技术、重金属捕集剂捕集螯合技术、生物接触氧化技术、改性壳聚糖吸附剂吸附技术。

2. 系统集成

机械电子行业废水脱毒减排与深度处理工艺。首先采用铁炭微电解三相流化床对络合含铜废水进行破络处理，将Cu^{2+}从EDTA络合物中释放出来，降低后续工艺处理难度；经破络预处理的含铜废水与其他预处理后的高浓度有机废水、铜氨络合废水、一般清洗废水等一同进入综合调节池均化水质；然后通过提升泵输入重金属捕集沉淀池，在重金属捕集剂与PAM的协同作用下完成重金属离子的去除，之后再通过混凝剂与助凝剂的强化絮凝与颗粒填料的过滤作用，去除废水中绝大部分的重金属离子；物化处理后进入生化系统，利用生物接触氧化池中高活性的微生物将废水中难降解的有机物以及有毒有害物质去除，达到脱毒减害的目的；最后废水进入改性壳聚糖吸附塔，进一步去除水体中的残留重金属与痕量有毒有害物质，实现主要污染物在达到国家排放标准的基础上再减排20%以上的目标。

5.1.3.3　精细化工行业废水脱毒减排与深度处理回用技术研究及工程示范

1. 示范工程涉及的单项技术

主要包括三种处理技术，具体为淀粉基絮凝剂强化絮凝技术、羧甲基壳聚糖-膨润土复合吸附剂高效吸附技术、TiO_2光催化与Fenton试剂耦合深度催化氧化技术。

2. 系统集成

将上述三项单项技术融入到安美特（广州）化学有限公司废水处理厂原有工艺中，对原有工艺进行改造调整，使其在原有处理基础上，更有效去除苯系污染物及络合重金属污染。具体为：通过解析精细化工废水有毒有害特征污染物，从污染物结构组成及基团特征确定特征污染物的关键控制过程与影响因素；改造原有的絮凝剂种类和投药系统，将原有的絮凝剂PAC改为淀粉基絮凝剂；将原有的普通Fenton法改造为TiO_2光催化与Fenton试剂联用法；增加吸附装置，并以羧甲基壳聚糖-膨润土作为吸附剂。通过将突破成果与现有的关键技术进行试验组合、筛选设计等环节的联合攻关并使之配套，建立了“淀粉基絮凝剂强化絮凝—高效催化氧化—选择吸附”精细化工废水脱毒减排与深度处理技术体系。

5.1.3.4　漂染行业废水脱毒减排与深度处理回用示范工程

1. 示范工程涉及的单项技术

主要包括两种单项处理技术：催化臭氧氧化技术和 MBR 膜处理技术。

2. 系统集成

示范工程将上述两项单项技术有机结合，形成“催化臭氧氧化—新型 MBR”废水深度处理技术，在新洲环保工业园污水处理厂二级处理出水达标排放的基础上，进一步有效去除有机物和多环芳烃等持续性难降解污染物。废水首先进入臭氧反应器，臭氧反应器采用升流式，装填活性炭填料并在底部曝入臭氧，在活性炭的催化作用下废水与臭氧充分反应后排入新型 MBR 生物反应器。采用分离式 MBR，废水先进入生物反应罐内，残留污染物被微生物分解同化后，废水经过陶瓷膜系统过滤，大部分胶体、悬浮物和絮体得到截留，废水澄清后进行回用或外排。实现了废水中有毒有害物质的进一步去除，有助于提高行业的资源化回用水平。

5.1.3.5　综合排水河道持续净化示范工程

1. 示范工程涉及的单项技术

包括河滩湿地、生态浮床、生物飘带、生态吊笼、生态护坡等生态手段。

2. 系统集成

示范工程将上述单项生态技术有机结合，形成“综合排水河道成套技术”。示范工程利用研究开发的技术建设了生态浮床、人工水草、河堤水生植物拦截带、河滩湿地等工程内容，并结合新塘镇实施的清淤、砌岸等水南涌河道综合整治工程，构成了水南涌持续净化的完整体系。构建了快速发展区人与自然和谐共处的生态景观河道，有助于实现东江污染负荷消减污染带的消除。

5.1.4　示范工程、依托工程及配套条件

示范工程、依托工程及配套条件见表5-1，位置见图5-8。在小试、中试研究取得良好效果的基础上建立相应的示范工程，这些示范工程是依托区内已建或在建的污（废）水治理设施建立起来的。依托工程是建立示范工程的基础和前提，第五课题示范工程的依托工程为新塘污水处理厂、依利安达（广州）电子有限公司废水处理站、安美特（广州）化学有限公司生产废水处理工程等。以示范工程为基础，以点带线，以线推面，形成点、线、面相结合的整体示范格局，充分发挥精品工程的示范辐射作用，实现区域环境质量目标，消除东江边污染带。

表 5-1 示范工程、依托工程及配套条件

序号	工程名称	示范工程、依托工程具体情况	配套条件	实施单位	责任单位
示范工程 1	新塘污水处理厂污水深度脱毒减害示范工程	本示范工程依托新塘污水处理厂，以生活污水为对象，在深入调查了解分析现有城市污水深度处理技术优缺点的基础上，构建以微波强化活性碳膜过滤工艺为核心工艺的城市污水处理厂污水深度脱毒减害示范工程，示范工程的处理规模为 $500m^3/d$	新塘镇政府提供必要的条件支持，并承诺将在新塘污水厂项目、河道处理工程等专项资金中划出人民币 1800 万元为配套资金	广州市新塘污水处理厂	广州市政府 新塘镇政府
示范工程 1 之依托工程	新塘污水处理厂工程	该厂主要处理区域内 $40km^2$ 汇水内的生活污水，近期建设规模为 20 万 t/d，远期 40 万 t/d。占地面积 $20hm^2$，同时预留 10 万 t/d 处理规模的用地，以备新塘工业化发展过快时扩容所需		新塘污水处理厂	广州市政府 新塘镇政府
示范工程 2	机械电子行业废水脱毒减排与深度处理回用技术示范工程	位于广州经济技术开发区，示范工程规模为 $1000m^3/d$；以机械电子行业废水为研究对象，建立“铁炭微电解破络—重金属捕集+混凝（沉淀/过滤）—生物接触氧化（沉淀/砂滤）—改性壳聚糖吸附”为核心工艺的机械电子行业废水脱毒减排与深度处理回用示范工程。开展工程化研究	依利安达（广州）电子有限公司承诺配套资金 930 万，并在场地、人员、采样等方面给予方便	依利安达（广州）电子有限公司	广州市政府 开发区政府
示范工程 2 之依托工程	依利安达（广州）电子有限公司废水处理工程	依利安达（广州）电子有限公司，位于广州经济技术开发区北围工业区，年产值近 8 亿元，是开发区内机械电子行业中的具有代表性的典型企业。公司总占地 200 亩，废水排放量达 $8000m^3/d$，其中二期工程（配套）处理规模为 $4000m^3/d$，原设计达标废水经市政管网进入东区污水处理厂，最终排入南岗涌。经处理达标后的废水仍包含重金属离子及络合物、硝酸盐氮、磷酸盐等有毒有害物质，同时 COD、NH_3-N 未能稳定达标		依利安达（广州）电子有限公司	广州市政府 开发区政府

续表

序号	工程名称	示范工程、依托工程具体情况	配套条件	实施单位	责任单位
示范工程 3	精细化工行业废水脱毒减排与深度处理回用技术示范工程	位于广州经济技术开发区，设在安美特（广州）化学有限公司内，以精细化工行业废水为研究对象，示范工程规模 $100m^3/d$；建立以“天然改性高电荷密度絮凝剂强化絮凝—高效催化氧化—高选择性吸附剂吸附”为核心工艺的精细化工尾水深度处理脱毒与资源化回用示范工程。开展工程化研究	安美特（广州）化学有限公司提供技术改造所需的 603 万元配套经费和示范工程场地	安美特（广州）化学有限公司	广州市政府 开发区政府
示范工程 3 之依托工程	安美特（广州）化学有限公司生产废水处理工程	安美特（广州）化学有限公司是广州经济开发区的一家典型精细化工企业，该公司采用了当前精细化工行业先进生产工艺和先进生产技术，废水排放量远远小于同行业，但浓度是同行业的十几倍，目前工厂每天产生生产废水 45t，研发废水（模拟生产废水）50 余 t。工厂已先后投入 1100 万元建成了生产废水处理厂和实验室污水处理厂，但废水经处理后 COD 仍为 300mg/L 以上，并含有毒害物质		安美特（广州）化学有限公司	广州市政府 开发区政府
示范工程 4	漂染行业废水脱毒减排与深度处理回用技术示范工程	以新洲环保工业园污水处理厂漂染废水为研究对象，构建以“金属/活性炭催化臭氧氧化+电磁脉冲式 MBR”为核心的深度处理及回用的集成化处理工艺示范工程并开展工程化研究。总处理规模为 $500m^3/d$	新洲环保工业园污水处理设施一直处于良好的运行状态，将提供试验场地。广州新洲环保工业园有限公司已配套 3150 万元到“新洲环保工业园污水处理厂改造升级工程”和“新洲环保工业园污水脱毒深度处理工程”中	新洲环保工业园污水处理厂	广州市政府 新塘镇政府
示范工程 4 之依托工程	新洲环保工业园污水处理厂工程	新洲环保工业园污水处理厂目前处理规模为 4.0 万 m^3/d，采用废水降温+厌氧水解酸化+接触氧化处理工艺，设计处理能力为 5 万 m^3/d，出水满足 GB 8978－1996 一级排放标准		新洲环保工业园污水处理厂	广州市政府 新塘镇政府

续表

序号	工程名称	示范工程、依托工程具体情况	配套条件	实施单位	责任单位
示范工程5	河道持续净化示范工程	在新塘镇水南涌建设示范工程，通过河道原位持续净化技术和河滩（岸）湿地处理技术的协同作用，使水南涌示范段主要水质指标达到地表水IV类，确保新塘污水处理厂顺利排水。同时，消除水南涌目前的黑臭现象，为周边居民提供一个“水清、岸绿、景美”的生态景观河道	新塘污水处理厂已建成使用，新塘镇人民政府在场地、人员等方面提供大力帮助，已配套4091.35万元到“新塘镇污水处理尾水河道改造工程”和“新塘镇水南支涌综合整治、截污工程”中	新塘污水处理厂	广州市政府 新塘镇政府
示范工程5之依托工程	新塘污水处理厂	新塘镇新塘污水处理厂主要是处理区域内的市政污水，该污水厂纳污范围40.05km^2，近期建设处理规模是20万t/d，远期40万t/d。占地面积20hm^2。同时预留20万t/d处理规模的用地，以备新塘工业化发展过快时扩容所需。该污水处理厂建成后，尾水将通过水南涌排入东江，因此，必须解决污水厂尾水排放问题		新塘污水处理厂	广州市政府 新塘镇政府
示范工程6	农村污水处理示范工程	竹坑村采用人工湿地为主的处理工艺，处理能力为30m^3/d，设计出水水质达到农田灌溉水质标准（GB 5084–2005）。腊圃村采用“升流式厌氧池+WJS人工湿地”处理工艺，设计处理量为600m^3/d，出水达到《农田灌溉水质标准》（GB 5084–2005）中的蔬菜类a类标准。西南村采用全地埋式接触氧化工艺，设计处理水量：300m^3/d，设计排放标准：广东省地方标准《水污染物排放限值》（DB 44/26–2001）第二时段一级标准。二龙河沿岸采用高效复合垂直流人工湿地的处理工艺，设计流量300m^3/d，设计出水水质《城市污水再生利用城市杂用水水质》（GB/T 18920–2002）中的城市绿化用水水质标准	广州市环保部门提供专款资金用于竹坑村生活污水处理示范工程建设，广州市科技部门给予配套资金，用于研究农村生活污水处理技术，新塘镇、小楼镇将在场地、人员等方面提供大力支持	新塘镇西南村，小楼镇竹坑村、腊圃村	广州市政府 小楼镇政府 新塘镇政府

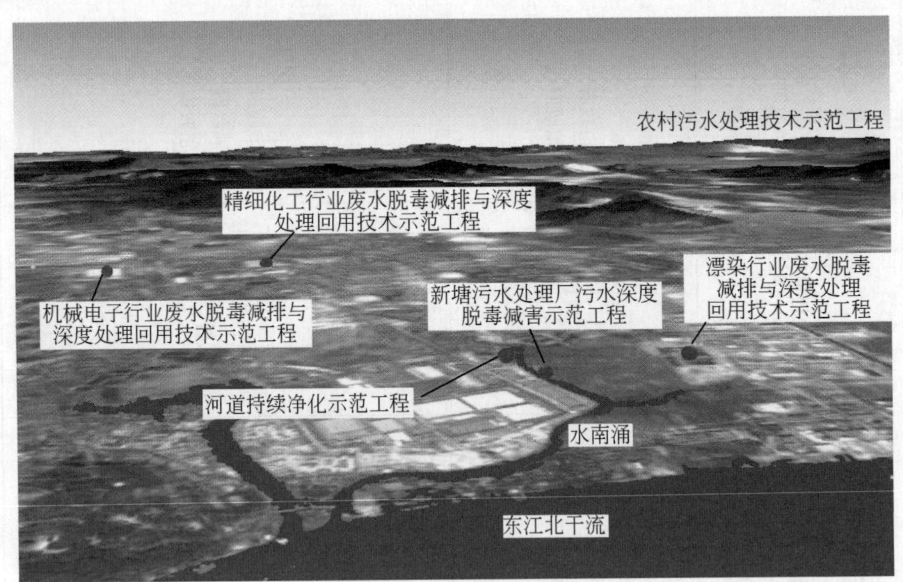

图 5-8 示范工程位置图

5.2 示范工程的实施与运行效果

5.2.1 城市污水处理厂污水深度脱毒减害示范工程

5.2.1.1 示范工程的实施

示范工程为企业自筹资金建设，于 2011 年年初开始建设，并于 2011 年 10 月建成，主要采用“高级氧化+物理吸附过滤”处理工艺，建设内容包括预氧化单元、纤维转盘滤池单元、紫外光照单元和复氧单元。

1. 示范工程设计概要

1）水量设计

根据国家“十一五”水专项东江项目第五课题第一子课题实施方案要求，示范工程处理规模为 500m^3/d，实际设计示范工程最大处理量为 10 万 m^3/d，进水水质为新塘污水处理厂二沉池出水。

2）设计规模

示范工程设计日处理量为 500m^3/d，最大处理能力 10 万 m^3/d。

3）进水水质

新塘污水处理厂采用 A^2/O 工艺为处理工艺，污水经处理后达标排放。二沉池出水作为示范工程段进水。

4）排放标准及设计目标

现今和未来相当长一段时间内快速发展区域城市污水处理厂接纳的污水主要有服务片区的生活污水、部分达标排放的工业废水和服务区内雨水三部分，这三类废水中均含有微量毒害物质，现行的污水处理厂出水水质标准对微量毒害物质要求不足，而处理工艺又难以有效去除这些微量毒害物质，污水处理厂达标排水排入河道将对河道水质造成影响，又因为污水处理厂污水水质受地下水和雨水等诸多因素影响较大，进一步干扰了污水处理厂现有工艺对毒害物质的去除效果，鉴于东江快速发展支流区高水质要求，有必要在完善区域截污管线工程，提高雨水收集率的基础上，探索东江流域快速发展区水污染控制的配套技术——城市污水处理厂污水深度脱毒减害集成工艺，依据河道用水建议水质标准，研发以“高级氧化+高效过滤”为核心的新型工艺并开展相应的工程示范，在城市污水处理厂尾水的COD、N、P等常规污染物进一步削减情况下，探索对壬基酚、双酚A等痕量有机污染物的去除效果。

因地制宜开发区域排水深度脱毒除害技术，解决区域市政污水厂排水水质不能满足干流水质指标的矛盾，为东江快速发展区水质目标实现提供技术支持。

2. 工艺设计及说明

1）工艺流程及工艺单元

新塘污水处理厂污水深度脱毒减害示范工程工艺流程如图5-9所示。

搅拌池：加入浓度为5mg/L的H_2O_2，在搅拌池中与二沉池出水充分混匀，对来水中壬基酚、双酚A等难降解痕量有机污染物进行预氧化。

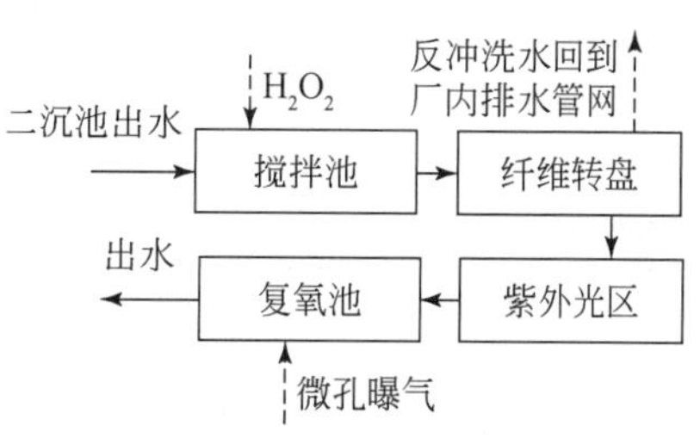

图5-9 新塘污水处理厂污水深度脱毒减害示范工程工艺流程图

纤维转盘：纤维转盘滤池利用物理过滤原理，主要针对尾水中的SS进一步去除。搅拌池出水通过进水堰口均匀进入5个纤维转盘过滤池中，在水压压差的作用下通过滤布过滤，过滤后的清水进入滤盘骨架内，依次经过弧形连接件的过水孔、中空出水轴上的过水孔，最后流入中空出水轴，通过隔墙的通水孔到达出水堰溢流后由出水口流出。尾水中的悬浮物会在纤维滤布表面逐渐堆积，过滤通量减少而池体液位上升，当池体内的液位超过了设定值时，液位计会把此信号传给PLC，PLC开启与连通管道连接的电动阀、反抽吸泵，此时滤盘两侧边的双排吸盘在反抽吸泵的负压作用下同时对滤盘进行反抽吸，然后滤布纤维丝由密集层的过滤状态变为蓬松直立的反抽吸状态，滤布上的沉积物质被顺利吸出。反抽吸的同时，驱动电机带动驱动机构进而带动整个中空出水轴、弧形连接件、旋转滤盘缓慢转动，旋转一圈完成对一个旋转滤盘的反抽吸过程，然后PLC停止刚完成反抽吸过程的电动阀，开启下一个电动阀进行下一个旋转滤盘的反抽吸过程，直到每组滤盘都清洗完，完成一次反抽吸过程。反冲洗水进入厂内的排水管网。

紫外光区：纤维转盘过滤池总出水进入紫外光区，充分利用紫外光的催化氧化及消毒作用，对尾水中痕量有机污染物进一步去除。

复氧池：考虑到污水厂尾水通过水南支涌进入东江，在出水池中增设微孔曝气管，在常规污染物及痕量有机污染物深度处理的基础上，增加尾水中的 DO，以生态补水形式回到水南支涌中。

2）设计参数

新塘污水处理厂污水深度脱毒减害示范工程采用“高级氧化+高效过滤”为核心工艺的“预氧化+纤维转盘滤池+紫外光照+复氧”的新型组合工艺，设计规模 500m³/d。其搅拌池双氧水泵送装置设计参数如表 5-2 所示。

表 5-2　搅拌池双氧水泵送装置

项次	项目	规格型号/尺寸	数量	单位
1. 预氧化装置				
（1）H_2O_2桶		规格：$1m^3$	2	个
		材质：PE		
（2）计量泵		型号：max-54L/h	2	台
2. 纤维转盘				
（1）纤维转盘滤池			5	格
（2）纤维转盘			5	套
（3）滤片		参数：$d=2mm$	16	片/格
		参数：$m=5.2m^2$		
		参数：平均滤速 $10.02m^3/(h\cdot m^2)$		
		参数：最高滤速 $\leq 15m^3/(h\cdot m^2)$		
3. 紫外光区				
（1）紫外模块组		紫外模块	23	个
（2）紫外模块		紫外灯管	8	根
4. 复氧池				
主体结构		参数 $L=1000mm$，$Q=8.62m^3/h$	1	座

3. 示范工程现场

新塘污水处理厂污水深度脱毒减害示范工程现场如图 5-10 所示。

5.2.1.2　示范工程的运行效果

1. 常规运行效果

1）COD

2011 年 12 月至 2012 年 8 月，对示范工程的进出水 COD 进行了采样分析，结果如图 5-11所示。采样分析时段内，示范工程进水的 COD 浓度为 16 ~ 38mg/L，经示范工程处理后，出水 COD 为 9 ~ 20mg/L，监测期间内每月平均去除率为 35.08% ~ 47.83%。在污水排放达标的基础上实现了深度减排。

加药搅拌池纤维转盘滤池

紫外光区最终出水

图5-10　示范工程现场

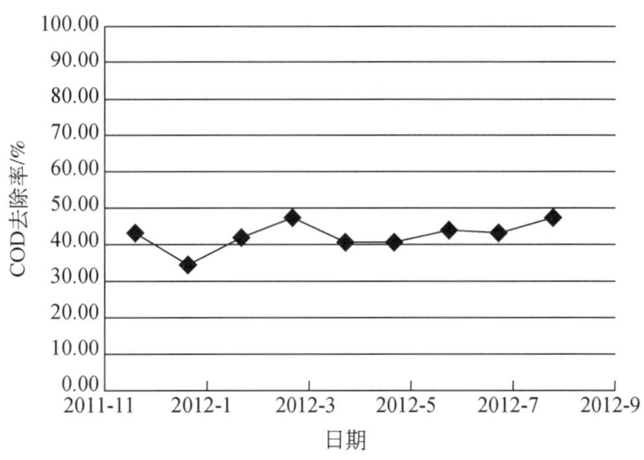

图5-11　示范工程COD去除情况

2）TP

2011年12月至2012年8月，对示范工程的进出水TP进行了采样分析，结果如图5-12所示。采样分析时段内，示范工程进水的TP浓度为0.53～1.25mg/L，经示范工程处理后，出水TP为0.28～0.54mg/L，监测期间内每月平均去除率为30.43%～52.05%。在污水排放达标的基础上实现了深度减排。

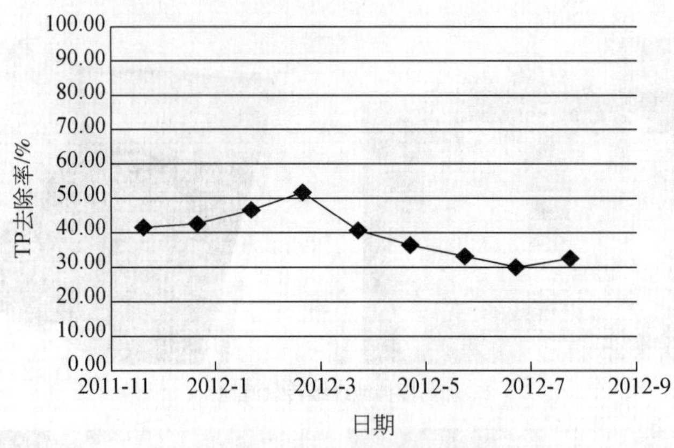

图 5-12　示范工程 TP 去除情况

3）TN

2011 年 12 月至 2012 年 8 月，对示范工程的进出水 TN 进行了采样分析，结果如图 5-13所示。采样分析时段内，示范工程进水的 TN 浓度为 4. 98 ~ 11. 86mg/L，经示范工程处理后，出水 TN 为 3. 12 ~7. 64mg/L，监测期间内每月平均去除率为 30. 38% ~48. 11%。在污水排放达标的基础上实现了深度减排。

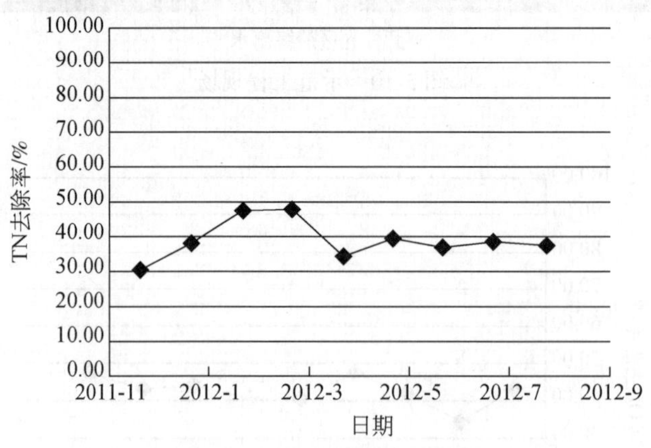

图 5-13　示范工程 TN 去除情况

4）NH_3-N

2011 年 12 月至 2012 年 8 月，对示范工程的进出水 NH_3-N 进行了采样分析，结果如图 5-14 所示。采样分析时段内，示范工程进水的 NH_3-N 浓度为 0. 23 ~1. 45mg/L，经示范工程处理后，出水 NH_3-N 为 0. 12 ~0. 66mg/L，监测期间内每月平均去除率为 33. 01% ~58. 30%。在污水排放达标的基础上实现了深度减排。

5）壬基酚

2011 年 12 月至 2012 年 8 月，对示范工程的进出水壬基酚进行了采样分析，结果如图 5-15 所示。采样分析时段内，示范工程进水的壬基酚浓度为 438. 6 ~1684. 6ng/L，波动较大，经示范工程处理后，出水壬基酚为 208. 3 ~570. 1ng/L，监测期间内每月平均去除率为 44. 08% ~58. 74%。实现了痕量有机污染物的深度脱毒减害。

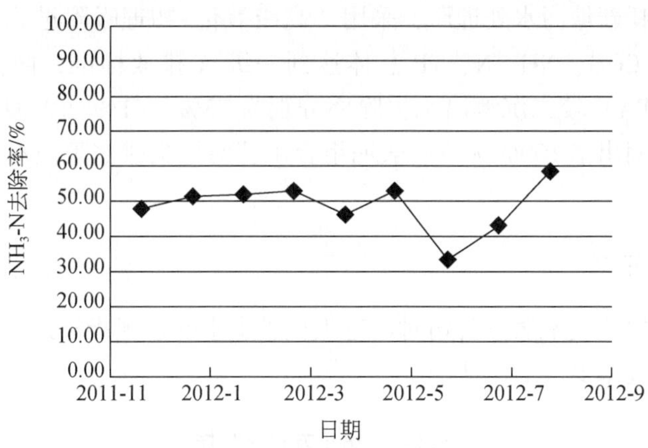

图 5-14　示范工程 NH_3-N 去除情况

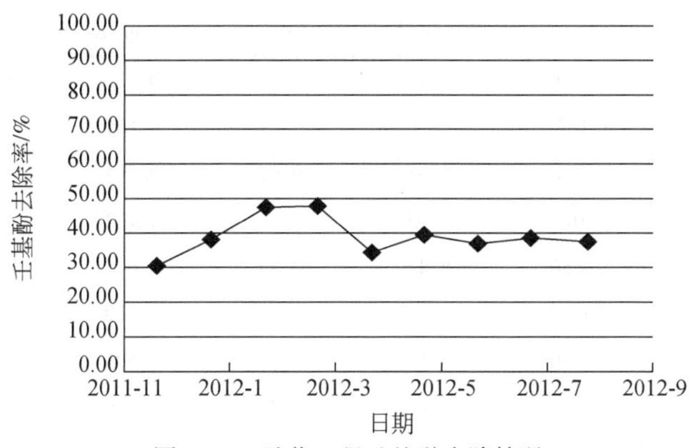

图 5-15　示范工程壬基酚去除情况

6）双酚 A

2011 年 12 月至 2012 年 8 月，对示范工程的进出水双酚 A 进行了采样分析，结果如图 5-16 所示。采样分析时段内，示范工程进水的双酚 A 浓度为 37. 10 ~ 128. 8ng/L，波动较大，经示范工程处理后，出水双酚 A 为 21. 6 ~ 74. 3ng/L，监测期间内每月平均去除率为 31. 80% ~41. 35%。实现了痕量有机污染物的深度脱毒减害。

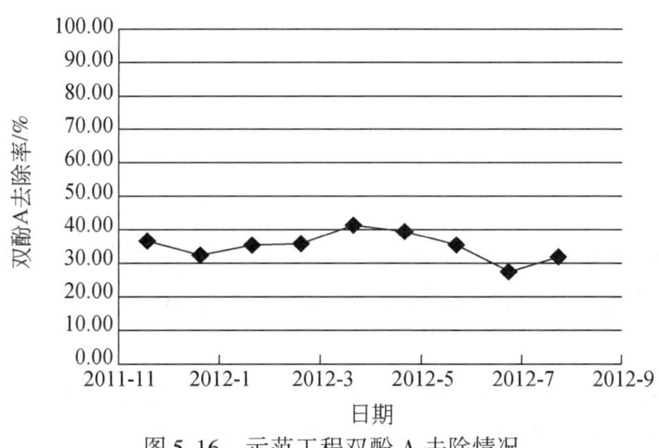

图 5-16　示范工程双酚 A 去除情况

本示范工程依托新塘污水处理厂，采用“高级氧化+物理吸附过滤”工艺对出水进行深度处理后，出水 COD、NH_3-N、TP 总体达到一级 A 排放标准，内分泌干扰物壬基酚（NP）、双酚 A（BPA）较二沉池出水去除率分别为 73%、41%，大型藻、青鳉鱼排水进行毒性测试结果表明出水 100% 无毒，表明组合工艺对该类排水痕量有机污染物具有良好的脱毒减害效果。

2. 第三方检测结果

委托广州正华检测技术服务公司对示范工程进出水的常规指标进行现场采样检测，如表 5-3 所示，检测数据支持上述结论。

表 5-3　第三方检测数据

日期	检测点位	COD /（mg/L）	TN /（mg/L）	TP /（mg/L）	NH_3-N /（mg/L）	壬基酚 /（mg/L）	双酚 A /（mg/L）
2012. 2. 13	二沉池	21. 9	6. 10	0. 57	0. 415	520. 70	34. 60
	出水	11. 3	4. 58	0. 41	0. 154	255. 1	21. 80
2012. 3. 18	二沉池	16. 30	5. 64	0. 61	0. 594	592. 6	59. 20
	出水	10L	4. 05	0. 41	0. 193	300. 7	37. 20
2012. 4. 13	二沉池	20. 50	6. 47	0. 95	0. 675	654. 7	64. 30
	出水	10. 40	5. 10	0. 44	0. 279	314. 3	33. 40
2012. 5. 20	二沉池	17. 80	5. 68	0. 59	0. 625	601. 5	58. 40
	出水	10. 30	4. 44	0. 44	0. 226	297. 0	41. 70
2012. 6. 25	二沉池	19. 60	6. 20	0. 77	0. 634	1020. 5	55. 30
	出水	10. 40	5. 15	0. 48	0. 273	500. 0	26. 00
2012. 7. 11	二沉池	17. 30	5. 80	0. 48	0. 492	647. 60	42. 70
	出水	10	4. 70	0. 36	0. 151	304. 40	20. 50

3. 投资和运行费用

1）投资费用

搅拌池：10 万元；

纤维转盘滤池：1200 万元；

紫外光照：200 万元；

复氧池：100 万元；

合计：10+1200+200+100=1510 万元（不含设计费、安装费、税费）；

因此，示范工程废水处理的单位投资为：1510 万元/10 万 t=151 元/t。

2）运行费用

药剂费：两个容积为 $1m^3$ 的 PE 桶（一用一备），35% 的过氧化氢（5mg/L），10 万 t/d 运行时 1 天 1 桶的投加量，投量为 1∶10 万，折合每吨水 0. 01 元。

电费：各处理单元设备用电功率如表5-4所示。

表5-4　示范工程各处理单元设备用电功率

序号	名称	数目	功率/kW	总功率/kW	使用时间/h	用电量/（kW·h）
1	投药泵	2	0.04	0.08	24	1.92
2	搅拌电机	1	11	11	24	264
3	生物转盘	5	0.75	55	24	3.75
4	电动阀	9	0.75	7.5	0.1	0.68
5	紫外光照	270	0.33	89.1	24	2138.4
6	总计					2408.75

综上所述，日用电量2408.75kW·h，0.94元/（kW·h），电费为2264.225元。

每吨水处理的用电费用为：2264.225元/10万t =0.023元/t。

3）人工费

平均工资按3000元/（人·月）计，分两班，每班5人。

每吨水处理的人工费用为：（3000×2×5）/（30×100000）= 0.01元/t。

单位运行费用：0.01元/t+0.023元/t +0.01元/t =0.043元/t。

4. 减排效果

COD：进出水平均浓度分别为21.18mg/L和12.04mg/L，平均去除率43.15%，根据废水日平均处理量500m³/d，可知COD的年减排量为

$$(21.18-12.04)\times 500\times 365/106 = 1.67\ \text{t/a}$$

TP：进出水平均浓度分别为0.71mg/L和0.41mg/L，平均去除率42.25%，根据废水日平均处理量500m³/d，可知TP的年减排量为

$$(0.71-0.41)\times 500\times 365/106 = 54.75\text{kg/a}$$

TN：进出水平均浓度分别为7.26mg/L和4.36mg/L，平均去除率39.94%，根据废水日平均处理量500m³/d，可知TN的年减排量为

$$(7.26-4.36)\times 500\times 365/106 = 0.53\text{t/a}$$

NH_3-N：进出水平均浓度分别为0.65mg/L和0.33mg/L，平均去除率49.23%，根据废水日平均处理量500m³/d，可知NH_3-N的年减排量为

$$(0.65-0.33)\times 500\times 365/106 = 58.4\text{kg/a}$$

壬基酚：进出水平均浓度分别为718.48ng/L和339.06ng/L，平均去除率52.81%，根据废水日平均处理量500m³/d，可知壬基酚的年减排量为

$$(718.48-339.06)\times 500\times 365/106 = 69.24\text{kg/a}$$

双酚A：进出水平均浓度分别为62.13ng/L和40.20ng/L，平均去除率35.30%，根据废水日平均处理量500m³/d，可知壬基酚的年减排量为

$$(62.13-40.2)\times 500\times 365/106 = 4\text{kg/a}$$

5. 综合评价

示范工程连续运行6个月第三方监测数据显示，COD、TP、TN、NH_3-N、壬基酚、双酚A的减排量分别为1.67t/a、54.75kg/a、0.53t/a、58.4kg/a、69.24kg/a、4kg/a。示范工程出水达到《城市污水再生利用工业用水水质》（GB/T 19923-2005）要求，出水回用35m^3/d，主要用于生产工艺中搅拌罐和反应釜的冲洗，实现了水回用率30%以上、主要有毒有害物去除率大于70%、主要污染物在达到国家排放标准基础上再减排20%以上的目标。

5.2.2 机械电子行业废水脱毒减害深度处理技术示范工程

5.2.2.1 示范工程的实施

机械电子行业废水脱毒减排与深度处理技术示范工程位于广州市经济技术开发区北围工业区依利安达（广州）电子有限公司，处理规模为1000t/d。示范工程是在依利安达原有污水处理设施的基础上进行的升级改造。

本示范工程以机械电子行业废水为处理对象，对“铁炭微电解破络—重金属捕集+混凝（沉淀/过滤）—生物接触氧化（沉淀/砂滤）—改性壳聚糖吸附”成套技术进行研究和工程示范。建设项目包括铁炭微电解破络单元、重金属捕集单元、生物接触氧化单元以及改性壳聚糖吸附单元。2012年1月开始示范工程的进水调试运行，目前已连续运行8个月，运行状况良好。

1. 示范工程的设计概要

1）水质水量情况

根据广州依利安达（广州）电子有限公司提供的水质、水量资料将该公司生产过程中产生的废水主要分为以下几大类：

A类：酸性络合铜废水，主要来源于各生产流程中含有大量在酸性条件下能与铜结合成较稳定物质的络合根离子的废水，如柠檬酸根，酒石酸根等；

B类：高浓度有机废水，主要来源于胶片显影、退膜产生高COD废水；

C类：碱性络合铜废水，主要来源于各生产线中含铵根离子的废水；

D类：一般清洗水，废水主要来源于生产车间的清洗水；

根据以上废水分类将水质、水量情况归纳如表5-5所示。

表5-5 依利安达（广州）电子有限公司废水水质、水量情况

废水名称	水量/（m^3/d）	COD/（mg/L）	总铜/（mg/L）	pH
酸性络合含铜废水（A类废水）	300～500	≤300	50～250	0～2
高浓度有机废水（B类废水）	800～1000	≤4000	10～50	10～12

续表

废水名称	水量/（m^3/d）	COD/（mg/L）	总铜/（mg/L）	pH
碱性络合含铜废水（C类废水）	300～500	≤2000	10～50	10～12
一般水洗废水（D类废水）	6000	≤200	10～80	3～6

2）设计规模

A、B、C三类废水，由于各种原因，水质成分非常复杂，水质波动大，且水量较小较难处理；D类废水，水质成分简单，且水量较大，较容易处理。若将A、B、C、D类废水全部混合后处理，一般水洗废水混入络合根离子后，废水中的铜相当难处理达标，且会增加处理成本。故我们综合考虑各方面的因素，拟对这A、B、C三大类废水分别强化处理（即预处理）后与D类废水一起混合进入常规处理部分。

依利安达（广州）电子有限公司一期工程的废水处理量为4000m^3/h，采用的是常规的混凝沉淀工艺，预计将其作为一般水洗废水的处理工段，设计二期改造工程的废水处理量为4000m^3/h，主要对经预处理后的A、B、C三大类废水与部分D类废水混合后进行处理。本子课题是在二期改造工程的基础上进行脱毒减排与深度处理。

国内机械电子行业生产企业都有配套的废水处理工程，但大部分企业出水Cu^{2+}不达标，究其原因主要是对该类废水中含有的大量络合剂的破除不彻底，而且铜络合物稳定性强，常规的混凝中和沉淀难于去除络合的Cu^{2+}，以致处理后的出水不能达标排放。因而本子课题在预处理段仅对EDTA络合铜废水进行工艺研究和工程示范。

因此，本示范工程的设计范围主要包括下面几个方面：EDTA络合铜废水的破络预处理，规模为500m^3/d；对经预处理的综合废水主要污染物进行脱毒减排，实现达标排放的二级处理，规模为4000m^3/d；为废水分质回用而进行的深度处理，规模为1000m^3/d。

3）排放标准及设计目标

根据上述依利安达提供的进水水量及水质进行工艺设计，该厂生产废水经处理后，二级处理出水主要污染物（pH、Cu^{2+}、Ni^{2+}、COD、NH_3-N）指标要求低于《广东省污染物排放限值》，为了实现机械电子行业废水脱毒减排与深度处理的目标，我们要求主要污染物在达到国家排放标准的基础上再减排20%以上，具体污染物指标排放标准和设计目标值见表5-6。

表5-6 依利安达（广州）电子有限废水排放执行标准及处理工程设计目标值

污染物名称	pH	COD	Cu^{2+}	Ni^{2+}	NH_3-N
排放标准值	6～9	100	0.5	1.0	15
设计目标值	6～9	≤80	≤0.4	0.8	≤12

注：除pH外，其他项目单位均为mg/L。

2. 工艺设计及说明

示范工程的设计处理工艺流程，如图5-17所示。

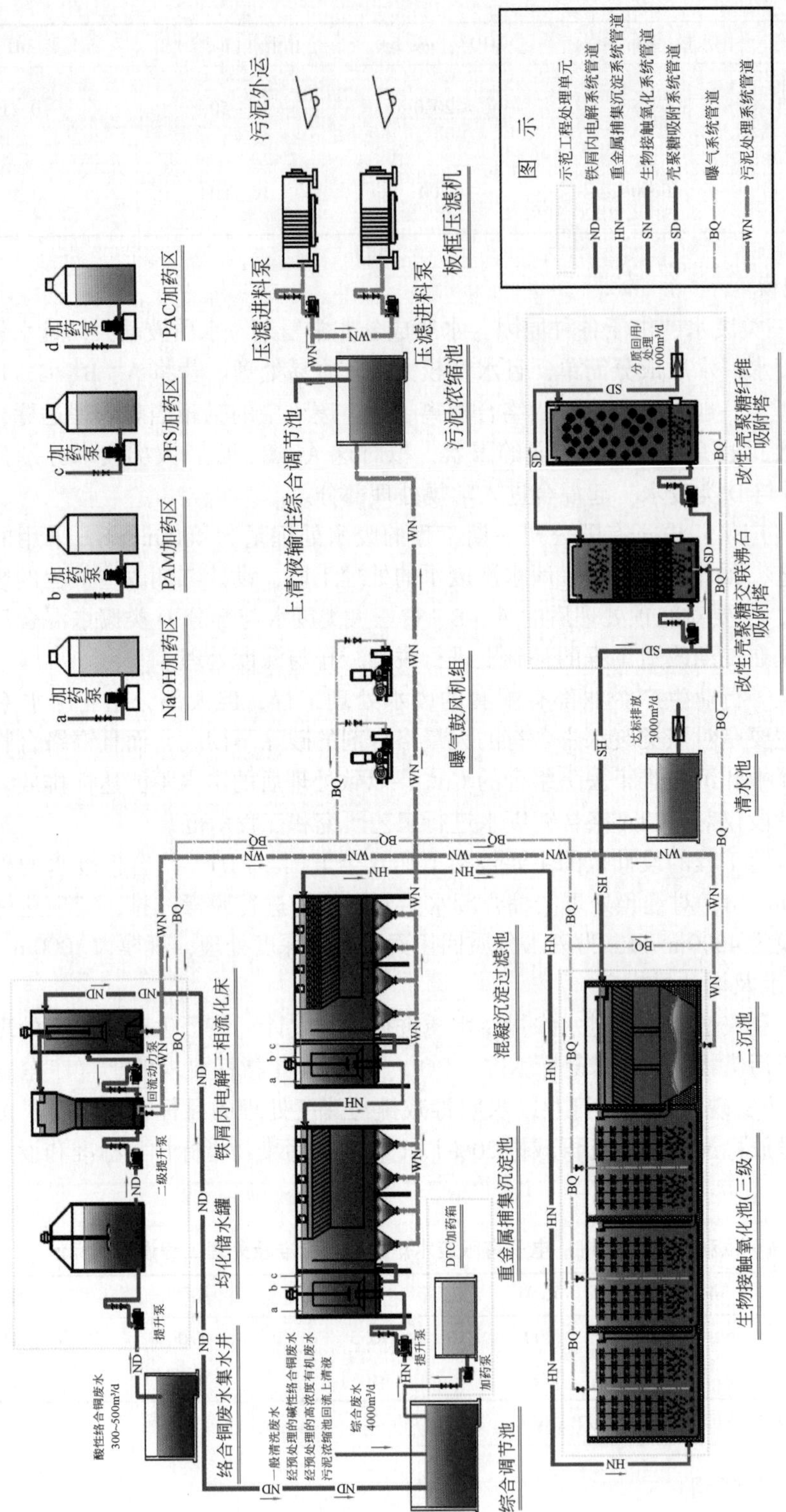

图 5-17 机械电子行业废水脱毒减排与深度处理技术示范工程工艺流程图

3. 主要处理单元的设计

1）铁炭微电解单元

铁炭微电解法能通过铁离子置换沉淀、零价铁置换还原、电沉积、吸附共沉淀等多种作用有效处理 EDTA 络合铜废水。本子课题在利用此技术的基础上开发铁炭微电解三相流化床系统，进一步提高内电解法对络合铜废水的破络效果。设计参数见表 5-7。

铁炭微电解三相流化床的技术优势表现在：通过将内电解处理后的出水回流，实现铁碳填料在反应床层内的流态化，增加水流的紊动，提高废水与填料的接触几率，从而提高污染物与填料间的传质效率；通过研发新型铁碳一体化填料，避免铁与炭在流化床内分离，微电池回路变差，反应速度减慢的现象；通过在流化床内曝气，产生三相流，一方面提高内电解填料流态化的可能性；另一方面拉大铁与碳之间的电势，提高反应效率。

表 5-7 铁炭微电解单元设计参数

项次	项目	规格型号/尺寸	数量	单位
均化储水罐				
[1]	主体结构	规格：Φ2.0m×2.5m、δ=8mm	1	座
		材质：PP		
		参数：Q=12L/h		
[2]	潜污泵	型号：CQW50-100（Ⅰ）A	1	台
		参数：Q=3m^3/h，H=15m，P=0.55kW		
[3]	搅拌机	SUS P=0.75kW	1	套
三相流化床				
[1]	主体结构	规格：Φ1.0m/1.5m×5m、δ=8mm	1	座
		材质：PP		
		参数：Q=12L/h		
[2]	提升泵	型号：CDLF 20-4	1	台
		参数：Q=20m^3/h，H=47m，P=5.5kW		
[3]	复合填料	参数：Φ=0.5～3mm	1	批
[4]	流量计	参数：20m^3/h	1	只
[5]	自动加药系统	加酸泵及药箱	1	套
Fenton 反应塔				
[1]	主体结构	规格：Φ2.6m×5m，A3 材质	1	座
		材质：A3 材质		
		参数：Q=12L/h		
[2]	循环泵	型号：CDLF80-20	1	台
		参数：Q=85m^3/h，H=41m，P=15kW		
[3]	流量计	参数：Q=150m^3/h	1	只
[4]	自动加药系统	过氧化氢加药泵及药箱	1	套
	管道	DN100/DN150/DN60/DN60 等 UPVC 管	1	项

2）重金属捕集+混凝+沉淀单元

该工艺是在传统的混凝沉淀法的基础上通过投加重金属捕集剂提高重金属离子的去除效率而得到的新工艺。我们研发的新型重金属捕集剂具有对重金属离子捕集效率高、应用范围广、产物稳定性好等优点，而且投加量仅为市面上常规重金属捕集剂用量的1/5，具有广阔的市场前景。设计参数见表5-8。

重金属捕集剂在混凝沉淀工艺前投加，一方面避免了捕集剂与混凝剂中的亚铁或铝离子提前反应而白白消耗药剂；另一方面混凝沉淀工艺作为重金属捕集螯合作用的补充，可以减少药剂的投加量，从而降低运营成本。

表5-8　重金属捕集+混凝+沉淀单元设计参数

项次	项目	规格型号/尺寸	数量	单位
重金属捕集剂加药箱				
[1]	主体结构	规格：1.5m×1.0m×1.0m、δ=10mm	1	座
		材质：PP加槽钢		
		参数：Q=0.2L/h		
[2]	加药泵	型号：CQW50-100（Ⅰ）A，304不锈钢	1	台
		参数：Q=3m^3/h，H=15m，P=0.55kW		
[3]	液位控制仪	型号：UQK-61浮球液位控制开关，PP	2	套
重金属捕集沉淀池				
[1]	主体结构	规格：9.0m×8.5m×5.8m	1	座
		材质：钢结构		
		参数：Q=6.6L/min，P=0.2kW		
[2]	NaOH加药泵	型号：AHC52-PCT-FN	2	台
		参数：Q=10L/min，P=0.75kW		
[3]	PAM加药泵	型号：AHC62-PCT-FN	2	台
		参数：Q=18L/min，P=0.75kW		
[4]	斜管填料	参数：Φ=50mm，L=1000mm，δ=0.5mm，PVC	45	m^3
[5]	pH计	参数：pH-2002，0~14，精度0.01	1	套
[6]	搅拌机	SUS P=3kW，100r/min	3	台
混凝沉淀过滤池				
[1]	主体结构	规格：9.0m×8.5m×5.8m	1	座
		材质：钢结构		
		参数：Q=6.6L/min，P=0.2kW		
[2]	PAC加药泵	型号：AHC52-PCT-FN	2	台
		参数：Q=6.6L/min，P=0.2kW		
[3]	PAM加药泵	型号：AHC62-PCT-FN	2	台
		参数：Q=10L/min，P=0.75kW		
[4]	斜管填料	参数：Φ=50mm，L=1000mm，δ=0.5mm，PVC	45	m^2

续表

项次	项目	规格型号/尺寸	数量	单位
[5]	pH计	参数：pH-2002，0~14，精度0.01	1	套
[6]	搅拌机	SUS P=3kW，100r/min	3	台
[7]	过滤层	滤网、玻璃钢格栅、粒珠等	45	m^2
	管道	DN200/DN150/DN100/DN80/DN50等UPVC	1	项

3）生物接触氧化+二级沉淀单元

采用生物法对机械电子行业废水进行常规处理，在当前市场上是比较少见的，因为这类废水具有高浓度重金属、高浓度有毒有害有机物的特性，使得其对微生物产生毒害作用，同时废水的可生化性差。在此由于前段工艺对重金属离子的置换沉淀、捕集螯合，对难降解毒害性物质的还原分解、混凝沉淀，生物法的处理成为可能。

生物接触氧化法，采用与曝气池相同的曝气方法，提供微生物所需的氧量，并起到搅拌和混合作用，同时在曝气池内投加了填料，供微生物栖息，兼有活性污泥法与生物滤池二者的优点。传统的生物接触氧化法中所使用的填料为固定式填料，运行方式为固定流量连续式，近年来在该工艺的基础上衍生出多种水处理工艺，如流动床生物膜法（MBBR）和序批式生物膜法（SBBR）。这两种工艺实质上都是得到普遍认可的生物接触氧化法的变形工艺。生化处理主要就是通过微生物氧化分解废水中的有机物，从而降低废水中COD的含量，以至于废水中COD达到国家排放标准。但是微生物不能长期生长繁殖在重金属含量较高的环境中。所以，在进入生物处理之前必须通过物化法先将废水中的重金属去除，因此，生化处理必须在物化处理之后，且进生物池的废水必须稳定，不能有太大的波动，pH也需在合理的范围。

二沉池是进一步去除有机质，并截留污泥和SS，提高出水水质。二沉池是整个活性污泥系统中非常重要的一个组成部分，二沉池从功能上要同时满足澄清（固液分离）和污泥浓缩（使回流污泥的含水率降低，回流污泥的体积减小）两方面的要求。因生化处理过程中会有大量的微生物代谢产物及老化微生物体产生，为保证废水中SS能达标排放，故需要在生物池后面增加沉淀池，将微生物的代谢产物及老化微生物体沉淀下来。以保证处理后出水清澈，达标排放。设计参数见表5-9。

表5-9 生物接触氧化+二级沉淀单元设计参数

项次	项目	规格型号/尺寸	数量	单位
接触氧化池				
[1]	主体结构	规格：22.8m×6.55m×5.5m	2	座
		材质：地上式钢筋砼		
		填料负荷：1.436kg COD/（m^3填料·d）		
[2]	鼓风机	型号：GBR-150，铸铁	2	台
		参数：Q = 22m^3/min，风压 = 7000mmAq，P=37kW		

续表

项次	项目	规格型号/尺寸	数量	单位
[3]	曝气系统配管	型号：DN80/DN50，ABS	1	批
[4]	组合填料	Φ=180mm×4000mm	960	m^3
[5]	填料支架	镀锌管 Φ63mm，槽钢+防腐	480	m^2
二级沉淀池				
[1]	主体结构	规格：6.3m×6.55m×5.5m	2	座
		材质：地上式钢筋砼		
		水力负荷：q=2.15m^3/（m^2·h）		
[2]	污泥泵	型号：80GWP65-25-7.5，304 不锈钢	1	台
		参数：Q=65m^3/h，H=25m，P=7.5kW		
[3]	斜管填料	参数：Φ=50mm，L=1000mm，δ=0.5mm，PVC	85	m^2
	管道	DN200/DN150/DN100 等 UPVC	1	项

4）改性壳聚糖吸附单元

生化池出水基本可以达到国家污水综合排放标准和广东省地方标准水污染物排放限值，但是为了应对即将出台的《电子工业污染物排放标准》和广东省要求的电镀行业工业用水循环回用率60%的要求，实现机械电子行业脱毒减排与深度处理，在接触氧化池后面增加改性壳聚糖吸附单元，对水体中残留的重金属、痕量污染物进行吸附，达到回用水的进膜要求。

壳聚糖分子内含羟基、氨基等活性官能团，与重金属离子具有较强的配位能力，对重金属有很强的吸附效能。沸石是一种比表面积大、孔径均匀、吸附性能优良的无机离子交换材料，被广泛用于去除水中 NH_3-N、有机物及重金属离子。

壳聚糖由于在使用时存在容易流失、机械强度低、不能再生等缺点，从而限制了其广泛应用；而沸石不仅是廉价的吸附材料，而且可以作为壳聚糖的骨架增加其机械强度，避免在水处理过程中流失。基于沸石与壳聚糖的上述特点，本书将价廉的沸石与高吸附性的壳聚糖复配制备新型高效吸附剂。设计参数见表5-10。

表5-10　改性壳聚糖吸附单元设计参数

项次	项目	规格型号/尺寸	数量	单位
改性壳聚糖沸石吸附塔				
[1]	主体结构	规格：Φ2.6m×6.1m	1	座
		材质：钢结构		
[2]	进水泵	型号：YLGB50-40	1	台
		参数：Q=40m^3/h，H=15m，P=4.0kW		
[3]	出水泵	型号：YLGB50-40	1	台
		参数：Q=40m^3/h，H=15m，P=4.0kW		

续表

项次	项目	规格型号/尺寸	数量	单位
[4]	吸附剂填料	$\Phi=5$mm	15	m^3
[5]	液位控制仪	型号：UQK-61 浮球液位控制开关，PP	2	套
改性壳聚糖纤维吸附塔				
[1]	主体结构	规格：Φ2.6m×7.5m 材质：钢结构	1	座
[2]	进水泵	型号：YLGB50-40 参数：$Q=40m^3/h$，$H=15m$，$P=4.0kW$	1	台
[3]	出水泵	型号：YLGB50-40 参数：$Q=40m^3/h$，$H=15m$，$P=4.0kW$	1	台
[4]	吸附剂填料	$\Phi=150$mm	20	m^3
[5]	液位控制仪	型号：UQK-61 浮球液位控制开关，PP	2	套
	管道	DN200/DN150/DN100 等 UPVC	1	项

4. 示范工程实体展示

示范工程的铁碳微电解流化床、均化储水罐工程实体如图 5-18 和图 5-19 所示。重金属捕集+混凝+沉淀一体化池工程实体如图 5-20 所示。生物接触氧化池工程实体如图 5-21 所示。二沉池工程实体如图 5-22 所示。改性壳聚糖吸附塔工程实体如图 5-23 所示。机械电子行业废水脱毒减排与深度处理技术示范工程整体布置如图 5-24 所示。

图 5-18 铁碳微电解流化床工程实体

图 5-19 铁碳微电解系统均化储水罐工程实体

图 5-20　重金属捕集+混凝+沉淀一体化池工程实体

图 5-21　生物接触氧化池工程实体

图 5-22　二沉池工程实体

图 5-23　改性壳聚糖吸附塔工程实体

图5-24　机械电子行业废水脱毒减排与深度处理技术示范工程整体布置图

5.2.2.2　示范工程的运行效果

示范工程的各主要污染物的去除效果见图5-25、图5-26、图5-27。结果表明：壳聚糖改性吸附塔出水COD为18.0mg/L（前6个月自测数据平均值，国家一级排放标准为100mg/L，减排80%以上），Cu^{2+}为0.25mg/L（前6个月自测数据平均值，国家一级排放

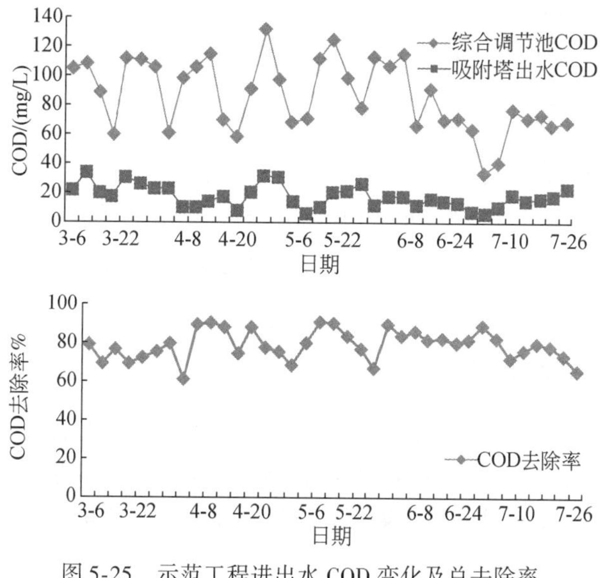

图5-25　示范工程进出水COD变化及总去除率

标准为 0.5mg/L，减排 50% 以上），NH_3-N 6.78 mg/L（前 6 个月自测数据平均值，国家一级排放标准 15mg/L，减排 50% 以上），实现了主要污染物在达国家排放标准基础上再减排 20%。

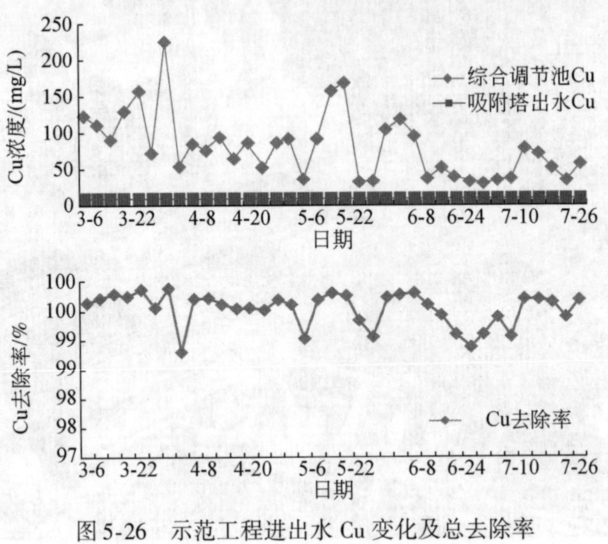

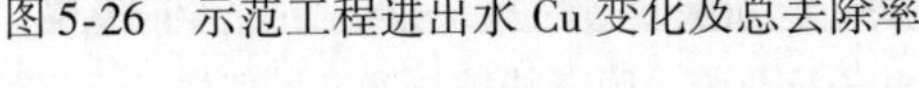

图 5-26　示范工程进出水 Cu 变化及总去除率

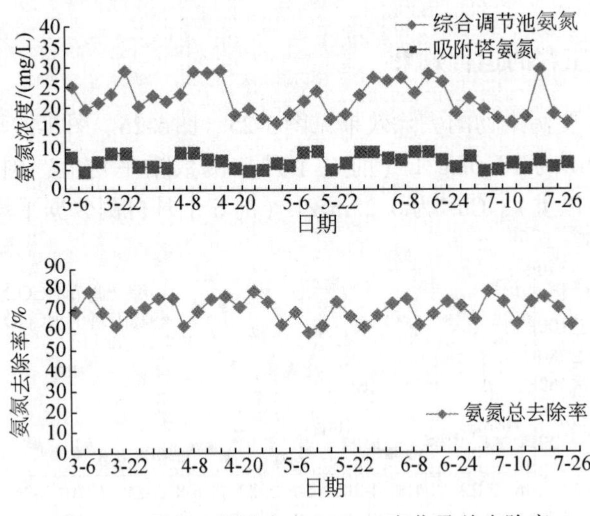

图 5-27　示范工程进出水 NH_3-N 变化及总去除率

5.2.2.3　第三方检测结果

委托中国广州分析测试中心对机械电子行业废水脱毒减排与深度处理技术示范工程所在的依托单位依利安达（广州）电子有限公司进出水的常规和毒性指标进行现场采样检测，提供连续稳定运行 6 个月的检测数据，以此认定示范工程的实际处理效果是否达到考核指标，具体数据见图 5-28 和表 5-11。

通过第三方对常规指标的检测，证实了示范工程主要污染物在达到国家排放标准基础上再减排 20% 以上。

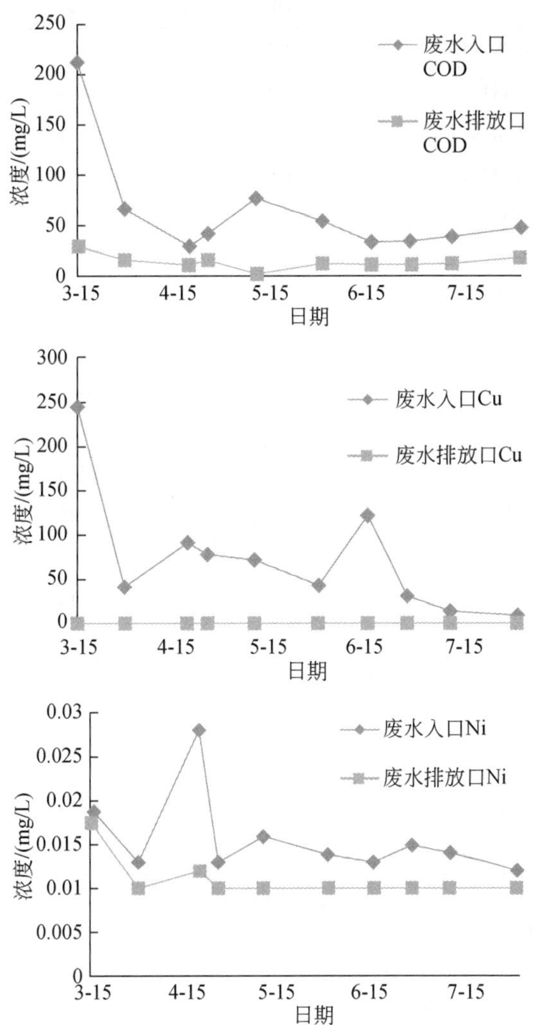

图 5-28　第三方检测示范工程进出水 COD、Cu、Ni 变化

表 5-11　示范工程第三方检测常规项目检测结果

采样时间	检测点	检测项目及结果/（mg/L）		
		COD	Cu	Ni
2012. 3. 15	废水入口	212	244	0. 0188
	废水排放口	28	0. 207	0. 0175
2012. 3. 30	废水入口	66. 2	44. 0	0. 013
	废水排放口	14. 6	0. 15	<0. 01

续表

采样时间	检测点	检测项目及结果/（mg/L）		
		COD	Cu	Ni
2012.4.19	废水入口	28.1	93.0	0.028
	废水排放口	<10	0.084	0.012
2012.4.25	废水入口	41.4	80.4	<0.01
	废水排放口	14.9	0.089	<0.01
2012.5.10	废水入口	77.1	74.7	0.014
	废水排放口	<10	0.19	<0.01
2012.5.31	废水入口	55.0	46.3	<0.01
	废水排放口	<10	0.24	<0.01
2012.6.15	废水入口	33.9	123	<0.01
	废水排放口	<10	0.18	<0.01
2012.6.28	废水入口	34.6	34.5	<0.01
	废水排放口	<10	0.25	<0.01
2012.7.11	废水入口	37.8	17.0	<0.01
	废水排放口	<10	0.12	<0.01
2012.8.02	废水入口	48.0	12.0	<0.01
	废水排放口	17.1	0.13	<0.01
2012.8.16	废水入口	41.2	42.0	<0.01
	废水排放口	17.2	0.15	<0.01
2012.8.28	废水入口	43.3	61.7	0.63
	废水排放口	<10	0.11	0.066

第三方检测机构现场采样分析发现机械电子行业废水以苯、甲苯、二甲苯、苯乙烯为主的苯系物含量最为显著。连续六个月的第三方检测数据见图 5-29 和表 5-12，结果证实了示范工程对有毒有害物质减排 70% 以上。

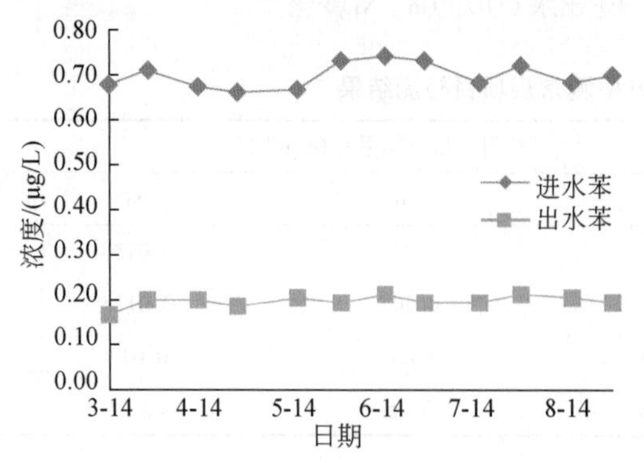

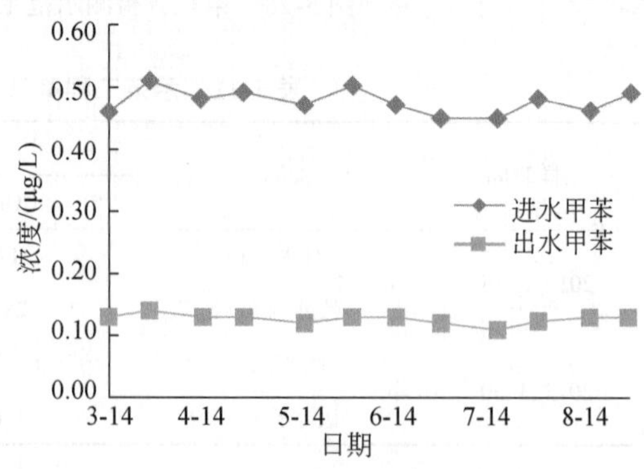

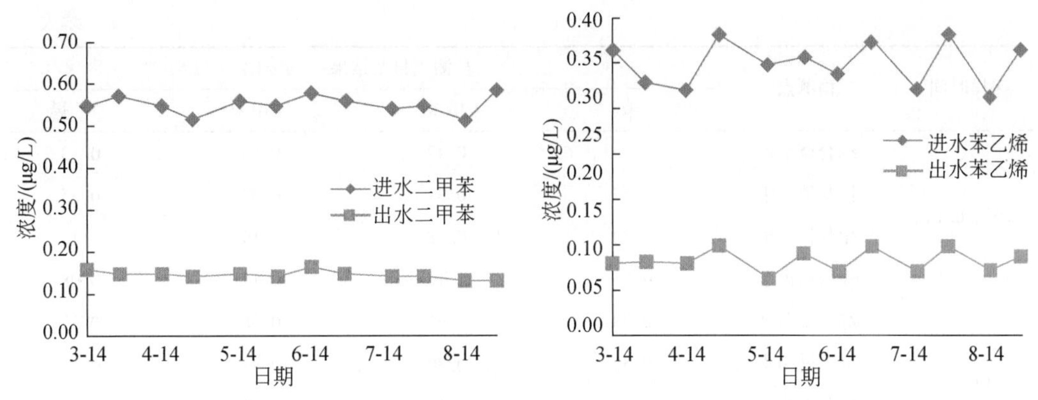

图5-29 第三方检测示范工程苯系物进出水浓度变化

表5-12 示范工程第三方检测有毒有害物质检测结果

采样时间	检测点	检测项目及结果/（μg/L）			
		苯	甲苯	二甲苯	苯乙烯
2012. 3. 14	综合调节池	0. 68	0. 46	0. 55	0. 36
	混凝池出水	0. 54	0. 35	0. 38	0. 27
	生化池出水	0. 25	0. 16	0. 19	0. 12
	吸附塔出水	0. 17	0. 13	0. 16	0. 09
2012. 3. 27	综合调节池	0. 71	0. 51	0. 57	0. 32
	混凝池出水	0. 45	0. 37	0. 41	0. 25
	生化池出水	0. 28	0. 22	0. 23	0. 11
	吸附塔出水	0. 20	0. 14	0. 15	0. 09
2012. 4. 14	综合调节池	0. 67	0. 48	0. 55	0. 31
	混凝池出水	0. 46	0. 37	0. 39	0. 21
	生化池出水	0. 24	0. 16	0. 19	0. 12
	吸附塔出水	0. 20	0. 13	0. 15	0. 09
2012. 4. 26	综合调节池	0. 66	0. 49	0. 52	0. 38
	混凝池出水	0. 51	0. 32	0. 33	0. 27
	生化池出水	0. 25	0. 18	0. 21	0. 12
	吸附塔出水	0. 18	0. 13	0. 14	0. 11
2012. 5. 16	综合调节池	0. 67	0. 47	0. 56	0. 34
	混凝池出水	0. 46	0. 30	0. 38	0. 26
	生化池出水	0. 23	0. 18	0. 21	0. 12
	吸附塔出水	0. 20	0. 12	0. 15	0. 07
2012. 5. 31	综合调节池	0. 73	0. 50	0. 55	0. 35
	混凝池出水	0. 53	0. 38	0. 43	0. 25
	生化池出水	0. 26	0. 20	0. 20	0. 13
	吸附塔出水	0. 19	0. 13	0. 14	0. 10

续表

采样时间	检测点	检测项目及结果/（μg/L）			
		苯	甲苯	二甲苯	苯乙烯
2012. 6. 14	综合调节池	0. 74	0. 47	0. 58	0. 33
	混凝池出水	0. 57	0. 31	0. 42	0. 25
	生化池出水	0. 30	0. 18	0. 19	0. 13
	吸附塔出水	0. 21	0. 13	0. 17	0. 08
2012. 6. 28	综合调节池	0. 73	0. 45	0. 56	0. 37
	混凝池出水	0. 54	0. 30	0. 41	0. 26
	生化池出水	0. 23	0. 16	0. 22	0. 14
	吸附塔出水	0. 19	0. 12	0. 15	0. 11
2012. 7. 17	综合调节池	0. 68	0. 45	0. 54	0. 31
	混凝池出水	0. 46	0. 32	0. 39	0. 26
	生化池出水	0. 27	0. 14	0. 19	0. 12
	吸附塔出水	0. 19	0. 11	0. 14	0. 08
2012. 7. 30	综合调节池	0. 72	0. 48	0. 55	0. 38
	混凝池出水	0. 55	0. 35	0. 38	0. 28
	生化池出水	0. 24	0. 18	0. 20	0. 14
	吸附塔出水	0. 21	0. 12	0. 14	0. 11
2012. 8. 16	综合调节池	0. 68	0. 46	0. 51	0. 30
	混凝池出水	0. 47	0. 31	0. 40	0. 21
	生化池出水	0. 25	0. 19	0. 18	0. 11
	吸附塔出水	0. 20	0. 13	0. 13	0. 08
2012. 8. 29	综合调节池	0. 70	0. 49	0. 58	0. 36
	混凝池出水	0. 54	0. 37	0. 43	0. 23
	生化池出水	0. 25	0. 15	0. 19	0. 11
	吸附塔出水	0. 19	0. 13	0. 13	0. 10

5. 2. 2. 4　减排效果、投资和运行费用

1. 减排效果

机械电子行业废水脱毒减排与深度处理回用示范工程连续运行 6 个月第三方监测数据 COD 为 13. 8mg/L、铜为 0. 16mg/L，镍为 0. 01mg/L，NH_3-N 为 6. 78mg/L，苯系物为 0. 56μg/L，相对于国家污水综合排放标准中的一级标准（COD 为 100mg/L、铜为 0. 5mg/L、镍为 1. 0mg/L、NH_3-N 为 15mg/L)，主要污染物的减排量计算如下：

COD 的减排量：$(100-13.8)\times1000\times365/10^6=31.46$t/a；

Cu 的减排量为：$(0.5-0.16)\times1000\times365/10^6=0.124$t/a；

NH_3-N 的减排量为：（15−6.78）×1000×365/10^6=3.0t/a；
注：镍的进水浓度低于国家排放标准，在此不作计算。
苯系物的减排量为：（2.07−0.56）×1000×365/10^6=0.55kg/a。

2. 投资费用

1）原工艺出水达标投资
由表5-13可知示范工程原工艺出水达标投资为：9300000/4000=2325元/t。

表5-13 原工艺出水达标投资明细

序号	项目	规格型号/尺寸/mm	数量	单位	价格/元
1. 综合废水调节池			1	座	887000
[1]	土建部分	20700×13000×5000（地下池）	1	座	775000
[2]	设备部分	提升泵、自吸罐、液位控制仪等	1	套	112000
2. 有机废水调节池			1	座	177000
[1]	土建部分	3000×13000×5000（地下池）	1	座	105000
[2]	设备部分	提升泵、自吸罐、液位控制仪等	1	套	72000
3. 碱性废液蓄水池			1	座	152000
[1]	土建部分	2100×13000×5000（地下池）	1	座	85000
[2]	设备部分	提升泵、自吸罐、液位控制仪等	1	套	67000
4. 酸性废液蓄水池			1	座	149000
[1]	土建部分	2100×13000×5000（地下池）	1	座	85000
[2]	设备部分	提升泵、自吸罐、液位控制仪等	1	套	64000
5. 接触氧化池			1	座	1172000
[1]	土建部分	21600×13000×5500（地上池）	1	座	927000
[2]	设备部分	鼓风机、曝气系统配管、填料、支架	1	套	245000
6. 二沉池			1	座	306000
[1]	土建部分	6500×6300×5500（地上池）	1	座	250000
[2]	设备部分	污泥泵、斜管、管道等	1	套	56000
7. 污泥浓缩池			1	座	205000
[1]	土建部分	6000×4400×7000（半埋式地上池）	1	座	105000
[2]	设备部分	气动隔膜泵、管道等	1	套	100000
8. 综合设备放置平台（土建部分）					880000
[1]	污泥收集平台	18000×3000×300，钢混结构	1	座	42000
[2]	储药罐	18000×3000×300，钢混结构	1	项	59000
[3]	高效沉淀池	11500×8000×300，钢混结构	1	座	93000
[4]	一体化平台	11500×8000×300，钢混结构	1	座	104000
[5]	压滤机平台	15000×20000×300，钢混结构	1	座	334000
[6]	吹脱系统平台	10500×8300×300，钢混结构	1	座	138000

续表

序号	项目	规格型号/尺寸/mm	数量	单位	价格/元
[7]	工作房	10500×8300，砖混结构	1	座	110000
9. 高效沉淀器			1	座	763000
[1]	土建部分	9000×85000×58000，钢结构	1	座	570000
[2]	设备部分	加药泵、搅拌机、斜管、pH 计等	1	套	193000
10. 一体化沉淀过滤器			1	座	827000
[1]	土建部分	9000×85000×58000，钢结构	1	座	610000
[2]	设备部分	加药泵、搅拌机、斜管、pH 计等	1	套	217000
11. 吹脱系统			1	座	280000
[1]	土建部分	PP 结构设备	1	座	89000
[2]	设备部分	风机、破络配药桶、pH 计、风管等	1	套	191000
12. 吹脱系统尾气处理			1	座	173000
[1]	土建部分	主体为 PP 结构设备	1	座	112000
[2]	设备部分	提升泵、循环泵、填料、加药泵、风管	1	套	61000
13. 酸化池			1	座	42000
[1]	设备部分	提升泵、加药泵、pH 计、管道等	1	套	42000
14. 加药系统			1	套	96000
15. 车间废水排放分流			1	套	280000
16. 新建放流池			1	套	42000
17. 土建公共部分			1	套	806000
18. 附加设备部分			1	套	994000
19. 电气控系统（新增工艺部分）			1	套	380000
合计（*E*1）					8611000
设计费（*E*2）= *E*1×1.5%					129000
安装费（*E*3）= *E*1 ×2.0%					172000
税费（*E*4）=（*E*1+*E*2+*E*3）× 6.0%					534000
工程总造价（*E*5）= *E*1+*E*2+*E*3+*E*4					9446000
最终报价					9300000

2）主要污染物减排增加的投资

由表 5-14 可知示范工程实现主要污染物减排需增加的投资为：257820/4000＝64.5 元/t。

表 5-14　主要污染物减排需增加的投资明细

项次	项目	规格型号/尺寸	数量	单位	价格/元
1. 铁碳微电解单元			1	座	170200
［1］	设备部分	Φ1.0m/1.5m×5m、δ=8mm，PP	1	座	97500
［2］	土地整理	拆除非图纸要求建筑、平整土地等	1	项	17000
［3］	中试设备	流化床、反应塔、混凝槽、澄清塔	1	套	55700
2. 重金属捕集+混凝+沉淀单元			1	座	21000
［1］	捕集剂加药箱	1.0m×1.5m×1.0m、δ=8mm，PP	1	座	21000
3. 生物接触氧化+二级沉淀单元			1	座	43800
［1］	MBBR 中试	Φ15mm×45m、δ=5mm，有机玻璃	1	套	29700
［2］	厌氧氨氧化中	Φ15mm×45m、δ=5mm，有机玻璃	1	套	14100
合计					235000
设计费（$E2$）=$E1$×1.5%					3525
安装费（$E3$）=$E1$ ×2.0%					4700
税费（$E4$）=（$E1$+$E2$+$E3$）×6.0%					14595
工程总造价（$E5$）=$E1$+$E2$+$E3$+$E4$					257820

3）进一步脱毒减害与深度处理的投资

脱毒减害与深度处理的投资如表 5-15 所示。由表 5-15 可知示范工程进一步脱毒减害与深度处理的投资为：158740/1000=159 元/t。

表 5-15　脱毒减害与深度处理的投资明细

项次	项目	规格型号/尺寸	数量	单位	价格/元
1. 改性壳聚糖吸附单元			1	座	115000
［1］	壳聚糖沸石塔	Φ2.6m×6.1m、δ=10mm，钢结构	1	座	44000
［2］	壳聚糖纤维塔	Φ2.6m×7.5m、δ=10mm，钢结构	1	项	51400
［3］	球形填料	流化床、反应塔、混凝槽、澄清塔	1	套	19600
2. 电控系统（新增）			1	套	29700
合计					144700
设计费（$E2$）=$E1$×1.5%					2170
安装费（$E3$）=$E1$ ×2.0%					2890
税费（$E4$）=（$E1$+$E2$+$E3$）×6.0%					8980
工程总造价（$E5$）=$E1$+$E2$+$E3$+$E4$					158740

3. 运行费用

1）原工艺出水达标的运行费用

（1）药剂费

NaOH。需将预处理废水 pH（约为 3.0）调节至 9.5～10，NaOH（按 30% 计算），液碱投加量为 1.2g/L 废水。预处理废水水量 100m^3/h，用于处理综合处理废水的消耗量（30%）为 120kg/h，即 2.9t/d。

Na_2S。根据工程经验，Na_2S 的消耗量为：预处理废水水量 100m³/h，则 Na_2S（100%）的投加量为 280mg/L（0.28kg/m³），即 Na_2S（100%）的消耗量约 680kg/d。

$FeSO_4$。根据工程经验，硫酸亚铁的消耗量为：预处理废水水量 300m³/h，硫酸亚铁投药量 800mg/L（0.8kg/m³废水）。硫酸亚铁（按 100%计算）用于处理综合处理废水的消耗量（30 %）为 240kg/h，即 5.76t/d。

PAC。根据工程经验，PAC 的消耗量为 PAC（100%）投加量：250mg/L 废水（0.25kg/m³废水），综合处理废水水量 167m³/h，PAC（按 100%计算）用于处理综合废水的日消耗量为 42kg/h，即 1.0t/d。

PAM。根据工程经验，PAM 的消耗量为 PAM（100%）投加量：1mg/L 废水（0.001kg/m³废水），综合废水水量 167m³/h，则 PAM（按 0.1%计算）用于处理预处理废水的日消耗量为 4000L/d，若按 100%来计算，即 4kg/d。

PAC。根据工程经验，PAC 的消耗量为 PAC（100%）投加量：250mg/L 废水（0.25kg/m³废水），综合处理废水水量 167m³/h，PAC（按 100%计算）用于处理综合废水的日消耗量为 42kg/h，即 1.0t/d。

$FeSO_4$。根据工程经验，硫酸亚铁的消耗量为：预处理废水水量 167m³/h，硫酸亚铁投药量 800mg/L（0.8kg/m³废水）。硫酸亚铁（按 100%计算）用于处理综合处理废水的消耗量（30 %）为 134kg/h，即 3.2t/d。

PAM。根据工程经验，PAM 的消耗量为 PAM（100%）投加量：1.0mg/L 废水（0.001kg/m³废水），综合废水水量 167m³/h，则 PAM（按 0.1%计算）用于处理预处理废水的日消耗量为 4000L/d，若按 100%来计算，即 4kg/d。

NaOH。需将综合废水 pH（约为 3.0）调节至 9.5～10，NaOH（按 30%计算），液碱投加量为 1.2g/L 废水。预处理废水水量 167m³/h，用于处理综合处理废水的消耗量（30%）为 200kg/h，即 4.8t/d。

H_2SO_4。系统正常运行时无需回调 pH，但为了防止意外的发生，为了保证生物进水的 pH 在合适的范围内，需要将 pH 控制在 6.5～9.0，故选用加酸泵。

综上所述，每天消耗的药剂量和费用如表 5-16 所示。平均每吨水达标处理的药剂费用为：13634/4000=3.41 元/t。

表 5-16 原工艺出水达标的药剂费

药剂	日用量/t	单价/（元/t）	总价/元
NaOH（30%）	7.7	700	5390
Na_2S	0.68	3000	2040
H_2SO_4	0.28	250	700
PAM（100%）	0.008	13000	104
PAC（100%）	2.0	1500	3000
$FeSO_4$（100%）	8.0	300	2400
合计	—	—	13634

（2）电费

原工艺出水达标的设备用电功率如表5-17所示。

表5-17　原工艺出水达标的设备用电功率

序号	名称	数目	功率/kW	总功率/kW	使用时间/h	用电量/（kW·h）
1	高效沉淀池搅拌机	2	5.5	11.0	24	132
2	一体化设备搅拌机	2	5.5	11.0	24	132
3	综合调节池提升泵	2	11	22	24	264
4	捕集池 NaOH 加药泵	2	0.75	1.5	24	18
5	捕集池 PAM 加药泵	2	0.75	1.5	24	18
6	混凝池 NaOH 加药泵	2	0.75	1.5	24	18
7	混凝池 PAC 加药泵	2	0.5	1	24	12
8	接触氧化池风机	2	30	60	24	720
9	压滤机	1	10	10	12	120
10	其他	1	10	10	12	80
总计		18	—	—	—	1514

综上所述，日用电量1514kW·h，0.8元/（kW·h），则电费为：1514kW·h×0.8元/（kW·h）=1211.2元。

每吨水达标处理的用电费用为：1211.2/4000=0.303元/t。

（3）人工费用

平均工资按2000元/（人·月）计，分两班，每班6人。每吨水处理的人工费用为：（2000×2×6）/（30×4000）=0.20元/t。

（4）原工艺达标处理的运行费用

通过上述对药剂费用、用电费用和人工费用的统计分析可知，原工艺废水达标处理的日常运行费用为：3.41+0.30+0.20=3.91元/t。

2）主要污染物减排需增加的运行费用

（1）药剂费

铁碳微电解填料。根据工程经验，微电解填料的消耗量为：微电解三相流化床每日补充填料5.0kg废水日处理量为500m^3，所以填料的消耗量为10mg/L。

重金属捕集剂。根据工程经验，捕集剂的消耗量为重金属捕集剂（10%）投加量：最大投药量200mg/L废水（0.20kg/m^3废水）。

综合废水水量167m^3/h，则重金属捕集剂（10%）的消耗量为33.4kg/h（801.6kg/d），即重金属捕集剂（100%）的消耗量约80kg/d。

综上所述，每天消耗的药剂量及费用如表5-18所示。

表 5-18　主要污染物减排增加的药剂消耗量及价格

药剂	日用量/t	单价/（元/t）	总价/元
铁碳微电解填料	0.005	6000	30
重金属捕集剂（100%）	0.08	13500	1080

注：微电解单元处理的废水为 500m³/d，综合废水的处理量为 4000m³/d。

平均每吨水主要污染物减排需增加的药剂费用为：30/500+1080/4000＝0.33 元/t。

（2）电费

主要污染物减排增加的设备用电功率如表 5-19 所示。

表 5-19　主要污染物减排增加的设备用电功率

序号	名称	数目	功率/kW	总功率/kW	使用时间/h	用电量/（kW·h）
1	酸性络合废水提升泵	1	5.5	5.5	24	132
2	微电解进水泵	1	5.5	5.5	24	132
3	微电解循环泵	1	15	15	12	180
4	捕集池捕集剂加药泵	1	0.55	0.55	24	13.2
5	其他	1	8	8	10	80
总计		5	—	—	—	537.2

注：微电解单元处理的废水为 500m³/d，综合废水的处理量为 4000m³/d。

综上所述，日用电量 537.2kW·h，0.8 元/（kW·h）。

每吨水主要污染物减排需增加的用电费用为：（444/500+93.2/4000）×0.8＝0.73 元/t。

（3）人工费用

示范工程为实现主要污染物减排的新增构筑物，自动化程度高，无需增加操作人员。

（4）示范工程总的运行费用

通过上述对药剂费用、用电费用和人工费用的统计分析可知，示范工程废水主要污染物减排新增的日常运行费用为：0.33+0.73+0＝1.06 元/t。

3）进一步脱毒减害与深度处理的运行费用

（1）药剂费

改性壳聚糖吸附剂。根据工程经验，改性壳聚糖吸附剂的消耗量为：吸附剂的吸附容量为 40mg/g，深度处理的进出水 Cu^{2+} 浓度分别为 0.5mg/L 和 0.25mg/L，所以每日需要更新的填料量为 6.25kg。

示范工程进一步脱毒减害与深度处理的药剂费用如表 5-20 所示。平均每吨水脱毒减害与深度处理的药剂费用为：281.25/1000＝0.282 元/t。

表 5-20　示范工程进一步脱毒减害与深度处理回用的药剂费用

药剂	日用量/t	单价/（元/t）	总价/元
改性壳聚糖吸附剂	0.00625	45000	281.25

注：深度处理的废水量为 1000m³/d。

（2）电费

示范工程进一步脱毒减害与各处理的设备用电功率如表5-21所示。

表5-21　示范工程进一步脱毒减害与各处理的设备用电功率

序号	名称	数目	功率/kW	总功率/kW	使用时间/h	用电量/（kW·h）
1	吸附塔提升泵	1	4	4	24	96
2	吸附塔排水泵	1	4	4	24	96
3	其他	1	5	5	8	40
总计		3	—	13	—	232

综上所述，日用电量232kW·h，0.8元/（kW·h），则电费为：232kW·h×0.8元/（kW·h）=186元。

每吨水处理的用电费用为：186/1000=0.186元/t。

（3）人工费用

平均工资按2000元/（人·月）计，分两班，每班1人。每吨水处理的人工费用为：（2000×2×1）/（30×1000）=0.133元/t。

（4）示范工程总的运行费用

通过上述对药剂费用、用电费用和人工费用的统计分析可知，示范工程废水处理的日常运行费用为：0.282+0.186+0.133=0.601元/t。

5.2.2.5　综合评价

示范工程原工艺出水达标投资：2325元/t；运行费用：3.91元/t。采用本工艺后再减排需增加投资：64.5元/t，运行成本增加：1.06元/t；进一步脱毒减害增加的投资：159元/t，运行成本增加：0.601元/t（不含离子交换所需费用），进一步减排和脱毒减害深度处理增加的费用不大。

同时，示范工程COD、Cu^{2+}、NH_3-N和苯系物的年减排量分别达到了31.46t、0.124t、3.0t和0.55kg，实现了主要污染物在达国家排放标准基础上再减排20%，有毒有害物质减排70%的预期目标。为机械电子行业废水脱毒减排与深度处理回用提供技术支撑体系与能力，为东江流域建立水污染控制综合创新体系，进一步降低行业废水对排放河道的生物毒害性，形成完整的行业废水脱毒减排与深度处理资源化技术体系与能力做出了应有的贡献。

广州经济技术开发区机械电子行业废水的总排放量约为1520.39×$10^4m^3/a$，根据水量换算可知，应用本子课题研发的技术后，广州经济技术开发区机械电子行业汇入东江的COD可削减1310t/a，铜可削减5.17t/a，NH_3-N可削减125t/a，苯系物可削减22.9kg/a。因此，本研发技术的应用对于保护东江水环境具有重要意义，应用前景广阔。

5.2.3 精细化工行业废水脱毒减害深度处理技术示范工程

5.2.3.1 示范工程的实施

示范工程利用安美特（广州）化学有限公司废水处理厂的原有工艺实施，设计处理量为100m³/d。2011年3月进行示范工程工艺设计的前期调查；2011年4、5月根据上阶段查阅的国内外精细化工废水深度处理工艺，结合依托工程原有工艺进行脱毒减排与深度处理工艺的筛选及设计。2011年7月至10月进行示范工程的改造施工。2011年12月开始，示范工程进入调试运行阶段，周期为3个月，并定期采样监测进水及各级工艺出水水质指标。从2012年3月开始，示范工程进入正式运行阶段。

1. 工程设计概要

精细化工行业废水脱毒减排与深度处理位于安美特（中国）化学有限公司，用于该公司废水处理工程的改造及处理尾水的深度处理，有效去除苯系污染物及络合重金属污染，削减进入东江的毒害物质。本示范技术主要由三大部分组成：淀粉基絮凝剂强化絮凝、TiO_2光催化与氧化剂耦合深度催化氧化、羧甲基壳聚糖-膨润土复合吸附剂高效吸附。

1）水质水量情况

整个示范工程由4股废水组成，废水种类和数量如表5-22所示。

表5-22 安美特（中国）化学有限公司废水水质、水量情况

废水名称	水量/（m³/d）	COD/（mg/L）	重金属浓度/（mg/L）	pH
含铜废水	30～32	5000～2200	30～1000（Cu）	2～3
含碱废水	29～32	2000～4000	—	10～11
含氰废水	15～16	600～2000	—	6～8
含镍废水	18～20	4000～17000	20～500	2～3

2）设计规模

由于各种原因，4种废水水质成分非常复杂，水质波动大，且水量较小较难处理，若将4种废水全部混合后处理，废水中的重金属相当难处理达标，且会增加处理成本。故我方综合考虑各方面的因素，对这含铜废水和含碱废水混合处理，含氰废水和含镍废水分别进入常规处理部分。

含铜含镍废水共64t/d、含氰废水16t/d、含镍废水20t/d，在原依托工程分开处理基础上，分别增加预氧化和更换絮凝剂种类。在原依托工程改造的基础上，最后将4种废水混合进行脱毒减排与深度处理，建立100t/d精细化工废水脱毒减排与深度处理回用示范工程，经深度处理后的废水回用量为35t/d。

3）排放标准及设计目标

经过本示范工程深度处理后，出水中主要指标达到广东省地方标准《水污染物排放限值》（DB 44/26-2001）第二时段一级标准，其中主要有毒有害物去除率大于70%、主要

污染物在达到国家排放标准基础上再减排20%以上，详见表5-23。

表5-23 进出水水质标准

项目	pH	COD/（mg/L）	Cu^{2+}/（mg/L）	Ni^{2+}/（mg/L）	苯系物/（mg/L）
进水	6~9	20000	1000	500	3.5
设计出水水质标准	6~9	≤50	≤0.1	≤0.1	≤0.1

2. 主要工艺设计参数

示范工程利用安美特（中国）化学有限公司污水处理厂的原有工艺实施改造，其中，新建预氧化装置，H_2O_2投加量为0.5mL/L，Fe^{2+}与H_2O_2摩尔配比为1∶15，pH为3.0，反应20min。

利用原工艺的絮凝反应器，改造原有人工投药系统为自动投药系统，改变原来的絮凝剂PAC为本课题开发的淀粉基絮凝剂，利用水位和pH传感器实行酸碱度和絮凝剂投加量的自动控制，强化絮凝去除废水中的SS和色度，处理能力达到100t/d，水力停留时间为2h，根据小试、中试结果及现场调试，pH调节为9.0，淀粉基絮凝剂投加量为100g/m^3。

新建TiO_2+UV+H_2O_2+O_3催化氧化反应器，经强化絮凝处理后的废水进入催化氧化反应器，由于废水SS和色度大大下降，催化氧化反应效率大大增加。H_2O_2投加量为1mL/L，O_3消耗量为20g/h，TiO_2纳米管负载于金属钛网表面，钛网放置密度为2.5m^2/m^3，1100W高压汞灯照射，反应30min。

新建高效吸附塔，以壳聚糖-膨润土为吸附剂，经催化氧化后的废水进入吸附塔，Cu^{2+}、Ni^{2+}的吸附在30min时达到平衡，设定吸附时间为30min，对Cu^{2+}、Ni^{2+}单独吸附的最大容量分别是111.22mg/g，79.56mg/g。

示范工程的工艺流程图如图5-30所示。

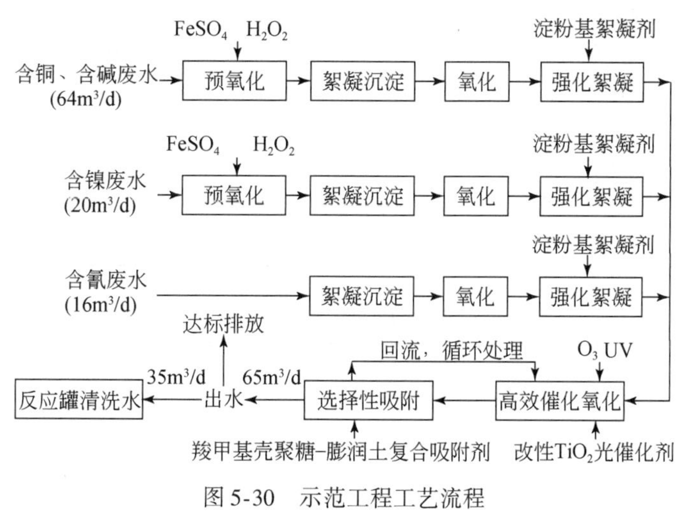

图5-30 示范工程工艺流程

具体工艺参数如表5-24～表5-32所示。

表 5-24　含铜、含碱废水反应沉淀器

项目	参数
反应器规格	0. 9m×1. 6m×3. 5m
沉淀器规格	2. 0m×1. 6m×3. 5m
反应沉淀器规格	2. 9m×1. 6m×3. 5m
材质	SUS304 不锈钢（δ=6mm）
控制形式	pH 仪自动控制
数量	1 台
要求设搅拌装置（搅拌转速：无级调速电机功率：0. 75kW ）共 3 套	
提升泵型号 25JYFX-8/0. 25kW；数量：4 台；材质：SUS304	

表 5-25　含氰废水反应沉淀器

项目	参数
一级反应器规格	0. 6m×0. 3m×3. 5m
二级反应器规格	0. 6m×0. 3m×3. 5m
三级反应器规格	0. 6m×0. 4m×3. 5m
沉淀器规格	1. 0m×1. 0m×3. 5m
反应沉淀器规格	1. 6m×1. 0m×3. 5m
材质	SUS304 不锈钢（δ=6mm）
控制形式	pH、ORP 仪自动控制
数量	各 2 套共 4 套
要求：设搅拌装置（搅拌转速：无级调速电机功率：0. 75kW ）共 3 套	
提升泵型号：25JYFX-8/0. 25kW；数量：2 台；材质：SUS304	

表 5-26　含镍废水反应沉淀器

项目	参数
一级反应器规格	0. 9m×0. 3m×3. 5m
二级反应器规格	0. 9m×0. 4m×3. 5m
沉淀器规格	0. 7m×0. 7m×3. 5m
反应沉淀器规格	1. 6m×0. 7m×3. 5m
材质	SUS304 不锈钢（δ=5mm）
控制形式	pH 仪自动控制
数量	1 台
要求：设搅拌装置（搅拌转速：无级调速电机功率：0. 75kW ）共 3 套	
提升泵型号：25JYFX-8/0. 25kW；数量：2 台；材质：SUS304	

表 5-27　综合提升泵

项目	参数
型号	40HYF-13
流量	5m^3/h
扬程	14m
电机功率	0. 55kW
数量	2 台

表 5-28 高效催化氧化反应器

反应器规格	1.5m×1.0m×1.4m
材质	PVC（$\delta=5$mm），SUS304 不锈钢（$\delta=8$mm）
数量	1 台

表 5-29 高效吸附器

规格	Φ0.45×H1.8m
材质	PVC（$\delta=5$mm），SUS304 不锈钢（$\delta=3$mm）
处理水量	5m^3/h
过滤速度	6.4m/h
进水浊度	≤1NTU
出水浊度	≤0.3NTU
滤料层高度	1600mm
数量	1 台

表 5-30 吸附器反冲洗提升泵 I

型号	50HYF-18
流量	18m^3/h
扬程	14m
电机功率	1.5kW
数量	2 台

表 5-31 吸附器反冲洗提升泵 II

型号	40HYF-13
流量	3.5m^3/h
扬程	15m
电机功率	0.55kW
数量	2 台

表 5-32 加药系统

溶药箱型号	MC-200L
材质	PE
溶药箱数量	12 个
搅拌机	电机功率：180W
搅拌机数量	10 台
计量泵 I 型号	209-20D
泵头材质、隔膜材质	PVC、PTFE

续表

最大流量	20L/h
最大压力	3bar①
功能	带数字显示流量（可手动输入流量）
产地	德国 ALLDOS
数量	6台
计量泵Ⅱ型号	209-5.5D
泵头材质、隔膜材质	PVC、PTFE
最大流量	5.5L/h
最大压力	10bar
功能	带数字显示流量（可手动输入流量）
产地	德国 ALLDOS
数量	10台

3. 示范工程实体展示

示范工程实体见图5-31、图5-32、图5-33。

图5-31　强化絮凝反应器工程实体

图5-32　光催化反应器工程实体

5.2.3.2　示范工程的运行效果

1. 常规运行效果

示范工程处理效果受各单元工艺处理效果的影响。为了获得本套深度处理工艺的最佳

① $1bar=10^5Pa$。

运行参数，应针对污染负荷、pH、反应时间、各药剂投加量、环境条件等各种因素进行试验。精细化工行业废水脱毒减排与深度处理示范工程于2012年3月开始进入正式运行阶段，并按不同水力负荷进行相关参数试验研究。

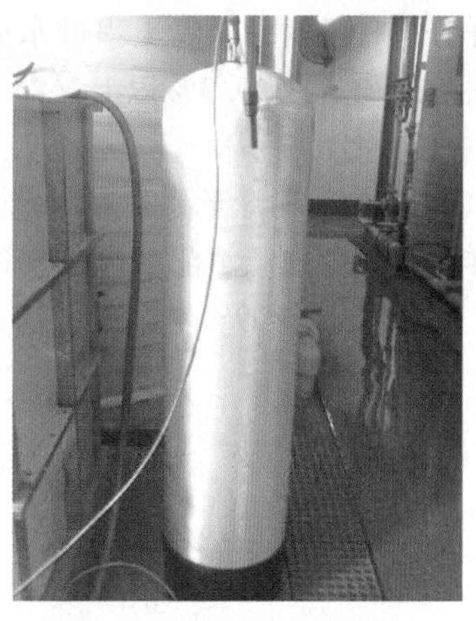

图5-33　高效吸附塔工程实体

1）COD

2012年3月至8月对示范工程的进出水COD进行了采样分析，结果如图5-34所示。采样分析时段内，示范工程进水的COD浓度为463～10100mg/L，经示范工程处理后，出水COD浓度为10～46.5 mg/L，去除率为94.9%至99.8%，COD去除效果良好，满足《生活杂用水水质标准》。

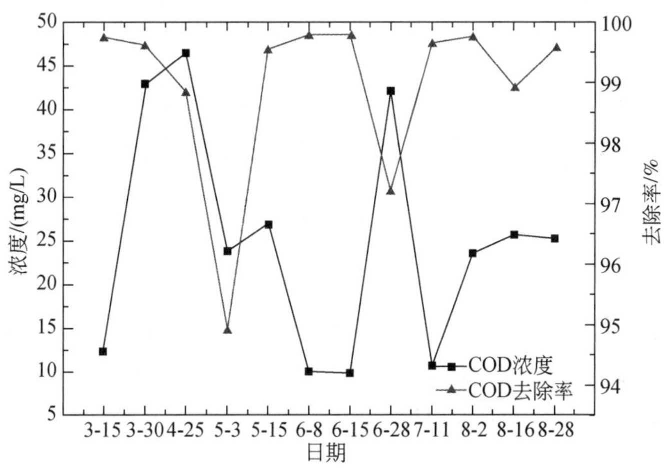

图5-34　示范工程COD去除效果图

2）铜

2012年3月至8月对示范工程的进出水铜进行了采样分析，结果如图5-35所示。采

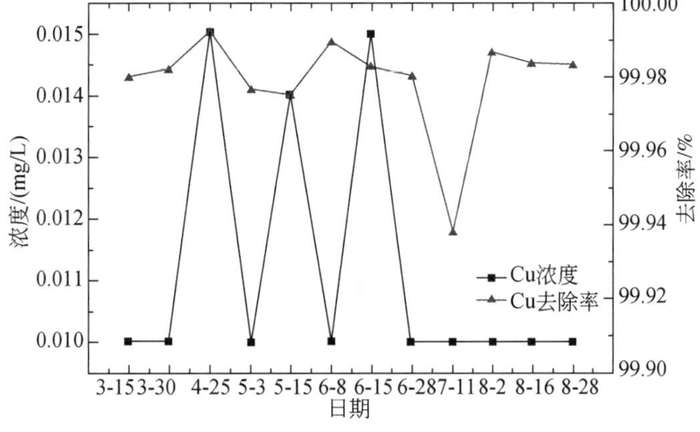

图5-35　示范工程铜去除效果图

样分析时段内，示范工程进水的铜浓度为 16.1 ~ 188mg/L，出水铜为 0.01 ~ 0.015mg/L，去除率稳定在 99.9% 以上，铜去除效果明显。

3）镍

2012 年 3 月至 8 月对示范工程的进出水镍进行了采样分析，结果如图 5-36 所示。采样分析时段内，示范工程进水的镍浓度为 13.4 ~ 418mg/L，出水镍为 0.01 ~ 0.075mg/L，去除率稳定在 99.9% 以上，镍去除效果明显。

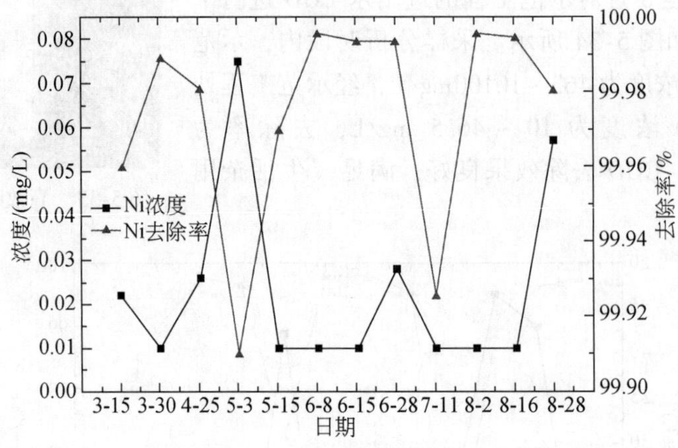

图 5-36　示范工程镍去除效果图

4）苯系物

2012 年 3 月至 8 月对示范工程的进出水苯系物进行了采样分析，结果如图 5-37 所示。采样分析时段内，示范工程进水的苯系物浓度为 2.8477 ~ 3.2072mg/L，出水苯系物为 0.0161 ~ 0.2419mg/L，去除率在 92.1% ~ 99.1%，表明该工艺对苯系物等有毒有害物有明显去除效果。

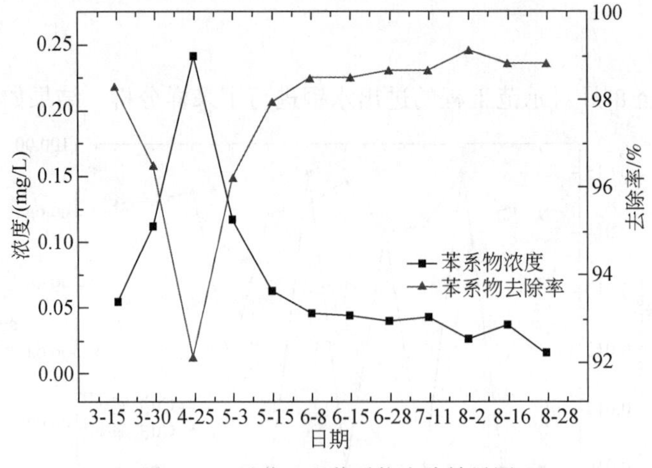

图 5-37　示范工程苯系物去除效果图

2. 第三方检测数据

于2012年3月至8月委托广州分析测试中心对示范工程的进出水污染物指标进行了第三方采样分析，结果如表5-33所示。

表5-33 示范工程污染物去除情况

时间	检测点名称	检测项目及结果/（mg/L）（除pH及注明者外）					
		COD	Cu	Ni	Cd	苯系物（Abs）	EDTA
2012.3.15	废水入口	4190	49.8	54.2	<0.003	3.2072	<5.0
	废水排放口	12.3	0.01	0.022	<0.003	0.0555	<5.0
2012.3.30	废水入口	10100	55	87	0.044	3.1511	<5.0
	废水排放口	42.7	0.01	<0.01	<0.003	0.112	<5.0
2012.4.25	废水入口	3940	188	134	<0.003	3.0603	<5.0
	废水排放口	46.5	0.015	0.026	<0.003	0.2419	<5.0
2012.5.30	废水入口	463	42.3	83.3	<0.003	3.0818	<5.0
	废水排放口	23.6	0.01	0.075	<0.003	0.1175	<5.0
2012.5.15	废水入口	5850	56.1	33.2	<0.003	3.0299	<5.0
	废水排放口	26.9	0.014	<0.01	<0.003	0.0627	<5.0
2012.6.08	废水入口	4060	95.2	219	<0.003	2.9852	<5.0
	废水排放口	10	0.01	<0.01	<0.003	0.0457	<5.0
2012.6.15	废水入口	5680	86.1	153	<0.003	2.8774	<5.0
	废水排放口	10	0.015	<0.01	<0.003	0.0437	<5.0
2012.6.28	废水入口	1500	50.4	418	<0.01	2.9409	<5.0
	废水排放口	42	0.01	0.028	<0.01	0.04	<5.0
2012.7.11	废水入口	2940	16.1	13.4	<0.01	2.8477	381
	废水排放口	10.7	0.01	<0.01	<0.01	0.042	<5.0
2012.8.2	废水入口	9790	73.1	210	<0.01	3.026	17.5
	废水排放口	23.5	0.01	<0.01	<0.01	0.027	<5.0
2012.8.16	废水入口	2290	60.5	169	<0.01	3.1336	5.0L
	废水排放口	25.7	0.01L	0.01L	<0.01	0.0373	5.0L
2012.8.18	废水入口	5660	59.4	287	<0.01	3.174	56.5
	废水排放口	25.2	0.01L	0.057	<0.01	0.0161	5.0L

连续6个月出水的第三方检测平均COD为24.9mg/L；Cu为0.01mg/L；Ni为0.02mg/L；苯系物为0.075mg/L，出水达到《生活杂用水水质标准》，实现了主要毒害性物质去除率>70%、主要污染物在达标基础上再减排20%的目标。

5.2.3.3 减排效果、投资和运行费用

1. 投资费用

1）原工艺出水达标投资

由表5-34可知示范工程原工艺出水达标投资为：11000680/100=11万元/t。

表5-34 原工艺出水达标投资明细项

序号	名称	规格/型号	材质	单位	数量	金额/元
1	提升系统			套	1	766000
所含件	提升泵	25JYFX-8/0.25kW	SUS304	台	8	
	提升泵	25JYFX-8/0.25kW	SUS316	台	2	
	提升泵管道及配件	DN25	PVC	批	1	
2	含铜、碱反应沉淀器	$L2.9m \times B1.6m \times H3.5m$	PVC、SUS304	套	1	2367000
所含件	pH仪	pH-8151		套	1	
	搅拌器	0.75kW	轴SUS	套	3	
	排泥管道	DN65	PVC	米	40	
	活性炭过滤器	$\Phi0.8 \times H3.0m$	SUS304	套	1	
	阀门及配件	DN40~DN65	PVC	批	1	
3	含氰反应沉淀器	$L1.6m \times B1.0m \times H3.5m$	PVC、SUS304	套	1	1606000
所含件	pH、ORP仪	pH-8151		套	4	
	搅拌器	0.75kW	轴SUS	套	3	
	排泥管道	DN65	PVC	米	40	
	出水管道及配件	DN65~32	PVC	批	1	
4	含镍反应沉淀器	$L1.6m \times B0.7m \times H3.5m$	PVC、SUS304	套	1	1844000
所含件	pH仪	pH-8151		套	1	
	搅拌器	0.75kW	轴SUS	套	3	
	排泥管道	DN65	PVC	米	40	
	活性炭过滤器	$\Phi0.35 \times H3.0m$	SUS304	套	1	
	阀门及配件	DN32~DN25	PVC	批	1	
5	综合水箱	$L1.0m \times B1.0m \times H1.2m$	SUS304	套	1	80000
所含件	综合提升泵	40HYF-13/0.55kW	SUS304	套	2	
	提升泵管道及配件	DN40	PVC	套	1	
6	紫外催化反应器	$L1.5m \times B1.0m \times H1.4m$	PVC、SUS304	套	1	1999000
所含件	ORP仪	ORP-8151		套	1	
	紫外灯管			根	20	
	排泥管道及配件	DN65	PVC	套	1	
7	吸附过滤器	$\Phi0.45 \times H1.8m$	PVC、SUS304	套	1	479000

续表

序号	名称	规格/型号	材质	单位	数量	金额/元
所含件	管道及配件	DN40 ~ DN50	PVC	套	1	
	反冲洗泵Ⅰ	50HYF-18/1.5kW	SUS304	台	2	
	反冲洗泵Ⅱ	40HYF-13/0.55kW	SUS304	台	2	
8	加药系统	配套	组合	套	1	510000
所含件	溶药箱	MC-200L	PE	个	12	
	搅拌机	180W	轴 SUS	台	10	
	计量泵	209-20D	PVC	台	6	
	计量泵	209-5.5D	PVC	台	10	
	管道及配件	DN32 ~ DN15	PVC	批	1	
9	电控系统	配套		套	1	275000
所含件	电控箱			台	2	
	电缆线、控制线			项	1	
	线管及配件		PVC	项	1	
10	其他			项	1	216000
所含件	设备爬梯及走道板	沉淀器配套	A3 防腐	套	1	
11	1 ~ 11 项合计 $P1$					10142000
12	运输、吊装费 $P2$					66000
13	安装费 $P3$					170000
14	税收 $P4 = (P1+P2+P3) \times 6\%$					622680
15	工程总造价（$P5$）$= P1+P2+P3+P4$					11000680

2）主要污染物减排增加的投资

由表5-35可知示范工程实现主要污染物减排需增加的投资为：2779000/100 = 2.78万元/t。

表5-35 主要污染物减排需增加的投资明细

名称	规格/型号	材质	单位	数量	单价/元	金额/元
提升系统	25JYFX-8/0.25kW	SUS304、SUS316、PVC	套	1	320000	320000
含铜、碱反应沉淀器	$L2.9\text{m} \times B1.6\text{m} \times H3.5\text{m}$	PVC、SUS304	套	1	988500	988500
含氰反应沉淀器	$L1.6\text{m} \times B1.0\text{m} \times H3.5\text{m}$	PVC、SUS304	套	1	671000	671000
含镍反应沉淀器	$L1.6\text{m} \times B0.7\text{m} \times H3.5\text{m}$	PVC、SUS304	套	1	766000	766000
综合水箱	$L1.0\text{m} \times B1.0\text{m} \times H1.2\text{m}$	SUS304	套	1	33500	33500
小计				5	—	2779000

3）进一步脱毒减害与深度处理的投资

由表5-36可知示范工程进一步脱毒减害与深度处理投资为：3253000/100 = 3.25万元/t。

表 5-36　进一步脱毒减害与深度处理需增加的投资明细

名称	规格/型号	材质	单位	数量	单价/元	金额/元
高效催化反应器	$L1.5m \times B1.0m \times H1.4m$	PVC、SUS304	套	1	835000	835000
高效选择吸附过滤器	$\Phi0.45 \times H1.8m$	PVC、SUS304	套	1	200000	200000
加药系统	配套	组合	套	1	213000	213000
电控系统	配套		套	1	115000	115000
TC 污水处理反应罐及回用系统	$L2.8m \times B1.5m \times H3.5m$	PVC、SUS304	套	1	1700000	1700000
其他	运输、安装及税收等	—	项	1	190000	190000
小计				6	—	3253000

2. 运行费用

1）原工艺出水达标的运行费用

（1）药剂费用

①反应沉淀器所用药剂及用量

药剂 1 用量：NaOH

车间出水 pH 约为 6.0，进入沉淀反应器反应后，需调节至约 9.0～9.5，NaOH（按 30% 计算），液碱投加量为 1.5mg/L 废水，日消耗 NaOH 0.15kg。

药剂 2 用量：Na_2S

废水水量 $100m^3/d$，Na_2S 的投加量为 500mg/L 废水，日消耗 Na_2S 约 50kg/d。

药剂 3 用量：$FeCl_3$

废水水量 $100m^3/d$，$FeCl_3$ 的投加量为 100mg/L 废水，日消耗 $FeCl_3$ 约 10kg/d。

药剂 4 用量：Na_2SO_3

废水水量 $100m^3/d$，Na_2SO_3 的投加量为 300mg/L 废水，日消耗 Na_2SO_3 约 30kg/d。

药剂 5 用量：FHM

废水水量 $100m^3/d$，FHM 的投加量为 1g/L 废水，日消耗 FHM 约 100kg/d。

药剂 6 用量：PAC

废水水量 $100m^3/d$，PAC 的投加量为 250mg/L 废水，日消耗 PAC 约 25kg/d。

药剂 7 用量：PAM

废水水量 $100m^3/d$，PAM 的投加量为 5mg/L 废水，日消耗 PAM 约 0.5kg/d。

药剂 8 用量：$Na_2S_2O_4$

主要用于处理含氰废水，废水水量 $16m^3/d$，$Na_2S_2O_4$ 的投加量为 50mg/L 废水，日消耗 $Na_2S_2O_4$ 约 0.8kg/d。

药剂 9 用量：NaClO

主要用于处理含氰废水，废水水量 $16m^3/d$，NaClO 的投加量为 450mg/L 废水，日消耗 NaClO 约 7.2kg/d。

②紫外催化反应器所用药剂及用量

药剂1用量：H_2SO_4

反应沉淀器出水pH约为9.0，进入紫外催化反应器后，需调节至约3.0，H_2SO_4（按98%计算）投加量为0.05mL/L废水，日消耗H_2SO_4 5L，约9.2kg。

药剂2用量：H_2O_2

废水水量100m^3/d，H_2O_2的投加量为130g/L废水，日消耗H_2O_2约13000kg/d。

药剂3用量：$FeSO_4$

废水水量100m^3/d，$FeSO_4$的投加量为18g/L废水，日消耗$FeSO_4$约1800kg/d。

③吸附过滤器所用药剂及用量

经催化氧化后的废水进入吸附过滤器，吸附过滤器规格为$\Phi0.45\times H1.8$m，有效容积为0.23m^3，为保证吸附塔的有效运行，吸附剂更换时间为1个月，即每日需要更新的填料量为11.4kg。

综上所述，每天消耗的药剂量如表5-37所示。

平均每吨水达标处理的药剂费用为：19198/100＝191.98元/t。

表5-37 原工艺出水达标的药剂费

药剂	日用量/kg	单价/（元/t）	总价/元
NaOH	0.15	700	0.105
Na_2S	50	3000	150
PAM	0.5	29000	14.5
PAC	25	1500	37.5
$FeCl_3$	10	4000	40
Na_2SO_3	30	3500	105
FHM	10	25600	256
$Na_2S_2O_4$	0.8	5500	4.4
NaClO	7.2	1200	8.64
H_2SO_4	9.2	1000	9.2
H_2O_2	13000	1200	15600
$FeSO_4$	1700	350	595
活性炭	11.4	6500	74.1
合计			19198.445

（2）电费

设备用电功率如表5-38所示。

表 5-38　原工艺出水达标的设备用电功率

序号	名称	数目	功率/kW	总功率/kW	使用时间/h	用电量/（kW·h）
1	搅拌器	2	0.75	1.5	8	12
2	提升泵	10	0.25	2.5	8	20
3	紫外灯	100	0.5	50	8	400
4	其他	1	3	3	24	72
总计		13	—	—	—	504

综上所述，日用电量504kW·h，0.8元/（kW·h）。

则电费为：504kW·h×0.8元/（kW·h）=403.2元。

每吨水达标处理的用电费用为：403.2/100=4.03元/t。

（3）人工费用

平均工资按3000元/（人·月）计，共4人。每吨水处理的人工费用为：（3000×4×12）/（300×100）=4.80元/t。

（4）原工艺达标处理的运行费用

通过上述对药剂费用、用电费用和人工费用的统计分析可知，原工艺废水达标处理的日常运行费用为：191.98+4.03+4.80=200.81元/t。

2）主要污染物减排需增加的运行费用

主要污染物减排工程只是改变了原来的絮凝剂种类，增加的运行费用主要是药剂费，如表5-39所示。

表 5-39　主要污染物减排增加的药剂消耗量及价格

药剂	日用量/t	单价/（元/t）	总价/元
NaOH（30%）	0.12	700	84
淀粉基絮凝剂	0.01	8000	80
合计			164

药剂1用量：NaOH

氧化系统中废水pH约为3.0，进入强化絮凝池后，需调节至约9.0~9.5，NaOH（按30%计算），液碱投加量为1.2g/L废水，日消耗NaOH 120kg。

药剂2用量：淀粉基絮凝剂

根据工程经验，淀粉基絮凝剂投加量为100g/m^3，日消耗淀粉基絮凝剂10kg。

平均每吨水主要污染物减排需增加的药剂费用为：164/100=1.64元/t。

3）进一步脱毒减害与深度处理的运行费用

（1）药剂费

深度催化氧化单元所用药剂及费用：

药剂1用量：H_2O_2

根据工程经验，H_2O_2（27.5%）投加量为1mL/L，日消耗H_2O_2 100L。

药剂2用量：O_3

O_3发生器功率为500W，臭氧用量为20g/h。

药剂3用量：钛网

TiO_2纳米管负载于金属钛网表面，钛网放置密度为2.5m^2/m^3，有效容积为2m^3，钛网成本为5000元/m^2，钛网使用寿命为2年。

（2）选择吸附单元所用药剂及费用

经催化氧化后的废水进入吸附塔，吸附塔规格为$\Phi 0.45 \times H1.8$m，有效容积为0.23m^3，为保证吸附塔的有效运行，吸附剂更换时间为两个月，即每日需要更新的填料量为5.7kg。

综上，每天消耗的药剂量见表5-40。平均每吨水深度处理的药剂费用为：342/100=3.42元/t。

表5-40 示范工程进一步脱毒减害与深度处理的药剂消耗量及价格

药剂	日用量/t	单价/（元/t）	总价/元
H_2O_2（27.5%）	0.1	1000	100
钛网（m^2）	0.0083	5000	42
羧甲基壳聚糖-膨润土吸附剂	0.0057	35000	200
合计			342

注：催化氧化单元中钛网放置密度为2.5m^2/m^3，有效容积为2m^3，钛网面积为5m^2，使用寿命为2年，折日用量为0.0083m^2。

（3）各单元工艺的用电费用

设备用电功率如表5-41所示。

表5-41 示范工程进一步脱毒减害与深度处理的设备用电功率

序号	名称	数目	功率/kW	总功率/kW	使用时间/h	用电量/（kW·h）
1	综合提升泵	2	0.55	1.1	24	26.4
2	O_3发生器	1	0.5	0.5	24	12
3	高压汞灯	1	1.1	1.1	24	26.4
合计						64.8

综上所述，日用电量64.8kW·h，0.8元/（kW·h）。

则电费为：64.8kW·h×0.8元/（kW·h）=52元。

每吨水处理的用电费用为：52/100=0.52元/t。

（4）人工费用

平均工资按3000元/（人·月）计，污水处理车间共需要3人。每吨水处理的人工费用为：（3000×3×12）/（300×100）=3.6元/t。

（5）进一步脱毒减害与深度处理的运行费用总的运行费用

3.42+0.52+3.60=7.54元/t。

3. 减排效果

精细化工行业废水脱毒减排与深度处理回用示范工程连续运行6个月第三方检测数据

COD 为 24.9mg/L、铜为 0.01mg/L，镍为 0.02mg/L，苯系物 0.0701mg/L，相对于国家污水综合排放标准中的三级标准（COD 为 500mg/L、铜为 2.0mg/L、镍为 1.0mg/L），主要污染物的减排量计算如下：

COD 的减排量：（500−24.9）$\times 100\times 300/10^6=14.25$t/a；

Cu 的减排量为：（2.0−0.01）$\times 100\times 300/10^6=0.0597$t/a；

Ni 的减排量为：（1.0−0.02）$\times 100\times 300/10^6=0.0294$t/a。

毒害性物质（苯系物）的减排量计算如下：

苯系物的减排量为：（0.5268−0.0701）$\times 100\times 300/10^6=0.0137$ t/a。

5.2.3.4 综合评价

示范工程原工艺出水达标投资：11 万元/t，运行费用：200.81 元/t。采用本工艺后再减排需增加投资：2.78 万元/t，运行成本增加：1.64 元/t；进一步脱毒减害增加的投资：3.2 万元/t，运行成本增加：7.54 元/t，进一步减排和脱毒减害深度处理增加的费用不大。

同时，示范工程 COD、Cu、Ni 和苯系物的年减排量分别达到了 14.25t、0.0597t、0.0294t 和 0.0137t，示范工程出水达到《城市污水再生利用工业用水水质》（GB/T 19923-2005）要求，出水回用 35m^3/d，实现了水回用率 30% 以上、主要污染物在达到国家排放标准基础上再减排 20% 以上的目标。为精细化工行业废水脱毒减排与深度处理回用提供技术支撑体系与能力，为东江流域建立水污染控制综合创新体系，进一步降低行业废水对排放河道的生物毒害性，形成完整的行业废水脱毒减排与深度处理资源化技术体系与能力做出了应有的贡献。

广州经济技术开发区精细化工废水排放量 138.67 万 t/a，根据水量换算可知，应用本子课题研发的技术后，广州经济技术开发区精细化工行业汇入东江的 COD 可削减 411.77t/a，Cu 可削减 0.707t/a，Ni 可削减 0.721t/a，苯系物可削减 0.593t/a。因此，本课题技术的应用对于保护东江水环境具有重要意义，应用前景广阔。

5.2.4 漂染行业废水脱毒减害深度处理技术示范工程

5.2.4.1 示范工程的实施

漂染行业废水脱毒减排与深度处理回用技术示范工程位于增城市新塘镇新洲环保工业园污水处理厂，处理规模 500t/d。示范工程的依托工程为新洲环保工业园污水处理厂，处理规模为 5 万 t/d。示范工程为企业自筹资金建设，于 2011 年年初开始建设，并于 2011 年 9 月建成，主要采用“催化臭氧氧化+MBR”处理工艺，建设内容包括催化臭氧氧化单元、MBR 生物反应单元、MBR 膜过滤单元等。示范工程以漂染废水为处理对象，对“催化臭氧氧化+MBR”技术进行示范，2011 年 7 月至 10 月进行示范工程的改造施工。2011 年 12 月开始，示范工程进入调试运行阶段，周期为 3 个月，并定期采样监测进水及各级工艺出水水质指标。从 2012 年 3 月开始，示范工程进入正式运行阶段。

1. 工程设计概要

1）水质水量情况

根据国家“十一五”水专项东江项目第五课题第四子课题的实施方案要求，深度处理规模为500m³/d，进水水质为新洲环保工业园污水处理厂出水。新洲环保工业园污水处理厂集中统一处理园内漂洗、印染等厂家排放的工业废水、生活污水及其他废水，处理规模为50000m³/d，采用废水降温+厌氧水解酸化+接触氧化处理工艺，出水达到GB 8978－1996一级排放标准。

示范工程的进水为新洲环保工业园污水处理厂出水，设计进水水质如表5-42所示。

表5-42 设计进水水质

指标	COD/（mg/L）	BOD/（mg/L）	NH_3-N/（mg/L）	多环芳烃/（ng/L）
进水	60～80	≤10	≤4	1000

2）设计规模

新洲环保工业园污水处理厂的处理规模为50000m³/d。示范工程取污水处理厂出水开展深度处理及回用示范，根据国家“十一五”水专项东江项目第五课题第四子课题实施方案的要求，示范工程的设计规模为500m³/d。

3）排放标准及设计目标

新洲环保工业园污水处理厂出水目前稳定达到GB 8978－1996一级排放标准，示范工程设计目标为确保达标基础上实现水回用率50%以上，主要污染物在达到国家排放标准基础上再减排20%以上。设计出水水质如表5-43所示。

表5-43 设计出水水质

指标	COD/（mg/L）	BOD_5/（mg/L）	NH_3-N/（mg/L）	多环芳烃/（ng/L）
进水	60～80	≤10	≤4	1000
出水	≤30	≤3	≤2	100

2. 工艺设计及说明

示范工程的工艺流程图如图5-38所示。

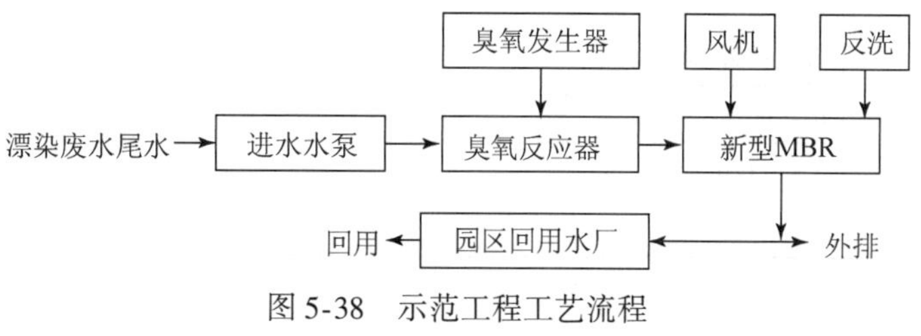

图5-38 示范工程工艺流程

工业园区内的水质净化厂经过二级处理达到排放标准后，利用提升泵抽取外排废水进入示范工程进行深度处理。废水首先进入臭氧反应器，臭氧反应器采用升流式，装填双金属催化剂并在底部曝入臭氧，在催化剂的催化作用下废水与臭氧充分反应后排入新型MBR生物反应器。采用分离式MBR，废水先进入生物反应罐内，残留污染物被微生物分解同化后，废水经过陶瓷膜系统过滤，大部分胶体、悬浮物和絮体得到截留，废水澄清后外排或排入园区回用水厂进行回用。

主要设计参数如表5-44所示。

表5-44　漂染行业废水脱毒减排与深度处理回用技术示范工程设计参数

项次	项目	规格型号/尺寸	数量	单位
催化臭氧氧化系统				
[1]	设计参数	材质：不锈钢 尺寸：$D×H$=0.30m×4.50m 有效水深：4.30m 有效容积：0.30m^3 停留时间：52s	1	座
[2]	进水泵	型号：ISB65/50-23-28 Q=23m^3/h H=28m N=4.0kW	2	台
[3]	臭氧发生器	空气源，臭氧产生量20g/h 体积产量为5～6L/min N=500W 配件：臭氧混合器一个，规格DN50	1	台
新型MBR生物反应池				
[1]	设计参数	材质：玻璃钢 尺寸：$D×H$= 2.70m×4.50m 有效水深：4.10m 有效容积：70.39m^3 停留时间：3.4h	3	座
[2]	出水泵	型号：GMP-32-65 Q=25.0m^3/h 有效水深：4.10m H=9m N=1.5kW 一用一备	2	台

续表

项次	项目	规格型号/尺寸	数量	单位
[3]	曝气风机	型号：GRB-65	1	台
		转速：1550/min		
		流量：1.63m^3/min		
		扬程：5.0m		
		功率：2.28kW		
[4]	其他	电动阀门	2	套
		计量装置		
		液位控制器		
膜过滤系统				
[1]	设计参数	材质：不锈钢	1	台
		尺寸：$L\times B\times H$= 5.00m×1.00m×1.50m		
[2]	陶瓷膜组件	型号：TXCMZ-7-200	20	支
		膜材质：陶瓷膜		
		装填滤芯数量：7		
		外壳材质：不锈钢		
		外径：200mm		
		膜组件结构：外压		
		密封材料：氟橡胶		
		膜孔径：0.3～0.5μm		
		纯水通量：2.17m^3/h		
		设计通量：1.05m^3/h		
化学清洗单元				
[1]	化学清洗泵	型号：ZCQ65-50-125	1	台
		Q=27.0m^3/h		
		H=32m		
		N=7.5kW		
[2]	空气压缩机	型号：VA-80	1	台
		排气量0.36m^3/min		
		压力0.7MPa		
		功率3.0kW		
[3]	酸槽	材质：PVC	1	个
		尺寸：$D\times H$=1.20m×1.50m		
[4]	碱槽	材质：PVC	1	个
		尺寸：$D\times H$=1.20m×1.50m		
[5]	清水槽	材质：PVC	1	个
		尺寸：$D\times H$=1.20m×1.50m		

示范工程建成后照片如图5-39所示。

图5-39　示范工程建成照片

5.2.4.2　示范工程的运行效果

1. 常规运行效果

1）COD

2012年3月至8月对示范工程的进出水COD进行了采样分析，结果如图5-40所示。采样分析时段内，示范工程进水（漂染废水尾水）的COD为40～140mg/L，波动较大，有些时段COD值超出了100mg/L设计进水值。经示范工程处理后，出水COD为5～30mg/L，去除率稳定大于60%。可见COD去除效果较好，除个别波动数据外出水COD稳定低于20mg/L，满足漂染行业回用水标准。

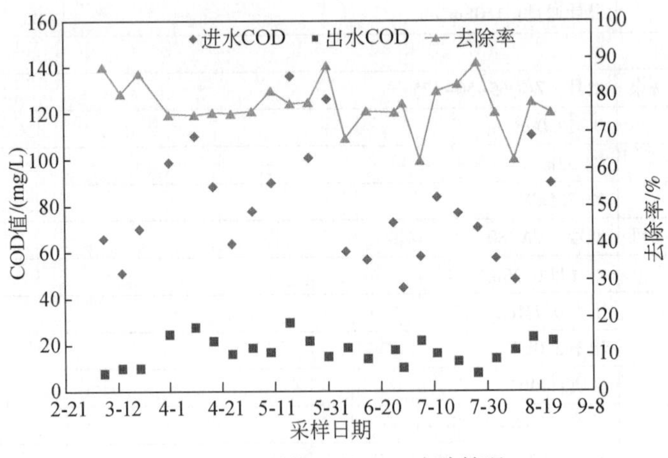

图5-40　示范工程COD去除情况

2）NH_3-N

2012年3月至8月对示范工程的进出水NH_3-N进行了采样分析，结果如图5-41所示。采样分析时段内，示范工程进水的NH_3-N浓度为0.2～1.6mg/L，均达到外排标准。经示范工程处理后，出水 NH_3-N 为0.03～0.2mg/L，去除率为70%至90%。除个别波动数据外，出水 NH_3-N 基本小于0.1mg/L，去除率可达70%以上，NH_3-N 去除效果明显。

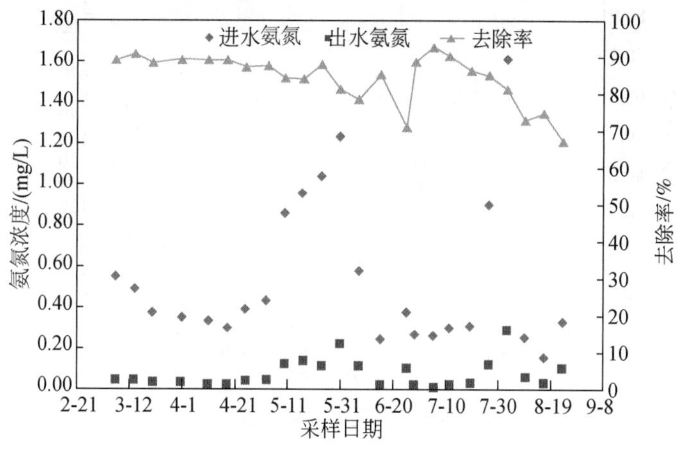

图5-41 示范工程 NH_3-N 去除情况

3）萘、菲

2012年3月至8月对示范工程的进出水萘进行了采样分析，结果如图5-42所示。由于萘、菲的浓度较低，因此数值波动较大，采样分析时段内，示范工程进水的萘浓度约为5～70ng/L。经示范工程处理后，出水萘浓度约为3～40ng/L，去除率约为30%～75%，表明臭氧催化氧化对传统工艺难以去除的萘等有毒有害物有明显去除效果。

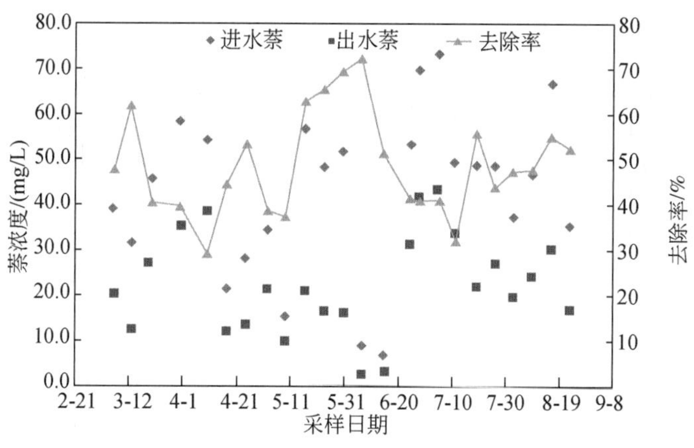

图5-42 示范工程萘去除情况

2012年3月至8月对示范工程的进出水菲进行了采样分析，结果如图5-43所示。由于萘、菲的浓度较低，因此数值波动较大，采样分析时段内，示范工程进水的菲浓度约为10～70ng/L。经示范工程处理后，出水菲浓度约为5～50ng/L，去除率约为30%～70%，表明臭氧催化氧化对菲等有毒有害物有明显去除效果，且萘、菲等多环芳烃类污染物能取得较好的同步去除效果。

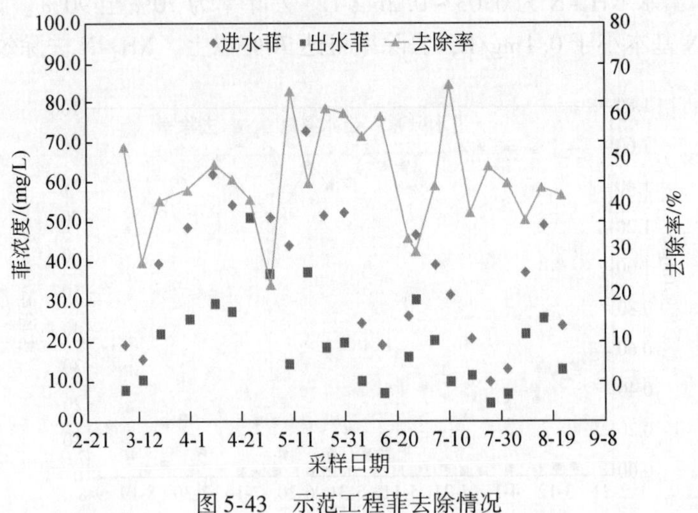

图 5-43　示范工程菲去除情况

2. 第三方检测数据

委托中国广州分析测试中心对漂染行业废水脱毒减排与深度处理技术示范工程所在的新洲污水处理厂进出水的常规指标进行的现场采样检测，提供连续稳定运行 6 个月的检测数据，认定示范工程的实际处理效果是否达到考核指标，检测数据如图 5-44～图 5-47 所示。通过第三方对常规指标的检测（表 5-45），证实了示范工程主要污染物在达到国家排放标准基础上再减排 20% 以上。

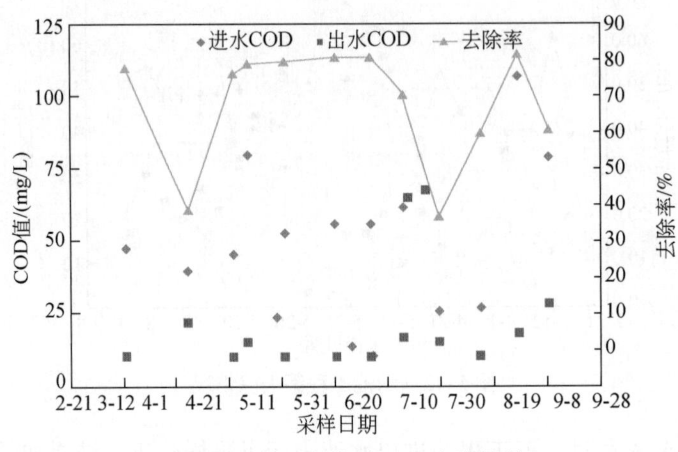

图 5-44　第三方检测 COD 去除情况

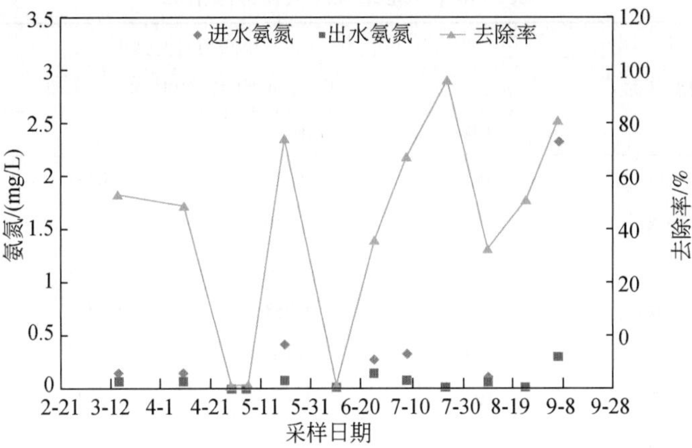

图 5-45　第三方检测 NH_3-N 去除情况

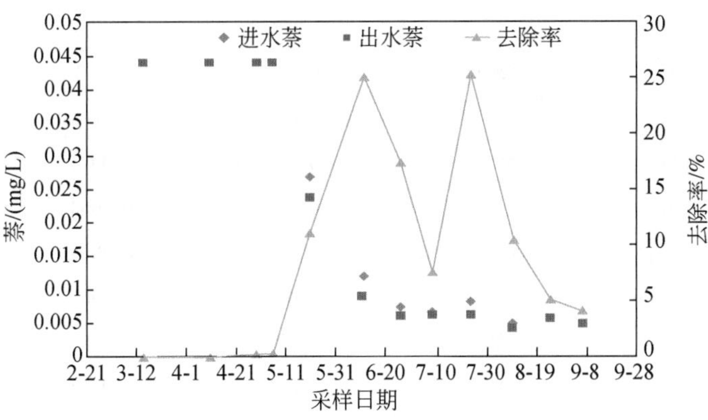

图 5-46　第三方检测萘去除情况

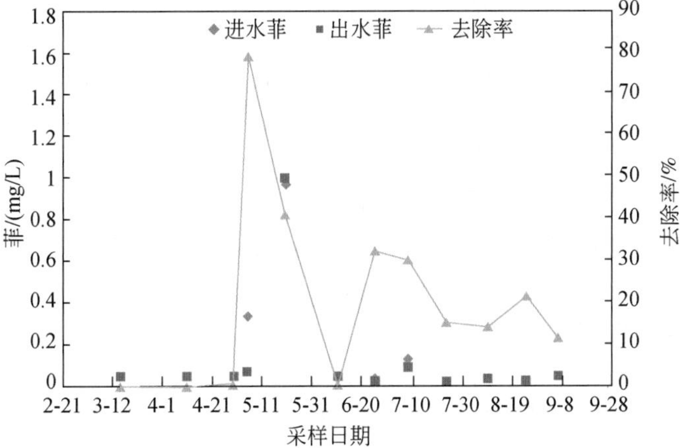

图 5-47　第三方检测菲去除情况

表 5-45　示范工程污染物去除情况

时间	检测点名称	检测项目及结果 单位：mg/L（除 pH 及注明者外）			
		COD	NH_3-N	萘	菲
2012. 3. 25	废水入口	48	0. 15	0. 044L	0. 048L
	废水排放口	10	0. 056	0. 044L	0. 048L
2012. 4. 10	废水入口	39. 6	0. 14	0. 044L	0. 048L
	废水排放口	22. 3	0. 058	0. 044L	0. 048L
2012. 4. 29	废水入口	45. 8	0. 01	0. 044L	0. 048L
	废水排放口	10	0. 01	0. 044L	0. 048L
2012. 5. 5	废水入口	79. 6	0. 01	0. 044L	0. 33
	废水排放口	15. 5	0. 01	0. 044L	0. 068
2012. 5. 20	废水入口	52. 6	0. 41	0. 027	1. 71
	废水排放口	10	0. 078	0. 024	1
2012. 6. 10	废水入口	55. 8	0. 01	0. 012	0. 047
	废水排放口	10	0. 01	0. 009	0. 047
2012. 6. 25	废水入口	55. 7	0. 27	0. 0075	0. 031
	废水排放口	10	0. 14	0. 0062	0. 021
2012. 7. 8	废水入口	61. 5	0. 32	0. 0066	0. 128
	废水排放口	16. 7	0. 08	0. 0061	0. 089
2012. 7. 23	废水入口	26	2. 89	0. 0083	0. 026
	废水排放口	15	0. 01	0. 0062	0. 022
2012. 8. 9	废水入口	27. 2	0. 11	0. 0048	0. 036
	废水排放口	10	0. 06	0. 0043	0. 031
2012. 8. 24	废水入口	107	0. 028	0. 0059	0. 028
	废水排放口	18. 4	0. 011	0. 0056	0. 022
2012. 9. 6	废水入口	79. 3	2. 33	0. 0049	0. 045
	废水排放口	28. 5	0. 31	0. 0047	0. 04

6 个月第三方检测数据表明，出水 COD 平均值为 14. 7mg/L，NH_3-N 平均值为 0. 07mg/L，萘平均值为 0. 02μg/L，菲平均值为 0. 12μg/L，相对于国家污水综合排放标准中一级标准（COD 为 100mg/L，NH_3-N 为 15mg/L，萘菲暂无标准），示范工程 COD 减排 85. 3%，NH_3-N 减排 99. 5%，实现了主要污染物在达国家排放标准基础上再减排 20% 的目标。示范工程出水满足《城市污水再生利用城市杂用水水质》（GB/T 18920-2002）标准、《城市污水再生利用工业用水水质》（GB/T 19923-2005）标准和《纺织染整工业回用水水质》（FZ/T 01107-2011），出水经管网连接到新洲环保工业园区内给水厂进一步处理后，分质回用到绿化、冲洗场地、循环冷却及漂染行业生产工序，回用率达 50% 以上。

5.2.4.3 减排效果、投资和运行费用

1. 投资费用

1）原工艺出水达标投资

由表5-46可知示范工程原工艺出水达标投资为：74041000/50000＝1480 元/t。

表 5-46 原工艺出水达标投资明细

序号	项目	规格型号/尺寸/mm	数量	单位	价格/元
1. 混凝反应池			1	座	1410000
[1]	土建部分	18000×15000×6000	1	座	1060000
[2]	设备部分	机械格栅、投药泵等	4	套	350000
2. 平流沉淀池			1	座	2608000
[1]	土建部分	72000×18000×5000	1	座	2580000
[2]	设备部分	提升泵、自吸罐、液位控制仪等	1	套	28000
3. 脉冲厌氧池			6	座	9600000
[1]	土建部分	23000×21000×7500	6	座	7560000
[2]	设备部分	脉冲罐、填料、支架、氧化还原电位仪、DO 仪等	6	套	1040000
4. 活性污泥池			2	座	
[1]	土建部分	63000×27000×6500	2	座	6480000
[2]	设备部分	鼓风机、曝气系统配管、氧化还原电位仪、DO 仪等	2	套	8860000
5. 配水井			1	座	
[1]	土建部分	直径 5000×5500	1	座	180000
[2]	设备部分	剩余污泥泵，污泥回流泵	1	套	1350000
6. 二沉池			1	座	
[1]	土建部分	直径 30000×4500	5	座	8100000
[2]	设备部分	挂泥机	5	套	1500000
7. 脱水机房			1	座	
[1]	土建部分	63000×18000×8000	1	座	2150000
[2]	设备部分	脱水机、螺杆泵等	1	套	1860000
8. 出水池					
[1]	土建部分	16000×8400×3000	1	座	340000
[2]	设备部分	巴氏槽、超声波流量计、COD 在线仪等	1	套	350000
9. 园区集水管网			1	套	20000000
10. 栏杆			1	批	1200000
11. 自控系统			1	套	500000
12. 基础			1	批	2000000
合计（$E1$）					67488000
设计费（$E2$）＝$E1$×1.5%					1012320
安装费（$E3$）＝$E1$ ×2.0%					1349760
税费（$E4$）＝（$E1$+$E2$+$E3$）× 6.0%					4191005
工程总造价（$E5$）＝$E1$+$E2$+$E3$+$E4$					74041084
最终报价					74041000

2）进一步脱毒减害与深度处理的投资

由表5-47可知示范工程进一步脱毒减害与深度处理的投资为：1317000/500＝2634元/t。

表5-47　脱毒减害与深度处理的投资明细

编号	名称	规格	数量	单位	单价/万元	价格/万元
1	工程直接费用					106.6
[1]	进水水泵	23.0m^3/h，28m，4.0kW	2	台	1.5	3
[2]	臭氧发生器	臭氧产生量20g/h	1	套	16	16
[3]	臭氧混合器	DN50	1	个	0.5	0.5
[4]	自吸出水泵	25.0m^3/h，9m，1.5kW	2	台	1.7	3.4
[5]	曝气风机	1.63m^3/min，5m，2.28kW	1	台	2	2
[6]	生物反应罐	Φ4.70m×4.50m	3	座	4.5	13.5
[7]	陶瓷膜组件	TXCMZ-7-200	1	套	40	40
[8]	化学清洗泵	21.0m^3/h，15m，3.0kW	1	台	1.5	1.5
[9]	空气压缩机	0.36m^3/min，3.0kW	1	台	2	2
[10]	酸槽	Φ1.20m×1.50m	1	个	1.1	1.1
[11]	碱槽	Φ1.20m×1.50m	1	个	1.1	1.1
[12]	清水槽	Φ1.20m×1.50m	1	个	1.1	1.1
[13]	管道阀门		1	批	3	3
[15]	电动阀门	ISB65/50-23-28	2	台	1.2	2.4
[16]	电气自控				5	10
[17]	设备挡雨棚				2	2
[18]	走道平台				4	4
2	安装费	（一）×10%				11.7
3	管理费	（一+二）×5%				5.9
4	税收	（一+二+三）×6%				7.5
合计						131.7

2. 运行费用

1）原工艺出水达标的运行费用

示范工程稳定运行后，成本包括以下几部分：

（1）电费

废水处理区总安装负荷为1601.8kW，使用负荷为1193.8kW，详见表5-48。

表 5-48 生产用电负荷表

名称	安装数量	使用数量	单机负荷/kW	使用时间/（h/d）	安装负荷/kW	使用负荷/kW	电耗/（kW·h/d）
格栅	4	4	2.2	24	8.8	8.8	211.2
进水泵	5	3	45	24	225	135	3240
冷却塔	2	2	30	24	60	60	1440
提升泵	5	3	45	24	225	135	3240
鼓风机	5	4	188	24	940	752	18048
刮泥机	5	5	2.2	24	11	11	264
污泥回流泵	3	2	22	2	66	44	88
剩余污泥泵	2	1	18	2	36	18	36
污泥脱水系统	2	2	15	12	30	30	360
合计					1601.8	1193.8	26927.2

从表 5-48 可见，示范工程的电耗总电耗为 26927.2kW·h/d，按广州地区普通工业 0.80 元/（kW·h）的价格计算，则电费为：26927.2kW·h×0.80 元/（kW·h）= 21541.8 元。

每吨水处理的用电费用为：21541.8/50000=0.43 元/t。

（2）人工费

平均工资按 2000 元/（人·月）计，分三班，每班 8 人。每吨水处理的人工费用为：2000×3×8/30/50000=0.03 元/t。

（3）药剂费等

包括 PAC、PAM、硫酸亚铁等药剂费（表 5-49），根据示范工程实际运行情况和市场价计算，药剂费约为 304000/30/50000=0.20 元/吨水。

表 5-49 投药种类以及投药量

项目	PAC	硫酸亚铁	PAM	磷酸二氢钾
投药量/（t/月）	75	110	5	12
单价/元	1500	650	12000	5000
总价/元	112500	71500	60000	60000
合计/元		304000		

则示范工程的运行费用约为 0.66 元/吨水，处理后废水经过新洲环保工业园区给水厂进一步处理后，达到企业回用水标准，回用于企业生产。

2）进一步脱毒减害与深度处理的运行费用

本研究成果应用产生的直接经济效益主要为漂染行业废水脱毒减排与深度处理回用技术示范工程废水回用后产生的经济效益。

示范工程稳定运行后，成本包括以下几部分：

（1）人工费

本示范工程的自动化程度较高，劳动强度较少，由厂区的操作人员兼任，不新增人工费用。

（2）电费

废水处理区总安装负荷为11.64kW，使用负荷为10.14kW，详见表5-50。

表5-50 生产用电负荷表

序号	设备名称	安装数量	使用数量	单机负荷/kW	使用时间/（h/d）	安装负荷/kW	使用负荷/kW	电耗/（kW·h/d）
1	臭氧发生器	1	1	0.5	24	0.5	0.5	12
2	自吸出水泵	2	1	1.5	24	3.0	1.5	36
3	曝气风机	1	1	2.28	24	2.28	2.28	54.72
4	化学清洗泵	1	1	3.0	1.0	3.0	3.0	3
5	空气压缩机	1	1	3.0	0.5	3.0	3.0	1.5
合计						11.64	10.14	107.22

注：厂区进水泵不列入运行费用。

从表5-50可见，示范工程的电耗总电耗为107.22kW·h/d，按广州地区普通工业0.80元/（kW·h）的价格计算，合计电费为：107.22kW·h×0.80元/（kW·h）=91.1元。

每吨水处理的用电费用为：91.1/500=0.18元/t。

（3）药剂费等

其余费用包括药剂费和换膜费用，根据示范工程实际运行情况和市场价计算，药剂费和换膜费约为0.25元/吨水。

则示范工程的运行费用约为0.43元/吨水，处理后废水经过新洲环保工业园区给水厂进一步处理后，达到企业回用水标准，回用于企业生产。按广州目前工业用水价格3.46元/吨水计算，示范工程回用率为50%时每年可节省27.65万元的用水费用，因此示范技术具有明显的经济效益和行业改造升级引导作用。

3. 减排效果

2011年10月开始示范工程进水试运行，运行状况良好。6个月第三方检测数据表明，出水COD平均值为14.7mg/L，NH_3-N平均值为0.07mg/L，萘平均值为0.02μg/L，菲平均值为0.12μg/L，相对于国家污水综合排放标准中一级标准（COD为100mg/L，NH_3-N为15mg/L，萘菲暂无标准），示范工程COD减排85.3%，NH_3-N减排99.5%，实现了主要污染物在达国家排放标准基础上再减排20%的目标。

计算得主要污染物的减排效果如下：

COD的减排量：$(100-14.7)\times500\times365/10^6=15.57$t/a；

NH_3-N的减排量为：$(15-0.07)\times500\times365/10^6=2.72$t/a。

萘、菲暂无国家排放标准，不计算减排量。

5.2.4.4　综合评价

示范工程原工艺出水达标投资1480元/t，运行费用0.66元/t。采用本工艺后再减排与脱毒减害增加的投资为2634元/t，运行成本增加0.43元/t，与常规物理、化学等三级处理工艺投资接近，进一步减排和脱毒减害深度处理增加的费用不大。

示范工程6个月第三方检测数据表明，出水COD平均值为14.7mg/L，NH_3-N平均值为0.07mg/L，萘平均值为0.02μg/L，菲平均值为0.12μg/L，相对于国家污水综合排放标准中一级标准（COD为100mg/L，NH_3-N为15mg/L，萘菲暂无标准），示范工程COD减排85.3%，NH_3-N减排99.5%，实现了主要污染物在达国家排放标准基础上再减排20%的目标。

示范工程出水满足《城市污水再生利用城市杂用水水质》（GB/T 18920-2002）标准、《城市污水再生利用工业用水水质》（GB/T 19923-2005）标准和《纺织染整工业回用水水质》（FZ/T 01107-2011），出水经管网连接到新洲环保工业园区内给水厂进一步处理后，分质回用到漂染行业生产工序、循环冷却及绿化、冲洗场地，回用率达50%以上。

以示范工程第三方检测数据出水平均值对比国家排放标准计算，初步计算示范工程年削减COD量为15.57t，年削减NH_3-N量为2.72t，年削减有毒有害物质量为0.02t，具有良好的控源减排效果。示范工程稳定运行后的运行费用约为0.43元/吨水，处理后废水达到企业回用水标准，按广州目前工业用水价格3.46元/吨水计算，示范工程回用率为50%时每年可节省27.65万元的用水费用，因此示范技术具有明显的经济效益和行业改造升级引导作用。

如果技术应用到新洲环保工业园污水处理厂（处理规模5万t/d），新洲环保工业园排放的COD每年可削减1557t，有毒有害物质每年可削减2t。采用示范技术处理后可满足企业回用需要，与取用新鲜水比较可节省3.03元/t水，如回用水量为1000t/d时年节省用水费用可达110.6万元，具有明显经济效益。

5.2.5　综合排水河道持续净化示范工程

5.2.5.1　示范工程的实施

综合排水河道持续净化示范工程位于新塘镇的水南涌，示范内河段长3km。依托工程为新塘污水处理厂，处理规模为20万t/d。建设内容包括河滩湿地、生态浮床、生物飘带、生态护坡等内容。

1. 工程设计概要

水南涌流域位于新塘镇西部，与广州市黄埔区南岗街接壤。水南涌长约3km。水南涌流经南埔村、新敦村、南安村、海伦堡小区、夏埔工业区等地点，最终流入东江北干流。现状除沿程大量生活污水外，还有一定量的工业废水偷排进入该涌。综合排水河道持续净化示范工程位于新塘镇的水南涌，起始点为夏埔村新桥，终点为新塘污水厂内东江生态研究中心附近的水闸下游200m，示范河段长约3km。为了加快研究成果的实际应用推广，华南环境科学研究所在多次现场勘探的基础上，结合研究取得的技术成果，制定了示范工程设计。针对水南支涌河道的特性，水南支涌一天有两次涨落潮，在旱季河道属于往复流河道，而在雨季水南支涌又是泄洪通道之一，所以设计既要保证河道水质持续净化效果，又要兼顾河道的泄洪功能。

1）水质水量情况

水南涌除沿程的新塘污水处理厂处理出水排入河道外，还有一定量的工业废水偷排进入该涌，河水基本呈黑色，因此水南涌一直为典型的黑臭河道。近年来水南涌流域内的旺隆污水处理厂、新塘污水处理厂等工业废水和生活污水处理设施陆续建设运行，水南涌开展了截污工作，污染情况得到一定改善，但水体污染依然较为严重。经前期采样分析发现COD、NH_3-N、TP等均为地表水劣V类水水质标准。示范工程设计进水水质指标如表5-51所示。

表5-51　设计进水水质

指标	COD/（mg/L）	TN/（ng/L）	TP/（ng/L）	底栖动物多样性
上游来水	60～80	≤2.0	≤0.4	<1

2）设计规模

根据国家“十一五”水专项东江项目第五课题第四子课题的实施方案要求，结合现阶段水南干支涌改造工程，水南涌示范工程范围全长约3000m，起点为夏浦村新桥，终点为水南闸。

3）排放标准及设计目标

在河道沿线截污工程逐步完善，杜绝工企业偷排漏排现象，上游三条河涌经过整治后来水得以保证，污水处理厂尾水达一级A标准排放的前提下，通过水南支涌河道水质持续净化工程，在全过程有效削减进入东江北干流的污染负荷，实现COD等主要水质指标达到地表Ⅳ类水标准，底栖动物多样性指数2.0～3.0。设计出水水质如表5-52所示。

表5-52　设计出水水质

指标	COD/（mg/L）	TN/（mg/L）	TP/（mg/L）	底栖动物多样性
示范工程出水	≤30	≤1.5	≤0.3	2～3

2. 工艺设计及说明

示范工程设计内容为：在清淤、堤岸改造的基础上，建设了河滩湿地、生态浮床、生物飘带、生态护坡、枯草芽孢杆菌固定化陶粒、底泥氧化剂、生态笼等工程内容，构成了水南涌持续净化的完整体系。水南涌支涌水环境整治工程平面布置图如图5-48所示。

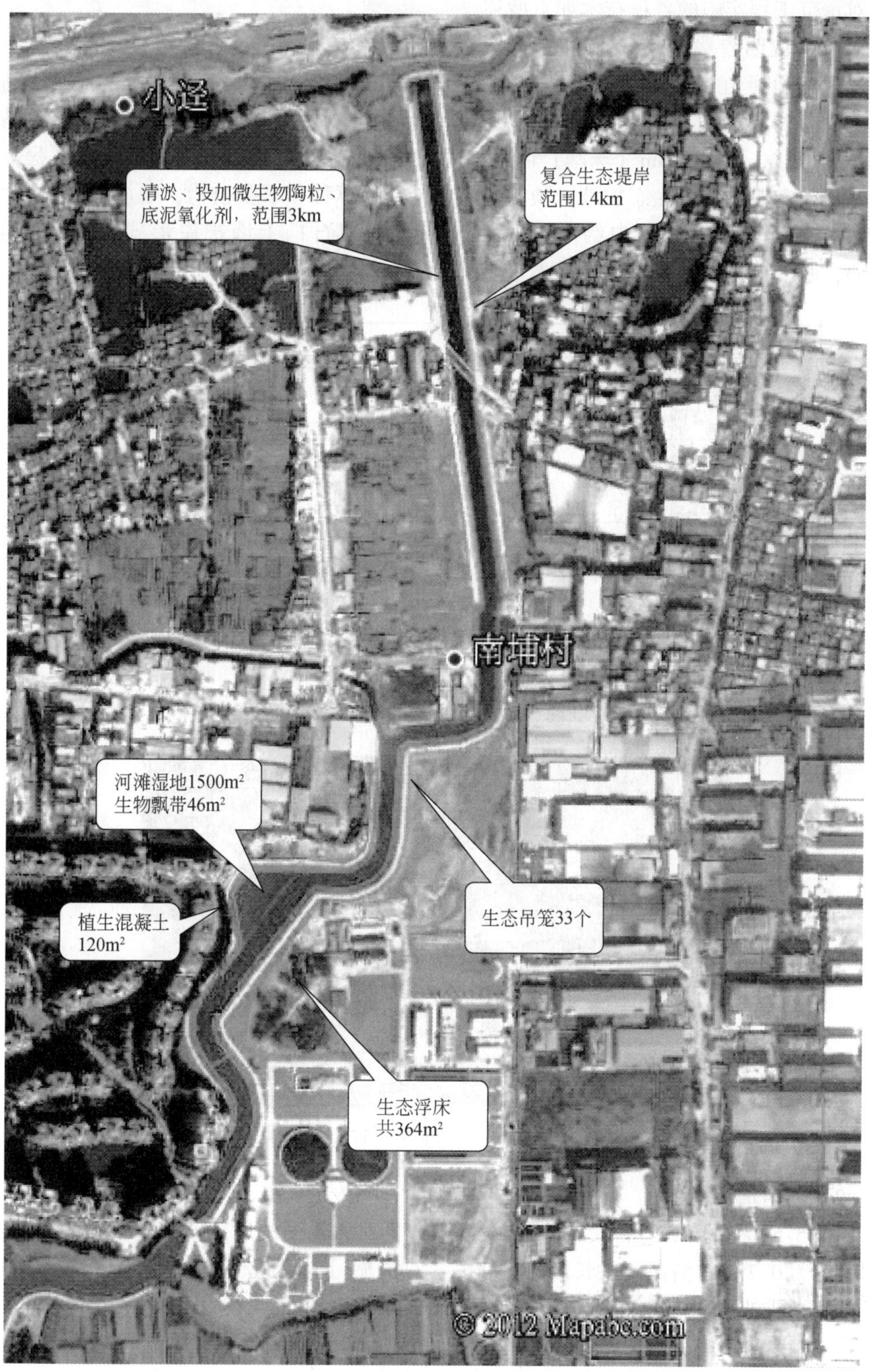

图5-48 水南涌示范工程平面布置图

对示范工程实施的各项技术如下所述。

(1) 岸堤改造

对水南涌河道岸堤进行改造固化，属于水南涌综合整治改造工程，实施工程量约3km。如图5-49和图5-50所示，从夏埔桥新桥至新塘污水厂附近约1.4km河段采用复合生态护坡形式，高程1.0m（珠基）以下采用M7.5浆砌石挡土墙护岸形式，在高程1.0m以上采用砼空心预制块生态护坡，预制块空心处播种草种和水生植物，增加两岸亲水性和生物量。在新塘污水厂界内约1.6km河段采用浆砌石挡土墙护岸形式，挡土墙顶宽500mm，迎水坡坡比为1：0.1，背水坡坡比为1：0.4。

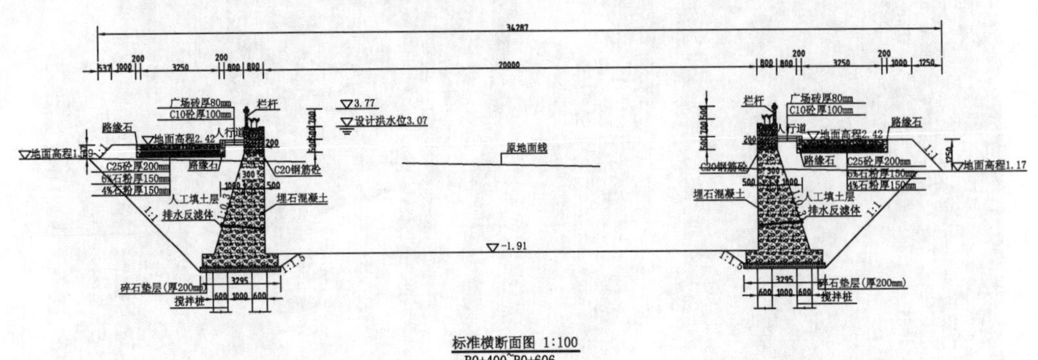

图5-49 复合岸堤断面图

图5-50 砼空心预制块复合生态护坡

(2) 河道清淤

如图5-51和图5-52所示，河道清淤工程包括对水南涌的底部淤泥进行清理，清淤平均深度约为0.75m，清淤河段长度为3000m，总清淤量为45000m^3。清淤作为河道持续净化基础和必要的处理措施，可去除大部分河道内源污染。

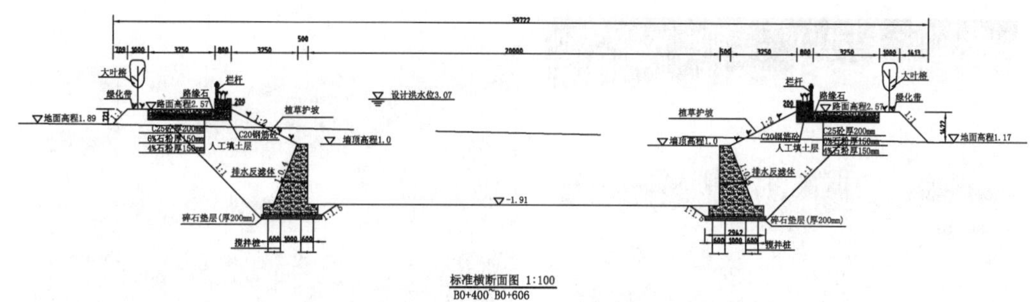

图5-51 清淤断面图

图5-52 清淤工程现场

(3) 生态工程控制技术

① 生态浮床

结合水南涌支涌具体地形设置3个生态浮床区域，通过浮床上的植物吸收和悬挂填料上的微生物的降解作用去除有机物和氮、磷等污染物。为不影响水南支涌排洪，浮床安置于河堤凹处。建设浮床33个，总面积为364m^2。

如图5-53所示，复合生态浮床以竹排和PVC材料为主体，用尼龙材料固定扎紧，通过竹排中固定的孔洞，种植水生植物于其中，周边悬挂生物载体（悬挂型）。单体互相连接，以利于收割植物和管理维护。种植水金钱、黄菖蒲、红美人蕉、千屈菜等植物，种植数量共3520株。

② 河滩湿地

对水南涌边的一块河滩进行改造，建设河滩湿地（图5-54），种植植物，利用植物的吸收作用，脱氮除磷和去除有机物，也可为周边居民提供景观和娱乐场所。

河滩湿地植物种植面积1500m^2，种植芦苇、美人蕉、菖蒲、梭鱼草、风车草等植物，数量为12800株。

图 5-53　复合生态浮床

图 5-54　河滩湿地

③生物飘带

在生态浮床边设置淹没式生物飘带，生物飘带上附着固定化的枯草芽孢杆菌，强化水体生物修复作用。实施工程量为 $46m^2$。

④ 植生混凝土

如图 5-55 所示，沿水南支涌河堤设置植生混凝土块，具有一定空隙度的混凝土块，具有一定的物理截留能力，可以将雨季随着雨水的冲刷而进入河道的颗粒型污染物质截留下来，植生混凝土上种植草皮，可利用吸收和截留作用脱除部分有机物。生态护堤带长×宽为 40m×3m，共 $120m^2$。

植生混凝土采取特制的方式浇筑而成，每块植生砖为边长为 25cm 的正六边形柱体，厚度为 10cm。将其铺设在河道坡面，可起到很好的防洪护坡作用，同时还能生长草木，起到净化河道的作用。

施工时在原有坡面上铲除 12cm 土，如原有草皮则在铲除的过程中尽量保存草皮完好备复原用，然后将植生砖铺砌在坡面上，砖与砖之间不留间隙，紧密铺砌，铺砌完成后，覆盖一层素土，然后喷洒草种，定期浇水。植生混凝土技术已申请了“一种专用于植生的生态护砌型多孔混凝土的制备方法”等多项专利。

⑤ 生态笼

生态笼由小于 8mm 的筛网组装成，共 33 个，悬挂在水南涌堤岸边（图 5-56）。笼体

图 5-55　植生混凝土

图 5-56　生态笼

采用不锈钢材质建造，长为1m，宽为0.25～0.3m，深为0.6m，并带上盖，将预固定好微生物的填料填充其中，形成富含大量高效微生物的生态笼，可增强水体生物修复能力。填料选取聚氨酯海绵粒和陶粒，两种填料比例为4∶1。

生态笼首先在岸边组装好，然后每一个生态笼用膨胀螺丝固定悬挂在预先设定的堤岸边。

（4）生物/化学强化控制手段

① 投加微生物固定化陶粒

对实验室保藏的枯草芽孢杆菌进行试验，采用辫带式水处理填料作为生物载体，通过闷曝方式使枯草芽孢杆菌固定在陶粒型水处理填料上。然后采用预固定枯草芽孢杆菌的陶粒型水处理填料投加撒播到水南涌支涌河道中，以强化微生物降解和脱氮作用。微生物固定化陶粒投药河段总长度为3km，总投药量为20m^3。

② 投加底泥氧化剂

投加自行研发的底泥氧化剂，促进河涌水体和底泥中微生物的生长，提高微生物的降解功能，保证水体污染物的生物降解，避免污染物和生物死体在河道底质中的积累，加强河道生态系统的物质循环。在水南涌河道中投加底泥氧化剂降低内源污染，投药河段总长度为3km，投加密度为20g/m^2，总投药量为1.2t。如图5-57所示。

图5-57　微生物陶粒及底泥氧化剂投加现场

综合排水河道持续净化示范工程的工程量统计如表5-53所示。

表5-53　工程量统计

序号	项目	实施工程量
1	河道清淤	45000m^3
2	岸堤改造	3km
3	复合生态浮床	364m^2
4	河滩湿地	1500m^2
5	生物飘带	46m^2
6	植生混凝土	120m^2
7	生态笼	33个
8	投加微生物固定化陶粒	3km
9	投加底泥氧化剂	3km

5.2.5.2 示范工程的运行效果

1. 常规运行效果

1）COD

2012 年 3 月至 8 月对示范工程的进出水 COD 进行了采样分析，结果如图5-58所示。采样分析时段内，示范工程进水（水南涌支涌上游）的 COD 为 30 ~ 110mg/L，由于上游仍存在外源污染，以及新塘污水处理厂排水和降雨时的面源污染带来的波动，水南涌水质变化较大，大部分时间处于劣Ⅴ类水质（GB 3838-2002）。经示范工程处理后，出水（湿地出水）COD 为 10 ~ 40mg/L，去除率为 50% ~ 70%。除了个别采样点受上游来水影响外，示范工程出水 COD 基本达到Ⅳ类水标准。

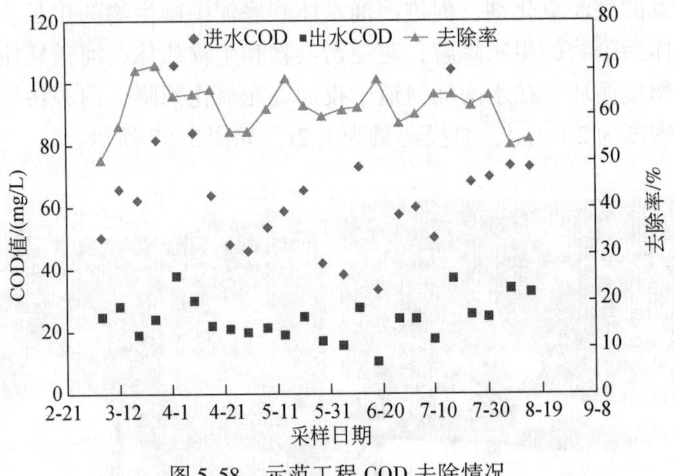

图 5-58 示范工程 COD 去除情况

2）TN、NH_3-N

2012 年 3 月至 8 月对示范工程的进出水 TN 和 NH_3-N 进行了采样分析，结果如图 5-59 所示。采样分析时段内，示范工程进水的 TN 浓度为 5 ~ 30mg/L，NH_3-N 浓度为 3 ~ 12mg/L，均为劣Ⅴ类水质。经示范工程处理后，出水 TN 为 0.2 ~ 12mg/L，NH_3-N 浓度为 0.6 ~ 3.0mg/L，去除率为 40% ~80%。运行结果表明植物对营养物质的消耗使 NH_3-N 和 TN 浓度明显降低，NH_3-N 出水均值基本达到Ⅳ类水标准，但由于外源污染较严重，某些时段 TN 浓度仍超出Ⅳ类水标准。

3）TP

2012 年 3 月至 8 月对示范工程的进出水 TP 进行了采样分析，结果如图 5-60 所示。采样分析时段内，示范工程进水的 TP 浓度为 0.7 ~ 2.5mg/L，大多为劣Ⅴ类水质。经示范工程处理后，出水 TP 为 0.3 ~ 1.4mg/L，去除率为 25% ~ 60%。与 TN 类似，示范工程出水受水南涌进水水质影响很大，由于外源污染较严重，某些时段 TP 浓度仍超出Ⅳ类水标准。

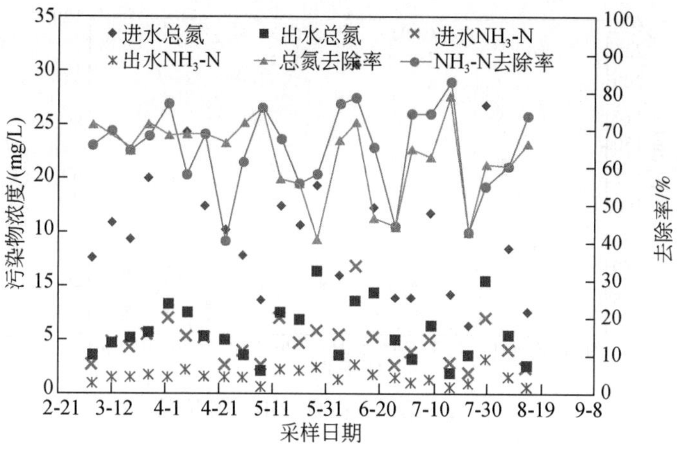

图 5-59 示范工程 NH_3-N、TN 去除情况

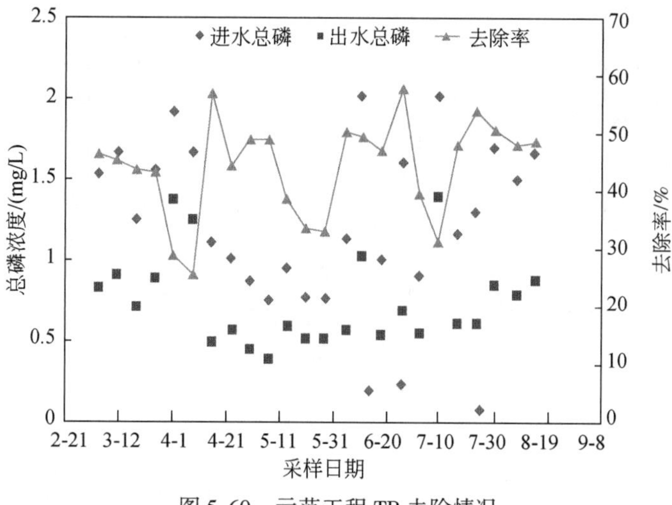

图 5-60 示范工程 TP 去除情况

2. 第三方检测

委托中国广州分析测试中心对综合排水河道持续净化技术示范工程所在的水南涌水质的现场采样检测，提供连续稳定运行 6 个月的检测数据，以此认定示范工程的实际处理效果是否达到考核指标，检测数据如图 5-61 ~ 图 5-63 和表 5-54 所示。通过第三方对常规指标的检测，证实了出水 COD 平均值为 21.5mg/L，主要水质指标达到Ⅳ类水标准（GB 3838-2002）。

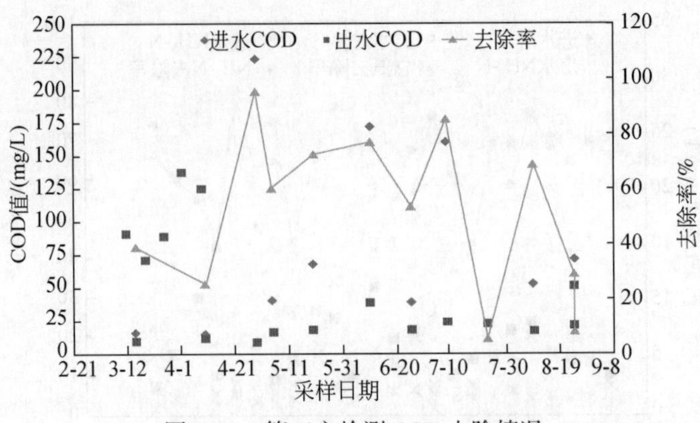

图 5-61　第三方检测 COD 去除情况

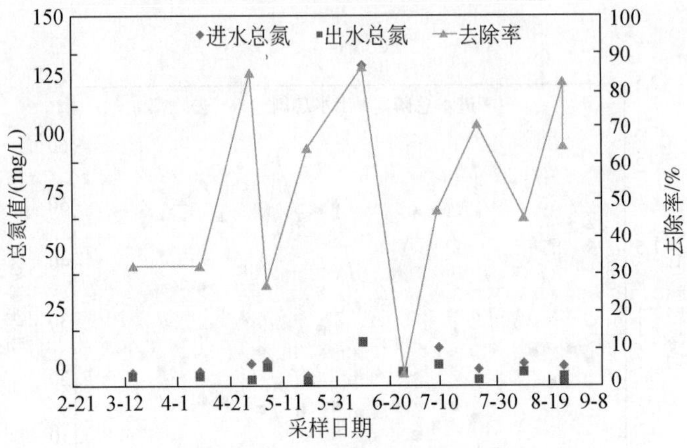

图 5-62　第三方检测 TN 去除情况

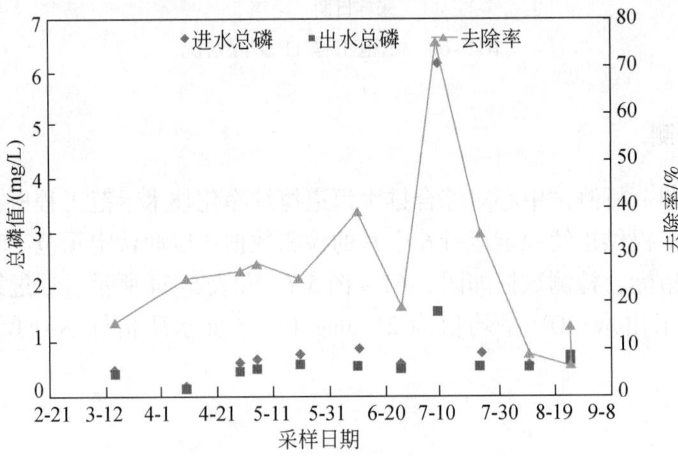

图 5-63　第三方检测 TP 去除情况

表5-54 综合排水河道示范工程污染物去除情况

时间	检测点名称	检测项目及结果 单位：mg/L（除pH及注明者外）		
		COD	TN	TP
2012.3.25	废水入口	16.5	5.27	0.45
	废水排放口	10	3.54	0.38
2012.4.10	废水入口	15.2	4.81	0.16
	废水排放口	11.3	3.25	0.12
2012.4.29	废水入口	223	8.78	0.61
	废水排放口	10	1.34	0.45
2012.5.5	废水入口	40.7	9.57	0.68
	废水排放口	16.1	6.96	0.49
2012.5.20	废水入口	68.5	3.66	0.77
	废水排放口	18.8	1.3	0.58
2012.6.10	废水入口	172	130	0.87
	废水排放口	39	17.4	0.53
2012.6.25	废水入口	39.4	5.71	0.59
	废水排放口	18.2	5.5	0.48
2012.7.8	废水入口	160	15.1	6.18
	废水排放口	23.7	8	1.55
2012.7.23	废水入口	23.8	6.09	0.78
	废水排放口	22.4	1.79	0.51
2012.8.9	废水入口	53.2	8.8	0.56
	废水排放口	16.7	4.82	0.51
2012.8.24	废水入口	71.8	5.2	0.77
	废水排放口	50.8	0.93	0.72
2012.9.6	废水入口	22.6	7.75	0.74
	废水排放口	20.8	2.73	0.63

6个月第三方检测数据表明，示范工程进水COD平均值为75.6mg/L，出水COD平均值为21.5mg/L，主要水质指标达到Ⅳ类水标准（GB 3838-2002），净化效果明显。底栖动物Shannon-Wiener多样性指数满足2.0～3.0要求。进出水生物毒性均未检出。

需说明的几点问题：

（1）由于汇入水南涌的几条支涌的截污和改造尚未完全，常有生活污水、工业废水等从上游汇入水南涌，导致水南涌上下游水质波动较大。

（2）根据现场生态浮床的运行经验，水南涌两岸凹面采用简单的浮岛，有利于河道水蒸植物（水葫芦、水草）的着床和生长，增大植物量，提高处理效果，平时简单维护即可。

（3）植生混凝土可用于河岸护坡和雨水渗析交换，由于新塘镇政府要求，在植生混凝土上面种植了草坪草，需要较厚的填土，增加成本。但如果采用“狗牙草”等根系深的草，则可以大大减少培土量，而且河岸更赋自然。

5.2.5.3 减排效果、投资和运行费用

1. 投资费用

1）投资估算编制依据

（1）广东省建设厅粤建价字〔2005〕148 号文颁发的《广东省市政工程计价办法》、《广东省市政工程量清单项目设置规则》、《广东省市政工程综合定额》、《广东省市政工程主要项目综合补充定额》（2006）、《广东省建筑工程计价办法》及《广东省建筑工程量清单项目设置规则》（2006）。

（2）广东省建设厅粤建价字〔2005〕147 号文颁发的《广东省安装工程计价办法》、《广东省安装工程量清单项目设置规则》和《广东省安装工程综合定额》（2006）。

（3）广州市工程造价信息。

（4）本工程按广州市建设局现行的有关文件规定和取费标准取费。

（5）材料单价及价差：按广州市建设局 2008 年第三季度指导并结合部分市场价计算。

（6）设备预算价格：设备参照有关厂家报价或类似工程实际价格加 8% 运杂费计算；进口设备参照厂家报价或类似工程实际价格加 2% 运杂费计算。

2）其他费用的确定

（1）设计费：按照国家发展计划委员会颁发《工程勘察设计收费标准》2002 年修订本计算。

（2）施工图预算编制费：按设计费用的 10% 计取，参考计价格〔2002〕10 号文。

（3）建设监理费：按国家物价局、建设部〔2007〕价费字 670 号《关于发布工程建设监理费有关规定的通知》规定计算。

（4）招标代理服务费：按国家计委计价格〔2002〕1980 号规定计算。

（5）建设单位管理费：按财建〔2002〕394 号规定计算。

3）水南涌支涌综合治理工程量

水南涌支涌综合治理工程量如表 5-55 所示。

表 5-55　水南支涌综合治理工程量表

序号	项目	实施工程量
1	河道清淤	45000m^3
2	岸堤改造	3km
3	复合生态浮床	364m^2
4	河滩湿地	1500m^2

续表

序号	项目	实施工程量
5	生物飘带	46m^2
6	植生混凝土	120m^2
7	生态笼	33 个
8	投加微生物固定化陶粒	3km
9	投加底泥氧化剂	3km

水南涌支涌治理工程投资为1014.8万元。其中：

（1）第一部分工程费用：921万元；

（2）工程建设其他费用：36.4万元；

（3）税收：57.4万元。

水南涌支涌综合治理工程投资估算如表5-56所示。

示范工程单位投资为3383元/m。

表5-56 水南支涌综合治理工程投资估算表

序号	工程及费用名称	土建/万	设备/万	安装/万	其他/万	合计/万
Ⅰ	固定资产投资一+二+三					
一	第一部分工程费用	825			96	921
1	河道清淤	245.0				245.0
2	岸堤改造	580.0				680.0
3	复合生态浮床					9.9
	水生植物				1.5	1.5
	人工鱼巢				2.0	2.0
	浮床框架				4.0	4.0
	生态浮床填料				2.4	2.4
4	河滩湿地					19.8
	水生植物				7.0	7.0
	木栈道				4.4	4.4
	人工鱼巢				2.3	2.3
	螺				0.1	0.1
	土				6.0	6.0
5	生物飘带					3.7
	辫带式载体				3.0	3.0
	水生植物				0.7	0.7

续表

序号	工程及费用名称	土建/万	设备/万	安装/万	其他/万	合计/万
6	植生混凝土模块				24.0	24.0
7	生态笼					8.1
	笼体材料				6.6	6.6
	水生植物				1.5	1.5
8	微生物固定化陶粒				8.5	8.5
9	复合底泥氧化剂				14.0	14.0
10	生态调节					2.0
	螺蛳				1.0	1.0
	蚌类				1.0	1.0
11	岸边景观				6.0	6.0
二	第二部分工程建设其他费用				36.4	36.4
1	建设单位管理费				14.0	14.0
2	临时设施费				9.6	9.6
3	工程保险费				12.8	12.8
三	税收				57.4	57.4
1	税收（一+二）×6%				57.4	57.4
Ⅱ	静态投资（一+二+三）					1014.8

2. 运行费用

示范工程稳定运行后，生态措施维护较为简单，日常无需运行费用。稳定运行后的维护工作主要为杂草的清除和植物收割，费用约为 2.0 万元/a。

3. 减排效果

6 个月第三方检测数据表明，示范工程进水 COD 平均值为 75.6mg/L，出水 COD 平均值为 21.5mg/L，主要水质指标达到Ⅳ类水标准（GB 3838-2002），净化效果明显。底栖动物 Shannon-Wiener 多样性指数满足 2.0～3.0 要求。进出水生物毒性均未检出。

以示范河道第三方检测数据进出水平均值计算，计算得主要污染物的减排效果如下：

COD 的减排量：$(75.6-21.5)\times100000\times365/10^6=1975$t/a。

5.2.5.4 综合评价

示范工程投资 3382.7 元/m，运行成本增加 2.0 万元/a，持续净化和污染物减排处理的费用不大，运行成本较低。

示范工程6个月第三方检测数据表明，示范工程进水COD平均值为75.6mg/L，出水COD平均值为21.5mg/L，主要水质指标达到Ⅳ类水标准（GB 3838-2002），净化效果明显。底栖动物Shannon-Wiener多样性指数满足2.0~3.0要求。进出水生物毒性均未检出。

以示范河道第三方检测数据进出水平均值计算，示范工程年削减COD量为1975t，具有良好的改善河流水质效果。如果技术应用到新塘永和污水处理厂（规模15万t/d）和生活污水处理厂（规模35万t/d），新塘地区汇入东江的COD可削减9875t。示范工程稳定运行后的维护工作主要为杂草的清除和植物收割，费用约为2.0万元/a，运行费用较低。因此，本技术的应用对于保护东江水环境具有重要意义，应用前景广阔。

5.2.6 农村污水处理技术示范工程

5.2.6.1 示范工程的实施

1. 小楼镇竹坑村农村生活污水人工湿地处理工程

示范工程采用人工湿地为主的处理工艺，处理能力为30m^3/d，设计出水水质达到农田灌溉水质标准（GB 5084-2005）。示范工程现场如图5-64~图5-69所示。

图5-64 水专项工作站

图5-65 示范工程挂牌

图5-66 示范工程建设前

图5-67 示范工程建设中

图 5-68　示范工程完成后

图 5-69　植物生长情况

1）工程设计

（1）水质水量

示范工程主要收集来自竹坑村的生活污水，含部分禽畜及粪便水。

示范工程设计流量为 $30m^3/d$，出水水质达到农田灌溉水质标准（GB 5084-2005），设计进出水水质如表 5-57 所示。

表 5-57　竹坑村示范工程设计进出水水质

项目	COD/（mg/L）	BOD_5/（mg/L）	TN/（mg/L）	NH_3-N/（mg/L）	TP/（mg/L）
进水	60～200	50～100	15～30	10～25	1.0～2.5
出水	≤150	≤60	≤15	≤5	≤0.5

（2）工艺流程

示范工程的工艺流程如图 5-70 所示。

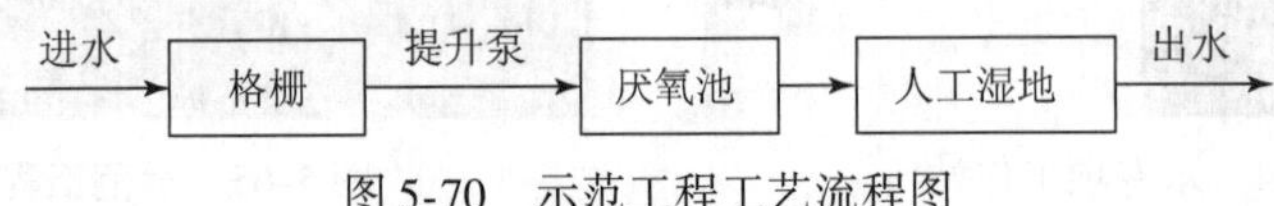

图 5-70　示范工程工艺流程图

污水经过管网收集后进入到格栅池中，格栅池采用人工格栅，用钢丝绳牵拉，每两个月进行人工清渣，拦截污水中较大的悬浮物及杂质。

格栅池同时作为提升泵的吸水池，污水通过格栅以后，在格栅池中通过潜水式提升泵进入到厌氧池中。

污水进入厌氧池后，在厌氧条件下，由厌氧菌和兼性菌的共同作用下，一部分有机物被分解成小分子有机物，有利于进一步降解，另一部分有机物降解为无机物小分子。

进入人工湿地后，污水得到进一步净化，一方面污染物被人工湿地砾石床所吸附去除，另一方面氮、磷等营养物质被植物根部吸收转化成自身的组织，最终植物长大，通过定期收割去除污水中的氮、磷。砾石床一般 3～5 年需进行一次清洗。

最终，经过人工湿地出来的污水达标排放进入到附近的河流中。

本工程的主要特点是抗冲击能力强。

2）主要建构筑物工艺参数

（1）格栅和提升泵井

功能：截留部分大颗粒物质，同时对污水进行提升，进入厌氧池。

规格尺寸：格栅长1.0m×宽0.6m×高2.8m，提升泵井长2.0m×宽1.5m×高2.8m；

结构形式：钢砼结构；

数量：1座；

备注：配备人工格栅1台，污水提升泵两台（一用一备），浮球液位计1个。

污水提升泵：$Q=7m^3/h$，$H=8m$，$N=0.55kW$；

人工格栅：不锈钢，$B=500mm$，$b=10mm$。

（2）厌氧池

功能：将废水中悬浮物截留并能去除部分溶解性有机物，将难于好氧生化降解的物质转化为小分子物质以便在后续生化处理构筑物中去除。

规格尺寸：长2.5m×宽2.0m×高3.2m；

结构形式：钢砼结构；

容积负荷：2.0kg BOD_5/（m^3·d）；

停留时间：2d；

有效容积：$15m^3$；

有效水深：2.8m，超高：0.4m，总高：3.2m；

组合填料：$1m^3$；

数量：1座；

备注：悬挂组合填料。

（3）人工湿地

功能：主要利用生物脱氮、砾石吸附及植物吸收等原理，去除污水中的N、P等营养物质。

规格尺寸：长9.0m×宽6.0m×高1.2m；

结构形式：钢砼结构；

BOD_5负荷：80kg BOD_5/（hm^2·d）；

停留时间：2d；

有效容积：$60m^3$；

有效水深：1.0m，超高：0.2m，总高：1.2m；

砾石填料：粒径4～8mm厚150mm，粒径16～32mm厚300mm，粒径32～64mm厚150mm；

数量：1座；

备注：底部1.5mm高密度聚乙烯树脂。

（4）植物配置

一级人工湿地种植芦苇，种植株距为0.10m；

二级人工湿地种植香蒲，种植株距为0.10m；

3）运行维护

示范工程采用间歇式运行的方式，当集水池达到一定水位时，提升泵自动开启，将污水提升至处理设施中，依次经过各处理单元后排放。

运行初期保持一定的水位，防止植物干枯，每隔 1 ~ 2 个月对植物进行收割和维护，维护包括设备检修和人工湿地中杂物的清除。整个系统无任何化学试剂的投加，完全生态处理。

2. 增城市小楼镇腊圃村农村污水治理示范工程

示范工程选址在腊圃村的东侧，原用地为芭蕉田用地，采用合流制排水系统采取截污措施，实现截流式合流制排水系统，通过截污管接纳旱季污水及初期污染较重的雨水，输送入污水处理池进行处理。工程采用的是“升流式厌氧池+WJS 人工湿地”处理工艺。

本示范工程占地面积为3524m^2，设计处理量为600m^3/d，出水达到《农田灌溉水质标准》（GB 5084–2005）中的蔬菜类 a 类标准。示范工程现场如图 5-71 和图 5-72 所示。

图 5-71　示范工程挂牌

图 5-72　示范工程全景

1）工程设计

（1）水质水量

示范工程主要收集来自腊圃村的生活污水，含部分禽畜及粪便水。

示范工程设计流量为600m^3/d，出水水质达到农田灌溉水质标准（GB 5084–2005）蔬菜类 a 类标准，设计进出水水质如表 5-58 所示。

表 5-58　腊圃村示范工程设计进出水水质

项目	COD	BOD_5	SS	NH_3-N	TP	pH
	mg/L	mg/L	mg/L	mg/L	mg/L	无量纲
进水	≤250	≤150	≤1250	≤20	≤5	6 ~ 9
出水	≤100	≤40	≤60	—	≤5	5.5 ~ 8.5

（2）工艺流程

示范工程的工艺流程如图5-73所示。

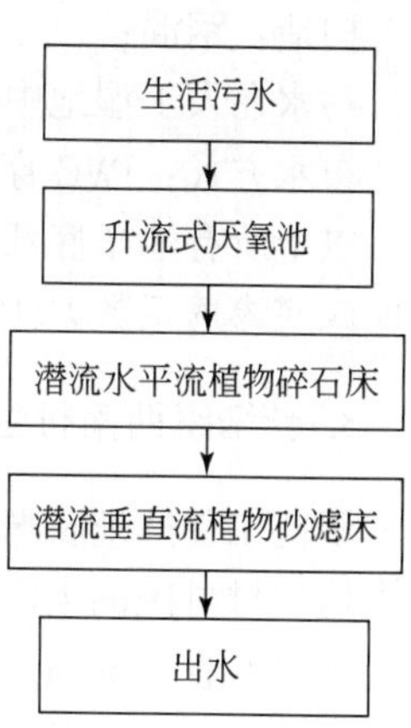

图5-73 示范工程工艺流程图

本工程采用的是“升流式厌氧池+WJS人工湿地”处理工艺，由两个并列的大小相同的子系统组成。

生活污水经收集后先进入升流式厌氧池，污水从池底部进入并上流经过植物后从池上部流出，该池可去除污水中大部分悬浮物和一部分有机物，当池底的底泥累积到一定程度时，污水可只进其中一个系统，同时清理另一个系统的底泥，待完全清理干净后再同时进水。污水经过升流式厌氧池后，进入潜流水平流植物碎石床，最后进入潜流垂直流植物砂滤池。

最终，经过人工湿地出来的污水达标排放进入到附近的农用灌溉渠。

2）主要建构筑物工艺参数

单系统相关构筑物、参数设置如下：

（1）升流式厌氧池

尺寸：$B\times L\times H=25\text{m}\times16\text{m}\times1.5\text{m}$；

有效水深：$H=1.3\text{m}$；

湿地平均坡度：1%；

停留时间：$T=2.14\text{d}$；

构造：钢混；

布水方式：PVC穿孔管布水，平行布水，下部进水，上部出水。

（2）植物碎石床

尺寸：$B\times L\times H=25\text{m}\times34\text{m}\times1.2\text{m}$；

有效水深：$H=1\text{m}$；

停留时间：$T=1.26\text{d}$；

湿地平均坡度：0.5%；

碎石床厚度：$h=1\text{m}$；

碎石料粒径：25～30mm；

构造：钢混；

污水在人工湿地中运行方式：水平潜流；

布水方式：PVC穿孔管布水，平行布水，上部进水，下部出水。

（3）植物砂滤池

尺寸：$B\times L\times H=25\text{m}\times10\text{m}\times1\text{m}$；

有效水深：$H=0.8\text{m}$；

停留时间：$T=1\text{h}$；

湿地平均坡度：1%；

砂石厚度：$h=0.8\text{m}$；

碎石料粒径：5～10mm；

构造：钢混；

污水在人工湿地中运行方式：垂直潜流；

布水方式：PVC 穿孔管布水，平行布水，上部进水，下部出水；

以上所有池子底部防渗均采用“450g/m^{2}二布一膜加 200mm 厚黏土保护层”，可保证湿地床底渗透系数 $k<10^{-8}$ m/d。

3. 新塘镇西南村生活污水接触氧化处理示范工程

示范工程选址新塘镇西南村，代表着快速发展区综合污水的处理，处理效果可大大改善当地农村村民的生活环境和生态环境，有利于该地区农村发展远期农家乐旅游经济；有利于农民增收，提高当地农民的生活质量和水平，为招商引资工作及农村建设打下了良好的基础，为经济较发达的农村地区生活污水处理起到示范作用。示范工程全景和远景如图 5-74 和图 5-75 所示。

设计处理水量：300m^3/d。设计结构：全地埋式。设计排放标准：广东省地方标准《水污染物排放限值》（DB 44/26-2001）第二时段一级标准。

图 5-74　示范工程全景

图 5-75　示范工程远景

1）工程设计

（1）水质水量

示范工程主要收集来自西南村的生活污水，含部分禽畜及粪便水和部分餐厨污水。示范工程设计流量为300m^3/d，水质达到广东省地方标准《水污染物排放限值》（DB 44/26-2001）第二时段一级标准，设计进出水水质如表 5-59 所示。

表 5-59　西南村示范工程设计进出水水质

项目水质	pH	COD /（mg/L）	BOD_5 /（mg/L）	SS /（mg/L）	磷酸盐 /（mg/L）	NH_3-N /（mg/L）	动植物油 /（mg/L）
同类污水水质范围	6～9	200～400	100～200	100～300	1～3	20～30	15～30
设计进水水质	6～9	300	150	250	2.0	25	20
设计出水水质	6～9	<90	<20	<60	<0.5	<10	<10
排放标准（DB 44/26-2001）	6～9	90	20	60	1.0	10.0	10.0

注：进水指标按厨房废水经过隔油沉渣池，厕所污水经过化粪池处理后的出水。

（2）工艺流程

示范工程流程如图5-76所示。

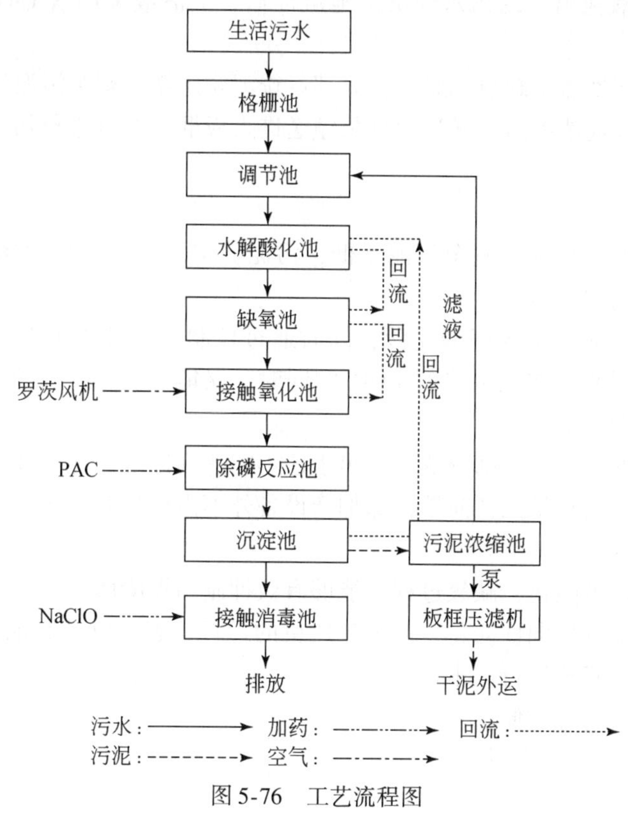

图5-76 工艺流程图

生活污水、厨房废水经格栅拦截杂物，起到保护下游设备的作用；并通过化粪池或隔油隔渣池、格栅、沉砂池等预处理后，自流进入调节池。

生化处理包括水解酸化池、缺氧池和接触氧化池，污水中大部分的COD、BOD_5等溶解性有机污染物在此得到去除，从而确保污水能达标排放。

本工艺采用了A-A-O工艺，该工艺通过部分回流硝化液达到生物脱氮的效果，同时利用聚磷菌过量地摄取磷，形成高磷污泥，随剩余污泥排出，达到生物除磷的目的。

经预处理后的污水汇集到调节池，进行水质水量调节。废水经调节池后由泵提升进入水解酸化池，水解酸化是控制在全厌氧过程的水解和酸化两个过程（酸化可能不十分彻底）。充分利用水解产酸菌世代周期短、可迅速降解有机物的特性，在水解细菌胞外酶作用下，将不溶性有机物水解为溶解性物质，在产酸菌协同作用下，将大分子特质、难以降解的物质转化为易于生物降解的小分子物质，使后续的好氧池以较小的能耗和较短的停留时间得到处理，从而提高了污水的处理效率，并减少了污泥生成量。

接触氧化池内填充软性填料，部分微生物以生物膜的形式附着生长于填料表面，部分则是絮状悬浮生长于水中。采用曝气管在池底曝气，充氧的污水浸没全部填料，并以一定的速度流经填料。填料上长满生物膜，污水与生物膜相接触，在生物膜微生物的作用下，污水得到净化。

好氧池由鼓风机提供空气进行曝气，通过控制 DO 的浓度可达到去除有机物及氧化 NH_3-N 的效果。好氧池出来的污水经沉淀池沉淀后，上清液采用 NaClO 消毒后即可达标排放。

沉淀池部分污泥回流至缺氧池脱氮，底部设排泥斗定期排剩余污泥到污泥浓缩池。

污泥经污泥浓缩池浓缩后，通过螺杆泵输送进入板框压滤机进行污泥脱水处理，泥饼外运处置。

（3）工艺特点

本工艺具有耐冲击负荷，剩余污泥量低，污泥稳定性好，处理效率高等特点。BOD_5 的去除率可稳定达到 80% 左右。

沉淀池污泥不断回流至水解酸化段，同时通过控制好氧池 DO 浓度而实现“水解酸化—缺氧—好氧”过程，在完成降解 BOD_5 的同时，又能够完成“硝化—反硝化”过程，生物脱氮效率达到 75% 以上。

通过生物除磷的方式去除部分磷后，出水还不能达到标准，还要通过化学方法去除大部分磷。化学除磷的优点是工艺简单，除加药设备外不需增加其他设施。本方案采用 PAC 作为化学除磷药剂。

污泥回流经过水解酸化、缺氧过程，能够有效抑制污泥膨胀。

可根据处理负荷的周期性变化，调整鼓风机的运行状态，以控制池内的 DO 水平，提高系统的处理能力，降低运行成本。

工艺简单，运行管理方便。

2）主要建构筑物工艺参数

（1）格栅池

钢筋混凝土结构

有效容积：$3.0m^3$

容积尺寸：3.0m×1.0m×1.5m

配套设备：机械格栅、不锈钢格网

（2）调节池

钢筋混凝土结构

有效容积：$120m^3$

停留时间：9.5h

容积尺寸：8.0m×5.0m×3.5m

超高：0.4m

配套设备：污水提升泵

（3）水解酸化池

钢筋混凝土结构

停留时间：4.0h

有效容积：$60m^3$

容积尺寸：5.0m×4.0m×3.5m

(4) 缺氧池

钢筋混凝土结构

停留时间：2.0h

有效容积：30m^3

容积尺寸：5.0m×2.0m×3.5m

(5) 一级接触氧化池

钢筋混凝土结构

停留时间：2.0h

有效容积：30m^3

容积尺寸：5.0m×2.0m×3.5m

(6) 二级接触氧化池

钢筋混凝土结构

停留时间：4.0h

有效容积：60m^3

容积尺寸：5.0m×4.0m×3.5m

(7) 除磷反应池

钢筋混凝土结构

停留时间：45min

有效容积：10m^3

尺寸：5.0m×0.8m×3.5m

(8) 平流式沉淀池

钢筋混凝土结构

表面负荷：0.75m^3/（m^2·h）

尺寸：8.0m×5.0m×3.5m

消毒池

钢筋混凝土结构

有效容积：9m^3

尺寸：3.0m×1.0m×3.5m

(9) 污泥浓缩池（设备房内）

钢筋混凝土结构

有效容积：10m^3

尺寸：2.0m×2.0m×3.5m

(10) 设备房

砖混结构

尺寸：5.0m×4.0m×3.5m

4. 小楼镇二龙河沿岸垂直流人工湿地示范工程

示范工程选址在二龙河沿岸较大的一家餐饮饭店旁建设，主要处理的是来自附近餐饮饭店的餐饮废水以及部分村民的生活污水，工程布置在河岸边，主要采取的是高效复合垂直流人工湿地的处理工艺。示范工程设计流量为300m³/d，设计出水水质为《城市污水再生利用城市杂用水水质》（GB/T 18920-2002）中的城市绿化用水水质标准。示范工程现场如图5-77和图5-78所示。

图5-77　示范工程出水池

图5-78　示范工程湿地植物

（1）水质水量

示范工程主要收集来自二龙河沿岸的餐厨污水和部分生活污水。

示范工程设计流量300m³/d，设计出水水质为《城市污水再生利用城市杂用水水质》（GB/T-2002）中城市绿化用水水质标准，设计进出水水质如表5-60所示。

表5-60　二龙河沿岸示范工程设计进出水水质

项目	COD/（mg/L）	BOD_5/（mg/L）	SS/（mg/L）	NH_3-N/（mg/L）	LAS/（mg/L）
进水	300	150	100	30	10
出水	≤90	≤20	≤15	≤20	≤1.0

（2）工艺流程

示范工程工艺流程见图5-79。

生活污水和餐饮废水经化粪池后进入隔油沉砂池，主要拦截较大的漂浮物及餐饮废水中的油脂；

隔油沉砂池出水进入调节池以均衡水量水质；

调节池内的污水通过提升泵提升至水解酸化池；

水解酸化池主要通过填料拦截吸附小的颗粒物，将大分子有机物分解成便于氧化处理的小分子有机物，并去除部分有机物；

水解酸化池出水进入接触氧化池，在接触氧化池内通过填料上的微生物进一步去除有机物，同时在潜水鼓风机供养的作用下，填料上的好氧菌在分解有机物的同时，能高效去除NH_3-N；

接触氧化池出水进入高效复合垂直流人工湿地，通过人工湿地填料、微生物、植物等的共同作用，使人工湿地出水达到设计标准；

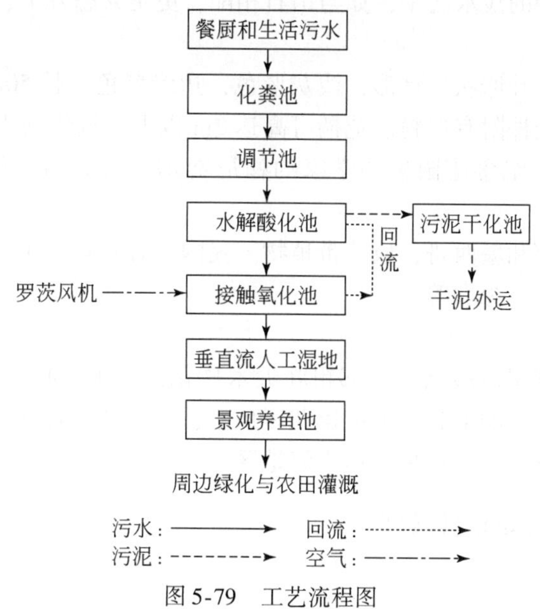

图5-79 工艺流程图

湿地出水进入养鱼池，作为景观、养鱼用水，多余的水则提升至绿化灌溉渠，作为绿化灌溉用水。

（3）人工湿地植物配置

人工湿地采用4种植物搭配，分别是美人蕉、风车草、再力花、花叶芦荻。

①美人蕉

多年生草本。株高可达100～150cm，根茎肥大；茎叶具白粉，叶片阔椭圆形。总状花序顶生，花茎可达20cm，花瓣直伸，具4枚瓣化雄蕊，花色有乳白、黄、橘红、粉红、大红至紫红。花期6～10月（北方），华南地区常年开花。

喜温暖和充足的阳光，不耐寒。要求土壤深厚、肥沃，盆栽要求土壤疏松、排水良好。生长季节经常施肥。北方需在下霜前将地下块茎挖起，贮藏在温度为5℃左右的环境中。因其花大色艳、色彩丰富，株形好，栽培容易，成为极好的园林用花卉。

②风车草

莎草属常绿湿生（挺水型）草本植物，又名伞草。高40～150cm，丛生。茎秆三棱形，无分枝，叶退化成鞘状，包裹茎的基部。总苞片叶状，长而窄，约20枚，近于等长，成螺旋状排列在茎秆的顶部，向四面开展如伞状。7月开花，聚伞花序，花小，淡紫色。小坚果，倒卵形、扁三棱形，长2～2.5mm。

伞草体态轻盈，潇洒脱俗，特别是苞片如同一架架转动的风车，十分富有趣味，是良好的观叶水生植物。

宜布置于河边水旁的浅水之中，如与山石相配，更是秀态万千、清雅无比。

③再力花

多年生挺水草本。叶卵状披针形，浅灰蓝色，边缘紫色，长 50cm，宽 25cm。复总状花序，花小，紫色。全株附有白粉。花柄可高达 2m 以上。近年新引入我国的一种观赏价值极高的挺水花卉，为纪念德国植物学家约翰尼赛尔而得此名。包括 12 个生于沼泽地的种。

原产地为美国南部和墨西哥，属热带植物。我国也有栽培，主要种植城市：海口、三亚、琼海、高雄、台南、深圳等。

④花叶芦荻

多年生草本。根部粗而多结。茎部粗壮近木质化，丛生。叶互生，排成两列，弯垂，灰绿色，具白色纵条纹。羽毛状大型散穗花序顶生，多分枝，直立或略弯垂，初开时带红色，后转白色。花期秋季。原产地：地中海地区。

5.2.6.2 示范工程的运行效果

1. 常规运行效果

1）增城市小楼镇竹坑村农村生活污水人工湿地处理工程

本研究对示范工程进行了常规监测，其数据结果见图 5-80 ~ 图 5-84。

结果表明，COD（指 COD_{Cr}，下同）进水浓度波动范围大，最高可达 286.7mg/L，最低为 50.4mg/L，出水维持在 4.9 ~ 58.4mg/L 范围，去除率平均达 79%。农村生活污水水质变化波动大，示范工程对进水 COD 负荷的波动体现了较好的抗冲击性，出水可以维持在 60mg/L 以下。

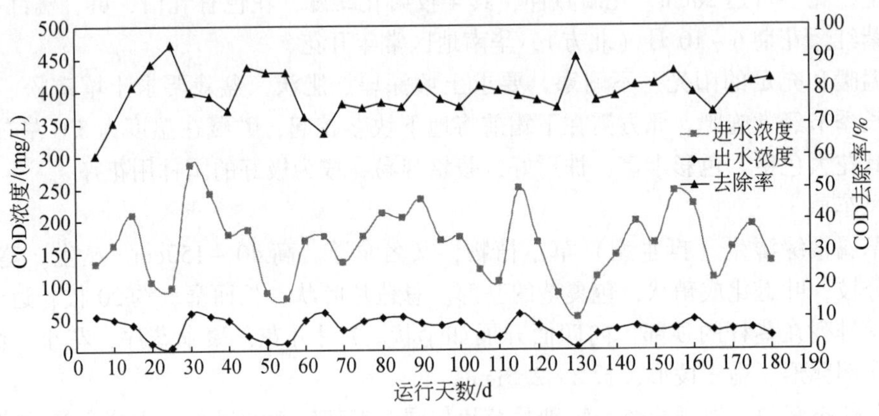

图 5-80　示范工程 COD 去除情况

BOD_5进水浓度范围在 13.2 ~ 68.9mg/L，出水维持在 3.5 ~ 21.2mg/L，去除率平均达 71.8%。农村生活污水可生化性好，在厌氧阶段大部分 BOD_5已被降解，减轻了后续湿地 BOD_5负荷。

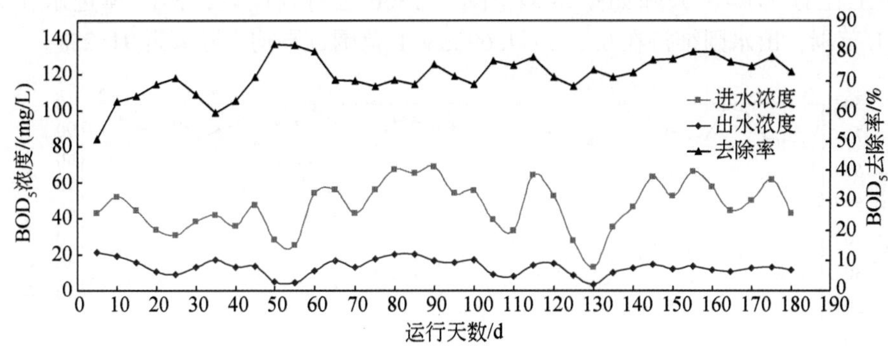

图5-81 示范工程 BOD$_5$去除情况

TN进水浓度范围在21.4～57.3mg/L，出水维持在0.49～5.84mg/L，去除率平均达90.5%。

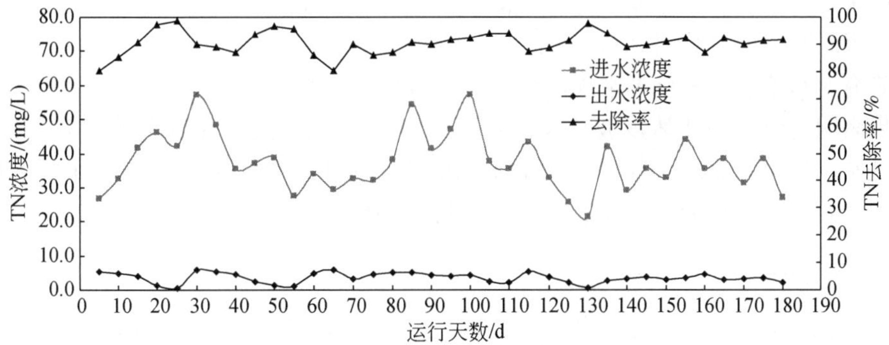

图5-82 示范工程 TN 去除情况

TP进水浓度范围在1.3～6.9mg/L，出水维持在0.07～0.43mg/L，出水低于0.5mg/L，去除率平均达94.4%。可见，示范工程对TP的去除率较高。

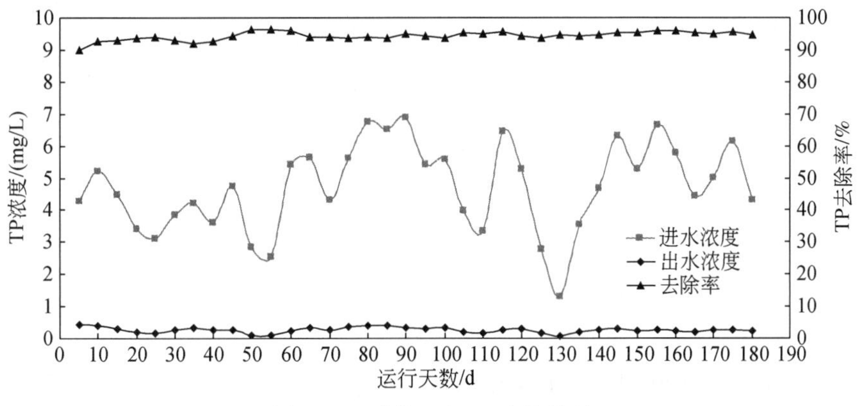

图5-83 示范工程 TP 去除情况

示范工程的 NH_3-N 去除如图 5-84 所示。180d 运行期间内，NH_3-N 进水在 21.1 ~ 42.3mg/L 范围，出水则维持在 0.392 ~4.692mg/L 范围，平均去除率近 91.2%。

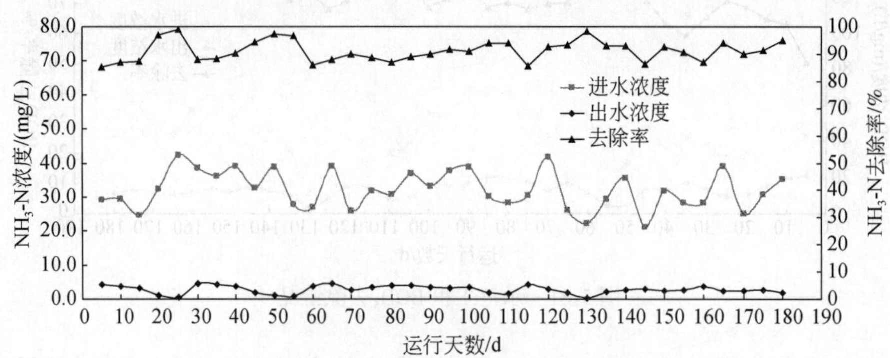

图 5-84　示范工程 NH_3-N 去除情况

总体来说，示范工程总体运行效果良好，达到相应考核指标。

2）增城市小楼镇腊圃村农村污水处理示范工程

本研究对示范工程进行了常规监测，其数据结果见图 5-85 ~ 图 5-89。

结果表明，COD 进水浓度波动大，但相比竹坑村波动稍小，腊圃村人口较多，水量也较大，进水水质相对稳定。进水 COD 最高可达 278mg/L，最低为 77mg/L，平均 210mg/L，出水维持在 8.5 ~62.8mg/L 范围，去除率平均达 81%。

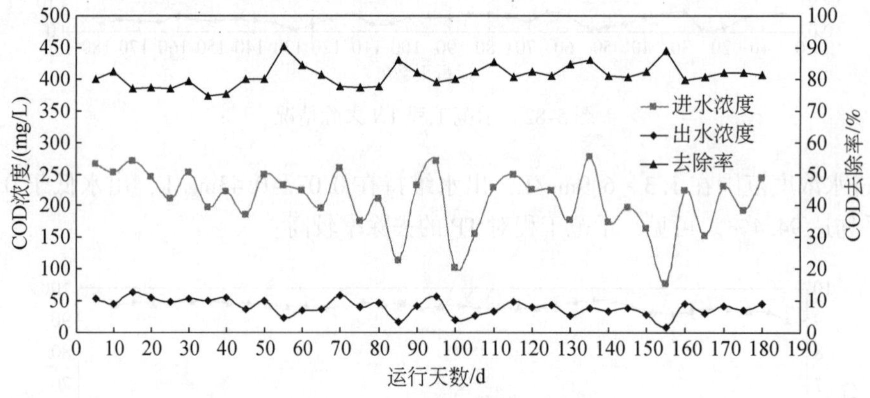

图 5-85　示范工程 COD 去除情况

BOD_5进水浓度范围在 40.5 ~ 108.4mg/L，出水维持在 2.1 ~ 17.2mg/L，去除率平均达 88.1%。

TN（TN）进水浓度范围在 26 ~ 54.3mg/L，出水维持在 0.49 ~ 19.8mg/L，去除率平均达 83.5%。

TP（TP）进水浓度范围在 2.6 ~ 5.4mg/L，出水维持在 0.03 ~ 0.5mg/L，出水低于 0.5mg/L，去除率平均达 92.3%。

对 NH_3-N 来说，180d 进水在 24.3 ~47.6mg/L 范围，出水则维持在 0.928 ~15.84mg/L

范围，平均去除率近92.1%。

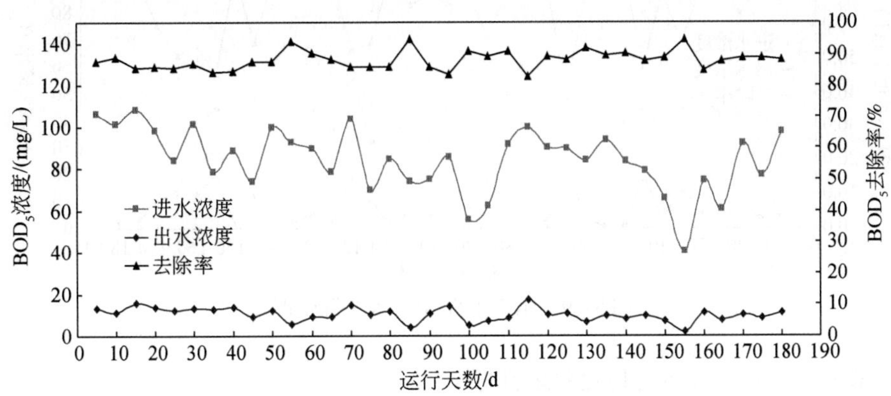

图5-86　示范工程BOD_5去除情况

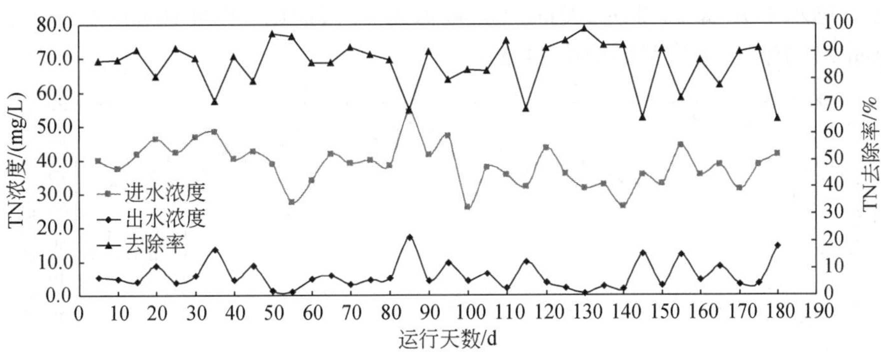

图5-87　示范工程TN去除情况

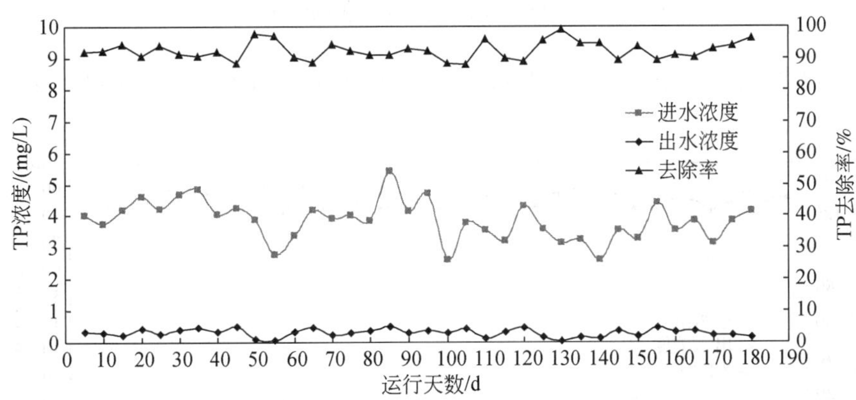

图5-88　示范工程TP去除情况

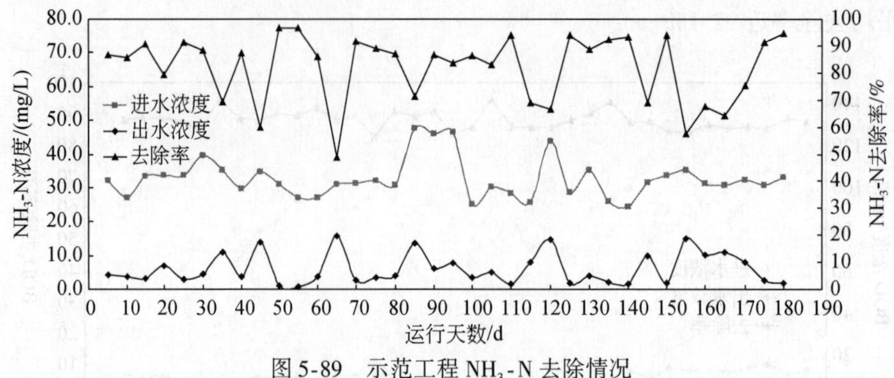

图5-89 示范工程 NH_3-N 去除情况

总的来说，示范工程运行稳定效果良好。

3）新塘镇西南村生活污水接触氧化处理示范工程

示范工程常规监测数据结果见图5-90～图5-93。

西南村管网配套较完善，人口较多，污水量相对变化不大，进水 COD 水质波动也相对较稳定。进水 COD 最高可达 203mg/L，最低为 114mg/L，平均 160mg/L，出水维持在 20.4～59mg/L 范围，去除率平均达 74.5%。

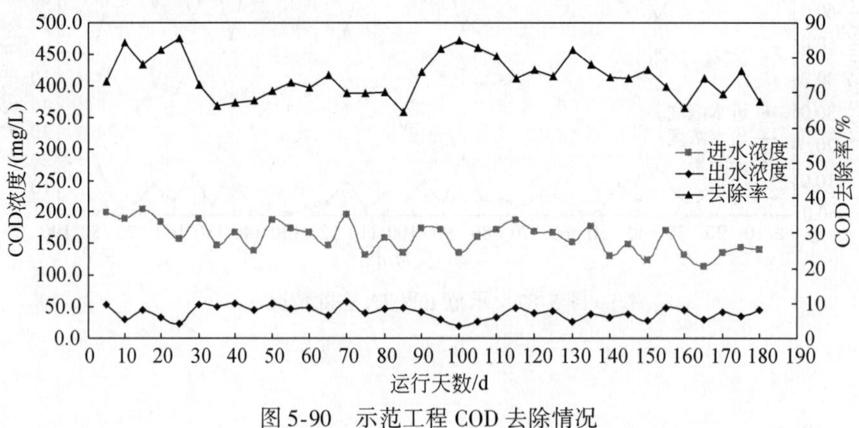

图5-90 示范工程 COD 去除情况

BOD_5进水浓度范围在 73.5～113mg/L，出水维持在 6.8～17.7mg/L，去除率平均达86.3%。

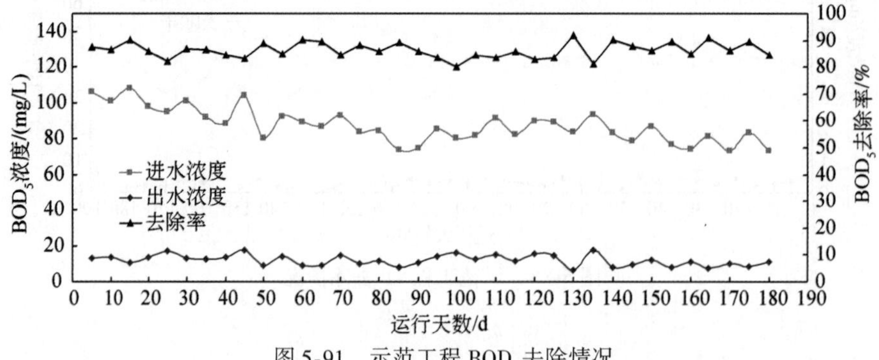

图5-91 示范工程 BOD_5去除情况

NH_3-N 进水浓度范围在 25.2 ~ 35.3mg/L，出水维持在 0.928 ~ 11.5mg/L，去除率平均达 79.7%。

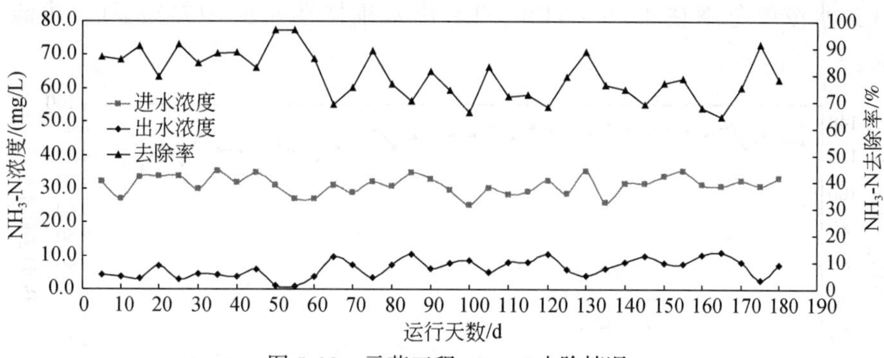

图 5-92 示范工程 NH_3-N 去除情况

磷酸盐进水浓度范围在 3.2 ~ 4.7mg/L，出水维持在 0.08 ~ 0.45mg/L，出水低于 0.5mg/L，去除率平均达 93.4%。

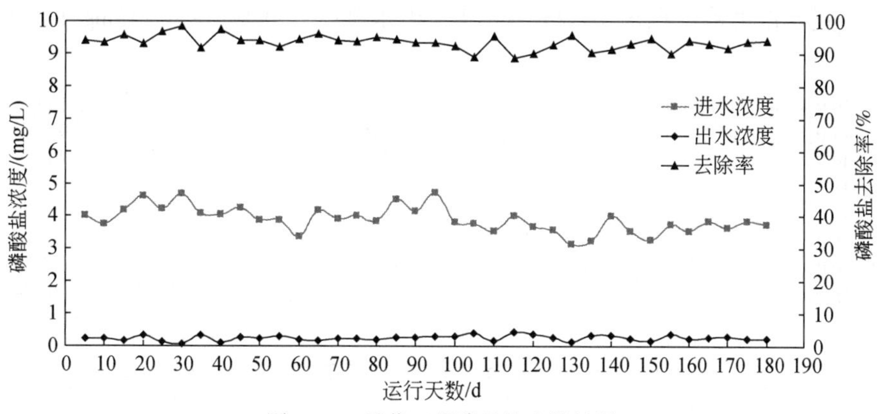

图 5-93 示范工程磷酸盐去除情况

4）小楼镇二龙河沿岸垂直流人工湿地示范工程

示范工程课题组自测常规数据结果见图 5-94 ~ 图 5-97。

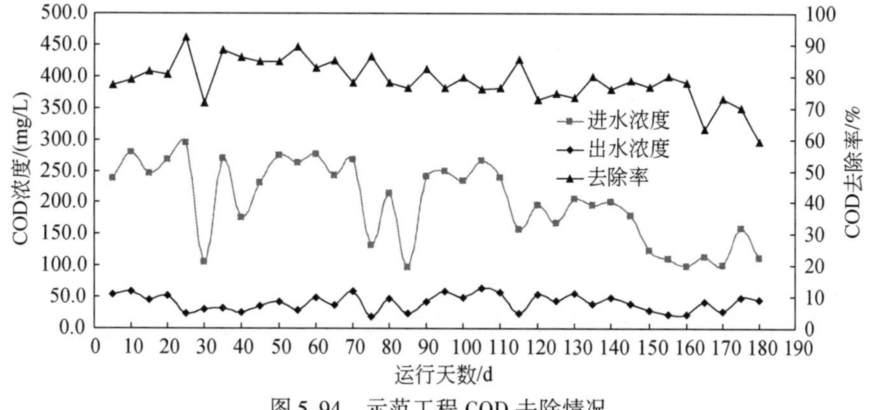

图 5-94 示范工程 COD 去除情况

进水 COD 最高可达 294mg/L，最低为 97mg/L，平均 200mg/L，出水维持在 18.2 ~ 64.1mg/L 范围，去除率平均达 78.6%。

BOD_5进水浓度范围在 42.6 ~ 112mg/L，出水维持在 5.5 ~ 17.2mg/L，去除率平均达 86.3%。

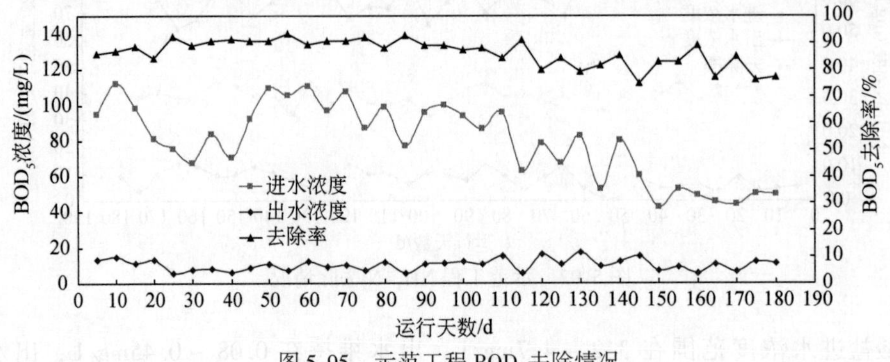

图 5-95　示范工程 BOD_5去除情况

NH_3-N 进水浓度范围在 5.9 ~ 23.5mg/L，出水维持在 0.911 ~ 3.243mg/L，去除率平均达 86%。

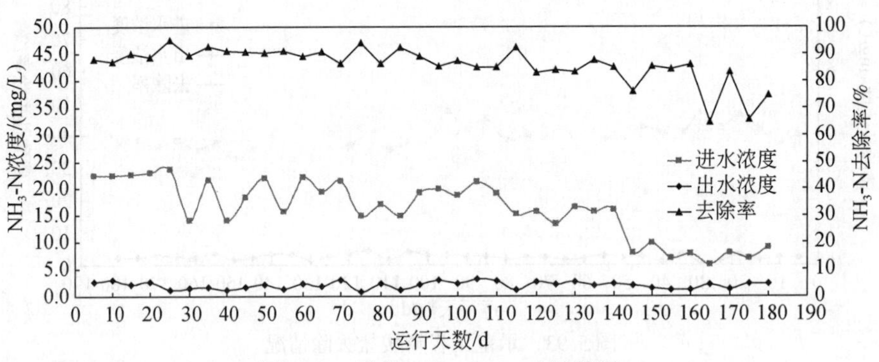

图 5-96　示范工程 NH_3-N 去除情况

LAS 进水浓度范围在 0.5 ~ 19.8mg/L，出水维持在 0.098 ~ 0.969mg/L，出水低于 1.0mg/L，去除率平均达 86.1%。

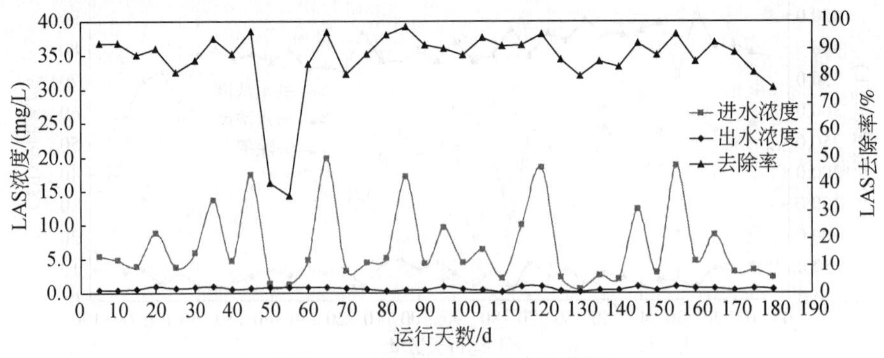

图 5-97　示范工程 LAS 去除情况

2. 第三方检测结果

1）增城市小楼镇竹坑村农村生活污水人工湿地处理工程

除了课题组日常采样分析外，示范工程还委托第三方检测单位中国广州分析测试中心对增城市小楼镇竹坑村、腊圃村农污水治理工程进出水的常规指标进行现场采样检测，提供连续稳定运行6个月的检测数据，竹坑村检测数据见表5-61。检测结果表明，检测期间示范工程进水水质普遍偏低，可能与取水的时段以及季节有关，出水COD低于72mg/L，BOD_5低于8.2mg/L，TN低于20.3mg/L，TP低于1.22mg/L，NH_3-N低于19.3mg/L。出水效果良好。

表5-61　竹坑村第三方检测结果

采样时间	检测点	检测项目及结果/（mg/L）				
		BOD_5	COD	TN	TP	NH_3-N
3-15	废水入口	55.1	160	125	6.28	103
	废水排放口	0.6	10L	1.38	0.63	0.06
3-30	废水入口	18.5	124	101	6.05	95.7
	废水排放口	1.4	72.3	7.73	0.58	0.64
4-19	废水入口	2.5	32.8	4.28	1.3	10.3
	废水排放口	0.6	<10	0.84	0.7	7.8
4-25	废水入口	6.2	50	20	1.68	15.2
	废水排放口	5	29.3	10.2	0.53	12.2
5-10	废水入口	7	33.6	26.5	1.36	12
	废水排放口	1.4	11	6.81	0.42	12.2
5-31	废水入口	16.9	50.6	100	1.57	23.4
	废水排放口	1.7	12.8	8	0.4	0.11
6-15	废水入口	2.3	31.3	18.5	1.71	12.3
	废水排放口	0.8	23	20.3	0.33	19.3
6-28	废水入口	1.4	17.9	6.85	0.83	3.11
	废水排放口	0.5L	8.6	1.57	0.31	0.09
7-11	废水入口	2.28	44.9	14.3	0.63	6.16
	废水排放口	0.73	12.6	5.66	0.18	2.32
8-2	废水入口	19.9	82.6	17.1	1.39	5.89
	废水排放口	8.2	26	5.77	0.99	2.98
8-16	废水入口	8.4	115	9.98	1.07	3.83
	废水排放口	4.4	20.3	7.6	0.99	3.14
8-28	废水入口	5.5	33.0	16.9	1.79	9.47
	废水排放口	0.7	11.3	7.68	1.22	3.32

2）增城市小楼镇腊圃村农村污水处理示范工程

连续稳定运行6个月的腊圃村检测数据见表5-62。检测结果表明，示范工程出水COD低于90.8mg/L，BOD_5低于18.3mg/L，TN低于12.3mg/L，TP低于0.47mg/L，NH_3-N低于4.2mg/L，出水效果良好。

表5-62　腊圃村第三方检测结果

采样时间	检测点	检测项目及结果/（mg/L）				
		BOD_5	COD	TN	TP	NH_3-N
3-15	废水入口	20.4	179	22.9	5.37	16.6
	废水排放口	12.1	73.1	4.62	0.22	3.44
3-30	废水入口	27.8	187	28.1	5.13	16.3
	废水排放口	17.3	90.8	5.84	0.47	3.52
4-19	废水入口	37.7	197	21.8	4.82	18.7
	废水排放口	18.3	95.7	12.3	0.29	4.25
4-25	废水入口	42.4	255	12.2	1.54	9.64
	废水排放口	9.8	50.6	5.8	0.111	4.02
5-10	废水入口	33.6	273	44.2	1.44	35.1
	废水排放口	6.5	26.6	5.79	0.132	3.34
5-31	废水入口	22.4	155	22.5	1.42	21.6
	废水排放口	4.8	18.1	4.22	0.103	3.8
6-15	废水入口	38.3	279	15.8	4.62	19.8
	废水排放口	12.7	86.4	4.23	0.39	3.73
6-28	废水入口	18.6	77.4	24.1	1.52	22.7
	废水排放口	9.2	40.1	4.37	0.117	2.94
7-11	废水入口	37.8	209	12.4	4.26	10.8
	废水排放口	10.6	60.9	4.86	0.43	3.64
8-2	废水入口	39.2	226	13.8	4.03	12.4
	废水排放口	10.7	57.4	3.71	0.39	2.79
8-16	废水入口	28.0	242	12.7	3.52	11.8
	废水排放口	11.7	62.8	3.98	0.34	2.81
8-28	废水入口	36.4	217	13.2	3.78	11.4
	废水排放口	10.7	58.1	5.02	0.32	3.39

3. 减排效果、投资和运行费用

1）增城市小楼镇腊圃村农村污水治理示范工程

（1）减排效果

2011年10月开始示范工程进水试运行，运行状况良好。从为期6个月的第三方检测数据可以得知，示范工程的 COD 去除率平均达 81%，BOD_5 去除率平均达 88.1%，TN 去除率平均达 83.5%，TP 去除率平均达 92.3%，NH_3-N 去除率平均达 92.1%。

计算得主要污染物的减排效果如下：

COD 的减排量：（250−60）×600×300/10^6=34.2t/a；

NH_3-N 的减排量：（15−3.5）×600×300/106=2.07t/a；

TN 的减排量：（30−5.4）×600×300/106=4.43t/a；

TP 的减排量：（2.5−0.3）×600×300/106=0.40t/a。

（2）投资

示范工程投资情况如表 5-63 所示。

表 5-63 腊圃村工程费用估算表

序号	项目名称		单位	数量	单价/元	合价/元
1	直接费用	集污管道综合造价	项	1	3500000	3500000
2		升流式厌氧池	m^3	1229	150	184350
3		植物碎石床	m3	2089	150	313350
4		植物砂滤池	m^3	512	150	76800
5		管道、阀门等				243500
6		植物栽培（厌氧池）	棵	24000	1.5	36000
7		植物栽培（碎石床）	棵	17000	7	119000
8		植物栽培（砂滤池）	棵	5000	7	35000
9		碎石、砂	m^3	2100	70	147000
10		复合土工膜	m^2	3072	20	61440
11		小计				4716440
12	间接费用	生产工具、办公设备	项	1	48700	48700
13		初设费用、勘测设计	项	1	60000	60000
14		湿地调试费、湿地植物后期养护	项	1	195600	195600
15		建设单位管理费	项	1	141493	141493
16		工程监理费	项	1	70746	70746
17		预备费	项	1	235822	235822
18		小计				752362
19	税金					437504
合计						5906306

注：建设单位管理费按直接费的3%计；工程监理费按直接费的1.5%计；预备费按直接费的5%计；税金按直接费用和间接费用和的8%计。

则示范工程的单位投资费用为 9843.8 元/吨水。

（3）运行费用

示范工程稳定运行后，成本包括以下几部分：

①人工费：本示范工程人工费主要为定期进行的人工植物收割费用以及填料定期清理

费用，植物每年收割4次，每次收割费用为2500元，全年共计1万元，填料每2年清理一次，每次2万元，人工费共计2万元/年。

②电费：电费主要为提升泵产生的电费，无其他电机设备，提升泵间歇方式运行，产生费用1600元/年。

③药剂费等：无药剂费用。

则示范工程的运行费用约为0.12元/吨水。

（4）综合评价

示范工程6个月第三方检测数据表明，出水COD平均值为60.1mg/L，BOD_5平均值为11.2mg/L，TN平均值为5.4mg/L，TP平均值为0.3mg/L，NH_3-N平均值为3.5mg/L，示范工程效果良好。

以示范工程第三方检测数据出水平均值计算，初步计算示范工程年削减COD量为34.2t，年削减NH_3-N量为2.07t，具有良好的控源减排效果。示范工程稳定运行后的运行费用约为0.12元/吨水，处理费用低，运行维护简单，无需专人管理，只需定期清理植物，因此示范技术具有明显的经济效益和集成示范作用。

2）增城市小楼镇竹坑村农村生活污水人工湿地处理工程

（1）减排效果

2011年10月开始示范工程进水试运行，运行状况良好。从为期6个月的第三方检测数据可以得知，示范工程的COD去除率平均达69.3%，BOD_5去除率平均达75.7%，TN去除率平均达81.9%，TP去除率平均达71.6%，NH_3-N去除率平均达78.7%。

计算得主要污染物的减排效果如下：

COD的减排量：（250－20）$\times 30\times 300/10^6=2.07$t/a；

NH_3-N的减排量为：（15－5）$\times 30\times 300/10^6=0.09$t/a；

TN的减排量：（30－7）×600×300/106＝4.14t/a；

TP的减排量：（2.5－0.6）×600×300/106＝0.34t/a。

（2）投资

竹坑村示范工程工程费用估算如表5-64所示。

表5-64　竹坑村示范工程工程费用估算表

序号	工程和费用名称	概算价值/万元					占总投资比例/%
		建筑工程	安装工程	设备购置费	工程其他费用	合计	
1	工程费用	46.33	2.33	1.60	0.00	50.25	62.61
1.1	生活污水处理工程	45.68	2.33	1.60			
1.2	绿化工程	0.64					
2	工程建设其他费用				26.19	26.19	32.63
2.1	建设用地费				0.00	0.00	
2.2	建设管理费				2.41	2.41	
2.2.1	建设单位管理费				0.75	0.75	

续表

序号	工程和费用名称	概算价值/万元					占总投资比例/%
		建筑工程	安装工程	设备购置费	工程其他费用	合计	
2.2.2	工程质量监督费				0.00	0.00	
2.2.3	建设工程监理费				1.66	1.66	
2.3	建设项目前期工作咨询费				0.00	0.00	
2.4	研究试验费				0.00	0.00	
2.5	勘察设计费				3.74	3.74	
2.5.1	工程勘察测量费				1.07	1.07	
2.5.2	工程设计费				2.67	2.67	
2.5.2.1	设计费				2.26	2.26	
2.5.2.2	施工图概算编制费				0.23	0.23	
2.5.2.3	竣工图编制费				0.18	0.18	
2.6	环境影响咨询服务费				0.00	0.00	
2.7	劳动安全卫生评审费				0.00	0.00	
2.8	场地准备费及临时设施费				0.00	0.00	
2.9	工程保险费				0.20	0.20	
2.10	特殊设备安全监督检验费				0.00	0.00	
2.11	生产准备费及开办费				0.00	0.00	
2.11.1	生产准备费				0.00	0.00	
2.11.2	办公及生活家居购置费				0.00	0.00	
2.12	调试运转费				0.00	0.00	
2.13	专利及专有技术使用费				0.00	0.00	
2.14	招标代理服务费				0.50	0.50	
2.15	施工图审查费				0.34	0.34	
2.16	市政公用设施费				0.00	0.00	
2.17	引进技术和引进设备其他费用				0.00	0.00	
2.18	青苗补偿费				1.00	1.00	
2.19	环保宣教费				2.00	2.00	
2.20	生态修复费				6.00	6.00	
2.21	可研编制费				10.00	10.00	
3	工程预备费用				3.82	3.82	4.76
3.1	基本预备费=（1+2）×5%				3.82	3.82	
3.2	材差预备费				0.00	0.00	
4	建设项目静态投资（1+2+3）					80.27	100.00
5	固定资产投资方向调节税				0.00	0.00	
6	建设期贷款利息				0.00	0.00	
7	流动资金				0.00	0.00	
	建设项目动态投资（1+2+3+4+5+6+7）	46.33	2.33	1.60	30.01	80.27	100.00

示范工程单位投资为 26666 元/m^3。

（3）运行费用

示范工程稳定运行后，成本包括以下几部分：

①人工费：本示范工程人工费主要为定期进行的人工植物收割费用以及填料定期清理费用，植物每年收割两次，每次收割费用为 250 元，全年共计 500 元，填料每两年清理一次，每次 1000 元，人工费共计 1000 元/年。

②电费：电费主要为提升泵产生的电费，无其他电机设备，提升泵间歇方式运行，产生费用 350 元/年。

③药剂费等：无药剂费用。

则示范工程的运行费用约为 0. 15 元/吨水。

（4）综合评价

示范工程 6 个月第三方检测数据表明，出水 COD 平均值为 20mg/L，BOD_5 平均值为 3mg/L，TN 平均值为 7mg/L，TP 平均值为 0. 6mg/L，NH_3-N 平均值为 5mg/L，示范工程效果良好。

以示范工程第三方检测数据出水平均值计算，初步计算示范工程年削减 COD 量为 2. 07t，年削减 NH_3-N 量为 0. 09t，具有良好控源减排效果。示范工程稳定运行后的运行费用约为 0. 15 元/吨水，处理费用低，运行维护简单，无需专人管理，只需定期清理植物，因此示范技术具有明显的经济效益和集成示范作用。

第6章　东江流域快速发展支流区脱毒减害深度处理技术应用的可行性及减排效果分析

6.1　城市污水处理厂污水深度脱毒减害技术

采用“预氧化+纤维转盘滤池+紫外光照+复氧”的组合工艺的城市污水处理厂污水深度脱毒减害示范工程出水达标投资：151 元/t，运行费用：0.043 元/t，增加的费用不大。

示范工程对 COD、TP、TN、NH_3-N、壬基酚、双酚 A 的减排量分别为 1.67t/a、54.75kg/a、0.53t/a、58.4kg/a、69.24kg/a、4kg/a。示范工程出水达到《城市污水再生利用工业用水水质》（GB/T 19923-2005）要求，出水回用 35m^3/d，主要用于生产工艺中搅拌罐和反应釜的冲洗，实现了水回用率 30% 以上、主要有毒有害物去除率大于 70%、主要污染物在达到国家排放标准基础上再减排 20% 以上目标。

6.2　机械电子行业废水脱毒减害深度处理技术

采用“铁碳微电解破络—重金属捕集+混凝（沉淀/过滤）—生物接触氧化（沉淀）—改性壳聚糖吸附”集成工艺的机械电子行业废水脱毒减排深度处理示范工程，原工艺出水达标投资：2325 元/t，运行费用：3.91 元/t。采用本工艺后再减排需增加投资：64.5 元/t，运行成本增加：1.06 元/t，进一步脱毒减害增加的投资：159 元/t，运行成本增加：0.601 元/t（不含离子交换所需费用），进一步减排和脱毒减害深度处理增加的费用不大。

示范工程对 COD、Cu^{2+}、NH_3-N 和苯系物的年减排量分别达到了 31.46t、0.124t、3.0t 和 0.55kg，实现了主要污染物在达国家排放标准基础上再减排 20%，有毒有害物质减排 70% 的预期目标。为机械电子行业废水脱毒减排与深度处理回用提供技术支撑体系与能力，为东江流域建立水污染控制综合创新体系，进一步降低行业废水对排放河道的生物毒害性，形成完整的行业废水脱毒减排与深度处理资源化技术体系与能力做出了应有的贡献。

广州经济技术开发区机械电子行业废水的总排放量约为 $1520.39\times10^4 m^3/a$，根据水量换算可知，应用本子课题研发的技术后，广州经济技术开发区机械电子行业汇入东江的 COD 可削减 1310t/a，铜可削减 5.17t/a，NH_3-N 可削减 125t/a，苯系物可削减 22.9kg/a。该技术的应用对于保护东江水环境具有重要意义，应用前景广阔。

6.3 精细化工行业废水脱毒减害深度处理技术

采用“强化絮凝—深度催化氧化—选择性吸附”集成工艺的精细化工行业废水脱毒减排深度处理示范工程，原工艺出水达标投资：11 万元/t，运行费用：200.81 元/t。采用本工艺后再减排需增加投资：2.78 万元/t，运行成本增加：1.64 元/t；进一步脱毒减害增加的投资：3.25 万元/t，运行成本增加：7.54 元/t，进一步减排和脱毒减害深度处理增加费用不大。

示范工程对 COD、Cu^{2+}、Ni^{2+}和苯系物的年减排量分别为 14.25t、0.0597t、0.0294t 和0.0137t，示范工程出水达到《城市污水再生利用工业用水水质》（GB/T 19923-2005）要求，出水回用$35m^3/d$，实现了水回用率30%以上、主要污染物在达到国家排放标准基础上再减排20%以上的目标。为精细化工行业废水脱毒减排与深度处理回用提供技术支撑体系与能力，为东江流域建立水污染控制综合创新体系，进一步降低行业废水对排放河道的生物毒害性，形成完整的行业废水脱毒减排与深度处理资源化技术体系与能力做出了应有的贡献。

广州经济技术开发区精细化工废水排放量138.67 万 t/a，根据水量换算可知，应用本子课题研发的技术后，广州经济技术开发区精细化工行业汇入东江的 COD 可削减411.77t/a，Cu^{2+}可削减 0.707t/a，Ni^{2+}可削减 0.721t/a，苯系物可削减 0.593t/a。因此，本课题技术的应用对于保护东江水环境具有重要意义，应用前景广阔。

6.4 漂染行业废水脱毒减排与深度处理技术

采用“催化臭氧氧化—新型 MBR”集成工艺的漂染行业废水脱毒减害深度处理示范工程，原工艺出水达标投资1480 元/t，运行费用0.66 元/t。采用本工艺后再减排与脱毒减害增加的投资2634 元/t，运行成本增加0.43 元/t，与常规物理、化学等三级处理工艺投资接近，进一步减排和脱毒减害深度处理增加的费用不大。

示范工程出水 COD 平均值为 14.7mg/L，NH_3-N 平均值为 0.07mg/L，萘平均值为 0.02μg/L，菲平均值为 0.12μg/L，相对于国家污水综合排放标准中一级标准（COD 为 100mg/L，NH_3-N 为 15mg/L，萘菲暂无标准），示范工程 COD 减排 85.3%，NH_3-N 减排 99.5%，实现了主要污染物在达国家排放标准基础上再减排 20%的目标。

示范工程出水满足《城市污水再生利用城市杂用水水质》（GB/T 18920-2002）标准、《城市污水再生利用工业用水水质》（GB/T 19923-2005）标准和《纺织染整工业回用水水质》（FZ/T 01107-2011），出水经管网连接到新洲环保工业园区内给水厂进一步处理后，分质回用到漂染行业生产工序、循环冷却及绿化、冲洗场地，回用率达 50%以上。

以示范工程第三方检测数据出水平均值对比国家排放标准计算，初步计算示范工程年削减 COD 量为15.57t，年削减 NH_3-N 量为2.72t，年削减有毒有害物质量为0.02t，具有良好的控源减排效果。示范工程稳定运行后的运行费用约为0.43 元/吨水，处理后废水达到企业回用水标准，按广州目前工业用水价格3.46 元/吨水计算，示范工程回用率为50%

时每年可节省 27.65 万元的用水费用，因此示范技术具有明显的经济效益和行业改造升级引导作用。

应用到新洲环保工业园污水处理厂（处理规模 5 万 t/d），COD 每年可削减 1557t，有毒有害物质每年可削减 2t。采用示范技术处理后可满足企业回用需要，与取用新鲜水比较可节省 3.03 元/吨水，如回用水量为 1000t/d 时年节省用水费用可达 110.6 万元，具有明显经济效益。

6.5　综合排水河道持续净化技术

采用“河涌水利功能与生态结构设计+复合生态浮床+生物载体及载体固定化+内源氧化+生态型堤岸构建”集成技术的综合排水河道持续净化示范工程投资 3382.7 元/m，运行成本增加 2.0 万元/a，持续净化和污染物减排处理的费用不大，运行成本较低。

示范工程进水 COD 平均值为 75.6mg/L，出水 COD 平均值为 21.5mg/L，主要水质指标达到Ⅳ类水标准（GB 3838－2002），净化效果明显。底栖动物 Shannon-Wiener 多样性指数满足 2.0～3.0 要求。进出水生物毒性均未检出。

以示范河道第三方检测数据进出水平均值计算，示范工程年削减 COD 量为 1975t，具有良好的改善河流水质效果。如果技术应用到新塘永和污水处理厂（规模 15 万 t/d）和生活污水处理厂（规模 35 万 t/d），新塘地区汇入东江的 COD 可削减 9875t。示范工程稳定运行后的维护工作主要为杂草的清除和植物收割，费用约为 2.0 万元/年，运行费用较低。该技术的应用对于保护东江水环境具有重要意义，应用前景广阔。

6.6　农村污水处理技术

以人工湿地“升流式厌氧池+WJS 人工湿地”处理工艺的农村污水处理示范工程对 COD 和 NH_3-N 的年减排量分别为 36.27t 和 2.16t，具有良好的控源减排效果。示范工程稳定运行后的运行费用约为 0.12～0.15 元/吨水，处理费用低，运行维护简单，全生态化处理，无需专人管理，只需定期清理植物，示范技术具有明显的经济效益和集成示范作用。

第7章 结 语

本书以解决经济快速发展与东江干流水源保护之间的矛盾为切入点，以区域内机械电子、精细化工和漂染等典型产污支柱行业为对象，开展行业废水脱毒减害深度处理回用、污水处理厂尾水深度处理与综合排水河道持续净化、典型农村污水处理模式等技术研究与工程示范，实现了示范工程的“控源减排，脱毒减害”。在此基础上，构建出了适合快速发展支流区水污染系统控制策略和技术支撑体系。

7.1 关键技术突破与技术集成

7.1.1 关键技术突破

7.1.1.1 铁碳微电解三相流化床破络技术

研发了铁碳微电解三相流化床破络技术，对络合铜破络效果显著。进水 Cu^{2+}浓度 20～160mg/L 时，出水 Cu^{2+}浓度小于 0.5mg/L，平均去除率 98.91%。该技术特点：流态化的铁碳填料可提高传质效率；避免铁与炭在流化床内分离而降低反应速度；曝气三相流的反应效率高。

7.1.1.2 重金属捕集剂、天然改性高电荷密度絮凝剂和壳聚糖改性吸附剂的制备技术

以无机胺水合肼代替有机胺制备了重金属捕集剂四硫代联氨基甲酸 DTC（TBA）。处理 128mg/L 的游离 Cu^{2+} PCB 废水，出水 Cu^{2+}均小于 0.5mg/L。技术特点：水溶性好；捕集效率高；可在 $pH<5$ 下使用；投加量仅为市面上常规重金属捕集剂的 1/5。

将经过碱性变性的淀粉与铁盐、铝盐进行复配制备得到高电荷密度的复合絮凝剂，有效絮凝沉降溶液中有机胶体和重金属。对精细化工废水脱色率和 COD 去除效率高、沉降速度快、污泥量少、pH 适用范围广、无二次污染。处理 pH 6，Pb^{2+}浓度 50mg/L 的含铅废水，絮凝剂投加量 100mg/L，Pb^{2+}去除率 99.94%。

研发了壳聚糖交联沸石重金属吸附剂，对 Cd^{2+}、Ni^{2+} 及 Cu^{2+} 的吸附容量可达到 84.0mg/g（干重）、79.5mg/g（干重）及 67.5mg/g（干重）。用 0.05moL/L H_2SO_4对壳聚糖交联沸石解吸后，对 Cu^{2+}和 Ni^{2+}的吸附可使用 5 次以上，吸附容量基本无衰减。技术特点：结构稳定、性能优良，能高效去除水中痕量的金属离子，同时对 COD、NH_3-N 也有一定程度的去除效果。

7.1.1.3 深度催化氧化技术

制备了分别以聚氨酯薄膜和金属钛网为基体的负载型 TiO_2 纳米管复合掺杂新型催化剂。利用该催化剂与光-Fenton 法联用，可以起到协同作用，与单纯 Fenton 试剂氧化技术相比，氧化效率提高 23%，并能有效破坏苯环结构。该技术可降解难降解有机物并能氧化破坏重金属络合物、有机物配体。

7.1.1.4 电-磁-MBR 脱毒深度处理技术

研发了电-磁-MBR 脱毒深度处理技术，通过微电流和磁性载体的作用强化 MBR 对毒害物的降解效率。对 12ppb 菲模拟废水降解 24h，菲的平均去除率达 94.83%。对 1ppm 萘模拟废水降解 7h，萘的平均去除率达到 59.0%。萘、菲等有毒污染物去除率比常规 MBR 提高 20% 以上。

7.1.1.5 东江快速发展支流区经济发展与水污染系统控制策略

编制了《快速发展区环境污染系统控制策略研究》报告书和《东江快速发展支流区水质风险管理办法》(草案)，指导地方政府“控源减排”管理工作，并在新塘应用示范。对快速发展区水污染控制管理、产业结构调整与升级改造、加快转变经济发展方式有重要促进和保障作用。

7.1.2 技术集成

(1) “铁碳微电解破络—重金属捕集+混凝（沉淀/过滤）—生物接触氧化（沉淀）—改性壳聚糖吸附”机械电子行业废水脱毒减排深度处理集成工艺。

(2)“强化絮凝—深度催化氧化—选择性吸附”精细化工行业废水脱毒减排深度处理集成工艺。

(3)“催化臭氧氧化—新型 MBR”漂染行业废水脱毒减害深度处理集成工艺。

(4)“高级氧化+高效过滤-河涌水利功能与生态结构设计+复合生态浮床+生物载体及载体固定化+内源氧化+生态型堤岸构建”污水处理厂尾水深度净化与综合排水河道持续净化技术集成体系。

7.2 示 范 工 程

7.2.1 机械电子废水脱毒减排与深度处理示范工程

依托依利安达广州电子公司废水处理站，建成了 $1000m^3/d$ 的示范工程。6 个月运行检测表明，出水平均 COD 13.8mg/L，Cu^{2+} 0.16mg/L，在达标基础上分别再减排 80% 和 60% 以上；苯、甲苯、二甲苯和苯乙烯去除率>70%，无急性毒性。水回用率 60%。解决了该行业减排，降低了毒害性风险。示范工程可削减汇入东江的 COD 31.46t/a、Cu^{2+} 0.124t/a、NH_3-N 3t/a、苯系物 0.55kg/a。

7.2.2 精细化工废水脱毒减排与深度处理示范工程

依托安美特（中国）化学有限公司污水处理站，建成了 100m³/d 的示范工程。6 个月运行检测表明，出水平均 COD 24.9mg/L，Cu^{2+} 0.01mg/L、Ni^{2+} 0.02mg/L，实现了在达标基础上分别再减排 95.0%、99.5%、98.0%；出水苯系物 0.07mg/L，无急性毒性；水回用率 35%。解决了该行业减排，降低了毒害性风险。示范工程可削减汇入东江的 COD 14.25t/a，Cu^{2+} 0.0597t/a，Ni^{2+} 0.0294t/a，苯系物 0.0137t/a。

7.2.3 漂染行业废水脱毒减排与深度处理示范工程

依托新洲环保工业园污水处理厂，建成了 500m³/d 的示范工程。6 个月运行检测表明，出水平均 COD 14.7mg/L，NH_3-N 0.07mg/L，实现了在达标基础上分别再减排 85.3% 和 99.5%；出水萘 0.02μg/L，菲 0.12μg/L，无急性毒性；水回用率 50%。解决了该行业减排，降低了毒害性风险，示范工程削减汇入东江的 COD 15.57t/a，NH_3-N 72t/a，有毒有害物质 0.02t/a。

7.2.4 污水处理厂尾水深度净化与综合排水河道持续净化

依托新塘污水处理厂，建成了 500m³/d 尾水深度净化和 3km 河道持续净化示范工程。6 个月运行检测表明，尾水 COD、NH_3-N、TP 总体达到一级 A 排放标准；二沉池出水内分泌干扰物壬基酚（NP）、双酚 A（BPA）去除率分别为 53% 和 35%；大型藻、青鳉鱼毒性测试无毒。水南涌河道平均 COD 小于 25mg/L，达到Ⅳ类水标准（GB 3838-2002）；底栖动物 Shannon-Wiener 多样性指数 2.0～3.0，未检出生物毒性。

7.2.5 典型农村生活污水处理模式示范工程

小楼镇竹坑村人口分散式农村生活污水模式示范工程，处理规模 30m³/d，出水水质优于《农田灌溉水质标准》（GB 5084-2005）的要求。小楼镇腊圃村人口相对集中式农村生活污水模式示范工程，处理规模 600m³/d，出水水质优于《农田灌溉水质标准》（GB 5084-2005）的要求。小楼镇二龙河沿岸农家乐式农村污水模式示范工程，处理规模 300m³/d，出水水质达到《城市污水再生利用城市杂用水水质》（GB/T-2002）中城市绿化用水的要求。新塘镇西南村经济较发达人口密集式农村污水模式示范工程，处理规模 300m³/d，出水水质达到广东省《水污染物排放限值》（DB 44/26-2001）第二时段一级标准的要求。示范工程可削减汇入东江的 COD 36.27t/a、NH_3-N 2.16t/a、TP 0.74t/a、TN 8.57 t/a。

参考文献

包健，许明，涂勇，张龙，梁志冉 . 2011. A/O+人工湿地工艺处理四川丘陵地区农村生活污水应用 . 安徽农业科学，39（35）：21952-21953.

蔡惠如 . 2002. 膜生物反应器 SBR 法处理染料废水的比较 . 水处理技术，6（28）：347-349.

陈洪斌，朱冠，张东宇，唐贤春，何群彪，丰德新 . 2009. 石化废水深度处理及脱盐的中试研究 . 中国环境科学，29（9）：929-934.

陈锦文，刘丹 . 2005. 二段混凝沉淀–曝气氧化–砂滤处理印刷电路板废水 . 四川环境，24（6）：28-30.

陈明，倪文，黄万抚 . 2008. 反渗透处理金铜矿山酸性废水 . 膜科学与技术，28（3）：95-99.

陈明曦，陈芳清，刘德富 . 2007. 应用景观生态学原理构建城市河道生态护岸 . 长江流域资源与环境，（1）：97-101.

陈水平 . 1999. 铁屑内电解法处理船舶含油废水的研究 . 水处理技术，25（5）：303-306.

陈文松，宁寻安 . 2008. 络合铜废水处理技术 . 水处理技术，6（34）：1-3.

陈一良，潘丙才，孟凡伟，张全兴 . 2004. 苯酚及对硝基酚在大孔树脂上吸附等温线的研究 . 离子交换与吸附，20（ 3）：205-213.

陈志伟，汪晓军 . 2010. 曝气生物滤池对印刷电路板废水深度处理的研究 . 现代化工，35（5）：72-74.

程丽华，陈建军，何东升，黄敏 . 2010. 隔离曝气生物反应器在炼油污水回用中的研究 . 化学工程，38（2）：80-82

董建伟 . 2003. 随机多孔型绿化混凝土孔隙内盐碱性水环境及改造 . 吉林水利，（10）：1-4.

方涛，肖邦定，张晓华，敖鸿毅，徐小清 . 2002. 曝气对两种不同类型沉积物中重金属释放的影响 . 中国环境科学，（4）：355-359.

房晓萍 . 2007. 微电解复合工艺处理工业废水的研究进展 . 安徽化工，33（3）：11-14.

封孝信，冯乃谦 . 2000. 水泥及混凝土中的有害碱与无害碱 . 混凝土，（10）：3-7.

付玉玲，冯景伟，邹婷，孙亚兵 . 2011. 水平潜流人工湿地处理农村生活污水的时空变化规律 . 环境化学，30（3）：719-720.

高景峰，彭永臻，王淑莹 . 机碳源对低碳氮比生活污水好氧脱氮的影响 . 安全与环境学报 . 2005，5（6）：11-15.

耿土锁，吴晨波 . 2010. 纤维球过滤用于污水深度处理的技术经济优势 . 环境科学与技术，33（6）：318-321.

桂双林，王顺发，吴永明，熊继海 . 2011. 生物滤塔–人工湿地组合工艺对农村生活污水净化效果研究 . 环境工程学报，5（10）：2312-2314.

郭豪，张宇峰，梁传刚，刘恩华，王刚，杜启云，肖长发 . 2008. 纳滤膜在染料生产废水处理中的应用 . 水处理技术，34（3）：70-74.

郭杏妹，刘素娥，张秋云 . 2010. 三种人工湿地植物处理农村生活污水的净化效果 . 华南师范大学学报，（2）：105-109.

郭燕妮，方增坤，胡杰华，谢洪珍，李黎婷，叶志勇 . 2011. 化学沉淀法处理含重金属废水的研究进展 . 工业水处理，31（12）：9-13.

韩寒，陈新春，尚海利 . 2010. 电吸附除盐技术的发展及应用 . 工业水处理，30（2）：20-23.

韩龙，秦华鹏，鲁南，胡嘉东 . 2010. 基于数字流域的水质综合管理决策支持系统——以深圳石岩水库流域为例 . 环境科学与技术，33（5）：196-201.

何明，梁振驹，李红进 . 2008. 铁屑内电解法处理 PCB 络合废水 . 水处理技术，34（6）：84-86.

贺小进，李伟 . 2000. 球形壳聚糖树脂制备方法及吸附性能研究 . 离子交换与吸附，16（ 1）：47-53.

洪建军．2004. 基于石油化工行业的环境，健康，安全管理体系比较与整合．广东工业大学博士论文．

黄得兵，赵永红，岳铁荣．2005. 电化学-接触氧化法处理多层线路板废水工程实例．环境工程，23（2）：13-15.

黄茁，曹小欢．2009. 流域管理中水质监控监控技术发展探讨．长江科学院院报，26（2）：1-4.

季永兴，刘水芹，张勇．2001. 城市河道整治中生态型护坡结构探讨．水土保持研究，（4）：25-28.

江丽，李义连，张富有．2009. 铁屑置换沉淀海绵铜动力学研究．环境科学与技术，32（7）：148-151.

姜玉新，于海勇．2010. 基于 Web 的 B/S 结构城市环境信息系统建设．辽宁科技大学学报，33（6）：630-633.

蒋岚岚，刘晋，钱朝阳．2010. MBR/人工湿地工艺处理农村生活污水．中国给水排水，26（4）：29-31.

金赞芳，陈英旭，小仓纪雄．2004. 以棉花为碳源去除地下水硝酸盐的研究．农业环境科学学报，23（3）：512-515.

柯紫霞，金永平，陈进红．2008. 农业清洁生产环境管理体系探讨．环境污染与防治，30（6）：83-84.

克里斯蒂安·哥特沙克，尤迪·利比尔，阿德里安·绍珀．2001. 水和废水臭氧氧化．李风亭等译．北京：中国建筑工业出版社，106-107.

李大鹏，黄勇，李伟光．2007. 底泥曝气改善城市河流水质的研究．中国给水排水，（5）：22-25.

李凤仙，张成禄．1995. 电化腐蚀-还原降解-混凝吸附法处理印染废水的研究．中国环境科学，15（5）：378-382.

李清雪，肖伟，吴伟，武萍，封丽红，霍震平．2010. 活性炭/纳滤工艺深度处理污水厂尾水的研究．中国给水排水，26（3）：100-102.

李先宁，金秋，姜伟．2010. 蚯蚓人工湿地对农村生活污水净化效果试验研究．环境科学与技术，33（1）：146-149.

李学强，武道吉，孙伟，焦盈盈，栾韶华．2010. 臭氧/过滤/括性炭工艺深度处理污水厂二级出水．中国给水排水，25（15）：73-75.

梁珊珊，殷健．2009. 污染源废水在线监控系统在上海的应用．中国给水排水，25（20）：34-37.

刘芬芬，王德建．2011. 垂直流人工湿地出水口位置与植物种类对农村生活污水净化效果的影响．中国生态农业学报，19（4）：912-917.

刘建，胡啸，李轶．2011. 垂直流人工湿地处理农村分散生活污水的应用与工程设计．水处理技术，37（6）：132-135.

刘婧，黎忠，张太平．2010. 生物接触氧化/人工湿地组合工艺处理农村生活污水．安徽农业科学，38（17）：9163-9164.

刘平，周廷云，林华香，傅贤智．2001. TiO_2/SnO_2 复合光催化剂的耦合效应．物理化学学报，17：265-269.

刘翊，石凤林，李宝成．2012. 纤维转盘滤池在污水处理厂深度处理中的应用．企业技术开发，31（16）：55-63.

毛艳梅，奚旦立．2006. 混凝-动态膜深度处理印染废水．印染，8：8-11.

倪明，马跃华，徐志清，顾小红，王立文，屈德方，许敏．2009. 两级过滤膜生物反应器在中水回用火电厂的工程应用．水处理技术，35（8）：112-116.

裴亮，刘慧明，颜明，王理明．2012. 潜流人工湿地对农村生活污水处理特性试验研究．水处理技术，38（3）：84-86.

彭义华．2003. 络合铜废水预处理技术探讨．重庆环境科学，25（5）：31-35.

曲颂华，严学亿，王妍春，李雪婷．2009. 纤维转盘滤池——先进的污水深度过滤技术．第四届水处理行业新技术、新工艺应用交流会论文选登，30-33.

全燮，杨凤林.1996. 铁屑（粉）在处理工业废水中的应用. 化工环保，16（3）：7-10.
申松梅，曹先仲，宋艳辉.2008. PAHs的性质及其危害. 贵州化工，33（3）：61-63.
施昌平，陈媛媛，肖磊，张兴尔，何晓晶.2011. 厌氧预处理+潜流式人工湿地处理农村生活污水. 环境工程，29（3）：27-29
石凤林.2004. 离子交换树脂法移动处理重金属废水. 工业水处理，24（8）：79-81.
石光，胡小艳，郑建泓，孙丰强.2010. Cu（II）印迹壳聚糖交联多孔微球去除水溶液中金属离子. 离子交换与吸附，26（2）：103-110.
石芝玲.2005. 清洁生产理论与实践研究. 河北工业大学硕士论文.
宋倩，杨秋红，吕航，但德忠.2010. 印刷电路板废水处理技术及其进展. 环境工程，28：62-64.
宋小康，金龙，王建芳等.2011. ABR+复合人工湿地处理农村生活污水中试. 环境工程，29（3）：6-9.
孙久振，刘志军，贾西成.2009. 人工湿地系统在二级污水处理厂尾水深度处理中的应用. 中国高新技术企业，21：41-43.
汤心虎，甘复兴，乔淑玉.1998. 铁屑腐蚀电池在工业废水治理中的应用. 工业水处理，1998，18（6）：4-6.
田宝珍，汤鸿霄.1990. 聚合铁的红外光谱和电导特征. 环境化学，12（6）：70-74.
同帜，赵惠珠，安永峰，郭雅妮.2006. A/O MBR（一体式）系统处理印染废水. 水处理技术，32（9）：60-62.
万锋，张庆华.2009. 城市供水水质风险管理研究. 人民长江，（16）：76-78.
王春明，李大平，王春莲.2009. 微杆菌3-28对萘、蒽、菲、芘的去除. 应用与环境生物学报，15（3）：361-366.
王桂芳，王大义，章志元.2010. 人工湿地 生态塘处理农村生活污水工程实例. 环境工程，28（4）：6-8.
王柯桦，李雅婕.2013. 生物法在处理重金属废水中的应用. 广东化工，40（244）：67-68.
王群，马军，刘娟昉，马军，翟学东，韩雅红，韩帮军.2010. 二氧化铈催化分解水中臭氧的特性研究. 中国给水排水，26（11）：130-133.
王新刚，吕锡武，朱光灿，程育红.2006. 混凝/接触氧化处理印刷电路板废水. 中国给水排水，22（16）：67-68.
王学华，苏祥，沈耀良.2012. 人工湿地组合工艺处理太湖三山岛农村生活污水研究. 环境科技，25（1）：38-41.
王妍春，曲颂华，袁锡强，黄鹏飞，李雪婷.2009. 纤维转盘滤池在无锡芦村污水处理厂升级改造工程中的应用. 给水排水，35：208-210.
王佑荣，蔡文举，徐玉福，胡献国.2009. 含锡、镍、铜、锌离子废水的处理. 安徽化工，35（5）：54-57.
魏海娟，张永祥，张粲.2009. 移动床生物膜系SND影响因素研究. 环境科学，30（8）：2341-2346.
吴迪，王建龙.2006. 菲的臭氧不完全氧化及其影响. 中国环境科学，26：48-51.
吴光前，刘倩灵，周培国，张文妍，许榕.2008. 固定化微生物技术净化黑臭水体和底泥技术. 水处理技术，（6）：26-29.
吴国振，雷思维.2011. 利用粉煤灰改进含铜酸性废水硫化法处理工艺. 环境污染与防治，23（2）：90-91.
相波，李义久，倪亚明.2004. 螯合淀粉衍生物对铜离子吸附性能的研究. 环境化学，23（2）：193-197.
肖海龙，区军，神芳丽，黄堪瑜，陈文戈.2011. 电镀企业清洁生产评价管理系统的开发研究. 机电工程技术，40（3）：59-61.
谢鹏伟，杜启云.2007. 采用膜集成技术处理印染废水的中试研究. 天津工业大学学报，26（5）：22-25.

熊小京，申茜，洪俊明，洪华生．2005. A/O MBR 处理印染废水中进水 pH 对降解性能的影响．厦门大学学报（自然科学版），4（44）：93-96.

徐根良．1999. 微电解处理分散染料废水的研究．水处理技术，25（4）：235-238.

徐绮坤，汪晓军．2010. 曝气生物滤池在印染废水处理中的应用．环境科学与技术，33（6）：177-180.

徐旭东，王中琪，周乃磊．2010. 不锈钢-铝电极电絮凝处理含铜废水的试验研究．安全与环境工程，17（2）：46-50.

杨昌柱，陈建平，张敬东等．2006. 生物膜-电极法在废水处理中的应用．工业水处理，26（11）：1-3.

杨立君．2009. 垂直流人工湿地用于城市污水处理厂尾水深度处理．中国给水排水，25（18）：41-43.

杨林，余跑兰，赖发英，周利军，王琳．2012. 廊道式人工湿地处理新农村生活污水的应用研究．安徽农业科学，40（7）：4126-4128.

杨文清，李旭凯．2011. 活性炭负载金属氧化物催化臭氧氧化甲硝唑．环境工程学报，5（4）：763-766.

杨晓光．2007. 电解铝清洁生产评价及系统开发研究．中南大学博士学位论文．

杨永峰，张志，刘子风．2004. 离子交换法处理重金属矿山地下水的试验研究．工程建设与设计，8：56-58.

姚玉宇，田钢，邓继勇，丁振华．2008. 基于 B/S 结构的广东省放射源动态信息管理系统．中国职业医学，35（4）：310-312.

余川江，张乐华，贾金平．2005. 电极-生物复合反应器处理城市污水的初步研究．环境污染治理技术与设备，6（11）：85-88.

余林娟，杨宗韬，王业勤．2004. 固定化芽孢杆菌对鱼虾池亚硝酸盐的控制．渔业现代化，（2）：9-11.

俞孔坚，胡海波，李健宏．2002. 水位多变情况下的亲水生态护岸设计——以中山岐江公园为例．中国园林，（1）：37-38.

曾玉凤，刘自力，刘宏伟．2008. SnO_2 的制备及催化臭氧氧化活性．催化学报，29（3）：253-258.

张聪敏，张淑云．1997. 石油钻杆刷镀铜废水处理．油气田环境保护，7（4）：29-31.

张胜，李日强．2004. 利用粉煤灰与沸石处理含铜废水的研究．山西大学学报（自然科学版），27（3）：313-315.

张维昊，丁惠君，吴小刚，周连凤．2006. 几种湿生植物抑藻化感作用研究//科技创新与绿色植保——中国植物保护学会 2006 学术年会论文集．北京．

张学洪，王敦球，程利，朱义年，李金城，丁昌福．2003. 铁氧体法处理电解锌厂生产废水．环境科学与技术，26（1）：36-38.

张燕，陈英旭，刘宏远．2003. Pd-Cu / γ-Al_2O_3 催化还原硝酸盐的研究．催化学报，24（4）：270-274.

赵杨，蔡如钰，郑成辉，黄镜钊．2011. 清洁生产信息系统设计研究．化学工程与装备，（10）：200-203.

郑祥，朱小龙，樊耀波．2001. 膜生物反应器处理毛纺废水的中试研究．环境科学，4（22）：91-94.

钟秋爽，王俊玉．2012. 厌氧-接触氧化渠-垂直潜流型人工湿地处理农村生活污水研究．给水排水，38（4）：40-44.

周杰，裴宗平，李高金，靳晓燕．2006. 基于 B/S 结构的环境信息管理系统．能源环境保护，20（3）：21-24.

周利民，黄群武，刘峙嵘．2008. 硫脲改性磁性壳聚糖微球对 Hg^{2+}、Cu^{2+} 和 Ni^{2+} 的吸附．化学反应过程与工艺，24（6）：556-561.

周培国，傅大放．2001. 微电解工艺研究进．环境污染治理技术与设备，2（4）：18-24.

朱成辉．2005. 中试规模好氧移动床生物膜反应器处理生活污水．江南大学硕士学位论文．

朱航征．2002. 多孔混凝土（POC）的特性与生态环保技术．建筑技术开发，29（2）：67-69.

朱兆亮．2010. 气浮-好气滤池再生水深度处理工艺研究．北京工业大学博士学位论文．

邹海燕.2005. 生物铁-SMBR性能的研究. 环境科学，6（26）：65-70.

Ariel L P，Pemberton J E，Becker B A，Otto W H，Larive C K，Maier R M. 2006. Determination of the acid dissociation constant of the biosurfactant monorhamnolipid in aqueous solution by potentiometric and spectroscopic methods. Analytical Chemistry，78：7649.

Badani Z，Ait-Amar H，Si-Salah A，Brik M，Fuchs W. 2005. Treatment of textile waste water by membrane bioreactor and reuse. Desalination，185：411-417.

Bailey P S. 1982. Ozonation in Organic Chemistry. New York：Academic Press Inc.

Barrabe's N，Dafinov A，Medina F，Sueiras J E. 2010. Catalytic reduction of nitrates using Pt/CeO_2 catalysts in a continuous reactor. Catal Today，149：341-347.

Bedsworth W W，Sedlak D L. 2001. Determination of metal complexes of ethylenediamin- etetraacetate in the presence of organic matter by high- performance liquid chromatography. Journal of Chromatography A，905：157-162.

Beltrán F J. 2004. 水和废水的臭氧反应动力学. 周云瑞译. 北京：中国建筑工业出版社，93-94.

Beltrán F J，Ovejero G，Garciá-Araya J F. 1995. Oxidation of polynuclear aromatic hydrocarbons in water. 1：Ozonation. Industrial & Engineering Chemistry Research，34：1596 -1606.

Beltrán F J，Rivas J，Álvarez P M，Alonso MA，Acedo B. 1999. A kinetic model for advanced oxidation processes of aromatic hydrocarbons in water：application to phenanthrene and nitrobenzene. Industrial &Engineering Chemistry Research，38（11）：4189-4199.

Beschkov V，Velizarov S，Agathos S N，Lukova V. 2004. Bacterial denitrification of wastewater stimulited by constant electric field. Biochemical Engineering Journal，17：141-145.

Borneff J. 1969. Elimination of carcinogenic polycyclic aromatic compounds during water purification. GWF，Gas-Wassefach，110：29-34.

Brik M. 2006. Advanced treatment of textile wastewater towards reuse using a membrane bioreactor. Process Chemistry，41：1751-1757.

Burns F L. 1998. Case study：Automatic reservoir aeration to control manganese in raw water Maryborough town water supply Queensland，Australia. Water Science and Technology，37（2）：301-308.

Butkovic V，Klasinc L，Orhanovic M，Turk J，Guesten H. 1983. Reaction rates of polynuclear aromatic hydrocarbons with ozone in water. Environmental Science and Technology，17（9）：546-548.

Centi G，Perathoner S. 2003. Remediation of water contamination using catalytic technologies. Applied Catalysis B：Environmental，41：15-29.

Champion J T，Gilkey J C，Lamparski H，Retterer J，Miller R M. 1995. Electron microscopy of rhamnolipid（biosurfactant）morphology：effects of pH，cadmium，and octadecane. Journal of Colloid and Interface Science，170：569.

Chen S D，Chen C Y，Wang Y F. 1999. Treating high- strength nitrate wastewater by three biological processes. Water Science Techology，39（10-11）：132-141.

Chen X，Wang X，Hou Y，Huang J，Wu L，Fu X. 2008. The effect of postnitridation annealing on the surface property and photocatalytic performance of N- doped TiO_2 under visible light irradiation. Journal of Catalysis，255：59-67.

Chen Y X，Zhang Y，Liu H Y. 2003. Reduction of nitrate from groundwater：powder catalysts and catalytic membrane. Journal of Environmental Science，15（5）：600-606.

Feleke Z，Araki K，Sakakibara Y，Kuroda M. 1998. Selective reduction of nitrate to nitrogen gas in a biofilm-electrode reactor. Water Reseach，32（9）：2728-2734.

Gao N, Dong J, Zhang G, Zhou X, Eastoe J, Mutch K J, Heenan R K. 2007. Surface and micelle properties of novel multi-dentate surfactants. Journal of Colloid and Interface Science, 314: 707.

Garron A, Epron F. 2005. Use of formic acid as reducing agent for application in catalytic reduction of nitrate in water. Water Research, 39 (13): 3073-3081.

Hai F I, Yamamoto K, Fukushi K. 2006. Development of a submerged membrane fungi reactor for textile wastewater treatment. Desalination, 192: 315-322.

Hatzinger P, Alexander M. 1995. Effect of aging of chemicals in soil on their biodegradability and extractability. Environmental Science and Technology, 29: 537-545.

Helvaci S S, Peker S, Özdemir G. 2004. Effect of electrolytes on the surface behavior of rhamnolipids R1 and R2. Colloids and Surfaces B: Biointerfaces, 35: 225.

Horikawa T, Katoh M, Tomida T. 2008. Preparation and characterization of nitrogendoped mesoporous titania with high specific surface area. Mesoporous Material, 110: 397-404.

Hörold S, Vorlop K, Tacke T, Sell M. 1993. Development of catalysts for a selective nitrate and nitrite removal from drinking water. Catalysis Today, 17 (1-2): 21-30.

Jans U, Hoigné J. 1999. Activated carbon and carbon black catalyzed transformation of aqueous ozone into OH-radicals. Ozone-Science and Engineering, 21: 67-89.

Kim Y H, Carraway E R. 2003. Dechlorination of chlorinated ethenes and acetylenes by palladized iron. Environmental Technology, 24 (7): 809-819.

Knops F N M, Futselaar H, Rácz I G. 1992. The transversal flow microfiltration module theory, design realization and experiments. Journal of Membrane Science, 73: 153-161.

Kornmuller A, Cuno M, Wiesmann U. 1997. Selective ozonation of polycyclic aromatic hydrocarbons in oil/water-emulsions. Water Science and Technology, 35 (4): 57-64.

Kornmuller A, Wiesmann U. 1999. Continuous ozonation of polycyclic aromatic hydrocarbons in oil/water-emulsions and biodegradation of oxidation products. Water Science and Technology, 40 (4): 107-114.

Ku Y, Chen C H. 1992. Removal of chelated copper from wastewaters by iron cementation. Industrial and Engineering Chemistry Research, 31: 1111-1115.

Lee Y C, Liu H S, Lin S Y, Huang H F, Wang Y Y, Chou L W. 2008. An observation of the coexistence of multimers and micelles in a nonionic surfactant $C_{10}E_4$ solution by dynamic light scattering. Journal of the Chinese Institute of Chemical Engineers, 39: 75.

Li T, Zhu Z, Wang D, Yao C, Tang H. 2006. Characterization of floc size, strength and structure under various coagulation mechanisms. Powder Technology, 168: 104-110.

Li Y, Wang J, Zhao Y, Luan Z. 2010. Research on magnetic seeding flocculation for arsenic removal by superconducting magnetic separation. Separation and Purification Technology, 73 (2): 264-270.

Liu H, Liu G, Shi X. 2010. N/Zr-codoped TiO_2 nanotube arrays: Fabrication, characterization, and enhanced photocatalytic activity. Colloids and Surfaces A: Physicochemical and Engineering Aspects, 363 (1-3): 35-40.

Liu H, Liu G, Zhou Q. 2009. Preparation and characterization of Zr doped TiO_2 nanotube arrays on the titanium sheet and their enhanced photocatalytic activity. Journal of Solid State Chemistry, 182 (12): 3238-3242.

Martienssen M, Schops R. 1999. Population dynamics of denitrifying bacteria in a model biocommunity. Water Reseach, 33 (3): 114-119.

Martynenko L I, Pechurova N I, Grigorev A I. 1970. Infrared spectroscopy investigation of the structure of ethylenediaminetetraacetic acid and its salts. Bulletin of the Academy of Sciences of the USSR, Division of Chemical

Science, 19 (6): 1172-1177.

Mellor R B. 1992. Reduction of nitrate and nitrite in water by immobileized enzymes. Nature, 3 (55): 717-719.

Miller J S, Olejnik D. 2001. Ozonation of polycyclic aromatic hydrocarbons in water solutions. Proceedings of the 15th Ozone World Congress, International Ozone Association, London.

Mohapatra S K, Misra M, Mahajan V K, Raja K S. 2007. A novel method for the synthesis of titania nanotubes using sonoelectrochemical method and its applicationfor photoelectrochemical splitting of water. Journal of Catalysis, 246: 362-369.

Murphy T P, Hall K G, Norteote T O. 1988. Lime treatment of a hardwater lake to reduce eutrophication. Lake and Reservoir Management, 4 (2): 51-62.

Navarro R R, Wada S, Tatsumi K. 2005. Heavy metal precipitation by polycation—polyanion complex of PEI and its phosphonomethylated derivative. Journal of Hazardous Materials, 123 (1-3): 203-209.

Noubactep C. 2009. Comments on "decontamination of solutions containing EDTA using metallic iron" by Gyliene O., et al. Journal of Hazardous Materials, 165: 1261-1263.

Ozaki H, Sharma K, Saktaywin W. 2002. Performance of an ultra-low-pressure reverse osmosis membrane (ULPROM) for separating heavy metal: effects of interference parameters. Desalination, 144: 287-294.

Park J H, Feng Y C, Cho S Y, Voice T C, Boyd S A. 2004. Sorbed atrazine shifts into non-desorbable sites of soil organic matter during aging. Water Research, 38: 3881-3892.

Peker S, Helvaci S, Özdemir G. 2003. Interface- subphase interactions of rhamnolipids in aqueous rhamnose solution. Langmuir, 19: 5838-5845.

Pintar A, Setinc M, Levec J. 1998. Hardness and salt efects on catalytic hydrogenation of aqueous nitrate solutions. Journal of Catalysis, 174: 72-87.

Pitcher S K, Slade R C T, Ward N I. 2004. Heavy metal removal from motorway stormwater using zeolites. Science of the Total Environment, 334: 161-166.

Rajincek A M, Mccaig C D, Gow A R. 1994. Electric fields induce curved growth of Enterobacter cloacae, Escherichia coli and Bacillus subtilis cells: implications for mechanisms of galvanotropism and bacterial growth. Journal of Bacteriology, 76 (2): 702-713.

Roberta G, Luca B, Francesco P, Giorgio S. 2002. Nitrate removal in drinking water: the effect of tin oxides in the catalytic hydrogenation of nitrate by Pd/SnO_2 catalysts. Applied Catalysis B: Environmental, 38: 91-99.

Rodriguez- Cruz M S, Sanchez- Martin M J, Sanchez- Camazano M. 2006. Surfactant- enhanced desorption of atrazine and linuron residues as affected by aging of herbicides in soil. Archives of Environmental Contamination and Toxicology, 50: 128-137.

Rouissi M, Boix D, Muller S D, Gasco S, Ruhi A, Sala J, Bouattour A, Jilani I B H, Ghrabi-Gammar Z, Saad-Limam S B, Daoud-Bouattou A. 2014. Spatio-temporal variability of faunal and floral assemblages in Mediterranean temporary wetlands. Comptes Rendus Biologies, 337 (12): 695-708.

Runkana V, Somasundaran P, Kapur P C. 2004. Mathematical modeling of polymer-induced flocculation by charge neutralizationb. Journal of Colloid and Interface Science, 270: 347-358.

Sakakibara Y. 1994. Denitrification and neutralization with an electro-chemical and biological reactor. Water Science and Technology, 30 (6): 151-155.

Sari L, Sami L, Lara V, Jukka R. 2006. Nitrogen removal from on- site treated anaerobic effluents using intermittently aerated moving bed biofilm reactors at low temperatures. Water Research, 40: 1607-1651.

She P, Song B, Xing X H, van Loosdrechtc M, Liu Z. 2006. Electrolytic stimulation of bacteria Enterobacter dissolve by a direct current. Biochemical Engineering Journal, 28: 23-29.

Soltero R A, Sexton L M, Ashley K I, McKee K O. 1994. Partial and full lift hypolimnetic aeration of medical lake, WA to improve water quality. Water Research, 28 (11): 2297-2308.

Stefanowicz T, Osiska M, Zagozda S N. 1997. Copper recovery by the cementation method. Hydrometallurgy, 47: 69-90.

Su C, Puls R W. 1999. Kinetics of trichloroethene reduction by zerovalent iron and tin: pretreatment effect, apparent activation energy, and intermediate products. Environmental Science and Technology, 33: 163-168.

Szekeres S, Kiss I, Bejerano T T, Soares M I M. 2001. Hydrogen-dependent denitrification in a reactor bioelectrochemical system. Water Reseach, 35 (3): 715-719.

Sά J, Gross S, Vinek H. 2005. Effect of the reducing step on the properties of Pb-Cu bimetallic catalysts used for denitration. Applied Catalysisi (A: General), 294: 226-234.

Tong S P, Liu W P, Leng W H, Zhang Q. 2003. Characteristics of MnO_2 catalytic ozonation of sulfosalicylic acid and propionic acid in water. Chemosphere, 50: 1359-1364.

Wang J, Zhu W, Zhang Y, Liu S. 2007. An efficient two-step technique for nitrogen-doped titanium dioxide synthesizing: visible-light-induced photodecomposition of methylene blue. The Journal of Physical Chemistry C, 111: 1010-1014.

Wang P, Keller A A. 2008. Particle-size dependent sorption and desorption of pesticides within a water-soil-nonionic surfactant system. Environmental Science and Technology, 42: 3381-3387.

Wang X, Yu J C, Chen Y, Wu L, Fu X. 2006. ZrO_2-modified mesoporous nanocrystalline $TiO_{2-x}N_x$ as efficient visible light photocatalysts. Environmental Science & Technology. 40: 2369-2374.

Wang Y, Qu J, Liu H. 2007. Effect of liquid property on adsorption and catalytic reduction of nitrate over hydrotalcite-supported Pd-Cu catalyst. Journal of Molecular Catalysis A: Chemical, 272 (1-2): 31-37.

Watanabe T, Jin H W, Cho K J, Kuroda M. 2005. Direct treatment of an acidic and high-strength nitrate-polluted wastewater containing heavy metals by using a bioel-ectrochemicalreactor. Developments in Chemical Engineering and Mineral Processing, 13 (5/6): 627-638.

Wydro P. 2007. The influence of the size of hydrophilic group on the miscibility of zwitterionic and nonionic surfactants in mixed monolayers and micelles. Journal of Colloid and Interface Science, 316: 107.

Xu J, Dai W, Li J, Cao Y, Li H, He H, Fan K. 2008. Simple fabricationof thermally stable apertured N-doped TiO_2 microtubes as a highly efficient photocatalyst under visible light irradiation. Catalysis Communications, 9: 146-152.

Yu W, Li G, Xu Y, Yang X. 2009. Breakage and re-growth of flocs formed by alum and PACl. Powder Technology, 189: 439-443.

Zhou M, Wang W, Chi M. 2009. Enhancement on the simultaneous removal of nitrateand organic pollutant from groundwater by a three-dimensional BEC reactor. Bioresource Technology, 100: 4662-4668.

Zhou W, Zhu L. 2007. Efficiency of surfactant-enhanced desorption for contaminated soils depending on the component characteristics of soil-surfactant-PAHs system. Environmental Pollution, 147: 66-73.

Zhu L, Chen B. 2003. Iteractions of organic contaminants with mineral-adsorbed surfactants. Environmental Science and Technology, 37: 4001-4006.

Zhu X. 2005. Treatment of textile wastewater by a arc-transfer flow membrane bioreactor: result of a semi-industrial pilot-scale study. China-Italy International Symposium on Membrane Hybrid System Applied to Water Treatment.

附录　书中主要符号

符号	含义	符号	含义
TOC	总有机碳	SnO_2	氧化锡
TP	总磷	BCMBBR	生物陶粒移动床膜生物反应器
TN	总氮	RL-F1	单鼠李糖脂
NH_3-N	氨氮	RL-F2	双鼠李糖脂
NO_2^--N	亚硝酸盐氮	EE2	17α-炔雌醇
NO_3^--N	硝酸盐氮	HPLC	高效液相色谱
COD	化学需氧量	HRT	水力停留时间
BOD_5	5 日生化需氧量	K_{La}	总传递系数
SS	悬浮固体	E_a	活化能
Fe	铁	PAHs	多环芳烃
Cu	铜	GDP	国内生产总值
Al	铝	PCBs	印刷电路板
Ni	镍	XRD	X 射线衍射
Cd	镉	SO_4^{2-}	硫酸根离子
Pd	铅	HCO_3^-	碳酸氢根离子
Mn	锰	$NaHCO_3$	碳酸氢钠
EDTA	乙二胺四乙酸钠	Cl^-	氯离子
DO	溶解氧	NH_4^+	铵根离子
DTC（TBA）	四硫代联氨基甲酸	K^+	钾离子
TiO_2	二氧化钛	Ca^{2+}	钙离子
H_2SO_4	硫酸	Mg^{2+}	镁离子
$FeSO_4$	硫酸亚铁	E_A	氧利用率
A/O	厌氧/好氧	UV-Vis	紫外可见吸收光谱
CMC	临界胶束浓度	SEM	扫描电镜
LAS	直链烷基苯磺酸盐	NP	壬基酚
BPA	双酚 A	PAC	聚合氧化铝
H_2O_2	双氧水	PAM	聚丙烯酰胺